高等学校机电工程类"十二五"规划教材

测试技术基础

主　编　王桂梅　王冬生

副主编　张令　侯瑞生　刘杰辉

西安电子科技大学出版社

内 容 简 介

本书系统阐述了测试技术理论、信号分析和处理基础及测试技术应用方法。

本书内容可分为基础和应用两大部分。基础部分内容包括测试技术中涉及的基本环节，如信号、传感器、测试信号的调理与转换、显示与记录等；应用部分主要包括力、位移、速度、加速度、振动等测试技术在工程中的应用，重点介绍了基于虚拟仪器的煤矿"四大件"安全性能测试技术与高水充填设备的测控技术。本书共 9 章。第 1 章绪论，第 2 章测试信号的描述与分析，第 3 章测试系统的基本特性，第 4 章传感器，第 5 章测试信号的转换与处理，第 6 章信号的显示与记录，第 7 章计算机数据采集与处理，第 8 章测试技术的应用，第 9 章典型设备测试技术。书中配有适量习题，便于读者加深理解和应用书中的理论知识。

本书可作为高等学校本科机械类、测控类、自动控制、车辆工程、电子科学与技术等专业"测试技术"课程的教材，也可作为高等职业学校相关专业或成人教育、继续教育培训的参考书；同时，还可供相关领域的工程技术人员参考使用。

图书在版编目(CIP)数据

测试技术基础/王桂梅，王冬生主编. —西安：西安电子科技大学出版社，2015.1
高等学校机电工程类"十二五"规划教材
ISBN 978 - 7 - 5606 - 3589 - 7

Ⅰ. ① 测⋯　Ⅱ. ① 王⋯　② 王⋯　Ⅲ. ① 测试技术－高等学校－教材　Ⅳ. ① TB4

中国版本图书馆 CIP 数据核字 (2015) 第 010126 号

策　　划　邵汉平
责任编辑　孟秋黎　邵汉平
出版发行　西安电子科技大学出版社(西安市太白南路 2 号)
电　　话　(029)88242885　88201467　　邮　编　710071
网　　址　www. xduph. com　　　　电子邮箱　xdupfxb001@163.com
经　　销　新华书店
印刷单位　陕西华沐印刷科技有限责任公司
版　　次　2015 年 1 月第 1 版　2015 年 1 月第 1 次印刷
开　　本　787 毫米×1092 毫米　1/16　印张 20
字　　数　475 千字
印　　数　1~3000 册
定　　价　35.00 元
ISBN 978 - 7 - 5606 - 3589 - 7/TB
XDUP　3881001 - 1

前　　言

测试技术和信号处理技术发展迅猛，并在机械工程、测控、自动控制、车辆工程等领域得到广泛应用，其相关理论是机械、测控及相关专业学生必须掌握的基础理论。

本书针对工程测试与信号的特点，侧重于介绍基础知识及其工程应用，同时注重教学内容的科学性与工程性结合，在选材上融入了大量工程应用实例，充分体现了与专业相关领域的最新研究成果，力图促进高校人才培养工作与社会需求的紧密联系。本书的特点可以概括为：

（1）"科学性"。课程体系层次科学合理，体现在简化推导、精练内容；学科内容层次科学合理，体现在应用部分源于近几年的最新科研成果，并将其融入教学。

（2）"适用性"。强调培养适用实际工程的人才，即将课程与实际工程相结合，加强实践能力，本书突出了计算机和信息技术与相关专业的结合。

（3）"创新性"。与其他教材不同，本书突出了行业特色，不仅涉及测试技术、控制理论、机械设计等通用基础内容，还结合行业需求设置了基于虚拟仪器的煤矿"四大件"（矿山提升设备、主排水系统、通风机设备、空气压缩机设备）安全性能测试技术与采煤充填设备的测控技术等内容，为面向行业经济和地方经济培养人才奠定了基础。

本书在编写过程中注意保持教学内容的系统性，突出理论联系实际，在讲清楚重点难点的基础上，通过实例加深理解，从而形成全书的主线。书中内容既具有广泛的基础性又具有先进性和实用性，读者不仅可以学习到目前各个领域和部门进行科学实验与工程应用所需的检测技术的基础，也可了解先进检测系统和测试仪器方面的内容，为从事测试技术应用和系统设计打下良好的基础。在本书编写过程中，作者参考了近年来的最新文献资料，力求做到层次清楚、语言简洁流畅、内容丰富，以便于读者循序渐进地系统学习。

本书由河北工程大学测控系的老师编写，其中王桂梅、王冬生担任主编，张令、侯瑞生、刘杰辉担任副主编。第1章由王桂梅编写，第2章由王冬生、孙芳编写，第3章由张令、黄敏编写，第4章由卢军民、薛应芳编写，第5章由王蕊、张令编写，第6章由黄敏、侯瑞生编写，第7章由孙芳、卢军民编写，第8章由薛应芳、王蕊编写，第9章由侯瑞生、刘杰辉编写。全书由王冬生统稿。

限于作者的学术水平，书中不妥之处在所难免，敬请读者批评指正。

作　者
2014 年 8 月

目　录

第1章 绪 论

1.1 测试技术的概念

在进入信息时代的今天,信息的获取、传输和交换已经成为人类的基本活动。信息是反映一个系统的状态或特性的参数,是人类对外界事物的感知。信息是多种多样、丰富多彩的,其具体物理形态也千差万别,如视觉、声音等。人类要正确地获取和传输信息,是不能通过信息本身完成的,必须借助一定的载体——信号,例如,视觉信息表现为亮度或色彩变化、声音信息表现为声压等。早在古代人们就学会了通过点燃烽火而产生狼烟向远方军队传递敌人入侵的消息,人们观察到该信息,就会意识到"敌人来了";当我们说话时,声波传到他人的耳朵,使他人了解我们的信息;漫布在大气中的各种无线电波、电话网中的电流等,都可以用来向远方表达各种信息。人们通过对光、声、电等信号的接收,可以知道对方要表达的信息。

信息本身是不具有传输、交换功能的,只有通过信号才能实现这种功能,而信号与测试技术密切相关。测试是指人们从客观事物中提取所需信息,借以认识客观事物,并掌握其客观规律的一种科学手段。测试技术包含测量和实验两方面的含义,是指具有实验性质的测量,或测量与实验的综合。在工程实际中,无论是工程研究、产品开发,还是质量监控、性能实验等,都离不开测试技术。测试技术是人类认识客观世界的技术,是科学研究的基本手段。

测试技术的应用非常广泛,几乎涉及每个行业。例如,温度参数的检测涉及人体温度——体温计,工业炼钢炉中的温度测量等;速度参数的检测涉及运动员的奔跑速度——比赛评判依据,汽车行驶速度的测量——超速检测,大气运行速度——台风预报,羽毛球、网球速度的测量等;机床运行状态的检测;医疗行业中的B超检查;航天领域的遥感技术等。同时,在现代测试技术中也几乎应用了所有近代新技术和新理论,如半导体技术、激光技术、光纤技术、声控技术、遥感技术、自动化技术、计算机应用技术及数理统计、控制论、信息论等,测试技术正不断向智能化、高精度、多功能、自动化、实时性方向发展。

对于很多应用,测量使用的传感器数量非常之多。例如,一辆小汽车上的传感器用以检测车速、力矩、方向、油量、温度等;一架飞机需要几千个传感器,用以检测飞机的状态参数和环境参数。在工程技术领域,有关工程研究、产品开发、生产监督、质量控制和性能测试水平等都离不开测试技术。由此可见,高水平的测试技术是国民经济和科学技术的重要基础技术,是一个国家科学技术现代化的重要标志之一。

测试工作的基本任务是借助专门的仪器和设备，获得与研究对象有关信息的客观、准确的描述，使人们对其有一个恰当的、全面的认识，并达到进一步改造和控制研究对象的目的。

从广义的角度来讲，测试工作的范围涉及实验设计、模型实验、传感器、信号分析与处理、误差理论、控制工程、系统辨识、参数估计等诸学科的内容；从狭义的角度来讲，测试工作是指在选定被测对象激励方式下所进行的对物理信号的检测、变换、传输、处理、显示、记录。本书主要是从狭义的角度来介绍测试工作的基本过程和基本原理。

1.2　测试系统的组成

测试技术主要研究各种物理量的测量原理、测量方法、测量系统及测量信号处理方法。

测量原理是指实现测量所依据的物理、化学、生物等现象及有关规律。例如，用压电晶体测振动加速度时所依据的是压电效应，用电涡流位移传感器测静态位移和振动位移时所依据的是电磁效应，用热电偶测量温度时所依据的是热电效应等。

测量方法是指在测量原理确定后，根据对测量任务的具体要求和现场实际情况，需要采用的不同测量手段等，如直接测量法、间接测量法、电测法、光测法、模拟量测量法、数字量测量法等。

测量系统是指在确定了被测量的测量原理和测量方法以后，由各种测量装置组成的测试系统。要获得有用的信号，必须对被测物理量进行转换、分析和处理，这就需要借助一定的测试系统。

利用测试系统测得的信号常常含有许多噪声，必须对其进行转换、分析和处理，提取出所需要的信息，这样才能获得正确的结果。

测试系统的基本组成如图 1-1 所示。一般来说，测试系统包括四部分：被测对象，传感器，信号调理，信号的显示、记录及分析。

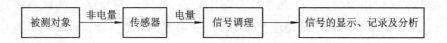

图 1-1　测试系统的基本组成

有时测试工作所希望获取的信息并没有直接蕴含在可检测的信号中，这时测试系统就需要选用合适的方式激励被测对象，使其响应并产生既能充分表征其有关信息，又便于检测的信号。

在测试系统中，当传感器受到被测量的直接作用后，能按一定规律将被测量转换成同一量纲或不同量纲的量值输出，其输出通常是电参数信号，如电阻应变片是将机械应变值的变化转换成电阻值的变化，使用电容式传感器测量位置时是将位移量的变化转换成电容量的变化等。

传感器输出的电参数信号种类很多，输出功率又很小，一般不能将这种信号直接输入到后续的信号处理电路。信号调理环节的主要作用就是对信号进行转换和放大，即把来自传感器的信号转换成更适合进一步传输和处理的信号。信号转换在多数情况下是电参数信号之间的转换，即将各种电参数信号转换为电压、电流、频率等几种便于测量的电参数信号(简称电信号)，并进行各种运算、滤波、分析，将结果输出至显示、记录或控制系统。例如，扭矩传感器可以测出转轴的转速和扭矩，信号调理环节对转速和扭矩进行乘法运算可以得到此转轴传输的功率，然后将其输出到显示与记录设备上。

信号的显示、记录及分析部分以观察者易于识别的形式来显示测量结果，或将测量结果存储，以供需要时使用。

1. 被测对象

被测对象的信息蕴含在物理量中，这些物理量就是被测值，测得的物理量多是一些非电量，如长度、位移、速度、加速度、频率、力、力矩、温度、压力、流量、振动等。现代测试技术测量非电量的方法主要是电测法，即先将非电量转换为电量，然后用各种电测仪表和装置连至计算机等对电信号进行处理和分析。电量分为电能量和电参量，如电流、电压、电场强度和电功率属于电能量，而电阻、电容、电感、频率、相位则属于电参量。由于电参量不具有能量，测试过程中还要将其进一步转换为电能量。

电测法具有许多其他测量方法所不具备的优点，如测量范围广、精度高、响应速度快，能自动连续测量，数据传送、存储、记录、显示方便，并可以实现远距离检测、遥控，还可以与计算机系统相连接，实现快速、多功能及智能化测量。图 1-2 所示为典型电测法的测量过程框图。检测信号一般都是随时间变化的动态量。对测试过程不随时间变化的静态量，由于往往混杂有动态的干扰噪声，一般也可以按动态量来测量。被测量是对象特征信息的载体，并且信号本身的结构对测试装置的选用有着重大影响，因此，应当熟悉和了解各种信号的基本特征和分析方法。

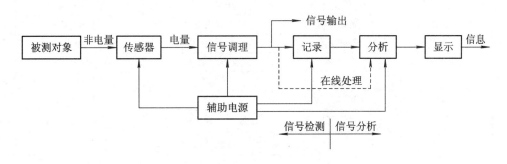

图 1-2 电测法测量过程框图

2. 传感器

传感器是将一种能量形式转换为另一种能量形式的装置，其能感受被测量，并按一定的规律将被测量转换成可用输出信号。例如，弹簧秤中的弹簧就是一个传感器(或敏感元件)，它将物体受到的作用力转换为弹簧的变形量，即位移量。机械工程中常见的传感器及其基本类型见表 1-1。

表 1-1　机械工程中常见的传感器及其基本类型

类　型	传感器	被测量	变换原理
机械量	测力杆	力、力矩	力—位移
	测力环	力	力—位移
	波纹管	压力	压力—位移
	波登管	压力	压力—位移
	波纹薄皮	压力	压力—位移
	双金属片	温度	温度—位移
	微型开关	物体尺寸、位置	力—位移
	液柱	压力	压力—位移
电阻	电位计	位移	位移—电阻
	电阻应变片	力、位移、应变、加速度	变形—电阻
	热敏电阻	温度	温度—电阻
	气敏电阻	可燃气体浓度	气体浓度—电阻
	光敏电阻	开关量	光—电阻
电感	可变磁阻	力、位移	位移—自感
	电涡流	厚度、位移	位移—自感
	差动变压器	力、位移	位移—互感
电容	变气隙、变面积	力、位移	位移—电容
	变介电常数	力、位移	位移—电容
压电	压电元件	力、加速度	力—电荷
			电压—位移
光电	光电池	光强	光—电压
	光敏晶体管	转速、位移	光—电流
	光敏电阻	开关量	光—电阻
磁电	压磁元件	力、扭矩	力—磁导率
	动圈	速度、角速度	速度—电压
	动磁铁	速度	速度—电压
霍尔效应	霍尔元件	位移	位移—电势
辐射	红外	温度、物体有无	热—电
	X 射线	厚度、应力	散射、干涉
	γ 射线	厚度、探伤	射线穿透
	β 射线	厚度、成分分析	射线穿透
	激光	长度、位移、角度	光干涉
	超声波	厚度、探伤	超声波反射、穿透
流体	气动	尺寸、距离、物体大小	尺寸、间隙—压力
	流量	流量	流量—压力差、转子位置

3. 信号调理

传感器输出的电信号经过信号调理电路加工处理后才能进一步输送到显示、记录及分析仪器。常见的调理方式有衰减、放大、转换、调制和解调、滤波、运算和数字化处理等。信号调理部分对传感器输出的信号进行调理或转换，以便后续的传输、显示和分析等处理。例如，信号的幅值调制将低频的测试信号转换为易于在传输通道中传输的高频信号。

4. 显示、记录及分析

调理电路输出的测量结果是被测信号的真实记录，而显示、记录部分以观察者易于认识的形式来显示、存储测量结果，至此，测试系统已完成检测的任务。但是要从这些客观记录的信号中找出被测对象的本质规律，还需要利用计算机对信号进行分析及处理，例如相关分析、小波分析、频谱分析、概率密度分析等。从这个意义上来讲，信号分析是测试系统更为重要的一个环节。

信号分析设备种类繁多，有各种专用的分析仪，如频谱分析仪、相关分析仪、传递函数分析仪等；也有可以作多项综合分析用的信号处理机和数字传导处理系统。计算机在现代信号分析设备中起着重要的作用，目前国内外一些先进的信号处理系统都采用了专用或通用计算机，使信号的处理速度达到了"实时"，例如，将调理电路输出的信号直接送到信号分析设备中进行处理(称之为在线处理)。由于数字电路和计算机高速处理数据的能力，在线测试和处理已成为可能，且在工程测试和工业控制中得到愈来愈广泛的应用。

在实际测试过程中，根据测试目的不同，测试系统可以很复杂也可以很简单。例如，有的被测对象还需要进行激励，使其达到测试所要求的预定状态再进行测试，而有的被测量只需一种简单的测量仪表即可得到测量结果。

1.3　测试技术的主要内容及其在工程中的应用

1.3.1　测试技术的主要内容

对物理量进行测试面临着三个任务：

① 了解被测信号的特性；

② 选择测试系统；

③ 评价和分析测试系统的输出(信号)。

完成这三个任务会涉及以下内容：

(1) 信号分析。信息蕴含在物理量中，这些物理量就是信号，信号是信息的载体。信号分析是测试系统中非常重要的环节。工程领域的物理量往往是随时间变化的动态信号，选择这类信号的测量系统，不仅要考虑被测信号的限值，还要了解被测信号的变化频率，以作为选择测试装置工作频率的依据。了解被测信号的频率信息经常采用频谱分析方法。对于通过测试装置获得的输出信号，根据测试的目的和要求不同，往往也需要对其进行分析，例如相关分析、频谱分析和统计分析等。关于信号的分析方法在本书的第 2 章进行介绍。

(2) 测试系统的特性分析。测试系统的任务是感受输入的被测信号，并将其转换为可以理解或可以量化的输出形式。不同的测试系统对相同的输入有不同的响应(输出)。输出在多大程度上真实反映被测输入信号，取决于测试系统在传递信号的过程中对信号进行了怎样的"加工"。

实际上，一般的测试系统都可以用一个模型来描述，这个模型往往是微分方程或传递函数、频率特性函数、脉冲响应函数等，它们之间可以相互转换。通过对系统模型的分析，可以知晓测试系统对于输入的被测信号所进行的"加工"。

（3）传感器与信号调理。测试工作离不开具体的测量与转换装置，例如传感器、信号的调理装置等。工程领域的被测信号一般是非电量，如速度、加速度、温度、力和流量等，需要将其转换为电量，传感器就是完成这种转换的（具体介绍见第 4 章）。为了便于后续的传输与分析处理，往往需要对传感器输出的电信号进行调理与转换。例如，滤波器可滤除干扰噪声，调制可将低频的测试信号转换成易于在信道中传输的高频调制信号，模/数转换器可将模拟的电信号转换为数字信号，便于信号的数字分析等。

1.3.2 测试技术在机械工程中的应用

测试技术与科学研究、工程实践密切相关，科学技术的发展历程表明，许多新的发现和突破都是以测试为基础的。同时，科学技术的发展和进步又为测试提供了新的方法和装备，促进了测试技术的发展。在机械工程领域，测试技术得到了广泛应用，已成为一项重要基础技术。下面列举它在几个方面的应用。

1. 在机械振动和结构设计中的应用

在工业生产领域，机械结构的振动分析是一个重要的研究课题。通常在工作状态或人工输入激励下，采用各种振动传感器获取各种机械振动测试信号，再对这些信号进行分析和处理，提取各种振动特征参数，从而得到机械结构的各种有价值信息。尤其是通过对机械振动信号的频谱分析、机械结构模态分析和参数识别等，分析振动性质及产生原因，找出消振、减振的方法，可进一步改进机械结构的设计，提高产品质量。

2. 在自动化生产中的应用

在工业自动化生产中，通过对工艺参数的测试和数据采集，实现工艺流程、产品质量和设备运行状态的监测和控制。例如，在自动轧钢系统中，使用力传感器实时测量轧制力大小，使用测厚传感器实时测量钢板的厚度。这些测量信号反馈到控制系统后，控制系统根据轧制力和板材厚度信息来调整轮辊的位置，保证板材的轧制尺寸和质量。

3. 在产品质量和控制中的应用

在汽车、机床设备和电机、发动机等部件出厂时，必须对其性能进行测量和检验。例如，在汽车出厂检验中，测量参数包括润滑油温度、冷却水温度、燃油压力及发动机转速等，通过对汽车的抽样测试，工程师可以了解汽车的质量。

在各种自动控制系统中，测试环节是其重要的组成部分，起着控制系统感官的作用。最典型的就是各种传感器的使用，例如汽车制造生产线上的焊接机器人，其激光测距传感器、机器人转动/移动位置传感器及力传感器等协调工作，从而控制汽车车身的焊缝尺寸和焊接强度。

4. 在机械监控和故障诊断中的应用

在电力、冶金、石油、化工等众多行业中，某些关键设备，如汽轮机、燃气轮机、水轮机、发电机、电动机、压缩机、风机、泵、变速箱等的工作状态关系到整个生产的正常运行。对这些关键设备运行状态实施 24 小时实时动态监测，可以及时、准确地掌握它们的变化趋势，为工程技术人员提供详细、全面的机组信息，是实现设备事后维修或定期维修向预测维修转变的基础。

1.4　测试技术的发展趋势

测试技术随着现代科学技术的发展而迅速发展，特别是计算机、软件、网络、通信等技术的发展使测试技术日新月异。测试技术的发展可归纳为以下几方面。

1. 传感器向新型、微型、智能化方向发展

传感器的作用是获取信号，是测试系统的首要环节。

新的物理、化学、生物效应应用于物性型传感器是传感器技术的重要发展方向之一。每有一种新的物理效应应用，都会出现一种新型敏感元件，或者某种新的参数能够被测量，例如一些声敏、湿敏、色敏、味敏、化学敏、射线敏等新材料与新元件的应用，有力地推动了传感器的发展。由于物性型传感器的敏感元件依赖于敏感功能材料，因此，敏感功能材料(如半导体、高分子合成材料、磁性材料、超导材料、液晶、生物功能材料、稀土金属等)的开发也推动着传感器的发展。

快变参数和动态测量是机械工程测试和控制系统中的重要环节，其主要实现基础是微电子与计算机技术。传感器与微计算机结合产生了智能传感器，也是传感器技术发展的新动向。智能传感器能自动选择测量量程和增益，自动校准与实时校准，进行非线性校正、漂移等误差补偿的复杂的计算处理，完成自动故障监控和过载保护。通过引入先进技术，智能传感器可以利用微处理技术提高传感器精度和线性度，修正温度漂移和时间漂移。

近年来，传感器向多维发展，如把几个传感器制造在同一基体上，把同类传感器配置成传感器阵列等。因此，传感器必须微细化、小型化，这样才可能实现多维测量。

2. 测试仪器向高精度和多功能方向发展

仪器与计算机技术的结合产生了全新的结构，即虚拟仪器。虚拟仪器采用计算机开放体系结构来取代传统的单机测量仪器，将传统测量仪器的公共部分(如电源、操作面板、显示屏、通信总线和 CPU)集中起来，通过计算机仪器扩展板和应用软件在计算机上实现多种物理仪器，实现多功能集成。

随着微处理器速度的加快，一些实时性要求高，原来要由硬件完成的功能现在可以通过软件来实现，即硬件功能软件化；同时，在测试仪器中广泛使用高速数字处理器，极大地增强了仪器的信号处理能力和性能，仪器精度也获得了大大提高。

3. 测试与信号处理向自动化方向发展

越来越多的测试系统采用了以计算机为核心的多通道自动测试系统，这样的系统既能实现动态参数的在线实时测量，又能快速地进行信号实时分析与处理。随着信号处理芯片的出现和发展，对简化信号处理系统结构、提高运算速度、加速信号处理的实时能力起到了很大的推动作用。

1.5 测试技术基础知识

1.5.1 量的基本概念

1. 量

量是指现象、物体或物质可定性区别和定量确定的属性，如大气的温度，运动物体的速度、时间、位移等。量的种类很多，根据量之间的关系，可以将量分为基本量和导出量。基本量是相互独立的量，导出量则可以由基本量按一定的乘除关系来定义。如运动物体的位移和时间是基本量，速度是位移与时间的比值，就属于导出量。基本量和导出量的这种特定组合称为量制，不同的量制选用的基本量和导出量是不同的。1960 年 10 月第十一届国际计量大会通过的国际单位制中有 7 个基本量，分别是长度、质量、时间、温度、电流、发光强度和物质的量。

2. 量纲

量是根据量纲来定性区别的，量纲不同的量不属于同一种量。量纲是量的一种属性，可以定性区别量的种类。国际单位制中，7 个基本量的量纲分别为 L、M、T、Θ、I、J、N。位移和时间之所以不是同种量，是因为它们的量纲不同。只有具有相同量纲的量，才能比较大小。导出量的量纲可用基本量量纲的幂的乘积表达式来表示。

任意量 Q 的量纲表达式为

$$\dim Q = L^{\alpha} M^{\beta} T^{\gamma} \Theta^{\epsilon} I^{\delta} J^{\eta} N^{\xi} \tag{1-1}$$

例如，速度的量纲为 LT^{-1}，力的量纲为 LMT^{-2}。量纲表达式中的幂都为零的量称为无量纲量，如应变量。

3. 量值

量的大小可以用量值来定量确定，量值用数值和计量单位来表示，例如，黑板的宽度是 $2.50\ \text{m}$、质量是 $35\ \text{kg}$，室内的温度是 $25℃$ 等。对量值来说，数值和计量单位缺一不可。计量单位是对量进行数值化的基础，对同一个量，当计量单位不同时，得到的量值数值也不同。不同的单位制采用的计算单位是不一样的，例如，在国际单位制中，长度量的基本计量单位为米，而在英制单位中长度量的基本计量单位为英尺。

1.5.2 国际单位制

国际单位制（SI 制）主要由 SI 单位（包括 SI 基本单位、SI 辅助单位、SI 导出单位）、SI 词条和 SI 单位的倍数单位和分数单位组成。我国的法定单位就是以国际单位为基础并选用少数其他单位制的计量单位组成的。

1. SI 基本单位

（1）米：国际单位制中长度的基本单位，符号为 m。1983 年，第十七届国际计量大会通过：1 m 是光在真空中 $\dfrac{1}{299\ 792\ 458}$ 秒（s）的时间间隔内所经路程的长度。

（2）千克（公斤）：国际单位制中质量的基本单位，符号为 kg，公斤是千克的同义词。

1889 年，第一届国际计量大会通过：l kg 等于国际千克原器的质量。国际千克原器是直径和高度均为 3.9 厘米铂铱合金的圆柱体，目前保存在巴黎的国际计量局内。

（3）秒：国际单位制中时间的基本单位，符号为 s。1967 年，第十三届国际计量大会通过：1 s 是与铯 133 原子基态的两个超精细能级间跃迁相对应的辐射的 9 192 631 770 个周期所持续的时间。

（4）安[培]：国际单位制中电流的基本单位，符号为 A。1948 年，第九届国际计量大会通过：在真空中，两根相距 1 m、无限长、相互平行直导线内通恒定电流时，若两导线之间产生的相互作用力在每米长度上为 2×10^{-7} 牛顿（N），则每根导线中的电流为 1 A。

（5）开[尔文]：国际单位制中热力学温度的基本单位，简称开，符号为 K。1967 年，第十三届国际计量大会通过：1 K 等于水的三相点热力学温度的 $\frac{1}{273}$。

（6）坎[德拉]：国际单位制中发光强度的基本单位，符号为 cd。1979 年，第十六届国际计量大会通过：对于一个频率为 540×10^{12} Hz 的单色辐射光源，如果在某个方向上的辐射强度为 1/683 瓦特每球面（W/sr），则该光源在此方向上的发光强度为 1 cd。

（7）摩尔：国际单位制中物质的量的基本单位，符号 mol。1971 年，第十四届国际计量大会通过：1 mol 等于 12 g C^{12} 所含的原子数。

2. SI 辅助单位

（1）弧度：国际单位制中平面角的单位，符号为 rad。1 rad 等于圆内半径长的圆弧所对应的平面圆心角。

（2）球面角：国际单位制中立体角的单位，符号为 sr。立体角单位球面角的定义是：球面角是一立体角，其顶点位于球心，而它在球面上所截取的面积等于以球半径为边长的正方形的面积。

3. SI 导出单位

按物理量之间的关系，由基本单位和辅助单位通过乘除而构成的单位称为导出单位（见表 1-2，表 1-3，表 1-4）。如面积的单位为平方米，符号为 m^2；速度的单位为米每秒，符号为 m/s。

表 1－2　基本单位的 SI 导出单位

量的名称	SI 导出单位	
	名　　称	符　　号
面积	平方米	m^2
体积	立方米	m^3
速度	米每秒	m/s
加速度	米每二次方秒	m/s^2
波数	每米	m^{-1}
密度	千克每立方米	kg/m^3
电流密度	安培每平方米	A/m^2
磁场强度	安培每米	A/m
物质的量浓度	摩尔每立方米	mol/m^3
光亮度	坎[德拉]每平方米	cd/m^2

表 1-3 专门名称的 SI 导出单位

量的名称	SI 导出单位		
	名称	符号	SI 基本单位表示
频率	赫兹	Hz	s^{-1}
力	牛顿	N	$m \cdot kg \cdot s^{-2}$
压强	帕斯卡	Pa	$m^{-1} \cdot kg \cdot s^{-2}$
能量,功,热量	焦耳	J	$m^2 \cdot kg \cdot s^{-2}$
功率,辐射通量	瓦特	W	$m^2 \cdot kg \cdot s^{-3}$
电荷量	库仑	C	$s \cdot A$
电压,电势	伏特	V	$m^2 \cdot kg \cdot s^{-3} \cdot A^{-1}$
电容	法拉	F	$m^{-2} \cdot kg^{-1} \cdot s^4 \cdot A^2$
电阻	欧姆	Ω	$m^2 \cdot kg \cdot s^{-3} \cdot A^{-2}$
电导	西门子	S	$m^{-2} \cdot kg^{-1} \cdot s^3 \cdot A^2$
磁通量	韦伯	Wb	$m^2 \cdot kg \cdot s^{-2} \cdot A^{-1}$
磁通密度,磁感应强度	特斯拉	T	$kg \cdot s^{-2} \cdot A^{-1}$
电感	亨利	H	$m^2 \cdot kg \cdot s^{-2} \cdot A^{-2}$
摄氏度	摄氏度	℃	K
光通量	流明	lm	$cd \cdot sr$
光照度	勒克斯	lx	$m^{-2} \cdot cd \cdot sr$
放射性活度	贝克勒尔	Bq	s^{-1}
吸收剂量	戈瑞	Gy	$m^2 \cdot s^{-2}$

表 1-4 专门名称单位的导出单位

量的名称	SI 导出单位		
	名称	符号	SI 基本单位表示
运动粘度	帕秒	Pa·s	$m^{-1} \cdot kg \cdot s^{-1}$
力矩	牛顿米	N·m	$m^2 \cdot kg \cdot s^{-2}$
表面张力	牛顿每米	N/m	$kg \cdot s^{-2}$
熵	焦耳每开尔文	J/K	$m^2 \cdot kg \cdot s^{-2} \cdot K^{-1}$
比内能	焦耳每千克	J/kg	$m^2 \cdot s^{-2}$
热导率	瓦特每米开尔文	W/K	$m \cdot kg \cdot s^{-3} \cdot K^{-1}$
能量密度	焦耳每立方米	J/m^3	$m^{-1} \cdot kg \cdot s^{-2}$
电场强度	伏特每米	V/m	$m \cdot kg \cdot s^{-3} \cdot A^{-2}$
电荷体密度	库仑每立方米	C/m^3	$m^{-3} \cdot s \cdot A$
电通量密度,电位移	库仑每平方米	C/m^2	$m^{-2} \cdot s \cdot A$
介电常数	法拉每米	F/m	$m^{-3} \cdot kg^{-1} \cdot s^4 \cdot A^2$
磁导率	亨利每米	H/m	$m \cdot kg \cdot s^{-2} \cdot A^{-2}$
摩尔内能	焦耳每摩尔	J/mol	$m^2 \cdot kg \cdot s^{-2} \cdot mol^{-1}$
摩尔熵,摩尔热容	焦耳每摩尔开尔文	J/(mol K)	$m^2 \cdot kg \cdot s^{-2} \cdot K^{-1} \cdot mol^{-1}$

4. SI 词头与倍数单位和分数单位

对某种量来说,只采用 SI 单位明显是不够的,因为有时候会导致量的数值偏大或偏小,使用不方便。因此,在国际单位制中,利用 SI 词头与 SI 单位进行组合,得到量的倍数单位和分数单位。国际单位制中规定的词头有 16 个(见表 1-5)。

表 1-5　国际单位制的词头

因数	词头	符号	因数	词头	符号
10^{18}	艾克萨	E	10^{-1}	分	d
10^{15}	拍它	P	10^{-2}	厘	c
10^{12}	太拉	T	10^{-3}	毫	m
10^{9}	吉咖	G	10^{-6}	微	μ
10^{6}	兆	M	10^{-9}	纳诺	n
10^{3}	千	k	10^{-12}	皮可	p
10^{2}	百	H	10^{-15}	飞母托	f
10^{1}	十	da	10^{-18}	阿托	a

词头紧接在单位名称前,词头符号同样紧接在单位符号前,之间不留空,如:毫秒,符号 ms;微秒,符号 μs;飞秒,符号 fs。

不能同时使用两个及以上词头符号,如:十亿分之一米(10^{-9} m),不能写为 mμm,应写为 nm。

第2章 测试信号的描述与分析

2.1 信号概述

在科学研究、生产过程中，经常要对许多客观存在的物体或物理过程进行观测，这些客观存在的事物包含着大量标志其本身所处时间、空间特征的数据和"情报"，这就是该事物的"信息"。从信息论的观点来看，信息就是客观事物的时间、空间特殊性，是无所不在、无时不存的，是一个"场"的概念。人们为了某些特定的目的，总是从浩如烟海的信息中把所需要的部分取出来，以达到观测事物某一本质问题的目的。所需了解的那部分信息以各种技术手段表达出来，提供人们观测和分析，这种对信息的表达形式称之为"信号"。广义地说，信号是随着时间变化的某种物理量。只有变化的量中，才可能含有信息。信号是某一特定信息的载体，例如一台机床在运行过程中，在某一时间，在某一位置上均有声、热、振动等一系列的内部特征和外部表现，人们为研究该机床某一方面的本质变化，就用测试仪器观测该方面的数据或图像，如温度变化、振动情况等。

使用测试系统进行某一参量测试的整个过程包括信号的获取、加工、处理、显示记录等，所以深入地了解信号的各种特性才能明确对测试系统及其各环节的要求，检验系统的性能，提高测试质量。

"信号"一词最初起源于"符号"、"记号"，它是用来表示信息的物体、记号、语言的元素或特定的符号等。信号的历史可追溯到史前时代；19世纪30年代，随着电报的发明（1830－1840年）诞生了电信号；20世纪初电子学的诞生（1904－1907年）使得人们能检测和放大微弱信号，通常认为这是信号处理学说的真正起始点。1822年，傅里叶（Fourier）在研究热传播的过程中建立了傅里叶解析方法学，后人将他的方法学应用到对电流波动的研究中，做了大量基础性工作。19世纪30年代，维纳和辛钦首次发表了有关将傅里叶解析方法应用于随机信号及现象分析方面的著作，将信号的理论大大地向前推进了一步。二次世界大战期间，通信与雷达技术的发展进一步促进了信息和信号理论的发展。1920年前后，奈奎斯特和哈特利便已着手研究在电报线上所传输的信息量，且已经观察到信号的最高传输率与所用的频带宽成正比；到了1948－1949年间，香农发表了有关通信的数学理论的基础性著作，维纳发表了关于控制论以及对受噪声影响的信号或数据进行最优处理的著作，其中主要考虑了所研究现象亦即信号的统计特征。

20世纪30年代是信号理论发展较快的时代，出现了一系列的有关著作。到了1948年出现了第一只晶体管，几年之后又发明了集成电路，从而使得实现复杂的信号处理系统成为可能，同时也大大扩展了信号处理的应用范围。1965年由库利和图基提出了一种适合于计算机运算的离散傅里叶变换（DFT）的快速算法，即后来被称为快速傅里叶变换（Fast

Fourier Transform，FFT)的算法，使人们能用计算机来进行复杂的信号处理。快速傅里叶变换的问世标志着数字信号处理这一学科的开始，也大大促进了数字信号分析技术的发展，同时也使科学分析的许多领域面貌一新。如今，信号处理理论已经趋于成熟。随着计算机技术的迅速发展，信号理论与信号处理技术已经被广泛应用到机械、电子、医学、农业等几乎所有的科学领域，成为科研和生产中一种不可缺少的工具和手段。

信号是信号本身及其传输的起点到终点的过程中所携带的信息的物理表现，例如，在研究一个质量—弹簧系统在受到一个激励后的运动状况时，便可以通过系统质量块的位移—时间关系来描述。反映质量块位移的时间变化过程的信号则包含了该系统的固有频率和阻尼比的信息。一个质量—弹簧振动系统，如图 2-1(a)所示，做无阻尼自由振动时，作为时间函数的位移信号 $x(t)$ 可用下面的数学关系式表达：

$$x(t) = A \cos\left(\sqrt{\frac{k}{m}}t + \varphi_0\right) \tag{2-1}$$

式中，A 为振动幅值的最大值；k 为弹簧刚度；m 为质量；φ_0 为初始相角。也可以用 $x(t)-t$ 的曲线图表达这一位移随时间变化的信号，如图 2-1(b)所示。

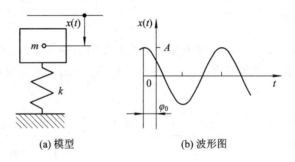

(a) 模型　　　　　　　(b) 波形图

图 2-1　质量—弹簧振动系统及曲线图

在讲到信号时不能不提及"噪声"的概念。噪声也是一种信号，噪声的定义是：任何干扰对信号的感知和解释的现象称为噪声。"噪声"一词本来源于声学，意思也是指那些干扰对声音信号的感知和解释的声学效应。

信噪比是用来对信号被噪声所污染的程度的一种度量。信噪比 ξ 表达为信号功率 P_s 与噪声功率 P_n 之比，即

$$\xi = \frac{P_s}{P_n} \tag{2-2}$$

通常将信噪比用分贝所测量的对数刻度来表示：

$$\xi_{dB} = 10 \lg\xi \tag{2-3}$$

必须指出的是，信号与噪声的区别纯粹是人为的，且取决于使用者对两者的评价标准。某种场合中被认为是干扰的噪声信号，在另一种场合却可能是有用的信号。举例来说，齿轮噪声对工作环境来说是一种"污染"，但这种噪声也是齿轮传动缺陷的一种表现，因而可用来评价齿轮副的运动状态，并用它来对齿轮传动机构作故障诊断。从这个意义上来讲，噪声又是一个有用的信号，一个被干扰的信号仍然是一个信号，因此仍采用相同的模型来描述有用信号及其干扰，这样，信号理论也必须包括噪声理论。

2.2 信 号 分 类

为了深入了解信号的物理实质，将其进行分类研究是非常必要的。对信号的分类有多种方法，其中主要的有如下几种：

（1）表象分类法。这是一种基于信号的演变类型、信号的预定特点或音信号的随机特性的分类方法，分为确定性信号与非确定性信号。

（2）能量分类法。这种方法规定了两类信号，其中一类为具有有限能量的信号，另一类为具有有限平均功率和无限能量的信号，分为能量信号与功率信号。

（3）时频域分类法。这种方法有时限信号与频限信号。

（4）形态分类法。这是一种基于信号的幅值或者独立变量是连续的还是离散的这一特点的分类方法，分为连续时间信号与离散时间信号。

（5）可实现性分类法。这种方法分为物理可实现信号和物理不可实现信号。

下面分别对这几种分类方法进行详细介绍。

2.2.1 表象分类法

表象分类法是根据信号沿时间轴演变的特性所作的一种分类。根据这种分类法可定义两大类信号：确定性信号和非确定性信号（也称随机信号）。图2-2所示为信号的分类描述框图。

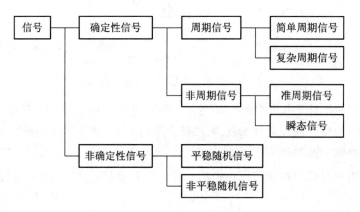

图2-2 信号的分类描述框图

1. 确定性信号

当信号是一确定的时间函数时，给定某一时间值，就可以确定一相应的函数值，这样的信号称为确定信号。

确定性信号是可以用明确的数学关系式描述的信号，它可以进一步分为周期信号、非周期信号等。

1）周期信号

周期信号是指经过一定时间可以重复出现的信号，满足条件为

$$x(t) = x(t + nT) \qquad (2-4)$$

式中，T 为周期，$T = 2n/\omega_0$，ω_0 为基频；n 为整数。

　　周期信号是每隔固定的时间又重现本身的信号,该固定的时间间隔称为周期。非周期信号无此固定时间长度的循环周期。严格数学意义上的周期信号,是无始无终地重复着某一变化规律的信号。实际应用中,周期信号只是指在较长时间内按照某一规律重复变化的信号。

　　例如,如图 2 - 3 所示是一个 50 Hz 正弦波信号 $10 \sin(2\pi 50t)$ 的波形,信号周期为 $1/50 = 0.02$ s。

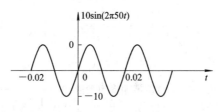

图 2 - 3　50 Hz 正弦波信号波形

　　机械系统中,回转体不平衡引起的振动往往也是一种周期性运动。例如,图 2 - 4 所示是某钢厂减速机振动测点布置图,图 2 - 5 所示是某钢厂减速机上测得的振动信号波形(测点 3),可以近似地看作是周期信号。

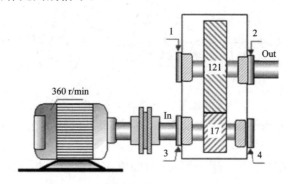

图 2 - 4　某钢厂减速机振动测点布置图

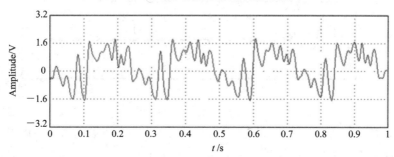

图 2 - 5　某钢厂减速机测点 3 振动信号波形

2) 非周期信号

　　非周期信号是不会重复出现的信号,例如,锤子的敲击力、承载缆绳断裂时的应力变化、热电偶插入加热炉中温度的变化过程等,这些信号都属于瞬变非周期信号,并且可用数学关系式描述。例如,图 2 - 6 所示是单自由度振动模型在脉冲力作用下的响应及其波形,其关系式为

$$x(t) = A\mathrm{e}^{-\xi t} \sin(\omega_0 t)$$

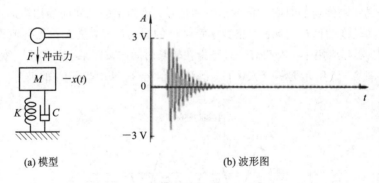

(a) 模型　　　　　　　　　(b) 波形图

图 2-6　单自由度振动模型脉冲响应信号波形

准周期信号是非周期信号的特例，处于周期与非周期的边缘情况，是由有限个周期信号合成的，但各周期信号的频率相互间不是公倍数关系，其合成信号不满足周期条件。例如，$x(t)=\sin t+\sin\sqrt{2}t$ 是两个正弦信号的合成，其频率比不是有理数，不成谐波关系，这个合成信号的波形如图 2-7 所示。

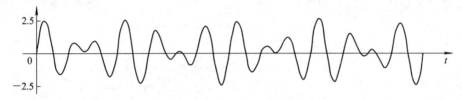

图 2-7　准周期信号波形

准周期信号往往出现于通信、振动系统，应用于机械转子振动分析、齿轮噪声分析、语音分析等场合。

瞬态信号是非周期信号的一种，是持续时间有限的信号，如 $x(t)=\mathrm{e}^{-\beta t}\cdot A\sin(2\pi ft)$，如图 2-8 所示。

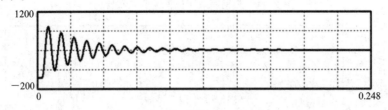

图 2-8　瞬态信号波形

实际上，周期信号与非周期信号之间没有绝对的差别，当周期信号的周期 T 无限增大时，则此信号就转化为非周期信号 $f(t)$，即

$$\lim_{T\to\infty}f_T(t)=f(t) \tag{2-5}$$

3）确定性信号的时间特性

$x(t)$ 表示信号的时间函数，包含了信号的全部信息量，信号的特性首先表现为它的时间特性。时间特性主要指以下几点：① 信号随时间变化快慢；② 幅度变化的特性；③ 同一形状的波形重复出现的周期长短；④ 信号波形本身变化的速率（如脉冲信号的脉冲持续时间及脉冲上升和下降沿陡直的程度）。

以时间函数描述信号的图形称为时域图，在时域上分析信号称为时域分析。

4）确定性信号的频率特性

信号还具有频率特性，可用信号的频谱函数来表示。在频谱函数中，也包含了信号的全部信息量。频谱函数表征信号的各频率成分，以及各频率成分的振幅和相位。

频谱：对于一个复杂信号，可用傅里叶分析将它分解为许多不同频率的正弦分量，而每一正弦分量则以它的振幅和相位来表征。将各正弦分量的振幅与相位分别按频率高低次序排列成频谱。

频带：复杂信号频谱中各分量的频率理论上可扩展至无限，但因原始信号的能量一般集中在频率较低范围内，在工程应用上一般忽略高于某一频率的分量。频谱中该有效频率范围称为该信号的频带。

以频谱描述信号的图形称为频域图，在频域上分析信号称为频域分析。

5）时域特性与频域特性的联系

信号的频谱函数和信号的时间函数既然都包含了信号的全部信息量，都能表示出信号的特点，信号的时间特性与频率特性必然具有密切联系。例如，周期性脉冲信号的重复周期的倒数就是该信号的基波频率，周期的大小分别对应着低的或高的基波和谐波频率。信号分析中将进一步揭示两者的关系。

2. 非确定性信号

非确定性信号即随机信号，是不能用数学关系式描述的，如图 2-9 所示是螺纹车床主轴受环境影响的振动信号波形，其幅值、相位变化是不可预知的，所描述的物理现象是一种随机过程。例如，汽车奔驰时所产生的振动、飞机在大气流中的浮动、树叶随风飘荡、环境噪声等都是随机过程。

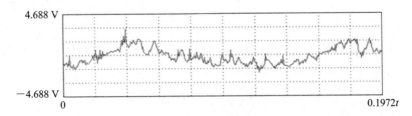

图 2-9　加工过程中螺纹车床主轴受环境影响的振动信号波形

然而，必须指出的是，实际物理过程往往是很复杂的，既无理想的确定性，也无理想的非确定性，而是相互掺杂的。

2.2.2　能量分类法

信号可以用它的能量特点加以区分，分为能量信号与功率信号。

在一定的时间间隔内，把信号施加在一负载上，负载上就消耗一定的信号能量。

$$E = \int_{-T/2}^{T/2} x^2(t)\,dt \tag{2-6}$$

把该能量值对于时间间隔取平均，得到该时间内信号的平均功率。

如果时间间隔趋于无穷大，将产生两种情况：

（1）信号总能量为有限值而信号平均功率为零，称为能量信号。一般持续时间有限的瞬态信号是能量信号，如非周期的单脉冲信号就是常见的能量信号。

（2）信号平均功率为大于零的有限值而信号总能量为无穷大，称为功率信号。一般持续时间无限的信号都属于功率信号，如周期信号就是常见的功率信号。

1. 能量信号

在所分析的区间$(-\infty, \infty)$，能量为有限值的信号称为能量信号，满足如下条件：

$$\int_{-\infty}^{+\infty} x^2(t)\mathrm{d}t < \infty \tag{2-7}$$

关于信号的能量，可作如下解释：对于电信号，通常是电压或电流，电压在已知区间(t_1, t_2)内消耗在电阻上的能量，其值为

$$E = \int_{t_1}^{t_2} \frac{U^2(t)}{R}\mathrm{d}t \tag{2-8}$$

对于电流，能量值为

$$E = \int_{t_1}^{t_2} RI^2(t)\mathrm{d}t \tag{2-9}$$

在上面每一种情况下，能量都是正比于信号平方的积分。讨论消耗在电阻上的能量往往是很方便的，因为当$R=1\ \Omega$时，上述两式具有相同形式，采用这种规定时，就称方程（2-10）为任意信号$x(t)$的"能量"。

$$E = \int_{t_1}^{t_2} x^2(t)\mathrm{d}t \tag{2-10}$$

2. 功率信号

有许多信号，如周期信号、随机信号等，它们在区间$(-\infty, \infty)$内能量不是有限值。在这种情况下，研究信号的平均功率更为合适。在区间(t_1, t_2)内，信号的平均功率为

$$P = \frac{1}{t_2 - t_1}\int_{t_1}^{t_2} x^2(t)\mathrm{d}t \tag{2-11}$$

若区间变为无穷大时，上式仍然是一个有限值，信号具有有限的平均功率，称之为功率信号。具体讲，功率信号满足如下条件：

$$0 < \lim_{T \to \infty}\frac{1}{2T}\int_{t_1}^{t_2} x^2(t)\mathrm{d}t < \infty \tag{2-12}$$

对比式（2-10）和（2-12），显而易见，一个能量信号具有零平均功率，而一个功率信号具有无限大能量。

2.2.3 时频域分析法

时频域分析法中分为时限信号与频限信号。时域有限信号（如图2-10所示）是在有限区间(t_1, t_2)内有定义，而其在有限区间外恒等于零，例如，矩形脉冲、三角脉冲、余弦脉冲等；而周期信号、指数衰减信号、随机过程等，则称为时域无限信号。

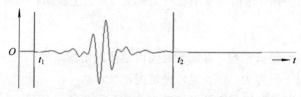

图2-10　时域有限信号波形

频域有限信号（见图 2 - 11）是指信号经过傅里叶变换，在频域内占据一定带宽（f_1，f_2），其余部分恒等于零。例如，正弦信号、sinc$t$ 函数、限带白噪声等为频域有限信号，白噪声、理想采样信号等则为频域无限信号。

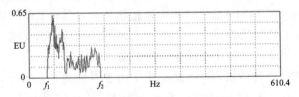

图 2 - 11　频域有限信号波形

时间有限信号的频谱，在频率轴上可以延伸至无限远。由对称性可推论，一个具有有限带宽的信号必然在时间轴上延伸至无限远处。显然，一个信号不能够在时域和频域都是有限的。

2.2.4　形态分类法

形态分类法中分为连续时间信号与离散时间信号。

1. 连续时间信号

在所讨论的时间间隔内，对于任意时间值（除若干个第一类间断点外）都可给出确定的函数值，此类信号称为连续时间信号，如图 2-12 所示。连续信号的幅值可以是连续的，也可以是不连续的。

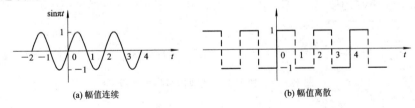

(a) 幅值连续　　　　　　　　　　(b) 幅值离散

图 2-12　连续时间信号波形

2. 离散时间信号

离散时间信号在时间上是离散的，如图 2-13 所示，只是在某些不连续的规定瞬时给出函数值，而在其他时间没有定义的信号。

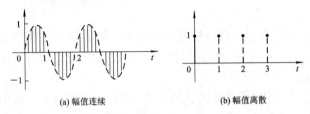

(a) 幅值连续　　　　　　　　　　(b) 幅值离散

图 2-13　离散时间信号波形

一般而言，模拟信号是连续的（时间和幅值都是连续的），数字信号是离散的。

2.2.5　可实现性分类法

1. 物理可实现信号

物理可实现信号又称为单边信号，满足条件 $t<0$ 时，$x(t)=0$，即在时刻小于零的一

侧全为零，信号完全由时刻大于零的一侧确定。

在实际中出现的信号，大量的是物理可实现信号，因为这种信号反映了物理上的因果关系。实际中所能测得的信号，许多都是由一个激发脉冲作用于一个物理系统之后所输出的信号，如图 2-6 所示。例如，切削过程可以把机床、刀具、工件构成的工艺系统作为一个物理系统，把工件上的硬质点或切削刀具上积屑瘤的突变等作为振源脉冲，仅仅在该脉冲作用于系统之后，振动传感器才有描述刀具振动的输出。

物理系统具有这样一种性质，当激发脉冲作用于系统之前，系统是不会有响应的；换句话说，在零时刻之前，没有输入脉冲，则输出为零。这种性质反映了物理上的因果关系。因此，一个信号要通过一个物理系统来实现，就必须满足 $x(t)=0(t\leqslant 0)$，这就是把满足这一条件的信号称之为物理可实现信号的原因。同理，对于离散信号而言，满足 $x(n)=0(n\leqslant 0)$ 条件的序列，即称为因果序列。

2. 物理不可实现信号

物理不可实现信号是在事件发生前($t<0$)就预知信号，如图 2-14 所示。在激发脉冲没有作用于系统之前，系统就有响应，这是不符合因果关系的，物理上不可能实现。

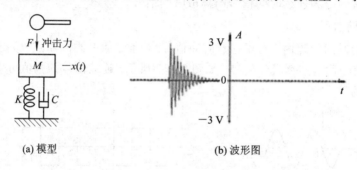

| (a) 模型 | (b) 波形图 |

图 2-14　物理不可实现信号模型及波形

2.3　周　期　信　号

2.3.1　信号的时域与频域描述

1. 时域分析

系统的输入信号称为激励，输出信号称为响应，激励与响应都是时间的函数。激励函数 $s(t)$，响应函数 $r(t)$，系统对激励的响应称为冲激响应函数 $h(t)$。对激励的响应是激励函数与系统冲激响应函数的卷积。

时域分析的方法：利用线性系统的叠加原理，把复杂的激励在时域中分解成一系列单位激励信号，然后分别计算各单位激励通过系统的响应，最后在输出端叠加而得到总的响应。

时域分析的具体步骤如下：

(1) 将激励函数分解为若干个脉冲函数，第 k 个脉冲函数值为 $s(k\Delta t)$。

(2) 系统对第 k 个脉冲的冲激响应的数值为

$$r(k\Delta t) = s(k\Delta t) \cdot \Delta t \cdot h(t-k\Delta t) \tag{2-13}$$

(3) 系统对于所有的激励函数的总响应，可近似地看作是各脉冲通过系统所产生的冲

激响应的叠加。该总响应为

$$r(t) \approx \sum_{k=0}^{n} s(k\Delta t) \cdot \Delta t \cdot h(t - k\Delta t) \tag{2-14}$$

式中，$h(t)$ 是单位冲激函数 $\delta(t)$ 对应的响应，称为单位冲激响应函数。

单位冲激函数 $\delta(t)$ 也称狄拉克函数或 δ 函数，其定义是：在 $t \neq 0$ 时，函数值均为 0；在 $t = 0$ 处，函数值为无穷大，而脉冲面积为 1，即

$$\begin{cases} \int_{-\infty}^{\infty} \delta(t) = 1, & t = 0 \\ \delta(t) = 0, & t \neq 0 \end{cases} \tag{2-15}$$

当 Δt 趋于无限小而成为 $d\tau$ 时，式(2-14)中不连续变量 $k\Delta t$ 成了连续变量 τ，对各项求和就成了求积分，于是有

$$r(t) = \int_{0}^{t} s(\tau) h(t - \tau) d\tau \tag{2-16}$$

这种叠加积分称为卷积积分。信号时域分析又称为波形分析或时域统计分析，它是通过信号的时域波形计算信号的均值、均方值、方差等统计参数。信号的时域分析很简单，用示波器、万用表等普通仪器就可以进行分析。信号时域分析（波形分析）的一个重要功能是根据信号的分类和各类信号的特点确定信号的类型，然后再根据信号类型选用合适的信号分析方法。图 2-15 所示为三种不同特征的信号波形。

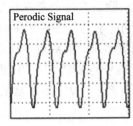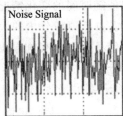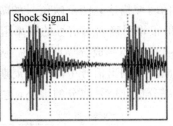

图 2-15　三种不同特征的信号波形

对周期信号来说，可以用时域分析来确定信号的周期，也就是计算相邻的两个信号波峰的时间差，如图 2-16 所示。

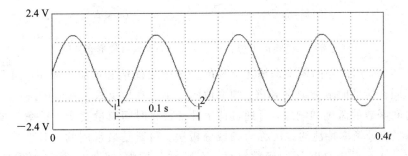

图 2-16　信号周期的测量波形

2. 频域分析

信号频谱分析是采用傅里叶变换将时域信号 $x(t)$ 变换为频域信号 $X(f)$，从而帮助人们从另一个角度来了解信号的特征。

时域信号 $x(t)$ 的傅里叶变换为

$$X(f) = \int_{-\infty}^{+\infty} x(t) \mathrm{e}^{-\mathrm{j}2\pi ft} \mathrm{d}t \tag{2-17}$$

式中，$X(f)$ 为信号的频域表示，f 为频率；$x(t)$ 为信号的时域表示。例如，50 Hz 正弦波信号为

$$x(t) = 10 \sin(2\pi \cdot 50t) \tag{2-18}$$

其频谱函数为

$$\begin{cases} |X(f)| = 0, & f \neq 50 \\ |X(f)| = 10, & f = 50 \end{cases} \tag{2-19}$$

正弦波形的频谱转换过程如图 2-17 所示。

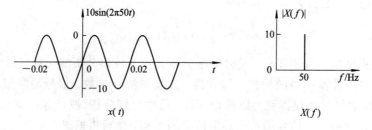

图 2-17 正弦波形的频谱转换过程

信号的时域描述只能反映信号的幅值随时间的变化情况，除只有一个频率分量的简谐波外，一般很难明确揭示信号的频率组成和各频率分量的大小。例如，图 2-18 所示是一受噪声干扰的多频率成分周期信号，从信号波形上很难看出其特征，但从信号的功率谱上却可以判断并识别出信号中的 4 个周期分量和它们的大小。信号的频谱 $X(f)$ 代表了信号在不同频率分量处信号成分的大小，它能够提供比时域信号波形更直观、更丰富的信息。

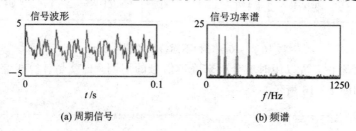

(a) 周期信号   (b) 频谱

图 2-18 受噪声干扰的多频率成分周期信号波形和频谱

在许多场合，用信号的频率来描述事物的特征也更简洁和明确，例如，图 2-19 所示是电子琴不同音阶的时域波形和频谱，频率值的大小直观地反映了音阶的高低。

作为时间函数的激励和响应，可通过傅里叶变换将时间变量变换为频率变量去进行分析，这种利用信号频率特性的方法称为频域分析法。频域是最常用的一种变换域，如同时域分析把信号始终看成是时间的函数一样，在频域分析中，任何信号又可看成是频率函数。将信号和系统的时间变量函数或序列变换成对应频率域中的某个变量的函数，来研究信号和系统的频域特性。频域分析法将时域分析法中的微分或差分方程转换为代数方程，给问题的分析带来了方便。对于连续系统和信号来说，常采用傅里叶变换和拉普拉斯变换；对于离散系统和信号则采用 Z 变换。

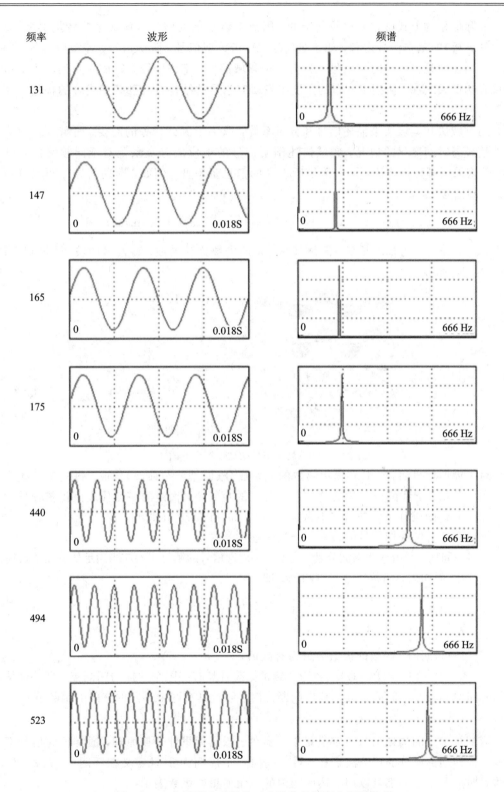

图 2-19　电子琴中采用的正弦波信号波形和频谱数据

　　实际信号的形式常常是比较复杂的，因此常将复杂的信号分解成某些特定类型（易于实现和分析）的基本信号之和，如正弦信号、复指数型信号、阶跃信号、冲激信号等。信号的频域描述即是将一个时域信号变换为一个频域信号，将该信号分解成一系列基本信号的频域表达形式之和，从频率分布的角度出发研究信号的结构及各种频率成分的幅值和相位关系。

　　用时域法和频域法来描述信号和分析系统，取决于测试任务的需要，时域描述直观地反映信号随时间变化的情况，频域描述阐明信号的组成成分及系统对不同频率信号的作用。不论采用哪种描述法，同一信号所包含的信息量不变。例如，周期信号的频域分析方法。考察信号

$$f(t) = \sin\omega_1 t + \frac{1}{3}\sin3\omega_1 t + \frac{1}{5}\sin5\omega_1 t + \frac{1}{7}\sin7\omega_1 t$$

式中，$\omega_1 = 2\pi f_1$ 称为基波频率，简称基频，ω_1 的倍数称为谐波。该信号的波形图和频谱图如图 2-20 所示。

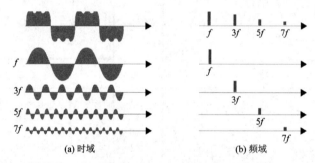

(a) 时域　　　　　　　　(b) 频域

图 2-20　周期信号的波形图和频谱图

　　对于周期信号而言，其频谱由离散的频率成分（即基波与谐波）构成。每一条谱线代表一个正弦分量，谱线的位置代表这一正弦分量的角频率，谱线的高度代表该正弦分量的振幅。信号 $f(t)$ 的成分正好是角频率为 ω_1、$3\omega_1$、$5\omega_1$ 和 $7\omega_1$ 的正弦波。

　　下面介绍分解周期信号的条件——狄里赫利条件。

　　要将一周期信号分解为谐波分量，代表这一周期信号的函数 $f(t)$ 应当满足如下几个条件：

　　① 在一周期内，函数是绝对可积的，即

$$\int_{t_1}^{t_1+T} |f(t)| \, \mathrm{d}t \tag{2-20}$$

应为有限值；

　　② 在一周期内，函数的极值数目为有限值；

　　③ 在一周期内，函数 $f(t)$ 或者为连续的，或者具有有限个这样的间断点，即当 t 从较大的时间值和较小的时间值分别趋向间断点时，函数具有两个不同的有限的函数值：

$$\lim_{\varepsilon \to +\infty} f(t+\varepsilon) \neq \lim_{\varepsilon \to +\infty} f(t-\varepsilon) \tag{2-21}$$

　　测试技术中的周期信号大都满足以上条件。根据傅里叶变换原理，通常任何信号都可表示成各种频率成分的正弦波之和。对于任何一个周期为 T 且定义在区间 $(-T/2, T/2)$ 内的周期信号 $f(t)$，都可以用上述区间内的三角傅里叶级数表示：

$$f(t) = a_0 + \sum_{n=1}^{\infty} (a_n\cos n\omega_1 t + b_n\sin n\omega_1 t) \tag{2-22}$$

a_0 是频率为零的直流分量，式中系数值为

$$\begin{cases} a_0 = \dfrac{1}{T} \displaystyle\int_{-T/2}^{T/2} f(t)\,\mathrm{d}t \\[2mm] a_n = \dfrac{2}{T} \displaystyle\int_{-T/2}^{T/2} f(t)\cos n\omega_1 t\,\mathrm{d}t \\[2mm] b_n = \dfrac{2}{T} \displaystyle\int_{-T/2}^{T/2} f(t)\sin n\omega_1 t\,\mathrm{d}t \end{cases} \tag{2-23}$$

傅里叶级数的这种形式称为三角函数展开式或称正弦-余弦表示，是用正交函数集来表示周期信号的一种常用方法。

2.3.2　周期信号频谱分析

周期信号是经过一定时间后可以重复出现的信号，满足条件：

$$x(t) = x(t + nT) \tag{2-24}$$

从数学分析已知，任何周期函数在满足狄里赫利（Dirichlet）条件下，可以展开成正交函数线性组合的无穷级数，如正交函数集是三角函数集（$\sin n\omega_0 t$，$\cos n\omega_0 t$）或复指数函数集（$\mathrm{e}^{jn\omega_0 t}$），则可展开成傅里叶级数，有实数形式表达式：

$$\begin{aligned} x(t) &= a_0 + a_1\cos\omega_0 t + b_1\sin\omega_0 t + a_2\cos\omega_0 t + b_2\sin\omega_0 t + \cdots \\ &= a_0 + \sum_{n=1}^{\infty}(a_n\cos n\omega_0 t + b_n\sin n\omega_0 t) \end{aligned} \tag{2-25}$$

直流分量幅值为

$$a_0 = \frac{1}{T}\int_{-T/2}^{T/2} x(t)\,\mathrm{d}t \tag{2-26}$$

各余弦分量幅值为

$$a_n = \frac{2}{T}\int_{-T/2}^{T/2} x(t)\cos n\omega_0 t\,\mathrm{d}t = \frac{2}{T}\int_{-T/2}^{T/2} x(t)\cos 2\pi n f_0 t\,\mathrm{d}t \tag{2-27}$$

各正弦分量幅值为

$$b_n = \frac{2}{T}\int_{-T/2}^{T/2} x(t)\sin n\omega_0 t\,\mathrm{d}t = \frac{2}{T}\int_{-T/2}^{T/2} x(t)\sin 2\pi n f_0 t\,\mathrm{d}t \tag{2-28}$$

利用三角函数的和差化积公式，周期信号的三角函数展开式还可以写为下面的形式：

$$x(t) = A_0 + \sum_{n=1}^{\infty} A_n\cos(n\omega_0 t - \varphi_n) \tag{2-29}$$

直流分量幅值为

$$A_0 = a_0 \tag{2-30}$$

各频率分量幅值为

$$A_n = \sqrt{a_n^2 + b_n^2} \tag{2-31}$$

各频率分量的相位为

$$\varphi_n = \arctan\frac{b_n}{a_n} \tag{2-32}$$

上面各式中，T 为周期，$T = 2\pi/\omega_0$；ω_0 为基波角频率，$\omega_0 = 2\pi f_0$；f_0 为基波频率；$n = 0,\pm 1$，$\cdots$；a_n、b_n、A_n、φ_n 为信号的傅里叶系数，表示信号在频率 f_n 处的成分大小。

    工程上习惯将计算结果用图形方式表示，以 f_n 为横坐标、a_n、b_n 为纵坐标画图，绘出的曲线图称为实频－虚频谱；以 f_n 为横坐标、A_n、φ_n 为纵坐标画图，绘出的曲线图称为幅值－相位谱；以 f_n 为横坐标、A_n^2 为纵坐标画图，绘出的曲线图称为功率谱，如图 2－21 所示。

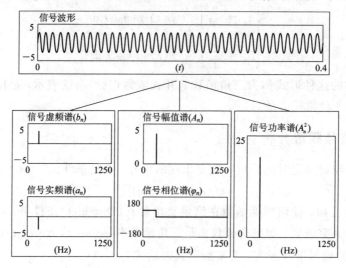

图 2－21　信号的频谱表示

傅里叶级数的复指数函数展开式：

$$x(t) = \sum_{n=-\infty}^{\infty} C_n \mathrm{e}^{jn\omega_0 t}, \quad n = 0, \pm 1, \pm 2, \cdots \tag{2-33}$$

欧拉公式

$$\begin{cases} \mathrm{e}^{\pm jn\omega_0 t} = \cos(n\omega_0 t) \pm j\sin(n\omega_0 t) \\ \cos(n\omega_0 t) = \dfrac{1}{2}(\mathrm{e}^{-jn\omega_0 t} + \mathrm{e}^{jn\omega_0 t}) \\ \sin(n\omega_0 t) = \dfrac{j}{2}(\mathrm{e}^{-jn\omega_0 t} - \mathrm{e}^{jn\omega_0 t}) \end{cases} \tag{2-34}$$

傅里叶级数的三角函数展开式：

$$x(t) = a_0 + \sum_{n=1}^{\infty} (a_n \cos n\omega_0 t + b_n \sin n\omega_0 t) \tag{2-35}$$

改为复指数函数展开式：

$$x(t) = a_0 + \sum_{n=1}^{\infty} \left[\frac{1}{2}(a_n + jb_n)\mathrm{e}^{-jn\omega_0 t} + \frac{1}{2}(a_n - jb_n)\mathrm{e}^{jn\omega_0 t} \right] \tag{2-36}$$

$$C_0 = a_0, \; C_{-n} = \frac{1}{2}(a_n + jb_n), \; C_n = \frac{1}{2}(a_n - jb_n) \tag{2-37}$$

可得

$$x(t) = C_0 + \sum_{n=1}^{\infty} (C_{-n}\mathrm{e}^{-jn\omega_0 t} + C_n\mathrm{e}^{jn\omega_0 t}) \tag{2-38}$$

或

$$x(t) = \sum_{n=-\infty}^{\infty} C_n \mathrm{e}^{jn\omega_0 t}$$

式中，$C_n = \dfrac{1}{T_0} \displaystyle\int_{-T_0/2}^{T_0/2} x(t)\mathrm{e}^{-jn\omega_0 t}\,\mathrm{d}t$。

可见 C_n 是周期信号 $x(t)$ 的离散频谱，C_n 一般为复数，因此可以写成

$$C_n = \mathrm{Re}C_n + \mathrm{jIm}C_n = |C_n| \mathrm{e}^{\mathrm{j}\varphi_n}$$

则有

$$|C_n| = \sqrt{(\mathrm{Re}C_n)^2 + (\mathrm{Im}C_n)^2}$$

$$\varphi_n = \arctan\frac{\mathrm{Im}C_n}{\mathrm{Re}C_n}$$

频谱是构成信号的各频率分量的集合，它完整地表示了信号的频率结构，即信号由哪些谐波组成，各谐波分量的幅值大小及初始相位，从而揭示了信号的频率信息。对周期信号来说，信号的谱线只会出现在 0，f_1，f_2，$\cdots$，f_n 等离散频率点上，这种频谱称为离散谱。例如，周期方波信号

$$x(t) = \begin{cases} -A, & -\dfrac{T}{2} < t < 0 \\ A, & 0 < t < \dfrac{T}{2} \end{cases} \tag{2-39}$$

根据公式先求出 a_0、a_n、b_n，有

$$a_0 = \frac{1}{T}\int_{-T/2}^{T/2} x(t)\mathrm{d}t = \frac{1}{T}\left(\int_{-T/2}^{0} x(t)\mathrm{d}t + \int_{0}^{T/2} x(t)\mathrm{d}t\right)$$

$$= \frac{1}{T}\left(\int_{-T/2}^{0} -A\,\mathrm{d}t + \int_{0}^{T/2} A\,\mathrm{d}t\right) = 0$$

$$a_n = \frac{2}{T}\int_{-T/2}^{T/2} x(t)\cos n\omega_0 t\,\mathrm{d}t = \frac{2}{T}\left(\int_{-T/2}^{0} x(t)\cos n\omega_0 t\,\mathrm{d}t + \int_{0}^{T/2} x(t)\cos n\omega_0 t\,\mathrm{d}t\right)$$

$$= \frac{2}{T}\left(\int_{-T/2}^{0} -A\cos n\omega_0 t\,\mathrm{d}t + \int_{0}^{T/2} A\cos n\omega_0 t\,\mathrm{d}t\right)$$

$$= \frac{2A}{Tn\omega_0}\left(\sin n\omega_0 t\,\big|_{0}^{T/2} - \sin n\omega_0 t\,\big|_{-T/2}^{0}\right) = 0$$

$$b_n = \frac{2}{T}\int_{-T/2}^{T/2} x(t)\sin n\omega_0 t\,\mathrm{d}t = \frac{2}{T}\left(\int_{-T/2}^{0} x(t)\sin n\omega_0 t\,\mathrm{d}t + \int_{0}^{T/2} x(t)\sin n\omega_0 t\,\mathrm{d}t\right)$$

$$= \frac{2}{T}\left(\int_{-T/2}^{0} -A\sin n\omega_0 t\,\mathrm{d}t + \int_{0}^{T/2} A\sin n\omega_0 t\,\mathrm{d}t\right)$$

$$= \frac{4A}{T}\int_{0}^{T/2} \sin n\omega_0 t\,\mathrm{d}t = \frac{4A}{T}\cdot\frac{1}{n\omega_0}\left(-\cos n\omega_0 t\,\big|_{0}^{T/2}\right)$$

$$= \frac{4A}{T}\cdot\frac{1}{n\dfrac{2\pi}{T}}\left(1 - \cos n\cdot\frac{2\pi}{T}\cdot\frac{T}{2}\right) = \frac{2A}{n\pi}(1 - \cos n\pi)$$

$$= \frac{4A}{n\pi} \quad (n = 1,3,5\cdots，n = 2,4,6\cdots \text{ 时 } b_n \text{ 为 } 0)$$

有

$$x(t) = \frac{4A}{n\pi}\sum_{n=1}^{\infty} \sin n\omega_0 t = \frac{4A}{n\pi}\sum_{n=1}^{\infty} \cos\left(n\omega_0 t - \frac{\pi}{2}\right) \tag{2-40}$$

其波形、幅值谱和相位谱分别如图 2 - 22 所示。

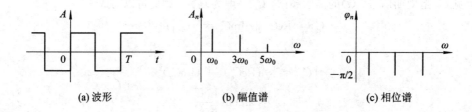

(a) 波形   (b) 幅值谱   (c) 相位谱

图 2-22 方波信号的波形、幅值谱和相位谱

复指数函数展开式为

$$x(t) = -\mathrm{j}\,\frac{2A}{\pi}\sum_{n=-\infty}^{\infty}\frac{1}{n}\mathrm{e}^{\mathrm{j}n\omega_0 t} \qquad (2-41)$$

其中,

$$\begin{cases} |C_n| = \dfrac{2A}{n\pi} \\[2mm] \varphi_n = \arctan\left[\dfrac{-\dfrac{2A}{n\pi}}{0}\right] = \begin{cases} -\dfrac{\pi}{2} & \text{当 } n>0 \\[2mm] \dfrac{\pi}{2} & \text{当 } n<0 \end{cases} \\[2mm] \mathrm{Re}C_n = 0, \ \mathrm{Im}C_n = -\dfrac{2A}{n\pi} \end{cases}$$

三角函数展开形式的频谱是单边谱,复指数展开形式的频谱是双边谱,两种形式频谱图具有确定的关系:

$$|C_0| = A_0 = a_0, \qquad |C_n| = \frac{1}{2}\sqrt{a_n^2 + b_n^2} = \frac{A_n}{2}$$

$$C_n = C_{-n}^*, \ |C_n| = |C_{-n}|, \ \varphi_{-n} = -\varphi_n$$

双边幅频谱为偶函数,双边相频谱为奇函数。

结论:周期信号的频谱具有离散性、谐波性和收敛性。

(1)周期信号频谱是离散的;

(2)每条谱线只出现在基波频率的整倍数上,不存在非整倍数的频率分量;

(3)各频率分量的谱线高度与对应谐波的振幅成正比。工程中常见的周期信号,其谐波幅值总的趋势是随谐波次数的增高而减小的。

2.3.3 频谱分析的应用

频谱分析主要用于识别信号中的周期分量,是信号分析中最常用的一种手段。例如,在机床齿轮箱故障诊断中,可以通过测量齿轮箱上的振动信号进行频谱分析,确定最大频率分量,然后根据机床转速和传动链找出故障齿轮。再例如,在螺旋桨设计中,可以通过频谱分析确定螺旋桨的固有频率和临界转速,确定螺旋桨转速工作范围。

在生活中也有许多应用频谱分析的场合,例如可以用频谱分析仪来对电子琴校音,看各琴键产生的音的频率是不是准确,如图 2-23 所示。

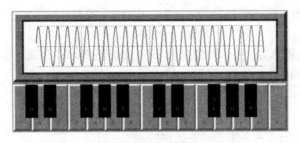

图 2-23 电子琴简图（点击琴键弹奏）

2.4 非周期信号

2.4.1 傅里叶变换与连续频谱

如果在表示周期信号 $f(t)$ 的傅里叶级数中令周期 $T \to \infty$，则在整个时间内表示 $x(t)$ 的傅里叶级数也能在整个时间内表示非周期信号。指数傅里叶级数可写为

$$x(t) = \sum_{n=-\infty}^{\infty} C_n e^{jn\omega_0 t} \tag{2-42}$$

$$C_n = \frac{1}{T} \int_{-T/2}^{T/2} x(t) e^{-jn\omega_0 t} dt \tag{2-43}$$

由上两式得

$$x(t) = \sum_{n=-\infty}^{\infty} \left(\frac{1}{T} \int_{-T/2}^{T/2} x(t) e^{-jn\omega_0 t} dt \right) e^{jn\omega_0 t} \tag{2-44}$$

当 $T \to \infty$ 时，区间 $(-T/2, T/2)$ 变成 $(-\infty, \infty)$，另外，频率间隔 $\Delta\omega = \omega_0 = 2\pi/T$ 变为无穷小量，离散频率 $n\omega_0$ 变成连续频率 ω。

$$x(t) = \int_{-\infty}^{\infty} \frac{d\omega}{2\pi} \left(\int_{-\infty}^{\infty} x(t) e^{-j\omega t} dt \right) e^{j\omega t} = \frac{1}{2\pi} \int_{-\infty}^{\infty} \left(\int_{-\infty}^{\infty} x(t) e^{-j\omega t} dt \right) e^{j\omega t} d\omega \tag{2-45}$$

其中

$$X(\omega) = \int_{-\infty}^{\infty} x(t) e^{-j\omega t} dt \tag{2-46}$$

则有

$$x(t) = \frac{1}{2\pi} \int_{-\infty}^{\infty} X(\omega) e^{j\omega t} d\omega \tag{2-47}$$

将 $X(\omega)$ 称为 $x(t)$ 的傅里叶变换，而将 $x(t)$ 称为 $X(\omega)$ 的逆傅里叶变换，记为

$$x(t) \leftrightarrow X(\omega) \tag{2-48}$$

若将上述变换公式中的角频率 ω 用频率 f 来替代，则由于 $\omega = 2\pi f$，有

$$X(f) = \int_{-\infty}^{\infty} x(t) e^{-j2\pi ft} dt \tag{2-49}$$

$$x(t) = \int_{-\infty}^{\infty} X(f) e^{j2\pi ft} df \tag{2-50}$$

一个非周期函数可分解成频率 f 连续变化的谐波的叠加。式(2-50)中，$X(f) df$ 是谐波 $e^{j2\pi ft}$ 系数，决定着信号的振幅和相位。$X(f)$ 或 $X(\omega)$ 为 $x(t)$ 的连续频谱。由于 $X(f)$ 一般

为实变量 f 的复函数，故可将其写为

$$X(f) = |X(f)| e^{j\varphi(f)} \qquad (2-51)$$

将上面式中的 $X(f)$ 或 $X(\omega)$ 称非周期信号 $x(t)$ 的幅值谱，$\varphi(f)$ 或 $\varphi(\omega)$ 称 $x(t)$ 的相位谱。

【例 2.1】 求单边指数函数 $x(t)=e^{-at\xi(t)}$ $(a>0)$ 的频谱。

解
$$X(f) = \int_{-\infty}^{\infty} x(t) e^{-j2\pi ft} \mathrm{d}t = \int_{-\infty}^{\infty} e^{-at}\xi(t) e^{-j2\pi ft} \mathrm{d}t = \int_{0}^{\infty} e^{-at} e^{-j2\pi ft} \mathrm{d}t$$

$$= \frac{1}{a+\mathrm{j}2\pi f} = \frac{1}{\sqrt{a^2 + (2\pi f)^2}}$$

$$\varphi(f) = -\arctan\frac{2\pi f}{a}$$

【例 2.2】 求窗函数(门函数)$g_T(t)$ 的频谱。

$$g_T(t) = \begin{cases} 1, & |t| < \dfrac{T}{2} \\ 0, & \text{其他} \end{cases}$$

解
$$G_T(\omega) = \int_{-\infty}^{\infty} g_T(t) e^{-j\omega t} \mathrm{d}t = \int_{-T/2}^{T/2} 1 \cdot e^{-j\omega t} \mathrm{d}t = \frac{1}{-\mathrm{j}\omega}(e^{-j\omega T/2} - e^{+j\omega T/2})$$

$$= T \cdot \frac{\sin\left(\dfrac{\omega T}{2}\right)}{\left(\dfrac{\omega T}{2}\right)} = T\,\mathrm{sinc}\left(\frac{\omega T}{2}\right)$$

$$\varphi(\omega) = \begin{cases} 0, & \mathrm{sinc}\left(\dfrac{\omega T}{2}\right) > 0 \\ \pi, & \mathrm{sinc}\left(\dfrac{\omega T}{2}\right) < 0 \end{cases}$$

2.4.2 能量谱

一个非周期函数 $x(t)$ 的能量定义为

$$E = \int_{-\infty}^{\infty} x^2(t) \mathrm{d}t = \int_{-\infty}^{\infty} x(t) \cdot \left(\frac{1}{2\pi}\int_{-\infty}^{\infty} X(\omega) e^{j\omega t} \mathrm{d}\omega\right)\mathrm{d}t$$

$$= \frac{1}{2\pi}\int_{-\infty}^{\infty} X(\omega) \cdot \left(\int_{-\infty}^{\infty} x(t) e^{j\omega t} \mathrm{d}t\right)\mathrm{d}\omega$$

$$= \frac{1}{2\pi}\int_{-\infty}^{\infty} X(\omega) \cdot X(-\omega) \mathrm{d}\omega \qquad (2-52)$$

对于实信号 $x(t)$，有

$$X(-\omega) = X^*(\omega) \qquad (2-53)$$

式(2-52)变为

$$E = \frac{1}{2\pi}\int_{-\infty}^{\infty} X(\omega) \cdot X(-\omega) \mathrm{d}\omega = \frac{1}{2\pi}\int_{-\infty}^{\infty} X(\omega) \cdot X^*(\omega) \mathrm{d}\omega = \frac{1}{2\pi}\int_{-\infty}^{\infty} |X(\omega)|^2 \mathrm{d}\omega \quad (2-54)$$

由此得

$$E = \int_{-\infty}^{\infty} x^2(t) \mathrm{d}t = \frac{1}{2\pi}\int_{-\infty}^{\infty} |X(\omega)|^2 \mathrm{d}\omega \qquad (2-55)$$

式(2-55)亦称巴塞伐尔方程或能量等式。它表示一个非周期信号 $x(t)$ 在时域中的能量可由它在频域中连续频谱的能量来表示，有

$$E = \frac{1}{2\pi} \int_{-\infty}^{\infty} |X(\omega)|^2 \, \mathrm{d}\omega = \frac{1}{\pi} \int_{0}^{\infty} |X(\omega)|^2 \, \mathrm{d}\omega = \int_{0}^{\infty} S(\omega) \, \mathrm{d}\omega \qquad (2-56)$$

其中，$S(\omega) = \dfrac{|X(\omega)|^2}{\pi}$，称 $S(\omega)$ 为 $x(t)$ 的能量谱密度函数，简称能量谱函数。

2.4.3 傅里叶变换的性质

时域信号 $x(t)$ 的傅里叶变换为

$$X(f) = \int_{-\infty}^{\infty} x(t) \mathrm{e}^{-\mathrm{j}2\pi f t} \, \mathrm{d}t \qquad (2-57)$$

式中，$X(f)$ 为信号的频域表示；$x(t)$ 为信号的时域表示；f 为频率。

信号的傅里叶变换有如下性质：

1. 对称性（亦称对偶性）

若 $x(t) \leftrightarrow X(\omega)$，则

$$X(t) \leftrightarrow 2\pi x(-\omega)$$

2. 线性叠加性

若 $x_1(t) \leftrightarrow X_1(\omega)$，$x_2(t) \leftrightarrow X_2(\omega)$，则

$$ax_1(t) + bx_2(t) \leftrightarrow aX_1(\omega) + bX_2(\omega)$$

3. 时间尺度改变性（a 为实常数）

$$x(at) \leftrightarrow \frac{1}{|a|} X\left(\frac{\omega}{a}\right)$$

若信号 $x(t)$ 在时间轴上被压缩至原信号的 $1/a$，则其频谱函数在频率轴上将展宽 a 倍，而其幅值相应地减至原信号幅值的 $1/|a|$。信号的持续时间与信号占有的频带宽成反比。

4. 奇偶性

$x(t)$ 为时间 t 的实函数，若 $x(t)$ 为偶函数（$x(t) = x(-t)$），则 $X(\omega)$ 为 ω 的实、偶函数；若 $x(t)$ 为奇函数（$x(t) = -x(-t)$），则 $X(\omega)$ 为 ω 的虚、奇函数。

$$\begin{cases} \mathrm{Re}X(\omega) = \mathrm{Re}X(-\omega), & \mathrm{Im}X(\omega) = -\mathrm{Im}X(-\omega) \\ |X(\omega)| = |X(-\omega)|, & \varphi(\omega) = -\varphi(-\omega) \end{cases}$$

从而推得其反转性：

$$x(-t) \leftrightarrow X(-\omega) = X^*(\omega)$$

5. 时移性

若 $x(t) \leftrightarrow X(\omega)$，则

$$x(t - t_0) \leftrightarrow X(\omega) \mathrm{e}^{-\mathrm{j}\omega t_0}$$

【例 2.3】 矩形脉冲函数 $x(t) = a\mathrm{rect}\left(\dfrac{t - t_0}{T}\right)$，波形如图 2-24 所示，求其频谱。

$$X(f) = AT \, \mathrm{sinc}(\pi f T) \mathrm{e}^{-\mathrm{j}2\pi f t_0}$$

解 幅频谱和相频谱分别为

$$|X(f)| = AT |\mathrm{sinc}(\pi f T)|$$

$$\varphi(f) = \begin{cases} -2\pi t_0 f, & \mathrm{sinc}(\pi f T) > 0 \\ -2\pi t_0 f \pm \pi, & \mathrm{sinc}(\pi f T) < 0 \end{cases}$$

矩形脉冲函数的频谱图如图 2 - 25 所示。

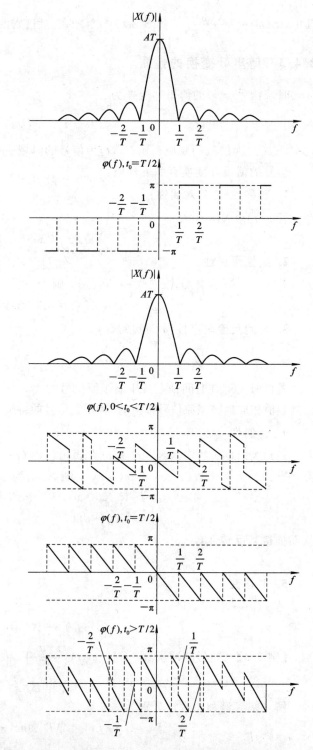

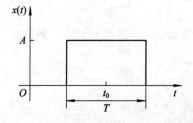

图 2 - 24 矩形脉冲函数波形

图 2 - 25 矩形脉冲函数的频谱图

6. 频移性(调制性)

若 $x(t) \leftrightarrow X(\omega)$，则

$$x(t)\mathrm{e}^{\mathrm{j}\omega t_0} \leftrightarrow X(\omega - \omega_0)$$

7. 卷积定理

$$x(t) * h(t) = \int_{-\infty}^{\infty} x(\tau) \cdot h(t-\tau)\mathrm{d}\tau$$

时域卷积：若 $x(t) \leftrightarrow X(\omega)$，$h(t) \leftrightarrow H(\omega)$，则

$$x(t) * h(t) \leftrightarrow X(\omega) \cdot H(\omega)$$

频域卷积：若 $x(t) \leftrightarrow X(\omega)$，$h(t) \leftrightarrow H(\omega)$，则

$$x(t) \cdot h(t) \leftrightarrow \frac{1}{2\pi}X(\omega) * H(\omega)$$

证明　（时域卷积）根据卷积积分的定义有

$$x(t) * h(t) = \int_{-\infty}^{\infty} x(\tau) \cdot h(t-\tau)\mathrm{d}\tau$$

其傅里叶变换为

$$\mathscr{F}\left[x(t) * h(t)\right] = \int_{-\infty}^{\infty} \mathrm{e}^{-\mathrm{j}\omega t}\left[\int_{-\infty}^{\infty} x(\tau) \cdot h(t-\tau)\mathrm{d}\tau\right]\mathrm{d}t$$

$$= \int_{-\infty}^{\infty} x(\tau)\left[\int_{-\infty}^{\infty} h(t-\tau)\mathrm{e}^{-\mathrm{j}\omega t}\ \mathrm{d}t\right]\mathrm{d}\tau$$

由时移性知，$\int_{-\infty}^{\infty} h(t-\tau)\mathrm{e}^{-\mathrm{j}\omega t}\mathrm{d}t = H(\omega)\mathrm{e}^{-\mathrm{j}\omega\tau}$，代入上式得

$$\mathscr{F}\left[x(t) * h(t)\right] = \int_{-\infty}^{\infty} x(\tau) \cdot H(\omega)\mathrm{e}^{-\mathrm{j}\omega\tau}\mathrm{d}\tau = H(\omega)\int_{-\infty}^{\infty} x(\tau)\mathrm{e}^{-\mathrm{j}\omega\tau}\mathrm{d}\tau = H(\omega) \cdot X(\omega)$$

8. 时域微分和积分

若 $x(t) \leftrightarrow X(\omega)$，则

$$\frac{\mathrm{d}x(t)}{\mathrm{d}t} \leftrightarrow \mathrm{j}\omega X(\omega)$$

$$\int_{-\infty}^{t} x(t)\mathrm{d}t \leftrightarrow \frac{1}{\mathrm{j}\omega}X(\omega)$$

条件是 $X(0) = 0$。

证明　

$$x(t) = \frac{1}{2\pi}\int_{-\infty}^{\infty} X(\omega)\mathrm{e}^{\mathrm{j}\omega t}\mathrm{d}\omega$$

$$\frac{\mathrm{d}x(t)}{\mathrm{d}t} = \frac{1}{2\pi}\int_{-\infty}^{\infty} X(\omega)\mathrm{j}\omega\mathrm{e}^{\mathrm{j}\omega t}\mathrm{d}\omega$$

$$\frac{\mathrm{d}x(t)}{\mathrm{d}t} \leftrightarrow \mathrm{j}\omega X(\omega)$$

n 阶微分的傅里叶变换公式：

$$\frac{\mathrm{d}^n x(t)}{\mathrm{d}t^n} \leftrightarrow (\mathrm{j}\omega)^n X(\omega)$$

9. 频域微分和积分

若 $x(t) \leftrightarrow X(\omega)$，则

$$-jtx(t) \leftrightarrow \frac{dX(\omega)}{d\omega}$$

进而可扩展为

$$(-jt)^n x(t) \leftrightarrow \frac{d^n X(\omega)}{d\omega^n}$$

和

$$\pi x(0)\delta(t) + \frac{1}{-jt}x(t) \leftrightarrow \int_{-\infty}^{\infty} X(\omega)d\omega$$

式中，$x(0) = \frac{1}{2\pi}\int_{-\infty}^{\infty} X(\omega)d\omega$。

若 $x(0) = 0$，则有

$$\frac{x(t)}{-jt} \leftrightarrow \int_{-\infty}^{\infty} X(\omega)d\omega$$

2.4.4 功率信号的傅里叶变换

只有满足狄里赫利条件的信号才具有傅里叶变换，即

$$\int_{-\infty}^{\infty} |x(t)|^2 dt < 0 \tag{2-58}$$

有限平均功率信号，它们在 $(-\infty, \infty)$ 区域上的能量可能趋近于无穷，但它们的功率是有限的，即满足

$$P = \lim_{T \to \infty} \frac{1}{T}\int_{-T/2}^{T/2} x^2(t)dt < \infty \tag{2-59}$$

利用 δ 函数和某些高阶奇异函数的傅里叶变换来实现这些函数的傅里叶变换。

1. 单位脉冲函数

在 Δ 时间内激发一矩形脉冲 $p\Delta(t)$ 的幅值为 $1/\Delta$，面积为 1。当 $\Delta \to 0$ 时，该矩形脉冲 $p\Delta(t)$ 的极限便称为单位脉冲函数或 δ 函数，如图 2-26 所示。

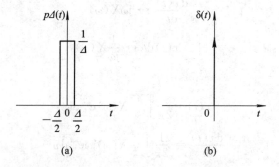

图 2-26 矩形脉冲函数与 δ 函数波形

性质：

(1) $\delta(t) = \begin{cases} \infty, & t=0 \\ 0, & t \neq 0 \end{cases}$;

(2) $\int_{-\infty}^{\infty} \delta(t)dt = 1$。

由性质可得 $\displaystyle\int_{-\infty}^{\infty} x(t)\delta(t-t_0)\mathrm{d}t = x(t_0)$，其中 $x(t)$ 在 $t=t_0$ 时是连续的。

单位脉冲函数 $\delta(t)$ 的傅里叶变换：

$$X(\omega) = \mathscr{F}\left[\delta(t)\right] = \int_{-\infty}^{\infty}\delta(t)\mathrm{e}^{-\mathrm{j}\omega t}\,\mathrm{d}t = 1 \qquad (2-60)$$

即 $\delta(t) \leftrightarrow 1$，如图 2-27 所示。

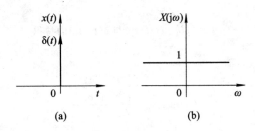

图 2-27　$\delta(t)$ 及其傅里叶变换

时移单位脉冲函数 $\delta(t-t_0)$ 的傅里叶变换对如图 2-28 所示。

$$\delta(t-t_0) \leftrightarrow \mathrm{e}^{-\mathrm{j}\omega t_0} \qquad (2-61)$$

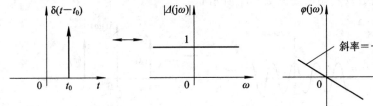

图 2-28　$\delta(t-t_0)$ 及其傅里叶变换

常数 1 及其傅里叶变换如图 2-29 所示。

$$1 \leftrightarrow 2\pi\delta(\omega)$$

$$\mathrm{e}^{\mathrm{j}\omega_0 t} \leftrightarrow 2\pi\delta(\omega-\omega_0)$$

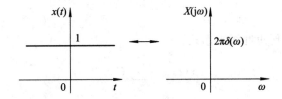

图 2-29　常数 1 及其傅里叶变换

单位脉冲函数 $\delta(t)$ 与任一函数 $x(t)$ 的卷积为

$$x(t) * \delta(t) = \delta(t) * x(t) = x(t)$$

证明　　$\displaystyle x(t) * \delta(t) = \delta(t) * x(t) = \int_{-\infty}^{\infty}\delta(\tau)x(t-\tau)\mathrm{d}\tau = x(t)$

推广可得

$$x(t) * \delta(t-t_0) = \delta(t-t_0) * x(t) = x(t-t_0)$$

$x(t-t_1)$ 与 $\delta(t-t_0)$ 的卷积如图 2-30 所示。

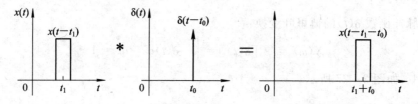

图 2-30 $x(t-t_1)$ 与 $\delta(t-t_0)$ 的卷积

2. 余弦函数

欧拉公式:

$$\cos\omega_0 t = \frac{e^{j\omega_0 t} + e^{-j\omega_0 t}}{2} \tag{2-62}$$

余弦函数的频谱:

$$\cos\omega_0 t \leftrightarrow \pi[\delta(\omega-\omega_0)+\delta(\omega+\omega_0)] \tag{2-63}$$

正弦函数的频谱:

$$\sin\omega_0 t \leftrightarrow j\pi[\delta(\omega+\omega_0)-\delta(\omega-\omega_0)] \tag{2-64}$$

正、余弦函数及其频谱如图 2-31 所示。

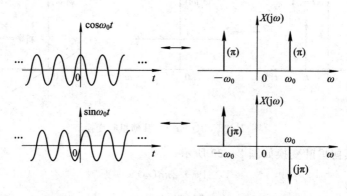

图 2-31 正、余弦函数及其频谱

3. 周期函数

周期函数 $x(t)$ 的傅里叶级数形式:

$$x(t) = \sum_{n=-\infty}^{\infty} C_n e^{jn\omega_0 t} \tag{2-65}$$

式中,$C_n = \dfrac{1}{T}\displaystyle\int_{-T/2}^{T/2} x(t)e^{-jn\omega_0 t}\,\mathrm{d}t$。

$x(t)$ 的傅里叶变换为

$$X(\omega) = \mathscr{F}[x(t)] = \mathscr{F}\left[\sum_{n=-\infty}^{\infty} C_n e^{jn\omega_0 t}\right] = \sum_{n=-\infty}^{\infty} C_n \mathscr{F}[e^{jn\omega_0 t}]$$

$$= 2\pi \sum_{n=-\infty}^{\infty} C_n \delta(\omega-n\omega_0) \tag{2-66}$$

一个周期函数的傅里叶变换由无穷多个位于各谐波频率上的单位脉冲函数组成。

【**例 2.4**】　求单位脉冲序列 $x(t) = \sum\limits_{n=-\infty}^{\infty} \delta(t-kT)$ 的傅里叶变换，其波形如图 2－32 所示。

解　将 $x(t)$ 表达为傅里叶级数的形式：

$$x(t) = \sum_{n=-\infty}^{\infty} C_n e^{jn\omega_0 t}$$

于是有

$$
\begin{aligned}
C_n &= \frac{1}{T}\int_{-\infty}^{\infty} x(t)e^{-jn\omega_0 t}\,dt \\
&= \frac{1}{T}\int_{-T/2}^{T/2} \delta(t)e^{-jn\omega_0 t}\,dt = \frac{1}{T}
\end{aligned}
$$

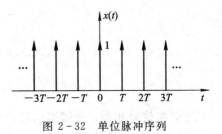

图 2－32　单位脉冲序列

故

$$x(t) = \frac{1}{T}\sum_{n=-\infty}^{\infty} e^{jn\omega_0 t}$$

对上式两边作傅里叶变换得

$$X(\omega) = \mathscr{F}\left[\frac{1}{T}\sum_{n=-\infty}^{\infty} e^{jn\omega_0 t}\right]$$

根据 $x(t)$ 的傅里叶变换可得

$$X(\omega) = \frac{2\pi}{T}\sum_{n=-\infty}^{\infty} \delta(\omega - n\omega_0), \quad \omega_0 = \frac{2\pi}{T}$$

即

$$\sum_{n=-\infty}^{\infty} \delta(t-kT) \leftrightarrow \omega_0 \sum_{n=-\infty}^{\infty} \delta(\omega - n\omega_0)$$

周期脉冲序列函数及其频谱如图 2－33 所示。

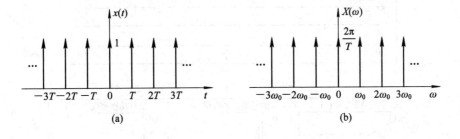

(a)　　　　　　　　　　　　　　(b)

图 2－33　周期脉冲序列函数及其频谱

一个周期脉冲序列的傅里叶变换仍为(在频域中的)一个周期脉冲序列。单个脉冲的强度为 $\omega_0 = 2\pi/T$，且各脉冲分别位于各谐波频率 $n\omega_0 = n2\pi/T$ 上，$n = 0, \pm1, \pm2, \cdots$。

2.4.5　非周期信号频谱分析

非周期信号是在时间上不会重复出现的信号，一般为时域有限信号，具有收敛可积性质条件，其能量为有限值。这种信号的频域分析是利用傅里叶变换进行的，其表达式为

$$x(t) = \frac{1}{2\pi} \int_{-\infty}^{\infty} X(\omega) \mathrm{e}^{\mathrm{j}\omega t} \, \mathrm{d}\omega$$

$$X(\omega) = \int_{-\infty}^{\infty} x(t) \mathrm{e}^{-\mathrm{j}\omega t} \, \mathrm{d}t$$

(2 - 67)

或

$$x(t) = \int_{-\infty}^{\infty} X(f) \mathrm{e}^{\mathrm{j}2\pi ft} \, \mathrm{d}f$$

$$X(f) = \int_{-\infty}^{\infty} x(t) \mathrm{e}^{-\mathrm{j}2\pi ft} \, \mathrm{d}t$$

与周期信号相似,非周期信号也可以分解为许多不同频率分量的谐波和。所不同的是,由于非周期信号的周期 $T \to \infty$,基频 $\omega_0 \to \mathrm{d}\omega$,它包含了从零到无穷大的所有频率分量;各频率分量的幅值为 $\frac{X(\omega)\mathrm{d}\omega}{2\pi}$,这是无穷小量,所以频谱不能再用幅值表示,而必须用幅值密度函数描述。

非周期信号 $x(t)$ 的傅里叶变换 $X(f)$ 是复数,所以有

$$\begin{cases} X(f) = |X(f)| \, \mathrm{e}^{\mathrm{j}\varphi(f)} \\ |X(f)| = \sqrt{\mathrm{Re}^2[X(f)] + \mathrm{Im}^2[X(f)]} \\ \varphi(f) = \arctan \dfrac{\mathrm{Im}[X(f)]}{\mathrm{Re}[X(f)]} \end{cases}$$

(2 - 68)

式中,$|X(f)|$ 为信号在频率 f 处的幅值谱密度;$\varphi(f)$ 为信号在频率 f 处的相位差。

工程上习惯将计算结果用图形方式表示,以 f 为横坐标,$\mathrm{Re}[X(f)]$、$\mathrm{Im}[X(f)]$ 为纵坐标画图,绘出的曲线图称为实频—虚频密度谱图;以 f 为横坐标,$|X(f)|$、$\varphi(f)$ 为纵坐标画图,绘出的曲线图称为幅值—相位密度谱;以 f 为横坐标,$|X(f)|^2$ 为纵坐标画图,绘出的曲线图称为功率密度谱,如图 2 - 34 所示。

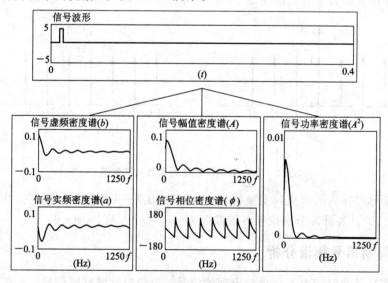

图 2 - 34 信号的频谱表示

与周期信号不同的是,非周期信号的谱线出现在 $0 \sim f_{\max}$ 的各连续频率值上,这种频谱称为连续谱。

2.5　随机信号

2.5.1　概述

1. 随机信号的特点和相关概念

随机信号具有如下特点：

(1) 具有不能被预测的瞬时值；

(2) 不能用解析的时域模型来加以描述；

(3) 能由它们的统计的和频谱的特性加以表征；

(4) 描述随机信号必须采用概率统计的方法。

相关概念：

(1) 样本函数：随机信号按时间历程所作的各次长时间的观察，记作 $x_i(t)$。

(2) 样本记录：在有限时间区间上的样本函数。

(3) 随机过程：同一试验条件下的全部样本函数的集（总体），记为 $\{x(t)\}$。

$$\{x(t)\} = \{x_1(t), x_2(t), \cdots, x_i(t), \cdots\} \tag{2-69}$$

2. 常用的统计特征参数

对随机过程常用的统计特征函数有均值、均方值、方差、概率密度函数、概率分布函数和功率谱密度函数等。

均值：

$$\mu_x(t_1) = \lim_{N \to \infty} \frac{1}{N} \sum_{i=1}^{N} x_i(t_1)$$

均方值：

$$\psi_x^2(t_1) = \lim_{N \to \infty} \frac{1}{N} \sum_{i=1}^{N} x_i^2(t_1)$$

这些特征参数均是按照集平均来计算的，即在集中的某个时刻对所有的样本函数的观测值取平均。

3. 分类

随机过程主要分为平稳随机过程、非平稳过程。

平稳随机过程：过程的统计特性不随时间的平移而变化，或者说不随时间原点的选取而变化的过程。严格地说便是，如果对于时间 t 的任意 n 个数值 $t_1, t_2, \cdots, t_n$ 和任意实数 ε，随机过程 $\{x(t)\}$ 的 n 维分布函数满足关系式

$$F_n(x_1, x_2, \cdots, x_n; t_1, t_2, \cdots, t_n) = F_n(x_1, x_2, \cdots, x_n; t_1 + \varepsilon, t_2 + \varepsilon, \cdots, t_n + \varepsilon),$$
$$n = 1, 2, \cdots \tag{2-70}$$

对于一个平稳随机过程，若它的任一单个样本函数的时间平均统计特征等于该过程的集平均统计特征，则该过程称为各态历经过程。工程中遇到的许多过程都可认为是平稳的，其中许多都具有各态历经性。

2.5.2　随机过程的主要特征参数

1. 均值

均值 $E[x(t)]$ 表示集合平均值或数学期望值。基于随机过程的各态历经性，可用时间

间隔 T 内的幅值平均值表示，即

$$\mu_x = E[x] = \lim_{T \to \infty} \frac{1}{T} \int_0^T x(t) \mathrm{d}t \qquad (2-71)$$

式中，$E[x]$ 为变量 x 的数学期望值；$x(t)$ 为样本函数；T 为观测的时间。

均值或称之为直流分量，表达了信号变化的中心趋势。均值信号如图 2-35 所示。

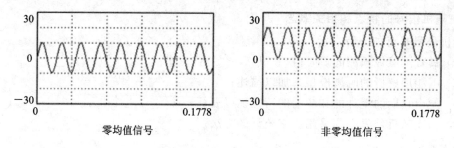

零均值信号　　　　　　　非零均值信号

图 2-35　均值信号波形图

2. 均方值

信号 $x(t)$ 的均方值 $E[x^2(t)]$，或称为平均功率，其表达式为

$$\psi_x^2 = E[x^2] = \lim_{T \to \infty} \frac{1}{T} \int_0^T x^2(t) \mathrm{d}t \qquad (2-72)$$

式中，$E[x^2]$ 为变量 x^2 的数学期望值。

ψ_x^2 值表达了信号的强度，其正平方根值又称为有效值，也是信号的平均能量的一种表达，如图 2-36 所示。在工程信号测量中一般仪器的表头示值显示的就是信号的均方值。

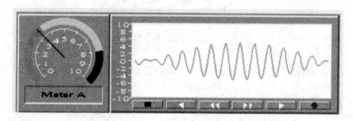

图 2-36　信号的均方值波形图

3. 方差

信号 $x(t)$ 的方差定义为

$$\sigma_x^2 = \lim_{T \to \infty} \frac{1}{T} \int_0^T [x(t) - \mu_x]^2 \mathrm{d}t \qquad (2-73)$$

σ_x^2 称为均方差，表示随机信号的波动分量，方差的平方根 σ_x 称为标准偏差，如图 2-37 所示。

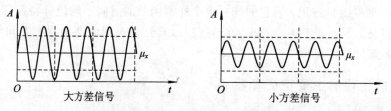

大方差信号　　　　　　　小方差信号

图 2-37　方差信号波形图

可以证明，μ_x^2、σ_x^2、ψ_x^2 之间的关系为

$$\sigma_x^2 = \psi_x^2 - \mu_x^2 \tag{2-74}$$

随机过程的均值、方差和均方值的估计公式为

$$\begin{cases} \hat{\mu}_x = \dfrac{1}{T}\displaystyle\int_0^T x(t)\,\mathrm{d}t \\[2mm] \hat{\sigma}_x^2 = \dfrac{1}{T}\displaystyle\int_0^T \left[x(t) - \hat{\mu}_x\right]^2 \mathrm{d}t \\[2mm] \hat{\psi}_x^2 = \dfrac{1}{T}\displaystyle\int_0^T x^2(t)\,\mathrm{d}t \end{cases} \tag{2-75}$$

2.5.3　相关分析

1. 相关的概念

相关是指客观事物变化量之间的相依关系，在统计学中是用相关系数来描述两个变量 x、y 之间的相关性，即

$$\rho_{xy} = \frac{\sigma_{xy}}{\sigma_x \sigma_y} = \frac{E[(x - \mu_x)(y - \mu_y)]}{\{E[(x - \mu_x)^2]E[(y - \mu_y)^2]\}^{1/2}} \tag{2-76}$$

式中，σ_{xy} 是两个随机变量波动量之积的数学期望，称之为协方差或相关性，表征了 x、y 之间的关联程度；σ_x、σ_y 分别为随机变量 x、y 的标准差，是随机变量波动量平方的数学期望。

ρ_{xy} 是一个无量纲的系数，$-1 \leqslant \rho_{xy} \leqslant 1$。当 $|\rho_{xy}| = 1$ 时，说明 x、y 两变量是理想的线性相关；$\rho_{xy} = 0$ 时，表示 x、y 两变量完全无关；$0 < |\rho_{xy}| < 1$ 时，表示两变量之间有部分相关。图 2-38 分别表示了 x、y 两变量间的不同相关情况。

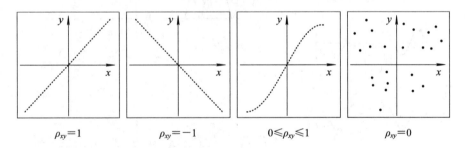

$$\rho_{xy}=1 \qquad\qquad \rho_{xy}=-1 \qquad\qquad 0\leqslant\rho_{xy}\leqslant1 \qquad\qquad \rho_{xy}=0$$

图 2-38　变量 x、y 间的不同相关情况

例如，玻璃管温度计（见图 2-39）液面高度（y）与环境温度（x）的关系就是近似理想的线性相关。在两个变量相关的情况下，一般用其中一个可以测量的量的变化来表示另一个量的变化。在后续章节中将要介绍的传感器部分中就应用了变量中的这种相关性。

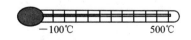

图 2-39　温度传感器示意图

自然界中的事物变化规律的表现总有互相关联的现象，不一定是线性相关，也不一定是完全无关，如人的身高与体重的关系、吸烟与寿命的关系。

2. 相关函数

如果所研究的随机变量 x、y 是与时间有关的函数，即 $x(t)$ 与 $y(t)$，这时可以引入一个与时移 τ 有关的量 $\rho_{xy}(\tau)$，称为相关系数，并有

$$\rho_{xy}(\tau) = \frac{\int_{-\infty}^{\infty} x(t)y(t-\tau)\mathrm{d}t}{\left[\int_{-\infty}^{\infty} x^2(t)\mathrm{d}t \int_{-\infty}^{\infty} y^2(t)\mathrm{d}t\right]^{1/2}} \tag{2-77}$$

式中，$x(t)$、$y(t)$是不含直流分量(信号均值为零)的能量信号。分母部分是一个常量，分子部分是时移 τ 的函数，反映了两个信号在时移中的相关性，称为相关函数。因此相关函数定义为

$$R_{xy}(\tau) = \int_{-\infty}^{\infty} x(t)y(t-\tau)\mathrm{d}t \quad \text{或} \quad R_{yx}(\tau) = \int_{-\infty}^{\infty} y(t)x(t-\tau)\mathrm{d}t \tag{2-78}$$

如果 $x(t)=y(t)$，则称 $R_x(\tau)=R_{xy}(\tau)$ 为自相关函数，即

$$R_x(\tau) = \int_{-\infty}^{\infty} x(t)x(t-\tau)\mathrm{d}t \tag{2-79}$$

若 $x(t)$ 与 $y(t)$ 为功率信号，则其相关函数为

$$\begin{cases} R_{xy}(\tau) = \lim\limits_{T\to+\infty} \int_{-T/2}^{T/2} x(t)y(t-\tau)\mathrm{d}t \\ R_x(\tau) = \lim\limits_{T\to+\infty} \int_{-T/2}^{T/2} x(t)x(t-\tau)\mathrm{d}t \end{cases} \tag{2-80}$$

计算时，令 $x(t)$、$y(t)$ 两个信号之间产生时移 τ，再相乘和积分，就可以得到 τ 时刻两个信号的相关性。连续变化参数 τ，就可以得到 $x(t)$、$y(t)$ 的相关函数曲线。如图 2-40 显示了计算正弦波信号自相关函数时，在 $\tau=0$、$\tau=T/4$ 和 $\tau=T/2$ 三个不同时刻的自相关函数值的计算情况。

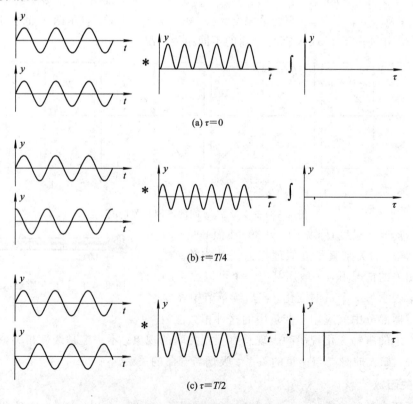

(a) $\tau=0$

(b) $\tau=T/4$

(c) $\tau=T/2$

图 2-40　自相关函数值的计算过程

将不同时移 τ 的计算值标在图上，然后在两点间连线，就可以得到信号的相关函数曲线，如图 2-41 所示。

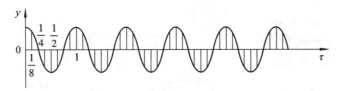

图 2-41　相关函数曲线的绘制

相关函数描述了两个信号或一个信号自身不同时刻的相似程度，通过相关分析可以发现信号中许多有规律的东西。

3. 相关函数的性质

根据定义，相关函数有如下性质：

（1）自相关函数是偶函数，即

$$R_x(\tau) = R_x(-\tau) \tag{2-81}$$

值得注意的是，互相关函数既不是偶函数，也不是奇函数，但满足下式：

$$R_{xy}(-\tau) = R_{yx}(\tau) \tag{2-82}$$

（2）当 $\tau=0$ 时，自相关函数具有最大值，此时对于能量信号有

$$R_x(\tau) = \int_{-\infty}^{\infty} x^2(t)\,\mathrm{d}t \tag{2-83}$$

对于功率信号有

$$R_x(\tau) = \lim_{T\to\infty}\int_{-T/2}^{T/2} x^2(t)\,\mathrm{d}t \tag{2-84}$$

（3）周期信号的自相关函数仍然是同频率的周期信号，但不具有原信号的相位信息。如正弦信号 $A\sin(\omega t+\varphi)$ 的自相关函数为 $R_x(\tau)=(A^2\cos\omega\tau)/2$。

（4）两周期信号的互相关函数仍然是同频率的周期信号，但保留了原信号的相位信息。如正弦信号 $A\sin(\omega t)$ 与 $B\sin(\omega t-\varphi)$ 的互相关函数为 $R_{xy}(\tau) = AB\cos(\omega\tau-\varphi)$。

（5）两个非同频率的周期信号互不相关。

（6）随机信号的自相关函数将随 $|\tau|$ 值增大而很快趋于零。

4. 相关分析的工程应用

相关函数描述了信号波形的相关性（或相似程度），揭示了信号波形的结构特性。相关分析作为信号的时域分析方法之一，为工程应用提供了重要信息，特别是对于在噪声背景下提取有用信息，更显示了它的实际应用价值。下面列举一些工程应用实例。

1）机械加工表面粗糙度的自相关分析

图 2-42 表示用电感式轮廓仪测量工件表面粗糙度的示意图。金刚石触头将工件表面的凸凹不平度通过电感式传感器转换为时间域（或空间域）信号，再经过相关分析得到自相关图形。可以看出，这是一种随机信号中混杂着周期信号的波形，随机信号在原点处有较大相关性，随 τ 值增大而减小，此后呈现出周期性，这显示出造成表面粗糙度的原因中包含了某种周期因素，例如沿工件轴向，可能是走刀运动的周期性变化；沿工件切向，则可能是由于主轴回转振动的周期性变化等。

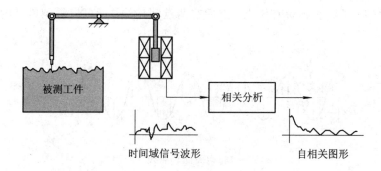

图 2-42　表面粗糙度自相关分析

2）地下输油管道漏损位置的探测

图 2-43 表示利用互相关分析方法，确定深埋在地下的输油管漏损位置的示意图。在输油管表面沿轴向放置传感器（例如加速度计或 AE 传感器等）1 和传感器 2，油管漏损处可视为向两侧传播声波的声源，因放置两传感器的位置距离漏损处不等，则油管漏油处的声波传至两传感器就有时差，将两拾音器测得的音响信号 $x_1(t)$ 和 $x_2(t)$ 进行互相关分析，找出互相关值最大处的延时 τ，即可由 τ 确定油管破损位置。

$$S = \frac{v\tau}{2} \tag{2-85}$$

式中，S 为两传感器的中心至破损处的距离；v 为声波通过管道的传播速度。

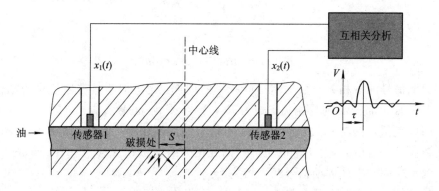

图 2-43　输油管道漏损位置的探测示意图

2.5.4　幅值域分析

信号的幅值域分析包括信号的幅值概率密度函数分析和幅值概率分布函数分析，它反映了信号落在不同幅值强度区域的概率密度和概率分布情况。

1. 概率密度函数

随机信号的概率密度函数定义为

$$p(x) = \lim_{\Delta x \to 0} \frac{P[x < x(t) \leqslant x + \Delta x]}{\Delta x} \tag{2-86}$$

对于各态历经过程，有

$$p(x) = \lim_{\Delta x \to 0} \frac{\lim_{T \to \infty} \frac{T_x}{T}}{\Delta x} \tag{2-87}$$

式中，$P[x<x(t)\leqslant x+\Delta x]$ 表示瞬时值落在增量 Δx 范围内可能出现的概率；$T_x=\Delta t_1+\Delta t_2+\cdots$ 表示信号瞬时值落在 $(x，x+\Delta x)$ 区间的时间，T 为观测时间段长度，所求得的概率密度函数 $p(x)$ 是信号 $x(t)$ 的幅值 x 的函数。图 2-44 显示了一个样例信号 $x(t)$ 的波形和 $p(x)$ 的计算方法。

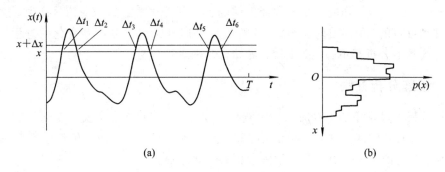

(a)　　　　　　　　　　　　　(b)

图 2-44　概率密度函数的计算

2. 概率分布函数

概率分布函数是信号幅值小于或等于某值 R 的概率，其定义为

$$F(x)=\int_{-\infty}^{R}p(x)\mathrm{d}x \qquad (2-88)$$

概率分布函数又称为累积概率，表示落在某一区间的概率，亦可写为

$$F(x)=P(-\infty<x\leqslant R) \qquad (2-89)$$

典型信号的概率密度函数和概率分布函数如图 2-45 所示。

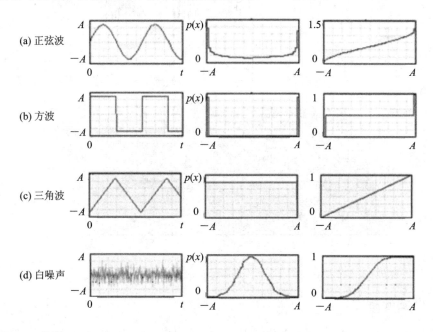

图 2-45　典型信号的概率密度函数和概率分布函数

2.6 时—频域联合分析方法简介

时域分析从波形的角度来分析信号的特征，频谱分析则从频率的角度来看信号的构成。对分析旋转机械工作时产生的周而复始的、频率成分固定的周期信号来说，这两种分析方法都是可行的，但对旋转机械起/停机过程等信号频率成分不断变化的过程，单独的时域分析或频谱分析都不够，必须将二者结合起来进行分析。

2.6.1 谱阵分析方法

谱阵分析是最常用的一种时域—频域联合分析方法，它将一个长的变化的信号分为若干个时间段，每个时间段计算一个信号频谱，然后堆叠显示，从而了解信号频率成分随时间的变化情况。图2-46所示为一谱阵分析的计算过程。

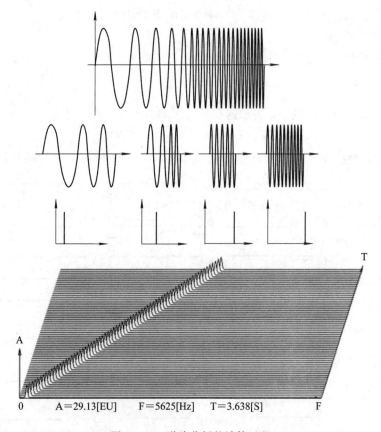

图2-46 谱阵分析的计算过程

2.6.2 小波分析方法

小波分析是另一种时—频联合分析方法，它在时间(t)、频率(f)构成的相平面上将信号分段，计算信号在各时间t和频率f处的强度，从而了解频率成分随时间的变化情况。图2-47所示为一小波分析的计算过程。

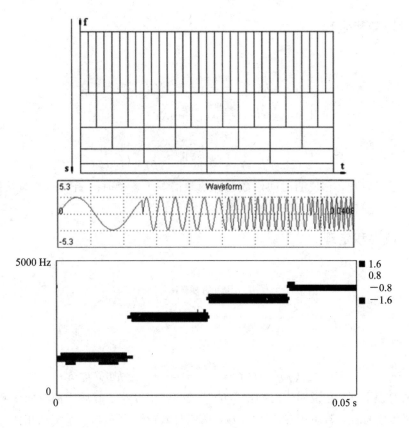

图 2 - 47　小波分析的计算过程

2.7　信号卷积积分

2.7.1　卷积积分的概念

卷积积分是一种数学方法，在信号与系统的理论研究中占有重要的地位。特别是关于信号的时间域与频率域变换分析，它是沟通时域—频域的一个桥梁。因此了解卷积积分的数学、物理含义是很必要的。在系统分析中，系统输入/输出和系统特性的作用关系在时间域就体现为卷积积分的关系，如图 2-48 所示。

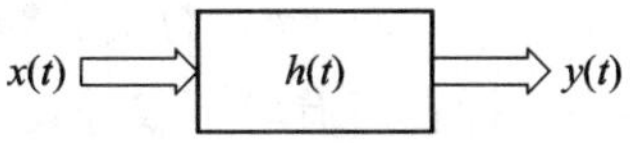

$$x(t) \Longrightarrow \boxed{h(t)} \Longrightarrow y(t)$$

图 2 - 48　卷积积分关系

用公式表示有

$$y(t) = x(t) * h(t) \tag{2-90}$$

函数 $x(t)$ 与 $h(t)$ 的卷积积分定义为

$$y(t) = \int_{-\infty}^{\infty} x(\tau) \cdot h(t-\tau)\mathrm{d}\tau = x(t) * h(t) \tag{2-91}$$

2.7.2 时域卷积定理

如果

$$h(t) \xrightarrow{\text{傅里叶变换}} H(f)$$

$$x(t) \xrightarrow{\text{傅里叶变换}} X(f)$$

则

$$x(t) * h(t) \xrightarrow{\text{傅里叶变换}} X(f)\,H(f)$$

此称为时域卷积定理，它说明时间函数卷积的频谱等于各个时间函数频谱的乘积，即在时间域中两信号的卷积，等效于在频域中频谱相乘。

2.7.3 频域卷积定理

如果

$$H(f) \xrightarrow{\text{傅里叶逆变换}} h(t)$$

$$X(f) \xrightarrow{\text{傅里叶逆变换}} x(t)$$

则

$$X(f) * H(f) \xrightleftharpoons{\text{傅里叶逆变换}} x(t)h(t)$$

此称为频域卷积定理，它说明两时间函数的频谱的卷积等效于时域中两时间函数的乘积。

由系统传输特性，若系统输入为 $x(t)$，系统时域特性为 $h(t)$，系统输出为 $y(t)$，则系统的输出为系统输入和系统时域特性的卷积分，有

系统输出：

$$y(t) = x(t) * h(t)$$

由时域卷积定理，如果

$$h(t) \xrightarrow{\text{傅里叶变换}} H(f)$$

$$x(t) \xrightarrow{\text{傅里叶变换}} X(f)$$

则

$$x(t) * h(t) \leftrightarrow X(f)H(f)$$

有系统输出频谱：

$$Y(f) = X(f)H(f)$$

若选择系统输入为白噪声信号，即在所有频率成分处 $X(f)=1$，有

$$Y(f) = X(f)H(f) = 1X(f) = H(f) \tag{2-92}$$

这时系统的频率特性等价于系统输出的频率特性，因此我们可以通过测量输出信号的频率特性来得到系统的频率特性。

思考与练习题

1. 信号 $x(t) = e^{-10\pi t}$（$-\infty < t < \infty$）是能量信号还是功率信号？

2. 信号 $x(t)=e^{-t}$ 是否为周期信号？若是周期信号，求其周期。

3. 信号 $x(t)=e^{-\sin t}$ 是否为周期信号？若是周期信号，求其周期。

4. 设有一复杂信号，由频率分别为 7.28 Hz、44 Hz、500 Hz、700 Hz 的周期正弦波叠加而成，求该信号的周期。

5. 绘出 $x(t)=e^{-0.7t\sin 2\pi t}$ 的波形曲线。

6. 绘出 $x_1(t)=10\sin(2\pi t)$ 和 $x_2(t)=3\sin(2\pi 3t)$ 的叠加波形曲线。

7. 用公式求正弦信号 $100\sin(2\pi 200t)$ 的均值与均方值。

8. 有周期三角波，如图 2-49 所示，求其均值与均方值。

$$x(t)=\begin{cases} A\left(1+\dfrac{2}{T}t\right), & -\dfrac{T}{2}\leqslant t<0 \\ A\left(1-\dfrac{2}{T}t\right), & 0\leqslant t\leqslant \dfrac{T}{2} \end{cases}$$

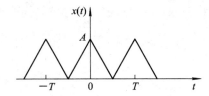

图 2-49

9. 求图 2-50 所示的周期方波信号的自相关函数，其周期为 T，幅值为 A。

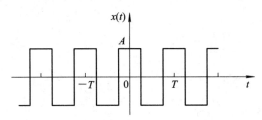

图 2-50

10. 为什么能用自相关分析消去周期信号中的白噪声信号干扰？

11. 用波形分析测量信号周期与用自相关分析测量信号周期哪种方法更准确？

12. 计算三角波信号的概率密度和概率分布曲线，并画出信号波形。

13. 用 Signal VBScript 中的随机数函数产生 1000 个（0～1）的随机数，以 0.05 的幅值增量计算数据落在（0～0.05）、（0.05～0.1）、…、（0.95～1）各区间的概率密度。

14. 已知信号 $x(t)$ 由幅值为 4 的 50 Hz 正弦波信号和幅值为 2 的 100 Hz 余弦波信号组成，画出信号的实频-虚频谱、幅值-相位谱和功率谱。

15. 已知周期矩形脉冲信号在一个周期内的表达式为

$$x(t)=\begin{cases} A, & |t|\leqslant \dfrac{\tau}{2} \\ 0, & |t|>\dfrac{\tau}{2} \end{cases}$$

试求其幅值谱。

16. 求指数函数 $x(t) = Ae^{-at}$ ($a>0$，$t>0$)的频谱。

17. 一存在质量不平衡的齿轮传动系统，大齿轮为输入轴，转速为 600 r/min，大、中、小齿轮的齿数分别为 40、20、10。图 2-51 是在齿轮箱机壳上测得的振动信号功率谱。请根据所学的频谱分析知识，判断是哪一个齿轮轴存在质量不平衡？

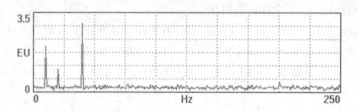

图 2-51

18. 在系统特性测量中常用白噪声信号作为输入信号，然后测量系统的输出，并将输出信号的频谱作为系统频率特性。请用卷积积分定理解释这样做的道理。

第 3 章　　测试系统的基本特性

3.1　概　　述

对物理量进行测量时，要用到各种各样的装置和仪器，它们对被测量进行检测传感、转换、传输、显示、记录和分析等，组成所谓的测试系统。测试系统在输入信号（即激励）的驱动下对它进行"加工"，并将经"加工"后的信号进行输出。由于受测试系统的特性以及信号传输过程中干扰的影响，输出信号的质量必定有别于输入信号的质量。为了正确地描述或反映被测的物理量，实现所谓的"不失真测试"，测试系统的选择及其传递特性的分析极其重要。

一般地，把外界对系统的作用称作系统的输入或激励，而将系统对这种作用的反应称作系统的输出或响应。一个系统无论多么复杂，测试系统与输入、输出之间的关系都可用图 3-1 的形式表示，其中 $x(t)$ 和 $y(t)$ 分别表示输入与输出量，$h(t)$ 表示系统的传递特性。此三者之间有如下几种关系：（1）若已知输入量和系统的传递特性，则可求出系统的输出量。（2）已知系统的输入和输出量，可求出系统的传递特性。（3）已知系统的传递特性和输出量，可推知系统的输入量。

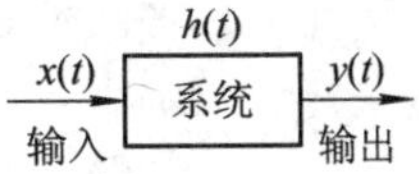

图 3-1　测试系统原理框图

测试系统的基本特性分为静态特性和动态特性。被测量是静态信号的测量过程称为静态测量。静态测量时，测试系统的输入、输出及其关系的特性或技术指标称为静态特性。被测量是动态信号的测量过程称为动态测量，测试系统对输入的动态信号随时间变化的响应特性称为动态特性。

对于一般的测试任务来说，希望输入与输出之间是一种——对应的确定关系，因此要求系统的传递特性是线性的。对于静态测量来说，系统的这种线性特性尽管是希望的，但并非是必需的。因为对静态测量来说，比较容易采取曲线校正和补偿技术来做非线性校正。但对于动态测量来说，对测试装置或系统的线性特性关系的要求便是必需的。因为在动态测量的条件下，非线性的校正和处理难于实现且测量设备十分昂贵。实际的测试系统却往往不是一种完全的线性系统，或者说不可能在全部的测量范围内保持一种线性的输入—输出关系，但在一定的工作频段（范围）上和一定的误差允许范围内均可视为线性系统，因此研究线性系统具有普遍性。

3.2　线性系统及其数学模型

一个线性系统的输入 $x(t)$ 和输出 $y(t)$ 之间的关系一般用微分方程来描述，即

$$a_n \frac{\mathrm{d}^n y(t)}{\mathrm{d}t^n} + a_{n-1} \frac{\mathrm{d}^{n-1} y(t)}{\mathrm{d}t^{n-1}} + \cdots + a_1 \frac{\mathrm{d}y(t)}{\mathrm{d}t} + a_0 y(t)$$

$$= b_m \frac{\mathrm{d}^m x(t)}{\mathrm{d}t^m} + b_{m-1} \frac{\mathrm{d}^{m-1} x(t)}{\mathrm{d}t^{m-1}} + \cdots + b_1 \frac{\mathrm{d}x(t)}{\mathrm{d}t} + b_0 x(t) \qquad (3-1)$$

其中，a_n，$\cdots$，a_0 和 b_m，$\cdots$，b_0 为系统的物理参数，若均为不随时间而变化的常数，则该方程为常系数微分方程，所描述的系统为定常线性系统或线性时不变系统（LTI，Linear Time Invariant）。

线性时不变系统具有如下基本性质。

1. 叠加性

叠加性是指当几个激励同时作用于系统时，其响应等于每个激励单独作用于系统的响应之和，即若 $x_1(t) \to y_1(t)$，$x_2(t) \to y_2(t)$，则有

$$x_1(t) \pm x_2(t) \to y_1(t) \pm y_2(t) \qquad (3-2)$$

叠加原理表明，对于线性系统，一个输入的存在并不影响另一个输入的响应，各个输入产生的响应是互不影响的。因此，在研究系统对一个复杂输入的响应时，可以将复杂输入分解为一系列简单输入之和，系统对复杂输入的响应便等于这些简单输入的响应之和。

2. 比例性

比例性又称齐次性，是指激励扩大了 a 倍，则响应也扩大 a 倍。如有 $x(t) \to y(t)$，则对任意常数 a，均有

$$ax(t) \to ay(t) \qquad (3-3)$$

3. 微分特性

微分特性是指线性系统对输入微分的响应等于对该响应的微分。如有 $x(t) \to y(t)$，则有

$$\frac{\mathrm{d}x(t)}{\mathrm{d}t} \to \frac{\mathrm{d}y(t)}{\mathrm{d}t} \qquad (3-4)$$

4. 积分特性

积分特性是指若线性系统的初始状态为零（当输入为零时，其输出也为零），则对输入积分的响应等于对该输出响应的积分。如有 $x(t) \to y(t)$，则当系统初始状态为零时，有

$$\int_0^t x(t)\,\mathrm{d}t \to \int_0^t y(t)\,\mathrm{d}t \qquad (3-5)$$

5. 频率保持性

频率保持性又称为频率不变性。如果线性系统的输入是某一频率的简谐激励，则系统的稳态输出也应是同一频率的简谐信号，而且输出与输入的幅值比以及相位差都是确定的。如有 $x(t) \to y(t)$，若 $x(t) = x_0 \mathrm{e}^{\mathrm{j}\omega t}$，则

$$y(t) = y_0 \mathrm{e}^{\mathrm{j}(\omega t + \varphi)}$$

证明 根据线性时不变系统的比例性和微分特性有

$$\left[\omega^2 x(t) + \frac{\mathrm{d}^2 x(t)}{\mathrm{d}t^2} \right] \to \left[\omega^2 y(t) + \frac{\mathrm{d}y^2(t)}{\mathrm{d}t^2} \right]$$

由于 $x(t) = x_0 \mathrm{e}^{\mathrm{j}\omega t}$，则

$$\frac{\mathrm{d}^2 x(t)}{\mathrm{d}t^2} = (\mathrm{j}\omega)^2 x_0 \mathrm{e}^{\mathrm{j}\omega t} = -\omega^2 x_0 \mathrm{e}^{\mathrm{j}\omega t} = -\omega^2 x(t)$$

因此

$$\omega^2 x(t) + \frac{d^2 x(t)}{dt^2} = 0$$

则其输出为

$$\omega^2 y(t) + \frac{d^2 y(t)}{dt^2} = 0$$

解此方程可得唯一的解为 $y(t) = y_0 e^{j(\omega t + \varphi)}$，其中 φ 为初相角。

线性系统的这些主要特性，特别是叠加性和频率保持性，在测量工作中具有重要作用。例如，在稳态正弦激振试验时，响应信号中只有与激励频率相同的成分才是由该激励引起的振动，而其他频率成分皆为干扰噪声，应予以剔除。

3.3 测试系统的静态特性

如果测量时测试装置的输入、输出信号不随时间而变化，则称为静态测量。静态测量时，测试装置表现出的响应特性称为静态响应特性。为了评定测试装置的静态响应特性，通常采用静态标定的方法求取测试装置的输入—输出关系曲线。理想线性装置的标定曲线应该是直线，但由于各种原因，实际测试装置的标定曲线总是以不同方式、不同程度地偏离理想状态。因此，工程上常采用一些技术指标来描述测试系统的静态特性。静态特性参数一般包括灵敏度、线性度、分辨力、迟滞与回程误差、重复性、漂移和稳定性等。

1. 灵敏度

灵敏度是指测量系统在静态测量时，输出量变化值 Δy 与输入量变化值 Δx 之比。用 S 表示，即

$$S = \frac{\Delta y}{\Delta x} \tag{3-6}$$

图 3-2 所示为线性系统和非线性系统灵敏度曲线示意。

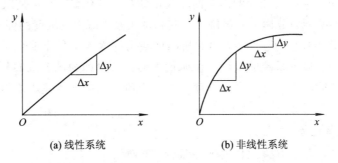

(a) 线性系统 　　　　　　　　　(b) 非线性系统

图 3-2 线性系统和非线性系统灵敏度曲线

灵敏度有时亦称增益或标度因子。线性装置的灵敏度 S 为常数，是输入—输出关系直线的斜率，斜率越大，其灵敏度就越高。而非线性装置的灵敏度将随输入量的变化而变化。灵敏度的量纲由输入和输出的量纲决定，如压力传感器，输入量的单位是压力单位（MPa），输出量的单位是电压单位（mV），那么按灵敏度的定义，某压力传感器的灵敏度可表示为 $S = 5\ \text{mV/MPa}$。当输入与输出单位相同时，灵敏度变成了无量纲，这时的灵敏度也称为放大倍数。应该注意的是，测试装置的灵敏度越高，就越容易受外界干扰的影响，即

测试装置的稳定性越差。

2. 线性度

实际的测试系统输出与输入之间并非是严格的线性关系。系统实际输入和输出关系可以用一条曲线来表示，该曲线称为测试系统的标定曲线（见图3-3）。实际使用时，常用某种拟合直线近似地表示输入和输出的关系。线性度是指系统的输入、输出关系保持常值线性比例关系的程度，用测试系统的标定曲线对理论拟合直线的最大偏差 B 与满量程 A 的百分比表示，即

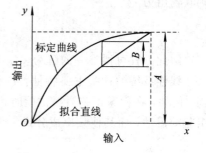

图 3-3　测试系统的标定曲线

$$线性度 = \frac{B}{A} \times 100\% \qquad (3-7)$$

式中，B 为标定曲线偏离拟合直线的最大偏差；A 为标称（全量程）输出范围。

线性度是测试装置静态特性的基本参数之一，它是以拟合直线作为基准直线计算的，选取不同的基准直线得到不同的线性度数值。基准直线的确定有多种准则，比较常用的有两种：

（1）端值法：用测量仪器的理论刻度的端点值来确定拟合直线。

（2）最小二乘法：将满足与标定曲线间偏差的平方和为最小值条件的直线作为拟合直线。

显然，线性度越小越好，但是实际工作中经常遇到非线性较严重的系统，此时可以采取非线性补偿、限制测量范围等技术措施来提高系统的线性。例如，电容式位移传感器的输入-输出非线性关系采用严格限制测量范围来满足线性要求，也因此使其只能测量小位移。

3. 分辨力

分辨力是指测试系统所能检测出来的输入量的最小变化量，通常是以最小单位输出量所对应的输入量来表示。分辨力与灵敏度有密切的关系，即为灵敏度的倒数。

一个测试系统的分辨力越高，表示它所能检测出的输入量最小变化量值越小。对于数字测试系统，其输出显示系统的最后一位所代表的输入量即为该系统的分辨力；对于模拟测试系统，是用其输出指示标尺最小分度值的一半所代表的输入量来表示其分辨力。分辨力也称为灵敏阈或灵敏限。

4. 迟滞与回程误差

由于测试系统内部的弹性元件的弹性滞后、磁性元件的迟滞现象及机械摩擦、材料受力变形、间隙等原因，实际的测试系统在输入量由小增大和由大减小的测试过程中，对应于同一输入量所得到的输出量往往存在差值，这种现象称为迟滞，这个差值称为迟滞误差。对于测试系统的迟滞程度，用回程误差来描述（见图3-4）。在同样的测试条件下，将全量程范围内的最大迟滞误差 h_{max} 与测试系统满量程输出值 A 的比值的

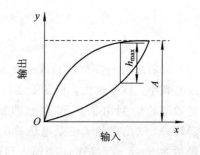

图 3-4　回程误差曲线

百分数定义为回程误差，即

$$\text{回程误差} = \frac{h_{\max}}{A} \times 100\% \tag{3-8}$$

5. 重复性(亦称精度)

重复性表示由同一观察者采用相同的测量条件、方法及仪器对同一被测量所做的一组测量之间的接近程度。它表征测量仪器随机误差接近于零的程度。作为仪器的技术性能指标时，常用误差限来表示。

6. 漂移和稳定性

稳定性是指测试系统在规定条件下保持其测量特性恒定不变的能力。通常稳定度是对时间变化而言的。漂移是指仪器的输入未产生变化时其输出所发生变化的现象，引起漂移常有两个方面的原因：一是仪器自身结构参数的变化，另一个是周围环境的变化(如温度、湿度等)对输出的影响。最常见的漂移是温漂，即由于周围的温度变化而引起输出的变化，进一步引起测试系统的灵敏度和零位发生漂移，即灵敏度漂移和零点漂移。

7. 精确度

精确度表示测量仪器的指示值和被测量真值的符合程度，反映测量的总误差。精确度是由诸如非线性、迟滞、温度变化、漂移等一系列因素所导致的不确定度之和。作为技术指标，精确度常用相对误差和引用误差来表示。

3.4　测试系统的动态特性

测试系统的动态特性是指输入量随时间变化时，其输出随输入而变化的关系。在动态测量中，输出量的变化不仅受研究对象动态特性的影响，同时也受到测试装置动态特性的影响，是两者综合影响的结果，因此，掌握测试装置的动态特性具有重要意义。

传递函数、频率响应函数和脉冲响应函数是对测试装置进行动态特性描述的三种基本方法，它们从不同角度表示出测试装置的动态特性，三者之间既有联系又各有特点。

3.4.1　传递函数

1. 传递函数的定义

传递函数定义为：在初始条件为零时，系统输出与输入的拉普拉斯变换之比。若 $y(t)$ 为时间变量 t 的函数，且当 $t \leqslant 0$ 时，有 $y(t) = 0$，则 $y(t)$ 的拉普拉斯变换 $Y(s)$ 定义为

$$Y(s) = \int_0^\infty y(t) \mathrm{e}^{-st} \, \mathrm{d}t \tag{3-9}$$

式中，s 为复变量，$s = a + \mathrm{j}b$，$a > 0$。

若系统的初始条件为零，对式(3-9)作拉氏变换得

$$Y(s)(a_n s^n + a_{n-1} s^{n-1} + \cdots + a_1 s + a_0) = X(s)(b_m s^m + b_{m-1} s^{m-1} + \cdots + b_1 s + b_0) \tag{3-10}$$

则系统的传递函数 $H(s)$ 为

$$H(s) = \frac{Y(s)}{X(s)} = \frac{b_m s^m + b_{m-1} s^{m-1} + \cdots + b_1 s + b_0}{a_n s^n + a_{n-1} s^{n-1} + \cdots + a_1 s + a_0} \tag{3-11}$$

传递函数 $H(s)$ 表征了一个系统的传递特性。其公式分母中的 s 的幂次 n 代表了系统微分方程的阶次，也称为传递函数的阶次。传递函数有以下几个特点：

（1）传递函数 $H(s)$ 描述了系统本身的固有特性，与输入量 $x(t)$ 无关。

（2）传递函数 $H(s)$ 是对物理系统特性的一种数学描述，而与系统的具体物理结构无关。

（3）等式中的各系数 a_n，a_{n-1}，$\cdots$，a_1，a_0 和 b_m，b_{m-1}，$\cdots$，b_1，b_0 是由测试系统本身结构特性所唯一确定了的常数。

2. 环节串、并联的运算法则

（1）两个环节 $H_1(s)$ 和 $H_2(s)$ 串联组成的系统如图 3-5(a)所示，如果它们之间没有能量交换，则串联后形成的系统的传递函数 $H(s)$ 为

$$H(s) = \frac{Y(s)}{X(s)} = \frac{Y_1(s)}{X(s)} \cdot \frac{Y(s)}{Y_1(s)} = H_1(s)H_2(s) \tag{3-12}$$

（2）两个环节 $H_1(s)$ 和 $H_2(s)$ 并联组成的系统如图 3-5(b)所示，则环节并联后形成的系统的传递函数 $H(s)$ 为

$$H(s) = \frac{Y(s)}{X(s)} = \frac{Y_1(s)+Y_2(s)}{X(s)} = \frac{Y_1(s)}{X(s)} + \frac{Y_2(s)}{X(s)} = H_1(s) + H_2(s) \tag{3-13}$$

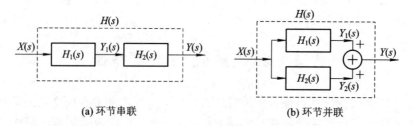

(a) 环节串联　　　　　　　　　　(b) 环节并联

图 3-5　组合系统框图

由上述结论便可推导出多个元件串、并联所组成的测试系统的传递函数。有关推导这里不再赘述。

3.4.2　频率响应函数

对于稳定的线性定常系统，设 $s=j\omega$，亦即原 $s=a+jb$ 中的 $a=0$，$b=\omega$，将其代入传递函数 $H(s)$ 有

$$H(j\omega) = \frac{Y(j\omega)}{X(j\omega)} = \frac{b_m(j\omega)^m + b_{m-1}(j\omega)^{m-1} + \cdots + b_1(j\omega) + b_0}{a_n(j\omega)^n + a_{n-1}(j\omega)^{n-1} + \cdots + a_1(j\omega) + a_0} \tag{3-14}$$

$H(j\omega)$ 称测试系统的频率响应函数。有时为了书写简便将 $H(j\omega)$ 写为 $H(\omega)$。

显然，令 $s=j\omega$ 并代入拉普拉斯变换定义式中，就将拉普拉斯变换变成了傅里叶变换。因此在系统的初始条件为零的条件下，系统的频率响应函数 $H(j\omega)$ 就是输出 $y(t)$、输入 $x(t)$ 的傅里叶变换 $Y(\omega)$、$X(\omega)$ 之比。

需要注意的是，频率响应函数是描述系统的简谐输入和其稳态输出的关系，在测量系统频率响应函数时，必须在系统响应达到稳态阶段时再测量。

用传递函数和频率响应函数均可表达系统的传递特性，但两者的含义不同。在推导传递函数时，系统的初始条件设为零。而对于一个从 $t=0$ 开始所施加的简谐信号激励来说，

采用拉普拉斯变换解得的系统输出将由两部分组成：由激励所引起的、反映系统固有特性的瞬态输出以及该激励所对应的系统的稳态输出。而频率响应函数表达的仅仅是系统对简谐输入信号的稳态输出，因此用频率响应函数不能反映过渡过程，必须用传递函数才能反映全过程。

尽管频率响应函数是对简谐激励而言的，但如前所述，任何信号都可分解成简谐信号的叠加，因而在任何复杂信号输入下，系统频率响应也是适用的。应用频率响应函数能直观地反映系统对不同频率输入信号的响应特性。在实际的工程技术问题中，为获得较好的测量效果，常常在系统处于稳态输出的阶段上进行测试。因此，在测试工作中常用频率响应函数来描述系统的动态特性；而控制技术由于常常要研究典型扰动所引起的系统响应，研究一个过程从起始的瞬态变化过程到最终的稳态过程的全部特性，因此常要用传递函数来描述。

图 3-6 所示是用传递函数和频率响应函数分别表示系统的输出。

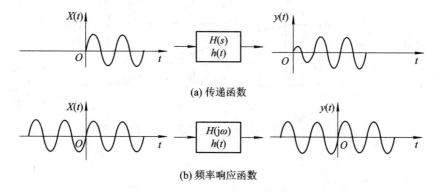

(a) 传递函数

(b) 频率响应函数

图 3-6　用传递函数和频率响应函数分别表示系统的输出波形

频率响应函数是复数量，将频率响应函数 $H(j\omega)$ 写成幅值与相角表达的指数函数形式，有

$$H(j\omega) = A(\omega)e^{j\varphi(\omega)} = A(\omega)\angle\varphi(\omega) \tag{3-15}$$

$$A(\omega) = \frac{|Y(\omega)|}{|X(\omega)|} = |H(j\omega)| \tag{3-16}$$

$$\varphi(\omega) = \arg H(j\omega) = \varphi_y(\omega) - \varphi_x(\omega) \tag{3-17}$$

其中，$A(\omega)$ 为复数 $H(j\omega)$ 的模，称之为系统的幅频特性；$\varphi(\omega)$ 为 $H(j\omega)$ 的幅角，称之为系统的相频特性。

以角频率 ω 为自变量分别画出 $A(\omega)$ 和 $\varphi(\omega)$ 的图形，所得的曲线分别称为幅频特性曲线和相频特性曲线。以 $\lg\omega$ 为横坐标，以 $20\lg A(\omega)$ 为纵坐标画出的曲线称为系统的对数幅频特性曲线。其中，$20\lg A(\omega)$ 是对数幅值，单位是分贝(dB)。以 $\lg\omega$ 为横坐标，以 $\varphi(\omega)$ 为纵坐标画出的曲线称为系统的对数相频特性曲线。对数幅频特性曲线与对数相频特性曲线总称为系统的伯德(Bode)图(见图 3-7)。在伯德图中，横坐标是用对数 $\lg\omega$ 的大小来刻度的，但坐标轴上标明的数值是实际的 ω 值，频率 ω 每变化十倍称为十倍频程，记作 decade，或简写为 dec。

将 $H(j\omega)$ 用实部和虚部的组合形式来表达：

$$H(j\omega) = P(\omega) + jQ(\omega) \tag{3-18}$$

$P(\omega)$ 和 $Q(\omega)$ 均为 ω 的实函数，则

$$A(\omega) = \sqrt{P^2(\omega) + Q^2(\omega)} \qquad (3-19)$$

$$\varphi(\omega) = \angle H(j\omega) = \arctan\frac{Q(\omega)}{P(\omega)} \qquad (3-20)$$

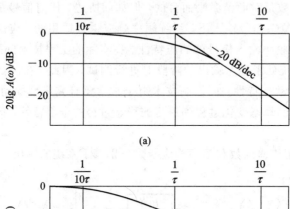

图 3-7   一阶系统 $H(j\omega)=1/(1+j\tau\omega)$ 的伯德图

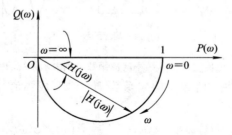

图 3-8   一阶系统 $H(j\omega)=1/(1+j\tau\omega)$ 的奈奎斯特图

将系统 $H(j\omega)$ 的实部 $P(\omega)$ 和虚部 $Q(\omega)$ 分别作为坐标系的横坐标和纵坐标，画出它们随 ω 变化的曲线，则该曲线称为奈奎斯特（Nyquist）图（如图 3-8 所示）。图中自坐标原点到曲线上某一频率点所作矢量长便表示该频率点的幅值 $|H(j\omega)|$，该向径与横坐标轴的夹角便代表了频率响应的幅角 $\angle H(j\omega)$，且在曲线上注明相应频率。

【例 3.1】 已知某测试系统传递函数 $H(s)=\dfrac{1}{1+0.5s}$，当输入信号分别为 $x_1=\sin\pi t$，$x_2=\sin4\pi t$ 时，试分别求系统稳态输出，并比较它们幅值变化和相位变化。

解 令 $s=j\omega$，求得测试系统的频率响应函数为

$$H(j\omega) = \frac{1}{1+j0.5\omega}$$

$$A(\omega) = \left|\frac{Y(\omega)}{X(\omega)}\right| = |H(j\omega)| = \frac{1}{\sqrt{1+(0.5\omega)^2}}$$

$$\varphi(\omega) = \arg H(j\omega) = \varphi_y(\omega) - \varphi_x(\omega) = -\arctan(0.5\omega)$$

信号 x_1：$\omega_1 = \pi\,\mathrm{rad/s}$，有

$$A(\omega_1) = \frac{1}{\sqrt{1 + (0.5\pi)^2}} = 0.537$$

$$\varphi(\omega_1) = -\arctan(0.5\pi) = -57.52°$$

信号 x_2：$\omega_2 = 4\pi\,\mathrm{rad/s}$，有

$$A(\omega_2) = \frac{1}{\sqrt{1 + (0.5 \times 4\pi)^2}} = 0.157$$

$$\varphi(\omega_2) = -\arctan(0.5 \times 4\pi) = -80.96°$$

系统的稳态输出分别为

$$y_1 = 0.537\,\sin(\pi t - 57.52°)$$

$$y_2 = 0.157\,\sin(4\pi t - 80.96°)$$

此例表明，测试系统的动态特性，即幅频和相频特性，对输入信号的幅值和相位的影响可以通过输入、系统的动态特性及输出三者之间的关系来表征。

3.4.3　一阶、二阶系统的传递特性描述

对于稳定的测试系统，在传递函数表达式(3-11)中，分母中 s 的次幂数总是高于分子中 s 的次幂数，即 $n > m$，其分母可以分解为 s 的一次和二次实系数因子式，即

$$a_n s^n + a_{n-1} s^{n-1} + \cdots + a_1 s + a_0 = a_n \prod_{i=1}^{r} (s + p_i) \prod_{i=1}^{(n-r)/2} (s^2 + 2\zeta_i \omega_{ni} s + \omega_{ni}^2) \quad (3-21)$$

因此式(3-11)可改写为

$$H(s) = \sum_{i=1}^{r} \frac{q_i}{s + p_i} + \sum_{i=1}^{(n-r)/2} \frac{\alpha_i s + \beta_i}{s^2 + 2\zeta_i \omega_{ni} s + \omega_{ni}^2} \quad (3-22)$$

或

$$H(s) = \prod_{i=1}^{r} \frac{q_i}{s + p_i} \prod_{i=1}^{(n-r)/2} \frac{\alpha_i s + \beta_i}{s^2 + 2\zeta_i \omega_{ni} s + \omega_{ni}^2} \quad (3-23)$$

式中，α_i、β_i、p_i 均为实常数。

由式(3-22)和式(3-23)可见，任何一个高于二阶的系统都可以看成是由若干个一阶和二阶系统的并联或串联。因此，一阶和二阶系统是分析和研究高阶、复杂系统的基础。

1. 一阶惯性系统

若系统满足

$$a_1 \frac{\mathrm{d}y(t)}{\mathrm{d}t} + a_0 y(t) = b_0 x(t) \quad (3-24)$$

则称该系统为一阶测试系统或一阶惯性系统。将式(3-24)两边除以 a_0 得

$$\frac{a_1}{a_0} \frac{\mathrm{d}y(t)}{\mathrm{d}t} + y(t) = \frac{b_0}{a_0} x(t) \quad (3-25)$$

定义：$K = \frac{b_0}{a_0}$ 为系统静态灵敏度，$\tau = a_1/a_0$ 为系统时间常数，对式(3-25)作拉普拉斯变换，则得一阶惯性系统的传递函数为

$$H(s) = \frac{Y(s)}{X(s)} = \frac{K}{\tau s + 1} \quad (3-26)$$

令 $s=j\omega$，代入上式，得一阶系统的频率响应函数为

$$H(j\omega) = \frac{K}{j\tau\omega + 1} \qquad (3-27)$$

一阶系统的幅频特性和相频特性分别为

$$A(\omega) = |H(j\omega)| = \frac{K}{\sqrt{1 + (\tau\omega)^2}} \qquad (3-28)$$

$$\varphi(\omega) = \angle H(j\omega) = -\arctan\omega\tau \qquad (3-29)$$

常见的一阶系统有忽略质量的单自由度振动系统、RC 低通滤波电路、液体温度计等，如图 3-9 所示。

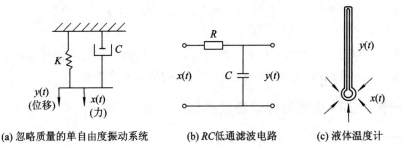

(a) 忽略质量的单自由度振动系统　　(b) RC 低通滤波电路　　(c) 液体温度计

图 3-9　常见一阶系统示意图

当 $K=1$ 时，根据式(3-28)和式(3-29)绘出一阶系统幅频特性曲线和相频特性曲线如图 3-10 所示，其伯德图和奈奎斯特图分别如图 3-7 和 3-8 所示。

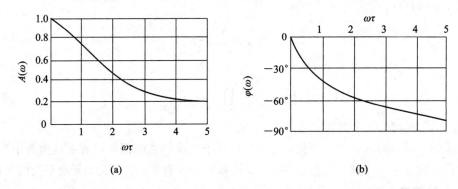

(a)　　　　　　　　　　　　　　　(b)

图 3-10　一阶系统的幅频特性曲线与相频特性曲线

从一阶测试系统的幅频和相频曲线看，一阶系统具有如下特点：

(1) 一阶系统是一个低通环节，当 $\omega \ll \frac{1}{\tau}$ 时，幅频特性 $A(\omega) \approx 1$，相频特性 $\varphi(\omega)$ 趋近于 0；当 $\omega \gg \frac{1}{\tau}$ 时，一阶系统演变为积分环节，幅频特性 $A(\omega) \approx \frac{1}{\omega\tau}$，相频特性 $\varphi(\omega) \approx -90°$，信号高频成分通过系统后幅值会大大衰减。因此，一阶测试装置只适用于对缓变或低频信号的测试。

(2) 时间常数 τ 是反映一阶系统特性的重要参数，它决定了测试装置适用的频率范围。时间常数 τ 越小，适用的频率范围越宽。当 $\omega = \frac{1}{\tau}$ 时，$A(\omega) = 0.707(-3 \text{ dB})$，$\varphi(\omega) = -45°$。

【**例 3.2**】　用某一阶温度传感器来测量反应容器中的温度，传感器的传递函数为 $H(s) = \dfrac{1}{1+\tau s}$，反应容器中温度为 100 Hz 的正弦信号。

（1）如果要求限制振幅误差 δ 在 5% 以内，则时间常数 τ 应取多少？

（2）若用具有该时间常数的传感器作 50 Hz 温度信号的测试，此时的振幅误差是多少？

解　（1）令 A_x 和 A_y 分别为系统的输入和输出，由题意知

$$\delta = \left| \frac{A_x - A_y}{A_x} \right| = |1 - A(\omega)| \leqslant 0.05$$

要求 $1 - A(\omega) \leqslant 0.05$，所以有

$$1 - A(\omega) = 1 - \frac{1}{\sqrt{1 + (\tau\omega)^2}} \leqslant 0.05$$

解得

$$(\tau\omega)^2 \leqslant 0.108$$

$$\tau \leqslant \frac{1}{2\pi f} \cdot \sqrt{0.108} = \frac{1}{2\pi \times 100} \times \sqrt{0.108} = 5.23 \times 10^{-4} \text{ s}$$

（2）作 50 Hz 温度信号的测试时，有

$$\delta = 1 - A(\omega) = 1 - \frac{1}{\sqrt{1 + (\tau\omega)^2}} = 1 - \frac{1}{\sqrt{1 + (2\pi f\tau)^2}}$$

$$= 1 - \frac{1}{\sqrt{1 + (2\pi \times 50 \times 5.23 \times 10^{-4})^2}} = 0.0132$$

从上面的计算结果可以看出，要使一阶测试系统测量误差小，则应使 $\omega\tau$ 尽可能小。

2. 二阶系统

二阶系统的微分方程为

$$a_2 \frac{d^2 y(t)}{dt^2} + a_1 \frac{dy(t)}{dt} + a_0 y(t) = b_0 x(t) \tag{3-30}$$

如图 3-11 所示的质量—弹簧—阻尼系统和 RLC 电路均为典型的二阶系统。

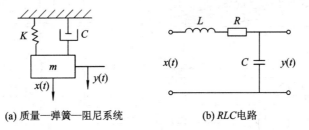

(a) 质量—弹簧—阻尼系统　　　　　　(b) RLC 电路

图 3-11　二阶系统实例

定义：$K = \dfrac{b_0}{a_0}$ 为系统静态灵敏度；$\omega_n = \sqrt{\dfrac{a_0}{a_2}}$ 为系统无阻尼固有频率(rad/s)；$\zeta = \dfrac{a_1}{2\sqrt{a_0 a_2}}$ 为系统阻尼比。对式(3-30)两边作拉普拉斯变换得

$$\left(\frac{s^2}{\omega_n^2} + \frac{2\zeta}{\omega_n} s + 1 \right) Y(s) = KX(s) \tag{3-31}$$

于是二阶系统的传递函数为

$$H(s) = \frac{Y(s)}{X(s)} = \frac{K}{\dfrac{s^2}{\omega_n^2} + \dfrac{2\zeta s}{\omega_n} + 1} \qquad (3-32)$$

二阶系统的频率响应函数为

$$H(j\omega) = \frac{Y(\omega)}{X(\omega)} = \frac{K}{\left(\dfrac{j\omega}{\omega_n}\right)^2 + \dfrac{2\zeta j\omega}{\omega_n} + 1} = \frac{K}{\left(1 - \dfrac{\omega^2}{\omega_n^2}\right) + 2j\zeta\dfrac{\omega}{\omega_n}} \qquad (3-33)$$

系统的幅频特性为

$$A(\omega) = |H(j\omega)| = K\frac{1}{\sqrt{\left[1 - \left(\dfrac{\omega}{\omega_n}\right)^2\right]^2 + 4\zeta^2\left(\dfrac{\omega}{\omega_n}\right)^2}} \qquad (3-34)$$

系统的相频特性为

$$\varphi(\omega) = -\arctan\frac{2\zeta\dfrac{\omega}{\omega_n}}{1 - \left(\dfrac{\omega}{\omega_n}\right)^2} \qquad (3-35)$$

设静态灵敏度 $K=1$，如图 3-12 示出了二阶系统的幅频与相频特性曲线，其伯德图和奈奎斯特图分别如图 3-13 和图 3-14 所示。

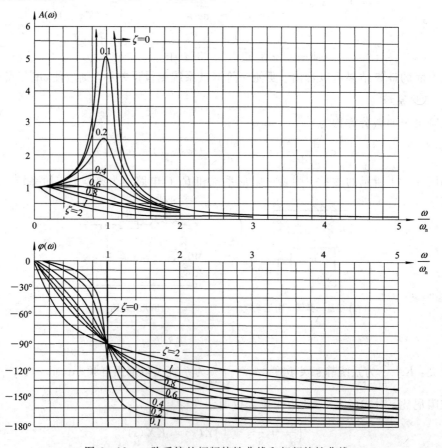

图 3-12　二阶系统的幅频特性曲线和相频特性曲线

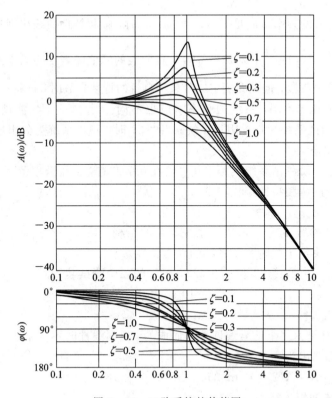

图 3-13 二阶系统的伯德图

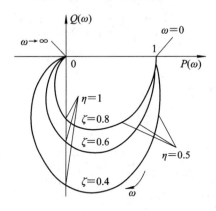

图 3-14 二阶系统的奈奎斯特图

由幅频特性和相频特性曲线可以看出，二阶系统的动态特性取决于系统的固有频率 ω_n 和阻尼比 ζ。

（1）当输入信号的频率 ω 满足 $\dfrac{\omega}{\omega_n} \ll 1$，即 $\omega \ll \omega_n$ 时，$A(\omega) \approx 1$，$\varphi(\omega) \approx 0$，表明该频率段的输入信号通过以后，幅值和相位基本不受影响，测量的误差较小。因此，测试系统固有频率 ω_n 越大，在一定误差范围可以测量的输入信号的频率范围就越宽，即测试系统工作频率范围就越宽。

（2）当输入信号的频率 ω 满足 $\dfrac{\omega}{\omega_n} \gg 1$，即 $\omega \gg \omega_n$ 时，$A(\omega) \to 0$，$\varphi(\omega) \approx -180°$。

（3）当输入信号的频率 ω 满足 $\dfrac{\omega}{\omega_n}=1$，即 $\omega=\omega_n$ 时，幅频特性曲线出现较大的峰值，系统发生了谐振。此时，$A(\omega)=\dfrac{1}{2\zeta}$，$\varphi(\omega)=-90°$，且曲线的峰值随着 ζ 的减小而增大。实际的测试装置应该避开这一频段，但是在确定二阶系统自身的特性参数时，该特点很重要。

测试系统阻尼比 ζ 不同，系统的频率响应也不同。当 $\zeta>1$ 时，测试系统为过阻尼系统；当 $\zeta=1$ 时，测试系统为临界阻尼系统；当 $\zeta<1$ 时，测试系统为欠阻尼系统。一般系统都工作于欠阻尼状态。

综上所述，对二阶测试系统推荐采用 ζ 值在 0.7 左右，工作频率范围为 $(0,0.4\omega_n)$，这样，可使测试系统的幅频特性工作在平直段，相频特性工作在直线段，从而使测量的误差最小。

二阶系统中的参数 ω_n 和 ζ 取决于系统本身的结构。系统一经组成、调整完毕，ω_n 和 ζ 也随之确定，它们决定了二阶测试系统的动态特性。

【例 3.3】 用 $K=2$，$\zeta=2$ 和 $\omega_n=628$ rad/s 的二阶测试装置测量输入信号：

$$F(t)=5+10\sin 25t+20\sin 400t$$

求系统的稳态输出。

解 因为 $F(t)$ 是由多个信号线性叠加而成的，根据线性时不变系统的叠加性和频率保持性，系统的稳态输出为

$$y(t)=5K+10K\cdot A(25)\cdot\sin[25t+\varphi(25)]+20K\cdot A(400)\cdot\sin[400t+\varphi(400)]$$

根据二阶系统的幅频特性

$$A(\omega)=K\frac{1}{\sqrt{\left[1-\left(\dfrac{\omega}{\omega_n}\right)^2\right]^2+4\zeta^2\left(\dfrac{\omega}{\omega_n}\right)^2}}$$

有

$$A(25)=K\frac{1}{\sqrt{\left[1-\left(\dfrac{25}{628}\right)^2\right]^2+4\times 2^2\times\left(\dfrac{25}{628}\right)^2}}=0.99$$

$$A(400)=K\frac{1}{\sqrt{\left[1-\left(\dfrac{400}{628}\right)^2\right]^2+4\times 2^2\times\left(\dfrac{400}{628}\right)^2}}=0.39$$

根据二阶系统的相频特性

$$\varphi(\omega)=-\arctan\frac{2\zeta\dfrac{\omega}{\omega_n}}{1-\left(\dfrac{\omega}{\omega_n}\right)^2}$$

$$\varphi(25)=-\arctan\frac{2\times 2\times\dfrac{25}{628}}{1-\left(\dfrac{25}{628}\right)^2}=-9.1°$$

$$\varphi(400)=-\arctan\frac{2\times 2\times\dfrac{400}{628}}{1-\left(\dfrac{400}{628}\right)^2}=-77°$$

所以系统稳态输出为

$$y(t) = 10 + 19.8 \sin(25t - 9.1°) + 15.6 \sin(400t - 77°)$$

可以看出，输入信号中角频率为 25 rad/s 的分量对应的输出信号的幅值衰减和相位滞后都较小，但角频率为 400 rad/s 的分量对应的输出信号幅值出现较大的衰减（下降 61%），相位滞后严重。因此，如果输入信号 400 rad/s 分量的信息是重要的，最好选择一个在 400 rad/s 频率处也有较好频率特性的测量装置。

3.5 测试系统对典型激励的响应

传递函数和频率响应函数均描述一个测试装置或系统对正弦激励信号的响应。频率响应函数则描述了测试系统在稳态的输入—输出情况下的传递特性。而在施加正弦激励信号的一段时间内，系统的输出包含瞬态输出和稳态输出两个阶段。要描述这两个阶段的全过程需采用传递函数，频率响应函数只是传递函数的一种特殊情况。

测试装置的动态响应还可通过对装置（或系统）施加其他激励的方式来获取，其中重要的激励信号有三种：单位脉冲函数、单位阶跃函数以及斜坡函数。这三种信号由于其函数形式简单和工程上的易实现性而被广泛使用。下面将研究当它们分别作为激励信号时一阶、二阶测试系统的响应。

1. 测试系统的单位脉冲响应

单位脉冲函数 $\delta(t)$，其拉氏变换 $\Delta(s) = \mathscr{L}[\delta(t)] = 1$，因此，测试系统在激励输入信号为 $\delta(t)$ 时的输出将是 $Y(s) = H(s)X(s) = H(s)\Delta(s) = H(s)$。对 $Y(s)$ 作拉普拉斯反变换可得系统输出的时域描述：

$$y(t) = \mathscr{L}^{-1}[Y(s)] = h(t) \tag{3-36}$$

把系统对单位脉冲输入的响应称为系统的脉冲响应函数或权函数。

对于一阶惯性系统，其传递函数 $H(s) = \dfrac{1}{\tau s + 1}$，可求得一阶系统的脉冲响应函数为

$$h(t) = \frac{1}{\tau} e^{\frac{-t}{\tau}} \tag{3-37}$$

式中，τ 为系统的时间常数。

一阶惯性系统的脉冲响应波形为一条指数衰减曲线，如图 3-15 所示。输入 $\delta(t)$ 后，系统的输出从 $1/\tau$ 迅速衰减，衰减的快慢与 τ 的大小有关，一般经过时间 4τ 后，衰减到零。4τ 越小，系统的输出越接近 $\delta(t)$。

对于一个二阶系统，设静态灵敏度 $K = 1$，其传递函数为

$$H(s) = \frac{1}{\dfrac{s^2}{\omega_n^2} + \dfrac{2\zeta s}{\omega_n} + 1}$$

则可求得其脉冲响应函数为

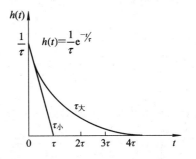

图 3-15 一阶惯性系统的脉冲响应函数曲线波形

$$h(t) = \frac{\omega_n}{\sqrt{1-\zeta^2}} e^{-\zeta\omega_n t} \sin(\sqrt{1-\zeta^2}\omega_n t) \quad (\text{欠阻尼情况},\ \zeta < 1) \qquad (3-38)$$

$$h(t) = \omega_n^2 t e^{-\omega_n t} \quad (\text{临界阻尼情况},\ \zeta = 1) \qquad (3-39)$$

$$h(t) = \frac{\omega_n}{\sqrt{1-\zeta^2}} \left[e^{-(\zeta-\sqrt{\zeta^2-1})\omega_n t} - e^{-(\zeta+\sqrt{\zeta^2-1})\omega_n t} \right] \quad (\text{过阻尼情况},\ \zeta > 1) \quad (3-40)$$

二阶系统的脉冲响应曲线如图 3-16 所示。

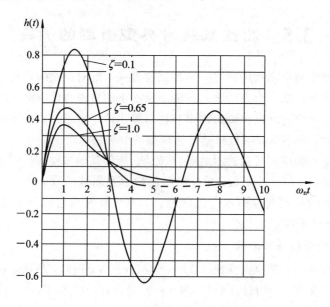

图 3-16　二阶系统的脉冲响应函数曲线

事实上，理想的单位脉冲函数是不存在的，工程中常采取时间较短的脉冲信号来加以近似。比如给系统以短暂的冲击输入，其冲击持续的时间若小于 $\tau/10$（τ 为一阶系统的时间常数或二阶系统的振荡周期），则可近似认为是一个单位脉冲输入。

2. 测试系统单位阶跃响应

阶跃函数和单位脉冲函数间的关系如下：

$$\delta(t) = \frac{d\zeta(t)}{dt} \qquad (3-41)$$

亦即

$$\zeta(t) = \int_{-\infty}^{t} \delta(t)dt \qquad (3-42)$$

因此系统在单位阶跃信号激励下的响应便等于系统对单位脉冲响应的积分。

一阶惯性系统 $H(s) = \dfrac{1}{\tau s + 1}$ 对单位阶跃函数的响应函数为

$$y(t) = 1 - e^{-\frac{t}{\tau}} \qquad (3-43)$$

相应的拉普拉斯表达式为

$$Y(s) = \frac{1}{s(\tau s + 1)} \qquad (3-44)$$

如图 3-17 所示为一阶系统的单位阶跃响应。从图中可以看出，单位阶跃响应是指数曲线，初始值为零，随着时间 t 的增加，最终趋向于阶跃幅值 1。τ 值越大，曲线趋近 1 的时间越长；反之，τ 值越小，曲线趋近 1 的时间越短。τ 是系统响应快慢的决定因素。当 $t = \tau$ 时，$y(t) = 0.632$，输出只达到稳态值的 63.2%；当 $t = 3\tau$、4τ 和 5τ 时，输出分别为 95%、98% 和 99%。通常，将到达最终值的 95% 或 98% 所需

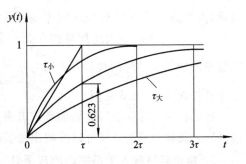

图 3-17　一阶系统对阶跃输入的响应曲线

要的时间 3τ 或 4τ 定义为系统的调整时间，此时可近似认为系统已到达稳态。一般说来，一阶装置的时间常数应越小越好。

对于一个二阶系统，设静态灵敏度 $K = 1$，其传递函数为

$$H(s) = \cfrac{1}{\cfrac{s^2}{\omega_n^2} + \cfrac{2\zeta s}{\omega_n} + 1} \quad （静态灵敏度\ K = 1）$$

则求得它对阶跃输入的响应函数为

$$y(t) = 1 - \frac{e^{-\zeta \omega_n t}}{\sqrt{1 - \zeta^2}} \sin\left(\sqrt{1 - \zeta^2}\,\omega_n t + \varphi\right) \quad （欠阻尼情况，\zeta < 1） \tag{3-45}$$

$$y(t) = 1 - (1 + \omega_n t) e^{-\omega_n t} \quad （临界阻尼情况，\zeta = 1） \tag{3-46}$$

$$y(t) = 1 - \frac{\zeta + \sqrt{\zeta^2 - 1}}{2\sqrt{\zeta^2 - 1}} e^{-\left(\zeta - \sqrt{\zeta^2 - 1}\right)\omega_n t} + \frac{\zeta - \sqrt{\zeta^2 - 1}}{2\sqrt{\zeta^2 - 1}} e^{-\left(\zeta + \sqrt{\zeta^2 - 1}\right)\omega_n t} \quad （过阻尼情况，\zeta > 1）$$

$$\tag{3-47}$$

式中，$\varphi = \arctan \dfrac{\sqrt{1 - \zeta^2}}{\zeta}$。

如图 3-18 所示为二阶系统的单位阶跃响应。

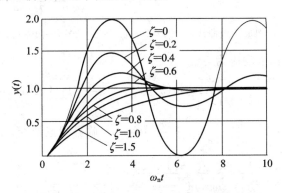

图 3-18　二阶系统对阶跃输入的响应曲线

阶跃响应函数方程式中的误差项均包含有因子 e^{-At} 项，故当 $t \to \infty$ 时，动态误差为零，亦即它们没有稳态误差。但是系统的响应在很大程度上取决于阻尼比 ζ 和固有频率 ω_n，ω_n 越高，系统的响应越快，阻尼比 ζ 直接影响系统超调量和振荡次数。当 $\zeta = 0$ 时，系统超调量为 100%，系统持续振荡；当 $\zeta > 1$ 时，系统蜕化为两个一阶环节的串联，此时系统虽无

超调(无振荡)，但仍需较长时间才能达到稳态。对于欠阻尼情况，即 $0<\zeta<1$ 时，若选择 ζ 在 $0.6\sim0.8$ 之间，最大超调量约在 $2.5\%\sim10\%$ 之间，对于 $5\%\sim2\%$ 的允许误差，认为达到稳态的所需调整时间也最短，约为 $\dfrac{3\sim4}{\zeta\omega_n}$。因此，许多测量装置在设计参数时也常常将阻尼比选择在 $0.6\sim0.8$ 之间。

在工程中，对系统的突然加载或者突然卸载都视为对系统施加一阶跃输入。由于施加这种输入既简单易行，又可以反映出系统的动态特性，因此，常被用于系统的动态标定。

3. 单位斜坡输入下系统的响应函数

斜坡函数也可视为是阶跃函数的积分，因此系统对单位斜坡输入的响应同样可通过系统对阶跃输入的响应的积分求得。如图 3-19 所示，定义单位斜坡函数为

$$\gamma(t)=\begin{cases}0, & t<0\\ t, & t\geqslant0\end{cases} \tag{3-48}$$

一阶系统的单位斜坡响应为

$$y(t)=t-\tau(1-\mathrm{e}^{-\frac{t}{\tau}}) \tag{3-49}$$

其传递函数为

$$Y(s)=\frac{1}{s^2(\tau s+1)} \tag{3-50}$$

一阶系统的单位斜坡响应曲线如图 3-20 所示。从图中可以看出，由于输入量渐次增大，系统的输出总滞后于输入一个时间，因此系统始终存在有一个稳态误差。

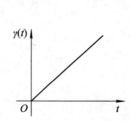

图 3-19　单位斜坡函数曲线

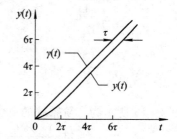

图 3-20　一阶系统的单位斜坡响应曲线

二阶系统的斜坡输入响应为

$$y(t)=t-\frac{2\zeta}{\omega_n}+\frac{\mathrm{e}^{-\zeta\omega_n t}}{\omega_n\sqrt{1-\zeta^2}}\sin(\omega_n\sqrt{1-\zeta^2}t+\varphi)\quad(\text{欠阻尼情况，}\zeta<1) \tag{3-51}$$

$$y(t)=t-\frac{2}{\omega_n}+\frac{2}{\omega_n}\left(1+\frac{\omega_n t}{2}\right)\mathrm{e}^{-\omega_n t}\quad(\text{临界阻尼情况，}\zeta=1) \tag{3-52}$$

$$y(t)=t-\frac{2}{\omega_n}+\frac{1+2\zeta\sqrt{\zeta^2-1}-2\zeta^2}{2\omega_n\sqrt{\zeta^2-1}}\mathrm{e}^{-(\zeta+\sqrt{\zeta^2-1})\omega_n t}$$

$$-\frac{1-2\zeta\sqrt{\zeta^2-1}-2\zeta^2}{2\omega_n\sqrt{\zeta^2-1}}\mathrm{e}^{-(\zeta-\sqrt{\zeta^2-1})\omega_n t}\quad(\text{过阻尼情况，}\zeta>1) \tag{3-53}$$

式中，$\varphi=\arctan\dfrac{2\zeta\sqrt{1-\zeta^2}}{2\zeta^2-1}$。

其传递函数为

$$Y(s) = \frac{\omega_n^2}{s^2(s^2 + 2\zeta\omega_n s + \omega_n^2)} \tag{3-54}$$

二阶系统的单位斜坡响应如图 3-21 所示。由图可以看出，与一阶系统类似，二阶系统的响应输出总是滞后于输入一段时间，始终有稳态误差。

从一阶和二阶系统对斜坡输入的响应式中可以看到，函数式均包括三项：第一项等于输入；第二和第三项为系统动态误差，且第二项仅与装置的特性参数 τ 或 ω_n 和 ζ 有关，而与时间 t 无关，此项误差则为稳态误差；第三项与时间 t 有关，且含有 e^{-At} 因子，故当 $t \to \infty$ 时，

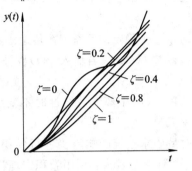

图 3-21　二阶系统的单位斜坡响应曲线

此项趋于零。第二项的稳态误差随时间常数的增大或固有频率的减小和阻尼比的增大而增大。

3.6　测试系统对任意输入的响应

以上分析了测试系统对三种典型激励信号的响应，现在来看一下系统对任意输入的响应情况。

如图 3-22 所示的是一任意输入信号 $x(t)$，将 $x(t)$ 用一系列等间距 $\Delta\tau$ 划分的矩形条来逼近。在 $k\Delta\tau$ 时刻的矩形条的面积为 $x(k\Delta\tau)\Delta\tau$，若 $\Delta\tau$ 充分小，则可近似将 $k\Delta\tau$ 时刻的矩形条看作是幅度为 $x(k\Delta\tau)\Delta\tau$ 的脉冲对系统的输入，而系统在该时刻的响应则应该为 $[x(k\Delta\tau)\Delta\tau]h(t-k\Delta\tau)$。在上述一系列的窄矩形脉冲的作用下，根据线性时不变(LTI)系统的线性叠加特性，系统的零状态响应该为

$$y(t) \approx \sum_{k=0}^{\infty} x(k\Delta\tau)h(t-k\Delta\tau)\Delta\tau \tag{3-55}$$

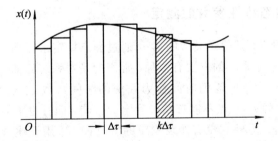

图 3-22　任意输入 $x(t)$ 的脉冲函数分解

当 $\Delta\tau \to 0$(即 $k \to \infty$)时，对式(3-55)取极限得

$$y(t) = \lim_{\Delta\tau \to 0} \sum_{k=0}^{\infty} x(k\Delta\tau)h(t-k\Delta\tau)\Delta\tau = \int_0^{\infty} x(\tau)h(t-\tau)\mathrm{d}\tau \tag{3-56}$$

上述推导过程是卷积公式的另一种推导过程。将式(3-56)写为

$$y(t) = x(t) * h(t) \tag{3-57}$$

式(3-57)表明,系统对任意激励信号的响应是该输入激励信号与系统的脉冲响应函数的卷积。根据卷积定理,式(3-57)的频域表达式则为

$$Y(s) = X(s)H(s) \tag{3-58}$$

对于一个稳定的系统,在传递函数中用 $j\omega$ 来替代式(3-11)中的 s 便可得到系统的频率响应函数 $H(j\omega)$。若输入 $x(t)$ 也符合傅里叶变换条件,即存在 $X(j\omega)$,则有

$$Y(j\omega) = X(j\omega)H(j\omega) \tag{3-59}$$

式(3-59)中蕴含着线性时不变系统具有频率保持性,即系统输出中的频率成分与输入频率成分一致。

时域中求系统的响应要进行卷积积分的运算,常常采用计算机进行离散数字卷积计算,一般计算量较大。利用卷积定理将它转化为频域的乘积处理就相对比较简单。由以上的推导过程可知,要求一个系统对任意输入的响应,重要的是要知道或求出系统对单位脉冲输入的响应,然后利用输入函数与系统单位脉冲响应的卷积便可求出系统的总响应。而时域中的这种输入—输出关系在频域中则是通过拉普拉斯变换或傅里叶变换来实现的。

3.7 测试系统参数试验测定方法

一个测试系统的各种特性参数表征了该系统的整体工作特性。为了获取正确的测量结果,应该精确地知道所用测试系统的各参数。此外也要通过定标和校准来维持系统的各类特性参数。

测量装置的静态特性参数的测定相对简单,一般以经过校准的标准量作为输入,测出其输入—输出曲线,根据该曲线确定其定标曲线、直线度、灵敏度以及回程误差等各参数。所采用的标准量误差应当是所要求测试结果误差的1/5或更小。

测量装置的动态特性参数的测定比较复杂和特殊。一般应该测出其频率响应曲线。对一、二阶系统而言,只要测出其动态特性参数即可。以下给出一、二阶系统动态特性参数的测定方法。

3.7.1 一阶系统动态特性参数的测定

对一个一阶系统而言,其静态灵敏度 K 可通过静态标定来得到,因此系统的动态参数只剩下一个时间常数 τ。求取 τ 的方法有多种,常用的是对系统施加一个阶跃信号,然后将系统达到最终稳定值 63.2% 所需的时间作为系统的时间常数 τ。这一方法的缺点是不精确,因为它受到起始时间 $t=0$ 点不能够精确确定的影响,而且也不能够确切地确定被测系统一定是一个一阶系统,另外它没有涉及响应的全过程。采用下述方法可较为精确地确定一阶系统的时间常数 τ。

1. 阶跃响应法

一阶系统的阶跃响应函数为

$$y(t) = 1 - e^{-\frac{t}{\tau}} \quad (\text{设静态灵敏度 } K = 1) \tag{3-60}$$

该式可改写为

$$1 - y(t) = \mathrm{e}^{-\frac{t}{\tau}} \tag{3-61}$$

定义

$$Z = \ln[1 - y(t)] \tag{3-62}$$

则有

$$Z = -\frac{t}{\tau} \tag{3-63}$$

进而有

$$\frac{\mathrm{d}Z}{\mathrm{d}t} = -\frac{1}{\tau} \tag{3-64}$$

式(3-63)表明，Z 亦即 $\ln[1 - y(t)]$ 与时间 t 成线性关系。若画出 Z 与 t 的关系图，则可得到一根斜率为 $-\dfrac{1}{\tau}$ 的直线，如图 3-23 所示。用上述方法可得到更为精确的 τ 值。另外，根据所测得的数据点是否落在一根直线上，可判断该系统是否是一个一阶系统。倘若数据点与直线偏离甚远，那么可以断定系统不是一个一阶系统。

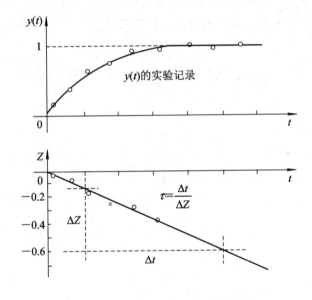

图 3-23　一阶系统的阶跃响应试验

2. 频率响应法

通过对测试装置施以稳态正弦激励的试验，我们可以获得测试装置的动态特性。

将正弦信号在一个很宽的频率范围上输入被试验系统，记录系统的输入与输出值，然后用对数坐标画出系统的幅值比和相位，如图 3-24 所示。若系统为一阶系统，则所得曲线在低频段为一水平线（斜率为零），而在高频段曲线斜率为 $-20\ \mathrm{dB}/10$ 倍频，相角则渐近地接近 $-90°$。于是由曲线的转折点（转折频率）处可求得时间常数 $\tau = \dfrac{1}{\omega_{\mathrm{break}}}$。

同样，也可从测得的曲线形状偏离理想曲线的程度来判断系统是否是一阶系统。

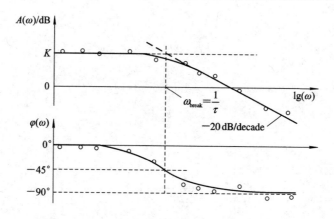

图 3-24　一阶系统的频率响应试验

3.7.2　二阶系统动态特性参数的测定

二阶系统的静态灵敏度同样由静态标定来确定。系统的阻尼比和固有频率 ω_n 可用诸多方法来测定，最常用的方法是阶跃响应和频率响应测定法。图 3-25(a)示出了一种阶跃响应法测定欠阻尼二阶系统的 ζ 和 ω_n 的方法。根据式(3-45)，二阶系统欠阻尼情况下的阶跃响应为

$$y(t) = 1 - \frac{e^{-\zeta\omega_n t}}{\sqrt{1-\zeta^2}} \sin\left(\sqrt{1-\zeta^2}\,\omega_n t + \varphi\right) \quad (\text{欠阻尼情况，} \zeta < 1)$$

式中，$\varphi = \arctan \dfrac{2\zeta\sqrt{1-\zeta^2}}{2\zeta^2-1}$。

其瞬态响应是以 $\omega_n\sqrt{1-\zeta^2}$ 的角频率做衰减振荡的，该角频率称为系统的有阻尼固有频率，记做 ω_d。对上述响应函数求极值，可得曲线中各振荡峰值所对应的时间 $t_p = 0$，π/ω_d，$2\pi/\omega_d \cdots$ 将 $t = \pi/\omega_d$ 代入式(3-45)中可求得此时系统的最大超调量 a 为

$$a = \exp\left[-\left(\frac{\zeta\pi}{\sqrt{1-\zeta^2}}\right)\right] \tag{3-65}$$

从而可得

$$\zeta = \sqrt{\frac{1}{\dfrac{\pi}{\ln a}+1}} \tag{3-66}$$

因此实际中测得 a 之后便可按上式求得 ζ。

系统的固有频率 ω_n 可按下式求得

$$\omega_n = \frac{2\pi}{T\sqrt{1-\zeta^2}} \tag{3-67}$$

若系统的阻尼较小，那么任何快速的瞬态输入所产生的响应将如图 3-25(b)所示。此时，系统的 ζ 可用下式近似求得

$$\zeta \approx \frac{\ln\dfrac{x_1}{x_n}}{2\pi n} \tag{3-68}$$

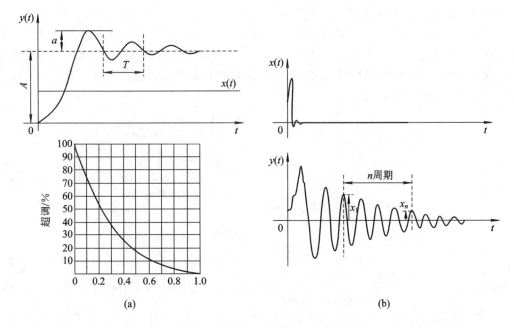

图 3 - 25　二阶系统的阶跃和脉冲响应试验

该近似公式的成立是假定系统阻尼比 ζ 较小（一般 $\zeta < 0.1$），这样 $\sqrt{1-\zeta^2} \approx 1.0$。此时，$\omega_n$ 的求法还是用公式(3 - 67)。如果能记录到多个(n 个)振荡周期，那么可用多个周期的平均值作为 T，这样求得的 ω_n 将更精确些。但如果系统是严格二阶线性的，那么数值 n 就无关紧要。在这种情况下，对任意数量的周期所得的 ζ 是相同的。因此，如果对不同的 n 值（如 $n = 1, 2, 4, \cdots$）求得的 ζ 值差别较大，则可说明系统并不是严格的二阶系统。

对于过阻尼情况($\zeta > 1.0$)来说，系统没有振荡，因此难以用上述方法确定 ζ 和 ω_n，此时可用两个时间常数 τ_1 和 τ_2 来表达原来的系统阶跃响应，由式(3 - 47)可得

$$y(t) = \frac{\tau_1}{\tau_2 - \tau_1} e^{-\frac{t}{\tau_1}} - \frac{\tau_2}{\tau_2 - \tau_1} e^{-\frac{t}{\tau_2}} + 1 \tag{3 - 69}$$

$$\tau_1 = \frac{1}{(\zeta - \sqrt{\zeta^2 - 1})\omega_n} \tag{3 - 70}$$

$$\tau_2 = \frac{1}{(\zeta + \sqrt{\zeta^2 - 1})\omega_n} \tag{3 - 71}$$

为了能从一个阶跃响应曲线求得 τ_1 和 τ_2，需要采取如下步骤：

(1) 定义一个以百分比表达的不完全响应函数，即

$$R_p = 100[1 - y(t)] \tag{3 - 72}$$

(2) 用对数坐标画出 $R_p(t)$-t 函数曲线。若系统为一个二阶系统，则该曲线应接近一根直线。将该曲线向后直线延伸至与纵坐标相交，得到点 P_1。该直线渐近线上等于 $0.368P_1$ 值所对应的时间即为时间常数 τ_1。

(3) 在同一张图上画出表示直线渐近线与 $R_p(t)$ 之差的一根曲线。若该曲线不为直线，则说明系统不是二阶系统；若是一根直线，那么该直线上等于 $0.368(P_1 - 100)$ 的点所对应的时间即为 τ_2。

图 3-26 表示了上述过程。

在求得 τ_1 和 τ_2 之后，便可根据式(3-70)和式(3-71)求取二阶系统的参数 ζ 和 ω_n。也可用频率响应法来求出 ζ 和 ω_n 或 τ_1 和 τ_2，图 3-27 示出了应用该方法的情况和各参数的求法，图中仅示出幅值曲线的情况。同样，如果能得出相角曲线，便可用它们来验证系统是否与二阶系统的模型相符合了。

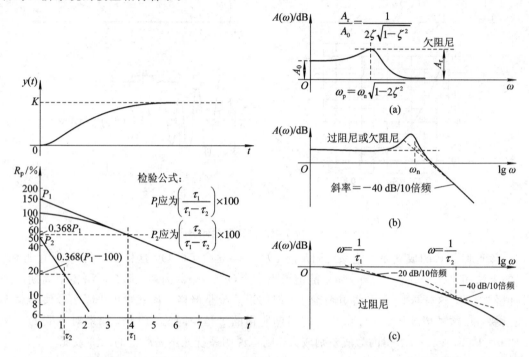

图 3-26 过阻尼二阶系统的阶跃试验　　图 3-27 二阶系统的频率响应试验

若测量装置不是纯粹的电气系统，而是机械—电气或其他的非电物理系统，则难以用机械的方法来产生正弦波信号，这种情况下常采用阶跃信号作为输入，因为阶跃信号产生起来方便。

3.8　测试系统实现不失真测试的条件

测试的任务是要应用测试装置或系统来精确地复现被测的特征量或参数，即实现精确测试或不失真测试，因此对于一个完美的测试系统来说，必须能够精确地复制被测信号的波形，且在时间上没有任何的延时。从频域上分析，系统的输入与输出之间的关系亦即系统的频率响应函数 $H(j\omega)$ 应该满足 $H(j\omega)=K\angle 0°$ 的条件，亦即系统的放大倍数为常数，相位为零。实际中，由于任何测量都伴有时间上的滞后，虽然通过选择测量系统合适的参数能够满足放大倍数为常数的要求，但在信号的频率范围上要同时实现接近于零的相位滞后，除了少数系统(如具有小 ζ 和大 ω_n 的压电式二阶系统)之外几乎是不可能的。这是因为任何测量都伴有时间上的滞后。因此对于实际的测试系统来说，如果满足输出和输入相比，只在时间上有一个滞后，幅值增加了 K 倍，而两者的波形精确地一致，可以认为这种情况是精确的或不失真的。若用数学方程表示，可以写作如下形式：

$$y(t) = Kx(t - t_0) \qquad (3-73)$$

式中，K 和 t_0 都为常量。

式(3-73)的傅里叶变换表达式为

$$Y(\mathrm{j}\omega) = KX(\mathrm{j}\omega)\mathrm{e}^{-\mathrm{j}\omega t_0} \qquad (3-74)$$

系统的频率响应函数相应地为

$$H(\mathrm{j}\omega) = \frac{Y(\mathrm{j}\omega)}{X(\mathrm{j}\omega)} = K\mathrm{e}^{-\mathrm{j}\omega t_0} = K\angle -\omega t_0 \qquad (3-75)$$

其幅频和相频特性分别为

$$\begin{cases} A(\omega) = K \\ \varphi(\omega) = -\omega t_0 \end{cases} \qquad (3-76)$$

可见，测试系统要实现精确测试或不失真测试，即输出波形和输入波形精确地一致，测试系统的频率响应特性应满足：幅频特性为一常数，相频特性与频率成线性的关系。根据式(3-76)，精确测试系统的幅频特性应该是一条平行于频率轴的直线，相频应是发自坐标系原点的一条具有一定斜率的直线。但实际测量系统均有一定的频率范围，因此只要在输入信号所包含的频率成分范围之内满足上述两个条件即可，如图 3-28(b)所示。

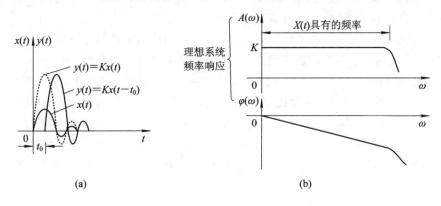

图 3-28　精确测试所要满足的条件

需要指出的是，满足上述精确测试或不失真测试条件的系统其输出比输入仍滞后 t_0 时间(式(3-73))。对许多工程应用来说，测试的目的仅要求被测结果能精确地复现被输入的波形，至于时间上的迟延并不起很关键的作用，此时认为上述条件已经满足了精确测试的要求。但在某些应用场合，相角的滞后会带来问题。如将测量系统置入一个反馈系统中，那么系统的输出对输入的滞后可能会破坏整个控制系统的稳定性。此时便严格要求测量结果无滞后，即 $\varphi(\omega) = 0$。

前面已经说过测试装置只有在一定的工作频率范围内才能保持它的频率响应符合精确测试的条件。理想的精确测试系统实际上是不可能实现的，且即使在某一工作频段上，也难以实现理想的精确测试。由于装置内、外干扰的影响以及输入信号本身的质量问题，往往只能努力使测量结果足够精确，使波形的失真控制在一定的误差范围之内。为此在进行某个测试工作之前，首先要选择合适的测试装置，使它的工作频率范围能满足测试任务的要求，在该工作频段上它的频率响应特性满足精确测试的条件。另外，对输入信号也要做必要的预处理，通常采用滤波方法来去除输入信号中的高频噪声，避免被带入测试装置的谐振区域而使系统的信噪比变坏。

测试装置的特性选择对测试任务的顺利实施至关重要。有时对于一个测试装置来说，要在其工作频段上同时满足幅频和相频的线性关系是困难的。因此应分析并权衡幅值失真、相位失真对测试的影响。例如在振动测量中，有时仅要求知道振动信号的频率成分和振幅大小，并不要求确切了解其波形的变化，亦即对信号的相位没有要求，此时便可着眼于测试装置幅频特性的选择，而忽略相频特性的影响。但在某些测量中，则要求精确知道输出响应对输入信号的延迟时间和距离，此时便要求了解装置的相频特性，从而也要严格地选择装置的相频特性，以减少相位失真引起的测试误差。

从实现测试不失真条件和其他工作性能综合来看，对一阶装置而言，时间常数 τ 越小，装置的响应就越快，满足不失真测试条件的频带也越宽，所以一阶装置的时间常数 τ 原则上越小越好。

对于二阶装置，其特性曲线上有两个频段值得注意：

（1）在 $\omega/\omega_n < 0.3$ 的范围内，$\varphi(\omega)$ 的数值较小，且 $\varphi(\omega)-\omega$ 特性曲线接近于直线。$A(\omega)$ 在该频率范围内的变化不超过 10%，若用于测试，则波形输出失真很小。

（2）在 $\omega/\omega_n > 3$ 范围内，$\varphi(\omega)$ 接近 180° 且随 ω 变化甚小，此时若在实际测试电路中或数据处理中减去固定相位差或把测试信号反相 180°，则其相频特性基本上满足不失真测试条件。但是，此时幅频特性 $A(\omega)$ 衰减太大，输出幅值很小。

若二阶装置输入信号的频率在 $0.3 < \omega/\omega_n < 3$ 区间内，装置的频率特性受 ζ 的影响很大，ζ 越小，系统的瞬态振荡的次数增多，超调量增大，调整时间增长。在 $\zeta = 0.6 \sim 0.8$ 时，可获得较为合适的综合特性。当 $\zeta = 0.7$ 时，在 $0 \sim 0.58\omega_n$ 的频率范围中，幅频特性 $A(\omega)$ 的变化不超过 5%，同时相频特性曲线也接近于直线，因而所产生的相位失真很小。但如果输入的频率范围较宽，则由于相位失真的关系，仍会导致一定程度的波形畸变。

测试系统中，任何一个环节产生的波形失真都必然会引起整个系统最终输出波形的失真。虽然各环节失真对最后波形的失真影响程度不一样，但是原则上在信号频带内应使每个环节基本上满足不失真测试的要求。

3.9 测试系统的负载效应

负载效应本来是指在电路系统中后级与前级相连时由于后级阻抗的影响造成系统阻抗发生变化的一种效应。如图 3-29 所示，图 3-29(a) 表示一个线性双端网络，它具有两个端子 A 和 B。将该双端网络与负载 Z_L 相连。相连之前，双端网络的开路输出电压设为 u_o，此时可确定端子 A 和 B 之间的阻抗 Z_{AB}。网络中的任何功率源均可用它们的内阻来代替，假设这些内阻为零，则该网络可用电压源 u_o 和阻抗 Z_{AB} 的串联来表示（如图 3-29(c) 所示）。

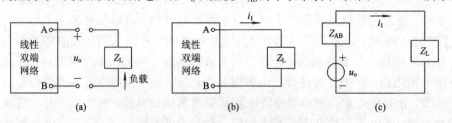

图 3-29　戴维南定理等效电路

电工学中的戴维南定理(Thevenin's theorem)为：若负载 Z_L 与双端网络连接成一个回路，如图 3-29(b)所示，则在该回路中将流经有一电流 i_1。该电流 i_1 与图 3-29(c)中的等效电路中的电流值相同。如果这里的阻抗 Z_L 代表一块电压表的话，则电压表两端测得的电压值 u_m 应等于

$$u_m = i_1 Z_L = u_o \frac{Z_L}{Z_{AB} + Z_L} \tag{3-77}$$

由式(3-77)可见，$u_m \neq u_o$。这是由于测量中接入电压表后产生的影响，主要是由表的负载引起的。为能使测量值 u_m 接近于电源电压 u_o，则由式(3-77)可知，应使 $Z_L \gg Z_{AB}$，亦即负载的输入阻抗必须远大于前级系统的输出阻抗。将上述情况推广至一般的包括非电系统在内的所有系统，则有

$$y_m = \frac{Z_{gi}}{Z_{gi} + Z_{go}} x_u = \frac{1}{1 + \dfrac{Z_{go}}{Z_{gi}}} x_u \tag{3-78}$$

式中，y_m 为广义变量的被测值；x_u 为广义变量的未受干扰的值；Z_{gi} 为广义输入的阻抗；Z_{go} 为广义输出的阻抗。

根据以上公式再来讨论一般意义上的负载效应，或者说在测试中的负载效应。

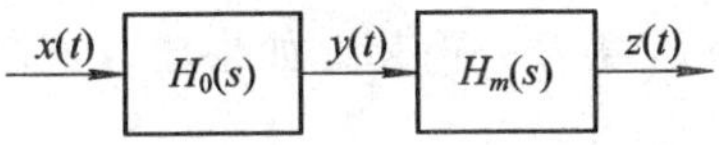

图 3-30 被测对象和测试装置的连接关系

测试中要用到测试装置获取被测对象的参数变化数据，因此，一个测试系统可以认为是被测对象与测试装置的连接。如图 3-30 所示，图中的 $H_0(s)$ 表示被测对象的传递特性，$H_m(s)$ 表示测试装置的特性。被测量 $x(t)$ 经过被测对象传递后的输出为

$$y(t) = \mathscr{L}^{-1}[H_0(s)X(s)]$$

经测试装置传递后其最终输出量为

$$z(t) = \mathscr{L}^{-1}[H_m(s)Y(s)]$$

在 $y(t)$ 与 $z(t)$ 之间，由于传感、显示等中间环节的影响，系统的前后环节之间发生了能量的交换。因此，测试装置的输出 $z(t)$ 将不再等于被测对象的输出值 $y(t)$。前面曾分析过系统串、并联情况下的传递函数，在传递函数的推导中没有考虑环节之间的能量交换情况，因而环节互联之后仍能保持原有的传递函数。

对于实际的系统，上述理想的情况是不存在的。实际系统中，只有采取非接触式的检测手段如光电、声等传感器才属于理想的互联情况。因此，在两个系统互联而发生能量交换时，系统连接点的物理参量将发生变化。两个系统将不再简单地保留其原有的传递函数，而是共同形成一个整体系统的新传递函数。图 3-31 示出几个负载效应的例子。

图 3-31(a)为一个低通滤波器接上负载后的情况，图 3-31(b)为地震式速度传感器外接负载的情况，图中将传感器等效为传感器的线圈内阻 r 和电感 L 的串联。上两例中负载起着耗能器的作用。图 3-31(c)为一简单的单自由度振动系统外接传感器的情况，图中 m_1 代表传感器的质量。该例中，尽管 m_1 不起耗能器的作用，但它参与了系统的振动，改变了系统的动能、势能变换状况，从而改变了系统的固有频率。因此在选用测试装置时应考虑上述类型的负载效应，必须分析在接入测试装置之后对原研究对象所产生的影响。

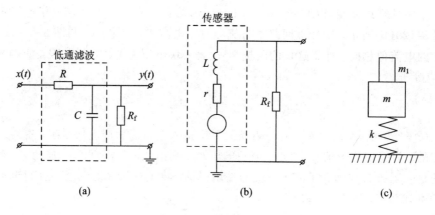

图 3-31 负载效应实例

思考与练习题

1. 为什么希望测试系统是线性系统？

2. 测试装置的静态特性指标有哪些？

3. 已知某测试系统静态灵敏度为 4 V/kg。如果输入范围为 1 kg 到 10 kg，试确定其输出的范围。

4. 在使用灵敏度为 80 nC/MPa 的压电式力传感器进行压力测量时，首先将它与增益为 5 mV/nC 的电荷放大器相连，电荷放大器接到灵敏度为 25 mm/V 的笔试记录仪上，试求该压力测试系统的灵敏度。当记录仪的输出变化 30 mm 时，压力变化为多少？

5. 用一个时间常数为 0.35 s 的一阶装置去测量周期分别为 1 s、2 s 和 5 s 的正弦信号，问幅值误差将是多少？

6. 用一个一阶系统作 100 Hz 正弦信号的测量，如要求限制振幅误差在 5% 以内，那么，时间常数应取为多少？若用该系统测量 50 Hz 的正弦信号，问此时的振幅误差和相位差是多少？

7. 求周期信号 $x(t)=0.5 \cos 10t+0.2 \cos(100t-45°)$ 通过传递函数为 $H(s)=\dfrac{1}{1+0.005s}$ 的装置后所得到的稳态响应。

8. 将信号 $\cos \omega t$ 输入一个传递函数为 $H(s)=\dfrac{1}{1+\tau s}$ 的一阶装置后，试求其包括瞬态过程在内的输出 $y(t)$。

9. 设某温度计的动态特性可用 $\dfrac{1}{1+\tau s}$ 来描述。用该温度计测量容器内的水温，发现 1 min 后温度计的示值为实际水温的 98%。若给容器加热，使水温以 10 ℃/min 的速度线性上升，试计算该温度计的稳态指示误差。

10. 对一个二阶系统输入单位阶跃信号后，测得响应中产生的第一个过冲量 M 的数值为 1.5，同时测得其周期为 6.28 s。设已知装置的静态增益为 3，试求该装置的传递函数和装置在无阻尼固有频率处的频率响应。

第 4 章 传 感 器

本章首先简要介绍传感器的定义、分类和发展趋势，然后重点介绍电阻式、电感式、电容式、压电式、磁电式、光电式等各种常用传感器的工作原理、基本结构和应用场合。

4.1 传感器概述

传感器(Sensor)的概念来自于"感觉(Sense)"一词。在人类的生产生活中，仅靠人的感觉器官获取外界信息是远远不够的，于是人们发明了能代替或补充人类感官功能的传感器，可以说传感器是人类感官的延伸。由于传感器处于测试系统的第一个环节，用来获取被测量，其性能将直接影响整个测试工作的质量，因此传感器已成为现代测试系统中的关键环节。

4.1.1 传感器的定义

根据中华人民共和国国家标准(GB7665—1987)，传感器的定义为：能感受规定的被测量并按照一定规律转换成可用输出信号的器件或装置。传感器通常由敏感元件和转换元件组成。其中，敏感元件是指传感器中能直接感受被测量的部分；转换元件是指传感器中能将敏感元件输出信号转换为适合传输和测量的信号的部分。这一定义包含如下几个方面的含义：

(1) 传感器是测量装置，能完成检测任务。

(2) 传感器的输入量是某一被测量，可能是物理量(如长度、热量、力、时间、频率等)，也可能是化学量、生物量等。

(3) 传感器的输出量是某种物理量，这种量要便于传输、转换、处理、显示等，可以是气、光、电量，但主要是电量。

(4) 输出与输入有一定的对应关系，且应有一定的精确度。

4.1.2 传感器的分类

传感器的分类方法很多，常用的方法有：

· 按被测物理量进行分类，如力传感器、速度传感器、温度传感器、流量传感器等。

· 按传感器的工作原理或传感过程中信号转换的原理来分类，可分为结构型和物性型。结构型传感器根据传感器的结构变化来实现信号的传感，如电容传感器是依靠改变电容极板的间距或作用面积来实现电容的变化，可变电阻传感器是利用电刷的移动来改变作用电阻丝的长度从而改变电阻值的大小。物性型传感器根据传感器敏感元件材料本身物理特性的变化来实现信号的转换，如压电加速度计是利用了传感器中石英晶体的压电效应，光敏电阻则是利用材料在受光照作用下改变电阻的效应等。

· 根据传感器与被测对象间的能量转换关系可将传感器分为能量转换型和能量控制型。能量转换型传感器（也称无源传感器）是直接由被测对象输入能量使传感器工作的，如热电偶温度计、弹性压力计等。能量控制型传感器（也称有源传感器）则依靠外部提供辅助能源来工作，由被测量来控制该能量的变化，如电桥电阻应变仪，其中电桥电路的能源由外部提供，应变片的变化由被测量所引起，从而也导致电桥输出的变化。

· 根据传感器输出是模拟信号还是数字信号，可分为模拟传感器和数字传感器。

4.1.3 传感器的发展趋势

随着科学技术的发展，各国对传感器技术在信息社会的作用有了新的认识，认为传感器技术是信息技术的关键之一。传感器技术发展趋势之一是开发新材料、新工艺和开发新型传感器；其二是实现传感器的高精度、集成化、多功能和智能化。

1. 开发新材料、新型传感器

传感器材料是传感器技术的重要基础，由于材料科学的进步，使传感器技术越来越成熟，传感器种类越来越多。除了早期使用的半导体材料、陶瓷材料以外，光导纤维以及超导材料的发展，为传感器技术的发展提供了新的物质基础。未来将会有更多的新材料开发出来。鉴于传感器的工作机理是基于各种效应和定律，由此启发人们进一步探索具有新效应的敏感功能材料，并以此研制出基于新原理的传感器。其中利用量子力学诸效应研制的高灵敏度传感器，可用来检测极微弱的信号，是传感器技术发展的新趋势之一。

2. 传感器的集成化和多功能化

固态功能材料——半导体、电介质、强磁体的进一步开发和集成技术的不断发展，为传感器集成化开辟了广阔的前景。所谓集成化，就是在同一芯片上，或将众多同一类型的单个传感器集成为一维线型、二维阵列（面）型传感器，或将传感器与调理、补偿等电路集成一体化。前一种集成化使传感器的检测参数由点到线到面到体不断扩展，甚至还能加上时序，变单参数检测为多参数检测；后一种传感器由单一的信号变换功能，扩展为兼有放大、运算、误差补偿等多种功能。多功能集成传感器可以在一个集成传感器上同时测量多个被测量。例如硅压阻式复合传感器，可以同时测量温度和压力。

3. 传感器的智能化

智能化传感器是一种带微处理器的传感器，不仅具有信号检测、转换功能，同时还具有记忆、存储、分析、统计处理、通信以及自诊断、自校准、自适应等功能。近年来，智能化传感器有了很大发展，开始同人工智能相结合，创造出基于模糊推理、人工神经网络、专家系统等人工智能技术的高度智能传感器。它已经在家用电器方面得到应用，未来将会更加成熟。

4.2 电阻式传感器

电阻式传感器种类繁多、应用广泛，其基本原理是将被测量的变化转变为电阻值的变化，再经相应的测量电路显示或记录被测量的变化。

一个电导体的电阻值按如下的公式进行变化：

$$R = \frac{\rho l}{A} \tag{4-1}$$

式中，R 为电阻，单位为 Ω；ρ 为材料的电阻率，单位为 $\Omega \cdot \mathrm{mm^2/m}$；$l$ 为导体的长度，单位为 m；A 为导体的截面积，单位为 $\mathrm{mm^2}$。

从式(4-1)可见，若导体的三个参数(电阻率、长度或截面积)中的一个或几个发生变化，则电阻值跟着变化，因此可利用此原理来构成传感器。例如，改变长度 l，则可形成滑动触点式变阻器或电位计；改变 l、A，则可做成电阻应变片；改变 ρ，可形成热敏电阻、光导性光检测器、压阻应变片以及电阻式温度检测器。

以下介绍几种典型的电阻式传感器。

4.2.1 变阻器式传感器

变阻器式传感器也称为电位器式传感器，它通过滑动触点改变电阻丝的长度，从而改变电阻值大小，进而再将这种变化值转换成电压或电流的变化值。

常用变阻器式传感器有直线位移型和角位移型两种。按其结构形式不同可分为线绕式、薄膜式等，按其特性曲线不同可分为线性电位器和非线性电位器。

图 4-1 所示为几种变阻器式传感器电路及输出波形。

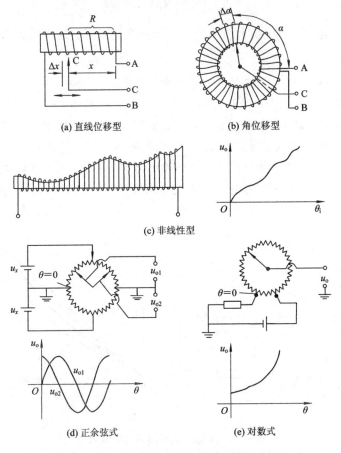

图 4-1 几种变阻器式传感器电路及输出波形

1. 变阻器式传感器的原理及特性

直线位移型变阻器如图 4-1(a)所示。触点 C 沿变阻器表面移动的距离 x 与 A、C 两点间的电阻值 R 之间有如下关系：

$$R = k_t x \tag{4-2}$$

式中，k_t 为单位长度的电阻，当导线分布均匀时为一常数。此时传感器的输出(电阻)与输入(位移)间为线性关系，传感器的灵敏度为

$$S = \frac{dR}{dx} = k_t \tag{4-3}$$

角位移型变阻器如图 4-1(b)所示。电阻值随转角变化，传感器的灵敏度为

$$S = \frac{dR}{d\alpha} = k_r \tag{4-4}$$

式中，α 为触点转角，单位为 rad；k_r 为单位弧度对应的电阻值。

当变阻器式传感器后接一电路(如图 4-2(a)所示)时，该电路会从传感器抽取电流，形成所谓的负载效应。分析该电路可得出输入与输出的关系为

$$u_o = \frac{u_s}{\dfrac{x_t}{x_i} + \dfrac{R_t}{R_1}\left(1 - \dfrac{x_i}{x_t}\right)} \tag{4-5}$$

开路情况下，$R_t/R_1 = 0$，由此得电位计灵敏度为 $\dfrac{u_o}{x_i} = \dfrac{u_s}{x_t}$。这样当无负载时，输入—输出曲线为一直线。

当有负载时，在 u_o 和 x_i 之间存在的是一种非线性关系(如图 4-2(b)所示)，从图中可以看出，当 $R_t/R_1 = 1$ 时，最大误差为满量程的 12%。而当 $R_t/R_1 = 0.1$ 时，该误差降至 1.5%。当给定 R_1 时，为取得好的线性度，R_t 应足够低。但这一要求又与高灵敏度的要求相矛盾。因为传感器的热耗散能量是受限的，R_t 值低限制了传感器两端的最大电源电压。因此对 R_t 的选择需要在灵敏度和负载效应之间进行折中。一般来说，对转动式电位计典型的灵敏度常为 0.2 V/cm，而对直线位移式电位计则为 2 V/cm；而短行程的电位计常具有较高的灵敏度。

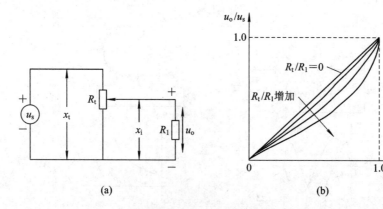

(a)   (b)

图 4-2 变阻器式传感器的负载效应

实际工作中有时需对这种非线性进行补偿，因此常采用滑动触点距离与电阻值间成非线性比例关系的变阻器。这种非线性变阻器或电位计可设计成具有平方的、正余弦的、对

数式的特性曲线(如图 4-1(c)～(e)所示)。

变阻器的分辨率也是一个重要的参数,它取决于电阻元件的结构形式。

为在小范围空间中得到足够高的电阻值,常采用线绕式电阻元件(如图 4-1 所示)。当滑臂触点从一圈导线移至下一圈时,电阻值的变化是台阶形的,限制了器件的分辨率。实际中能做到绕线间的密度为 25 圈/毫米,对直线移动式装置,分辨率最小为 40 μm,而对一个直径为 5 cm 的单线圈的转动式电位计来说,其最好的角分辨率约为 0.1°。

为改善分辨率,也可采用碳膜或导电塑料电阻元件。如碳合成膜和陶瓷-金属合成膜,前者是在一种环氧树脂或聚酯结合剂中悬浮有石墨或碳粒子,后者是将陶瓷和贵金属粉末进行混合所得的一种材料。两种情况下碳薄膜均被一层陶瓷或塑料的背衬材料所支撑。这种导电膜电位计的优点是价格便宜,尤其是碳膜装置具有极高的耐磨性,因而寿命长。但它们的共同缺点是易受温漂和湿度的影响。

2. 变阻器式传感器的特点及应用

变阻器式传感器的优点是结构简单、尺寸小、质量小、价格低廉且性能稳定;受环境因素(如温度、湿度、电磁场等)影响小;可以实现输出—输入间任意函数关系;输出信号大,一般不用放大。变阻器式传感器的缺点是由于在滑动触点与线圈或电阻膜之间有摩擦,需要较大的输入能量;由于磨损不仅影响使用寿命,而且会降低测量精度,分辨率较低;动态响应较差,适合测量变化缓慢的量。

变阻器式传感器常被用于线位移和角位移的测量,在测量仪器中用于伺服记录仪或电子电位差计等。

4.2.2 电阻应变式传感器

电阻应变式传感器的核心元件是电阻应变片。当被测试件或弹性敏感元件受到被测量作用时,将产生位移、应力和应变,则粘贴在被测试件或弹性敏感元件上的电阻应变片将应变转换成电阻的变化。这样,通过测量电阻应变片的电阻值变化,从而可以确定被测量的大小。

1. 电阻应变片的工作原理

金属导体在外力作用下发生机械变形(伸长或缩短)时,其电阻值随着机械变形而发生变化的现象,称为金属的电阻应变效应。

以金属材料为敏感元件的应变片测量试件应变的原理是基于金属丝的应变效应。若金属丝的长度为 l,横截面积为 A,电阻率为 ρ,其未受力时的电阻为 R。如果金属丝沿轴向受拉力而变形,其长度 l 变化 dl,截面积 A 变化 dA,电阻率 ρ 变化 $d\rho$,因而引起电阻 R 变化 dR。对式(4-1)微分,整理可得

$$dR = \frac{\rho}{A}dl + \frac{l}{A}d\rho - \frac{\rho l}{A^2}dA = \frac{\rho l}{A}\frac{dl}{l} + \frac{\rho l}{A}\frac{d\rho}{\rho} - \frac{\rho l}{A}\frac{dA}{A} = R\left(\frac{dl}{l} + \frac{d\rho}{\rho} - \frac{dA}{A}\right) \quad (4-6)$$

设 $A = \pi r^2$,r 为电阻丝半径,代入上式得

$$dR = R\left(\frac{dl}{l} + \frac{d\rho}{\rho} - \frac{2dr}{r}\right) \quad (4-7)$$

式中,$\frac{dl}{l} = \varepsilon$ 为单位应变;$\frac{dr}{r}$ 为电阻丝径向相对变化。

当电阻丝沿轴向伸长时，必沿径向缩小，两者之间的关系为

$$\frac{\mathrm{d}r}{r} = -\upsilon\,\frac{\mathrm{d}l}{l} \tag{4-8}$$

式中，υ 为电阻丝材料的泊松比；$\dfrac{\mathrm{d}\rho}{\rho}$ 为电阻丝电阻率的相对变化。

电阻丝电阻率的相对变化与其纵向所受的应力 σ 有关：

$$\frac{\mathrm{d}\rho}{\rho} = \pi_1 \sigma = \pi_1 E\varepsilon \tag{4-9}$$

式中，π_1 为纵向压阻系数；E 为材料的弹性模量。

将式(4-8)和式(4-9)代入式(4-7)中，可得

$$\frac{\mathrm{d}R}{R} = (1 + 2\upsilon + \pi_1 E)\varepsilon \tag{4-10}$$

分析上式可知，电阻值的相对变化与下述因素有关：电阻丝长度的变化(式中第一项)，电阻丝面积的变化(式中第二项)，以及压阻效应的作用(式中第三项)，金属材料的第三项值很小，即其压阻效应很弱。此式还表明，电阻值的相对变化与应变成正比，因此通过测量应变 $\varepsilon = \dfrac{\mathrm{d}l}{l}$ 便可测量电阻变化 $\dfrac{\mathrm{d}R}{R}$，这便是应变片的原理。若用无量纲因子 S_g 来表征两者的关系，则

$$S_g = \frac{\mathrm{d}R/R}{\mathrm{d}l/l} = 1 + 2\upsilon + \pi_1 E \tag{4-11}$$

通常称 S_g 为应变片系数或灵敏度，用于制造应变片的金属电阻丝的灵敏度一般为 $1.7\sim 4.0$。

2. 应变片的基本结构

图 4-3 是一种电阻应变片的结构示意图。电阻丝应变片是用直径为 0.025 mm、具有高电阻率的电阻丝制成的。为了获得高的阻值，将电阻丝排列成栅状，称为敏感栅，并粘贴在绝缘的基底上。电阻丝的两端焊接引线，敏感栅上面贴有保护作用的覆盖层。l 称为栅长(标距)，b 称为栅宽(基宽)，$b \times l$ 称为应变片的使用面积。应变片的规格一般以使用面积和电阻值表示，如 3 mm×20 mm，120 Ω。

3. 电阻应变片的分类

1) 按敏感栅的材料分类

按敏感栅的材料不同，主要分为丝式、箔式、薄膜式。

(1) 丝式应变片。金属丝式应变片是用 0.01～0.05 mm 的金属丝做成敏感栅，有回线式和短接式两种。如图 4-3 所示为丝式应变片，它制作简单、性能稳定、成本低、易粘贴，但因圆弧部分参与变形，横向效应较大。短接式应变片的敏感栅平行排列，两端用直径比栅线直径大 5～10 倍的镀银丝短接而成，其优点是克服了横向效应。丝式应变片敏感栅常用的材料有康铜、镍

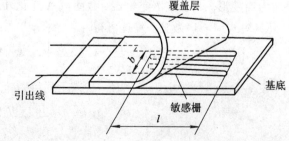

图 4-3　电阻应变片的结构示意图

铬合金、镍铬铝合金以及铂、铂钨合金等。

(2) 箔式应变片。金属箔式应变片是利用照相制版或光刻技术，将厚为 0.003～0.01 mm 的金属箔片制成敏感栅，如图 4-4 所示。

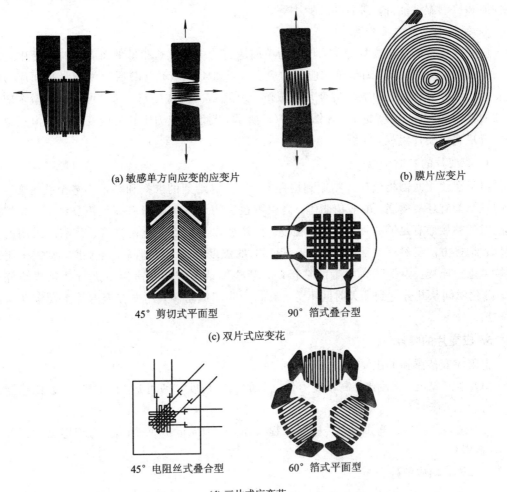

(a) 敏感单方向应变的应变片　　　　　(b) 膜片应变片

45° 剪切式平面型　　　90° 箔式叠合型

(c) 双片式应变花

45° 电阻丝式叠合型　　　60° 箔式平面型

(d) 三片式应变花

图 4-4　箔式应变片的结构示意图

箔式应变片具有如下优点：① 可制成多种复杂形状、尺寸准确的敏感栅，其栅长最小可做到 0.2 mm，以适应不同的测量要求；② 横向效应小；③ 散热条件好，允许电流大，提高了输出灵敏度；④ 蠕变和机械滞后小，疲劳寿命长；⑤ 生产效率高，便于实现自动化生产。金属箔常用的材料是康铜、镍铬合金等。

(3) 薄膜式应变片。金属薄膜式应变片是采用真空蒸发或真空沉积等方法，在薄的绝缘基底上形成厚度在 0.1 μm 以下的金属电阻薄膜的敏感栅，最后再加上保护层。它的优点是应变灵敏度大，允许电流密度大，工作范围广，可达 $-197～317℃$。

2) 按基底材料分类

按应变片的基底材料分类，可分为纸基和胶基两类。

纸基逐渐被胶基(有机聚合物)取代,因为胶基各方面的性能优于纸基。胶基一般采用酚醛树脂、环氧树脂和聚酰亚胺等制成胶膜,厚约 $0.03\sim0.05$ mm。

对基底材料的性能有如下要求:力学性能好、挠性好、易于粘贴;电绝缘性能好;热稳定性能和抗潮湿性能好;滞后和蠕变小等。

3) 按被测量应力场分类

应变片按被测量应力场分类,可分为单向应力的应变片和测量平面应力的应变片。

如图 4-4(a) 所示为测量单向应力的应变片,图 4-4(c)、(d) 所示为测量平面应力的应变片。可用两片以上的电阻应变片组成测量平面应力的应变花。它又可分为测量主应力已知的互成 90°的二轴应变花,如图 4-4(c) 所示。测量主应力未知的应变花一般由三个方向的三片式应变片组成,如图 4-4(d) 所示。

4. 应变片的粘贴

由于在使用时需将应变片粘贴到构件上,因而黏结剂的选择和粘贴工艺至关更要。常用的黏结剂有环氧树脂、酚醛树脂等,高温下也采用专用陶瓷粉末等无机黏结剂。黏结剂应能保证粘接面有足够的强度、绝缘性能、抗蠕变以及温度变化范围等。目前所采用的应变片和粘接方法已经覆盖从 $-249℃$ 至 $+816℃$ 的温度范围。对超高温度来说,常需采用焊接技术进行连接。为得到高质量的粘接层,某些黏结剂需要在室温下进行熟化或焙烧处理,熟化时间从几分钟到几天时间不等。有时为防潮或防腐,还需在应变片上覆盖防水或保护层。

5. 应变片的特点

电阻应变传感器的主要优点如下:

(1) 性能稳定、精度高。高精度力传感器的测量精度一般可达 0.05%,少数传感器的精度可达 0.015%。

(2) 测量范围广。例如压力传感器量程从 0.03 MPa 至 1000 MPa,力传感器量程可从 10^{-1} N 至 10^{7} N。

(3) 频率响应较好。

(4) 体积小,重量轻,结构简单,价格低,使用方便,使用寿命长。

(5) 对环境条件适应能力强。能在比较大的温度范围内工作,能在强磁场及核辐射条件下工作,能耐较大的振动和冲击。

电阻应变式传感器缺点是输出信号微弱,在大应变状态下具有较明显的非线性等。

6. 应变片的应用

应变片主要用于以下两个方面:

(1) 结构应力和应变分析应用方面,常将应变片贴于待测构件的测量部位上,从而测得构件的应力或应变,用于研究机械、建筑、桥梁等构件在工作状态下的受力、变形等情况,为结构的设计、应力校验以及构件破损的预测等提供可靠的实验数据。

(2) 用作不同的传感器应用方面,常将应变片贴在或形成在弹性元件上,构成测量各种物理量的传感器,再通过转换电路转换为电压或电流的变化,可测量力、位移、压力、力矩和加速度等,如图 4-5 所示。

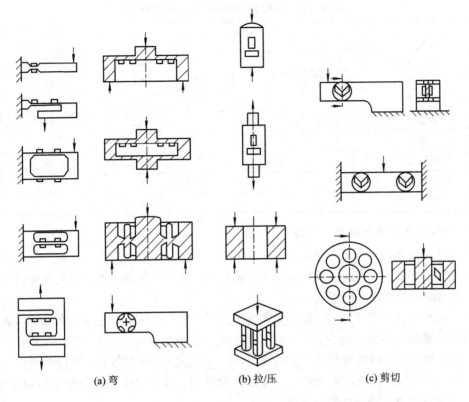

(a) 弯　　　　　　　　(b) 拉/压　　　　　　　(c) 剪切

图 4 - 5　应变片式力和力矩传感器结构示意图

4.2.3　压阻式传感器

电阻应变片的性能稳定,精度较高,应用广泛,但其主要缺点是灵敏度小。为了改进这一不足,在 20 世纪 50 年代末出现了半导体应变片和扩散型半导体应变片。应用半导体应变片制成的传感器,称为固态压阻式传感器。

1. 基本工作原理

半导体材料受到应力作用时,其电阻率会发生变化,这种现象称为压阻效应。实际上,任何材料都不同程度地呈现压阻效应,但半导体材料的压阻效应特别强。电阻应变效应的分析公式(4-10)也适用于半导体电阻材料。

电阻值的相对变化主要由两部分因素决定:一部分是应变片的几何尺寸,即 $(1+2\upsilon)\varepsilon$ 项;另一部分是应变片材料的电阻率变化,即 $\pi_1 E\varepsilon$ 项。

半导体应变片的电阻变化主要由后者决定,前者可以解释金属应变片电阻变化的主要原因。两者相比,第二项的值要远大于第一项的值,这也是半导体应变片的灵敏度(即应变系数)远大于金属丝电阻应变片的灵敏度的原因。

最常用的半导体电阻材料有硅和锗,掺入杂质可形成 P 型或 N 型半导体。由于半导体(如单晶硅)是各向异性材料,因此它的压阻效应不仅与掺杂浓度、温度和材料类型有关,还与晶向有关(即对晶体在不同方向上施加力时,其电阻的变化方式不同)。表 4-1 列出了几种常用半导体材料的特性。

表 4 - 1　几种常用半导体材料的特性

材　料	电阻率 $\rho/\Omega \cdot cm$	弹性模量 $E/$ $(10^{11}\ N \cdot m^{-2})$	灵敏度	晶　向
P 型硅	7.8	1.87	175	[111]
N 型硅	11.7	1.23	−132	[100]
P 型锗	15.0	1.55	102	[111]
N 型锗	16.6	1.55	−157	[111]
P 型锑化铟	0.54	—	−45	[100]
P 型锑化铟	0.01	0.745	30	[111]
N 型锑化铟	0.013		74.5	[100]

2. 压阻式传感器的特点及应用

压阻式传感器的优点是灵敏度高(比电阻应变片高 50～80 倍)、尺寸小、横向效应小、滞后和蠕变都小，适用于动态测量，其主要缺点是温度稳定性差、测量较大应变时非线性严重、批量生产时性能分散度大。

压阻式传感器可用于压力、加速度等物理量的测量。图 4-6 所示为一种半导体膜片式绝对压力传感器的截面结构图。在一个 N 型基底材料中扩散有一个 P 型区域，用作一个电阻器。在受到应变时该电阻器的值迅速增大，这一现象称为压阻效应。当传感器受外部压力作用时，膜片发生弯曲，从而使传感器受应变作用，应变的变化又促使电阻值的变化。利用这种传感器也可测应变和加速度。

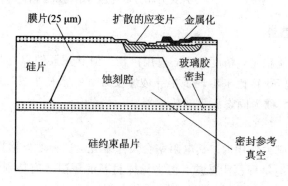

图 4 - 6　半导体膜片式绝对压力传感器的截面结构图

4.3　电感式传感器

电感式传感器是基于电磁感应原理，将被测的非电量(如位移、压力、振动等)转换成电磁线圈的电感量(自感或互感量)变化的一种结构传感器。电感式传感器按其不同的转换方式可分为自感式和互感式；按其不同的结构方式可分为变气隙式、变截面式和螺管式。

4.3.1　自感式传感器

自感式传感器可分为可变磁阻式传感器和涡流式传感器两类。

1. 可变磁阻式传感器

可变磁阻式传感器的结构及原理如图 4-7 所示。它由铁心、线圈和衔铁组成，铁心与衔铁间设有空气隙 δ，当线圈中通以电流 i 时，由电磁感应原理，则在其中产生磁通 Φ_m，其大小与所加电流 i 成正比：

$$W\Phi_m = Li \qquad (4-12)$$

式中，W 为线圈匝数；L 为比例系数，称为自感，单位为 H。

根据磁路欧姆定律有

$$\Phi_m = \frac{Wi}{R_m} \qquad (4-13)$$

式中，Wi 为磁动势，单位为 A；R_m 为磁阻，单位为 H^{-1}。

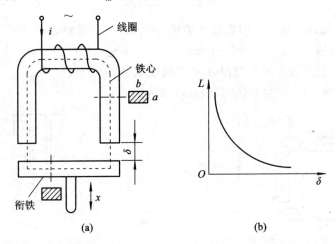

图 4-7　可变磁阻式传感器结构及原理

将式(4-13)代入式(4-12)得

$$L = \frac{W^2}{R_m} \qquad (4-14)$$

当不考虑磁路的铁损且当气隙 δ 较小时，该磁路的总磁阻为

$$R_m = \frac{l}{\mu A} + \frac{2\delta}{\mu_0 A_0} \qquad (4-15)$$

式中，l 为铁心的导磁长度，单位为 m；μ 为铁心磁导率，单位为 H/m；A 为铁心导磁截面积，$A = a \times b (m^2)$；δ 为气隙宽度，单位为 m；μ_0 为空气磁导率，$\mu_0 = 4\pi \times 10^{-7}$ H/m；A_0 为空气隙导磁横截面积，单位为 m^2。

由于式(4-15)中右边第一项铁心磁阻与第二项气隙磁阻相比甚小，因此在忽略第一项情况下可得总磁阻 R_m 近似为

$$R_m \approx \frac{2\delta}{\mu_0 A_0} \qquad (4-16)$$

将上式代入式(4-14)，则有

$$L = \frac{W^2 \mu_0 A_0}{2\delta} \qquad (4-17)$$

自感 L 与空气隙导磁截面积 A_0 成正比，而与气隙 δ 成反比。当 A_0 固定，变化 δ 时，L

与 δ 成非线性变化关系(如图 4-7(b)所示),此时传感器灵敏度为

$$S = \frac{\mathrm{d}L}{\mathrm{d}\delta} = -\frac{W^2 \mu_0 A_0}{2\delta^2} \qquad (4-18)$$

可见灵敏度 S 与 δ 的平方成反比,δ 越小,灵敏度越高。由于 δ 不是常数,会产生非线性误差,因此这种传感器常规定在较小气隙变化范围内工作。设气隙变化为 $(\delta_0,\ \delta_0+\Delta\delta)$,由(4-18)式得

$$S = -\frac{W^2 \mu_0 A_0}{2\delta^2} = -\frac{W^2 \mu_0 A_0}{2(\delta_0+\Delta\delta)^2} \approx -\frac{W^2 \mu_0 A_0}{2\delta_0^2}\left(1 - 2\frac{\Delta\delta}{\delta_0}\right) \qquad (4-19)$$

当气隙变化量甚小($\Delta\delta \ll \delta_0$)时,灵敏度 S 进一步近似为

$$S = -\frac{W^2 \mu_0 A_0}{2\delta_0^2} \qquad (4-20)$$

S 此时为一定值,输出与输入近似成线性关系。实际应用中常选取 $\Delta\delta/\delta_0 \leqslant 0.1$。这种传感器适宜于测量小位移(一般为 $0.001\sim1$ mm)。

改变电感也可通过改变导磁面积 A_0 和线圈匝数 W 来实现。

图 4-8 所示为几种常用的可变磁阻式电感传感器结构。

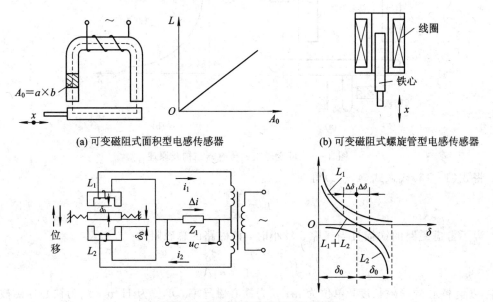

(a) 可变磁阻式面积型电感传感器 **(b) 可变磁阻式螺旋管型电感传感器**

(c) 差动式电感传感器工作原理及输出特性

图 4-8　几种常用的可变磁阻式电感传感器结构

图 4-8(a)所示的形式是通过改变导磁面积来改变磁阻,其自感 L 与 A_0 成线性关系。

图 4-8(b)所示为螺线管线圈型结构,铁心在线圈中运动时,总磁阻将发生变化,从而引起自感发生改变。

为提高自感式传感器的灵敏度,增大传感器的线性工作范围,实际中应用较多的是将两结构相同的自感线圈组合在一起形成的差动式电感传感器,如图 4-8(c)所示。图中,当衔铁位于中间位置时,位移为零,两线圈上的自感相等。此时电流 $i_1 = i_2$,负载 Z_1 上没有电流通过,$\Delta i = 0$,输出电压 $u_1 = 0$。当衔铁向一个方向偏移时,其中的一个线圈自感增加,而另一个线圈自感减小,亦即 $L_1 \neq L_2$,此时 $i_1 \neq i_2$,负载 Z_1 上流经电流 $\Delta i \neq 0$,输出电压

$u_1 \neq 0$。u_1 的大小表示了衔铁的位移量，其极性反映了衔铁移动的方向。若位移 δ_1 增大 $\Delta\delta$，则必定使 δ_2 减小 $\Delta\delta$。由此，使通过负载的电流产生 $2\Delta i$ 的变化，因此传感器的灵敏度也将增加一倍。

可变磁阻式传感器常用于非接触式测量位移以及可转换位移量的其他物理量。传感器的测量范围一般为 $1\ \mu m \sim 1\ mm$，其最高测量分辨力为 $0.01\ \mu m$。

图 4 - 9 列举了几个应用实例。图 4 - 9(a)用于测量透平轴与其壳体间的轴向相对伸长；图 4 - 9(b)用于确定磁性材料上非磁性涂覆层的厚度；图 4 - 9(c)用于测量高压蒸气管道中阀杆的位置；图 4 - 9(d)是由两个单螺线管线圈组成的差动型结构，常被用于电感测微仪中。

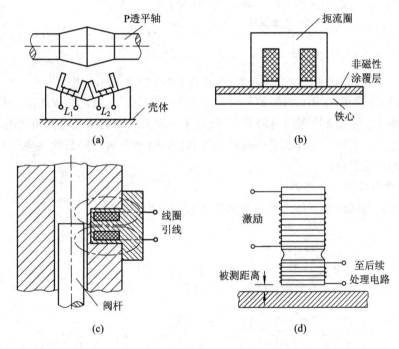

图 4 - 9　可变磁阻式传感器应用实例

2. 涡流式传感器

涡流式传感器的变换原理是利用金属导体在交流磁场中的涡流效应。当金属导体置于变化着的磁场中或者在磁场中运动时，其内部会产生感应电流，这种电流在金属导体内是自身闭合的，因此称之为涡电流或涡流。涡流的大小与金属板的电阻率 ρ、磁导率 μ、厚度 t 以及金属板与线圈距离 δ、激励电流 i、角频率 ω 等参数有关。若固定其他参数，仅仅改变其中某一参数，就可以根据涡流大小测定该参数。

涡流在金属导体的纵深方向分布不均匀，越接近导体表面，电流密度越大，这种现象称为集肤效应。集肤效应与激励源频率和导体的电阻率、相对磁导率等有关。激励源频率越高，电涡流的渗透深度就越浅，集肤效应越严重，故涡流传感器分为高频反射式和低频透射式两类。

1) 高频反射式涡流传感器

如图 4 - 10 所示，线圈与金属板相距 δ，当线圈中通交变高频电流时，会引起交变磁通

Φ。由于该交变磁通的作用,在靠近线圈的金属表面内部产生感应电流 i_1。该电流 i_1 即为涡流,在金属板内部是闭合的。根据楞次定律,由该涡流产生的交变磁通 Φ_1 将与线圈产生的磁场方向相反,亦即 Φ_1 将抵抗 Φ 的变化。

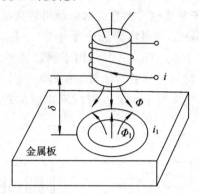

图 4 - 10　高频反射式涡流传感器的工作原理示意图

由于该涡流磁场的作用,线圈的等效阻抗将发生变化,其变化的程度除了与两者间的距离 δ 有关外,还与金属导体的电阻率 ρ、磁导率 μ 以及线圈的激磁电流角频率 ω 等有关。改变上述任意一种参数,均可改变线圈的等效阻抗,通过测量电路转换为电压输出,从而可做成不同的传感器件。

2)低频透射式涡流传感器

低频透射式涡流传感器的工作原理如图 4 - 11(a)所示。

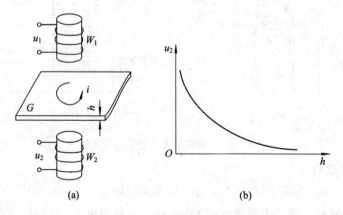

(a)　　　　　　　　　　(b)

图 4 - 11　低频透射式涡流传感器的工作原理及电压和厚度关系曲线

在被测材料 G 的上、下方分别置有发射线圈 W_1 和接收线圈 W_2。在发射线圈 W_1 的两端加有低频(一般为音频范围)电压 u_1,因此形成一交变磁场,该磁场在材料 G 中感应产生涡流 i。由于涡流 i 的产生消耗了磁场的部分能量,使穿过接收线圈 W_2 的磁通量减小,从而使 W_2 产生的感应电势 u_2 减小。u_2 的大小与材料 G 的材质和厚度有关,u_2 随材料厚度 h 的增加按指数规律减小(如图 4 - 11(b)所示),因此利用 u_2 的变化即可确定材料的厚度。

低频透射式涡流传感器多用于测量材料的厚度。

3)涡流传感器的测量电路

涡流传感器的测量电路一般有阻抗分压调幅电路及调频电路。

图 4 - 12 所示为一种涡流测振仪分压调幅电路的原理。它由晶体振荡器、高频放大器、

检波器和滤波器等组成。由晶体振荡器产生高频振荡信号作为载波信号。由传感器输出的信号经与该高频载波信号作调制后输出的信号 u 为高频调制信号，该信号经放大器放大后再经检波与滤波，即可得到气隙 δ 的动态变化信息。

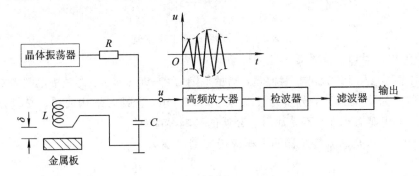

图 4-12　涡流测振仪分压调幅电路

图 4-13 是涡流测振仪的谐振分压电路、谐振曲线及输出特性曲线。

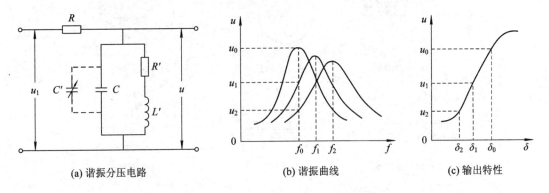

(a) 谐振分压电路　　　　(b) 谐振曲线　　　　(c) 输出特性

图 4-13　涡流测振仪的谐振分压电路、谐振曲线及输出特性

涡流传感器线圈与并联电容 C 以及分压电阻 R 组成的谐振分压电路如图 4-13(a) 所示，在该等效电路中，R'、L'、C 构成一谐振回路，其谐振频率为

$$f = \frac{1}{2\pi\sqrt{L'C}} \qquad (4-21)$$

当谐振频率 f 与振荡器提供的振荡频率相同时，输出电压 u 最大。测量时，线圈阻抗随间隙 δ 而改变，此时 LC 回路失谐，输出信号 $u(t)$ 虽仍为振荡器的工作频率的信号，但其幅值随 δ 而发生变化，它相当于一个调幅波；电阻 R 的作用是进行分压，当 R 远大于谐振回路的阻抗值 $|Z|$，输出的电压值则取决于谐振回路的阻抗值 $|Z|$。

图 4-13(a) 中的可调电容 C' 用来调节谐振回路的参数，以取得更好的线性工作范围。

图 4-13(b) 示出不同的谐振频率 f 与输出电压 u 之间的关系。

图 4-13(c) 表示间隙 δ 与输出电压 u 之间的关系。由图可见，该曲线是非线性的，图中直线段是有用的工作区段。

图 4-14 为调频电路的工作原理。把传感器线圈接成一个 LC 振荡回路，将回路的谐振频率作为输出量。随着间隙 δ 的变化，线圈电感 L 亦将变化，由此使振荡器的振荡频率 f 发生变化。采用鉴频器对输出频率作频率—电压转换，即可得到与 δ 成正比的输出电压信号。

图 4-14 调频电路工作原理

4) 涡流传感器的特点及应用

涡流传感器可用于动态非接触测量，测量范围为 $0\sim30$ mm，工作频率范围为 $0\sim10^4$ Hz，线性度误差约为 $1\%\sim3\%$，分辨力最高可达 0.05 μm。它具有结构简单、安装方便、灵敏度较高、抗干扰能力较强、不受油污等介质的影响等优点。

图 4-15 所示是涡流传感器的工程应用实例。

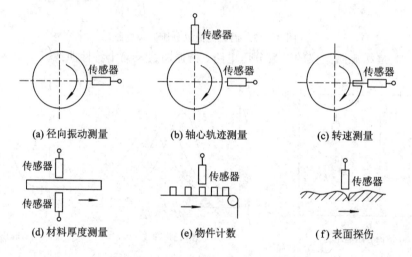

(a) 径向振动测量　　　　(b) 轴心轨迹测量　　　　(c) 转速测量

(d) 材料厚度测量　　　　(e) 物件计数　　　　(f) 表面探伤

图 4-15 涡流传感器的工程应用

涡流传感器可用于以下几个方面的测量：

(1) 利用位移作为变换量，做成测量位移、厚度、振动、转速等量的传感器，也可做成接近开关、计数器等。

(2) 利用材料电阻率作为变换量，可以做成温度测量、材质判别等传感器。

(3) 利用材料磁导率作为变换量，可以做成测量应力、硬度等量的传感器。

(4) 利用变换磁导率、电阻率、位移的综合影响，可以做成探伤装置。

4.3.2 互感式传感器

互感式传感器的工作原理是利用电磁感应中的互感现象，将被测位移量转换成线圈互感的变化，如图 4-16 所示。当线圈 W_1 输入交流电流 i 时，在线圈 W_2 中则产生感应电动势 e_{12}，其大小正比于电流 i 的变化率：

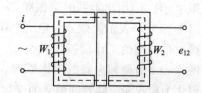

$$e_{12} = -M\frac{\mathrm{d}i}{\mathrm{d}t} \qquad (4-22)$$

式中，M 为比例系数，也称互感（单位为 H），是两线圈 W_1 和 W_2 之间耦合程度的度量，其

图 4-16 互感现象（互感式传感器的工作原理）

大小与两线圈的相对位置及周围介质的磁导率等因素有关。

互感式传感器实质上就是一个变压器，其初级线圈接入稳定的交流激励电源，次级线圈被感应而产生对应输出电压，当被测参数使互感 M 产生变化时，输出电压也随之变化。

由于次级常采用两个线圈接成差动型，故这种传感器又称差动变压器式传感器。

实际中应用较多的是螺管线圈型差动变压器，其工作原理如图 4-17 所示。装置的初级线圈激励通常用电压为 3～15 V、频率为 60～20 000 Hz 的交流电。两次级感应产生与

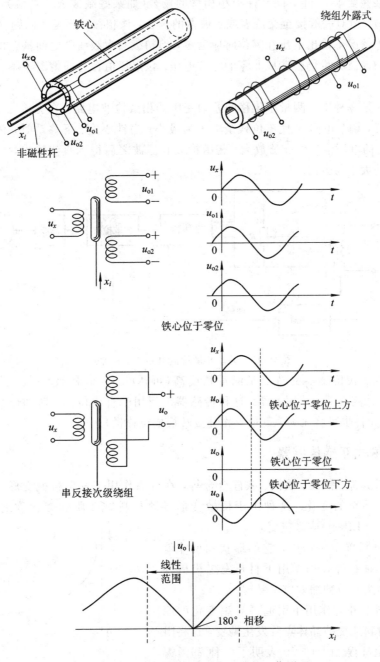

图 4-17　螺管线圈型差动变压器的工作原理

之同频的正弦电压,但其幅值随铁心位置的变化而变化。当铁心位于中间位置时通常可取得一零位,此时输出电压 u_o 为零;当铁心朝任一方向移动时,次级线圈中的一个具有较大的互感,而另一个则具有较小的互感。这样在零位的两侧一定范围内,输出 u_o 与铁心位置间便是一种线性函数的关系。当 u_o 通过零位时,它要经受一个 $180°$ 的相移。输出 u_o 通常与激励电压 u_x 不同相,但这一点随 u_x 的频率而变化,且对每一个差动变压器式传感器来说,总存在一个相移为零的特定频率,该频率值一般由厂家提供。

因此对某些要求 u_o 和 u_x 间允许很小相移的场合(如某些载波放大系统),则要求激励源的频率合适。但对一般接至交流表或示波器的场合,该相移并不是大问题。

尽管理想情况下输出电压在零位时应为零,但初级与次级线圈之间耦合的杂散电容以及激励电源的谐波分量仍会造成非零的零位电压。该电压值在普通情况下不大于满量程输出的 1%。

图 4-18 是一种用于测量小位移的差动变压器相敏检波电路。在无输入信号时,铁心处于中间位置,调节电阻 R 使零位残余电压为最小;当铁心上、下移动时,传感器有信号输出,其输出的电压信号经交流放大、相敏检波和滤波之后得到直流输出,由指示仪表指示出位移量的大小与方向。

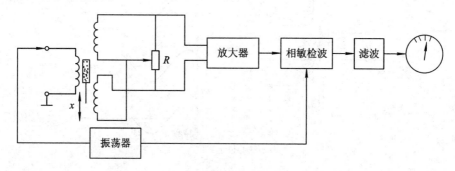

图 4-18 差动相敏检波电路的工作原理

差动变压器式传感器的特点是测量精度高(可达 $0.1\ \mu m$ 量级)、线性量程大(可达 $\pm 100\ mm$)、稳定性好、使用方便。这种传感器广泛用于直线位移、转动位移、力的测量(借助于弹性元件也可将压力、重量等物理量转换成位移量)。

4.3.3 压磁式互感传感器

铁磁材料如镍、铁镍、铁铝、铁硅合金等,在外力作用下发生机械变形,内部产生应力,并引起磁导率的变化。这种由于机械变形导致材料磁性质的变化称之为压磁效应(Piezomagnetic Effect)或磁应变效应。

将铁磁材料置于磁场中,它的形状和尺寸就发生变化,这种在外磁场作用下材料发生机械变形的现象,称为磁致伸缩效应。

铁磁材料在外力作用下引起磁导率变化的原因,是由于材料应变使晶体点阵发生畸变,这将阻碍材料的磁化过程。图 4-19 表明了一种 79% 镍铁合金磁导率 μ_{max} 随压应力增大而下降的情况。

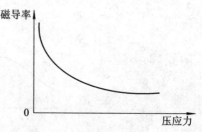

图 4-19 压应力对镍铁合金磁导率的影响

铁磁材料的磁致伸缩特性是由于在外磁场作用下"磁畴"的磁轴转了向,引起晶体尺寸变化。图 4-20 表明了一种 45％镍铁合金相对伸长与外磁场强度 H 的关系。

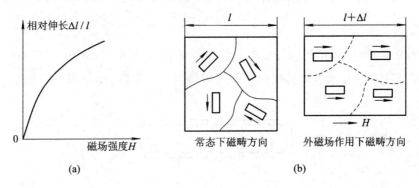

图 4-20　45％镍铁合金磁致伸缩效应与磁场强度的关系

铁磁材料的这种特性被广泛用于制造测量力和扭矩的传感器以及超声发生器中的机/电换能器等。

压磁式测力传感器是应用压磁元件将力、扭矩等参数转换为磁导率变化的一种传感器。它的变换实质是,绕有线圈的铁心在外力作用下磁导率发生变化,引起铁心中的磁通改变,进而引起磁阻 R_m 的变化,从而导致自感或互感变化。

压磁式传感器具有输出功率大、抗干扰能力强、过载性能好、结构和电路简单、能在恶劣环境下工作、寿命长等一系列优点,缺点是线性及稳定性差。目前,这种传感器已成功地用在冶金、矿山、造纸、印刷、运输等各个部门。例如用来测量轧钢的轧制力、钢带的张力、纸张的张力、吊车提物的自动测量、配料的称量、金属切削过程的切削力以及电梯安全保护等。图 4-21 所示是两种压磁式测力传感器的工作原理。其中图 4-21(a)是测扭矩传感器,它利用了线圈自感变化;图 4-21(b)是测力传感器,它利用了互感变化,次级线圈 W_2 的感应电势随力大小而变化。

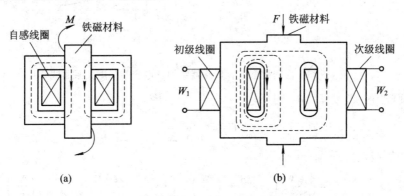

图 4-21　两种压磁式测力传感器的工作原理

4.4　电容式传感器

电容式传感器是将被测量(如尺寸、压力等)的变化转换为电容量变化的一种传感器。实际上它本身(或和被测物体)就是一个可变电容器。

1. 电容式传感器的工作原理

如图 4-22 所示的平板电容器结构示意图，忽略边缘效应，其电容可表达为

$$C = \frac{\varepsilon_0 \varepsilon A}{\delta} \qquad (4-23)$$

式中，A 为极板面积，单位为 m^2；ε_0 为真空介电常数，$\varepsilon_0 = 8.854 \times 10^{-12}$ F/m；ε 为极板间介质的介电常数，当介质为空气时，$\varepsilon = 1$；δ 为两极板间距离，单位为 m。

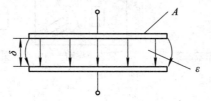

图 4-22　平板电容器结构示意图

改变 A、ε 或 δ 的任何一个参数都能引起电容值的变化，据此可做成不同的传感器，通常有间隙变化型、面积变化型和介质变化型三种。

1) 间隙变化型电容传感器

如图 4-23(a)所示，这种类型的传感器常常固定一块极板(图中定极板)而使另一块极板移动(图中动极板)，从而改变间隙 δ，以引起电容的变化。

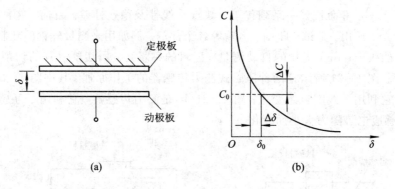

图 4-23　变间隙型电容传感器结构及电容和间隙关系曲线

设板间隙有一改变量 $\Delta\delta$，则

$$C_1 = \frac{\varepsilon_0 \varepsilon A}{\delta + \Delta\delta} \qquad (4-24)$$

将上式按泰勒级数展开为

$$C_1 = \frac{\varepsilon_0 \varepsilon A}{\delta + \Delta\delta} = \frac{\varepsilon_0 \varepsilon A}{\delta}\left[1 - \frac{\Delta\delta}{\delta} + \left(\frac{\Delta\delta}{\delta}\right)^2 - \cdots\right] \approx \frac{\varepsilon_0 \varepsilon A}{\delta}\left[1 - \frac{\Delta\delta}{\delta} + \left(\frac{\Delta\delta}{\delta}\right)^2\right] \quad (4-25)$$

由上式可知，电容 C_1 与间隙 δ 之间为非线性关系，如图 4-23(b)曲线所示。当 $\Delta\delta$ 较小时，在 $\Delta C/C$ 与 $\Delta\delta/\delta$ 之间可近似为一线性关系。如当 $\Delta\delta/\delta = 0.1$ 时，按(4-25)式计算所得的线性偏差为 10%；而当 $\Delta\delta/\delta = 0.01$ 时，该偏差降至 1%。因此对于小的间隙变化，式(4-25)可进一步舍去二次项，可得电容变化量为

$$\Delta C = C_1 - C = -\frac{\varepsilon_0 \varepsilon A}{\delta^2}\Delta\delta \qquad (4-26)$$

由此可得电容传感器的灵敏度为

$$S = \frac{\Delta C}{\Delta \delta} = -\frac{\varepsilon_0 \varepsilon A}{\delta^2} \tag{4-27}$$

此式表明间隙变化型电容传感器的灵敏度与间隙的平方值成反比，间隙越小时灵敏度越高。但当灵敏度提高时，非线性误差也增大，因此一般规定这种传感器在较小范围内工作，以减小非线性误差。

实际应用中为提高传感器的灵敏度，常采用差动式结构，如图 4-24 所示。

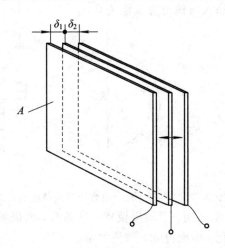

图 4-24 差动式电容传感器结构示意图

差动式电容传感器的中间可移动的电容器极板分别与两边固定的电容器极板形成两个电容 C_1 和 C_2，当中间极板向一方面移动时，其中一个电容器 C_1 的电容因间隙增大而减小，而另一个电容器 C_2 的电容则因间隙的减小而增大，由式(4-25)可得电容总变化量为

$$\Delta C = C_1 - C_2 = -\frac{2\varepsilon_0 \varepsilon A}{\delta^2} \Delta \delta \tag{4-28}$$

由此可得灵敏度为

$$S = \frac{\Delta C}{\Delta \delta} = -\frac{2\varepsilon_0 \varepsilon A}{\delta^2} \tag{4-29}$$

这种差动式电容传感器不仅可提高灵敏度，也相应地改善了测量线性度。

间隙变化型电容传感器用于测量位移及一切能转换为位移测量的物理参数。其特点是非接触式测量，因而对被测量影响小，灵敏度高；测量范围最大可达 1 mm，非线性误差约为满量程的 1%～3%；测量的频率范围为 0～10^5 Hz。该传感器对温度变化十分敏感，也可用来作温度测量。其主要缺点是具有非线性特性，因此限制了它的测量范围，且其内阻很大；传感器的杂散电容也易影响测量精度，故要求传感器导线长度不能过大。传感器的后续电路也比较复杂。

2）面积变化型电容传感器

面积变化型电容传感器的工作原理是在被测参数的作用下变化极板的有效面积，常用的有线位移型和角位移型两种。

图 4-25(a)为通过线性位移改变电容器极板面积的形式。当动极板在 x 方向有位移 Δx 时，电容的改变量为

$$\Delta C = \frac{\varepsilon_0 \varepsilon b}{\delta} \Delta x \qquad (4-30)$$

其灵敏度为

$$S = \frac{\Delta C}{\Delta x} = \frac{\varepsilon_0 \varepsilon b}{\delta} \qquad (4-31)$$

该灵敏度为一常数，因此输入与输出为线性关系。

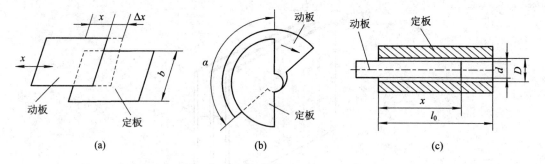

图 4-25　面积变化型电容传感器结构示意图

图 4-25(b)为角位移型结构。当动极板有一转角时，两极板之间的相互覆盖面积发生变化，从而导致电容量变化。由图可知，该公共覆盖面积为

$$A = \frac{\alpha r^2}{2} \qquad (4-32)$$

式中，α 为公共覆盖面积对应的中心角；r 为半圆形极板半径。

当转角变化 $\Delta \alpha$ 时，电容量改变为

$$\Delta C = \frac{\varepsilon_0 \varepsilon r^2}{2\delta} \Delta \alpha \qquad (4-33)$$

其灵敏度为

$$S = \frac{\Delta C}{\Delta \alpha} = \frac{\varepsilon_0 \varepsilon r^2}{2\delta} \qquad (4-34)$$

该灵敏度为一常数，输入与输出为线性关系。

由于平板式线位移型传感器的可动极板沿极距方向移动会影响测量精度，因此一般情况下，变面积型电容传感器常做成圆柱形。图 4-25(c)为圆柱体式线位移型结构，其中圆筒固定，圆柱在其中移动。利用高斯积分可得该电容器的电容量为

$$C = \frac{2\pi \varepsilon_0 \varepsilon x}{\ln\left(\dfrac{D}{d}\right)} \qquad (4-35)$$

式中，D 为圆柱内径；d 为圆柱外径。

当两者覆盖长度 x 的变化 Δx 时，电容变化量为

$$\Delta C = \frac{2\pi \varepsilon_0 \varepsilon}{\ln\left(\dfrac{D}{d}\right)} \Delta x \qquad (4-36)$$

其灵敏度为

$$S = \frac{\Delta C}{\Delta x} = \frac{2\pi\varepsilon_0\varepsilon}{\ln\left(\dfrac{D}{d}\right)} \tag{4-37}$$

变面积型电容传感器的最大优点是输入与输出是一种线性关系。其缺点是电容器的横向灵敏度较大，其机械结构要求十分精确，因此相对于变间隙式传感器，测量精度较低。

变面积型电容传感器与间隙变化型相比灵敏度较低，适用于较大直线位移及角位移的测量，其测量范围对于线位移型为几个厘米，对于转角度型为 $180°$，测量的频率范围为 $0\sim 10^4$ Hz。为提高变面积型电容传感器的灵敏度，可将这种传感器做成差动式的。

3）介质变化型电容传感器

介质变化型电容传感器的基本原理是当两极板间介质改变时，其电容量发生变化。当极板间介质的种类或其他参数变化时，其相对介电常数改变导致电容量发生相应变化。

介质变化型电容传感器有两种形式。

（1）相当于电容串联的形式。

如图 4-26(a)所示，该电容器具有两个不同的电介质，其介电常数分别为 ε_{r1} 和 ε_{r2}，介质厚度分别为 a_1 和 a_2，且 $a_1 + a_2 = a_0$，即两者之和等于两极板间距 a_0。整个装置可视为由两电容器串联而成，其总电容量 C 由两电容器的电容 C_1 和 C_2 所确定，由此得

$$\frac{1}{C} = \frac{1}{C_1} + \frac{1}{C_2} = \frac{1}{\varepsilon_0 A}\left(\frac{a_1}{\varepsilon_{r1}} + \frac{a_2}{\varepsilon_{r2}}\right) \tag{4-38}$$

$$C = \frac{\varepsilon_0 A}{\dfrac{a_1}{\varepsilon_{r1}} + \dfrac{a_2}{\varepsilon_{r2}}} \tag{4-39}$$

式中，A 为电容器极板面积。

设介质 1 为空气，即 $\varepsilon_{r1} = 1$，则式（4-39）变为

$$C = \frac{\varepsilon_0 A}{a_1 + \dfrac{a_2}{\varepsilon_{r2}}} = \frac{\varepsilon_0 A}{a_0 - a_2 + \dfrac{a_2}{\varepsilon_{r2}}} \tag{4-40}$$

由此可知，总电容量 C 取决于介电常数 ε_{r2} 及介质厚度 a_2。因此当这两个参数中一个为已知时，可通过上述公式来确定另一个。

这种方法常用来对不同材料（如纸、塑料膜、合成纤维等）进行厚度测定。测量时让材料通过电容器两极板之间，通常是已知材料的介电常数，从而可从被测的电容值来确定材料厚度。

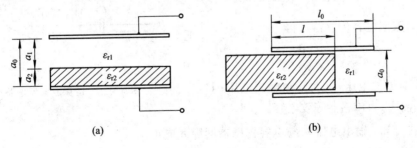

图 4-26　介质变化型电容传感器结构

（2）相当于电容并联的形式。

图 4-26(b)所示的形式也可改变介质，其中介质 2 插入电容器中一定深度，这种结构

相当于将两电容器作并联。此时的总电容由两部分组成：电容 C_1（介电常数 ε_{r1}，极板面积 $b_0(l_0-l)$）和电容 C_2（介电常数 ε_{r2}，极板面积 $b_0 l$）。由此得总电容为

$$C = C_1 + C_2 = \frac{\varepsilon_0 \varepsilon_{r1} b_0 (l_0 - l)}{a_0} + \frac{\varepsilon_0 \varepsilon_{r2} b_0 l}{a_0} = \frac{\varepsilon_0 b_0}{a_0}[\varepsilon_{r1}(l_0 - l) + \varepsilon_{r2} l] \qquad (4-41)$$

设介质 1 为空气，因此 $\varepsilon_{r1} = 1$，又设介质全部为空气的电容器的电容为 C_0，则 $C_0 = \frac{\varepsilon_0 b_0 l_0}{a_0}$。由于介质 2 的插入所引起的电容 C 的相对变化 $\Delta C/C_0$，正比于插入深度 l，即

$$\frac{\Delta C}{C_0} = \frac{C - C_0}{C_0} = \frac{l_0 - l}{l_0} + \frac{\varepsilon_{r2} l}{l_0} - 1 = \frac{\varepsilon_{r2} - 1}{l_0} l \qquad (4-42)$$

该原理常用于对非导电液体和松散物料的液位或填充高度的测量。如图 4-27 所示，在一被测介质中插入两片电容器极板，所测得的电容值即为液位或填充物料的高度 l 的度量。

水的介电常数为 $\varepsilon_r = 81$，该值远大于其他材料的介电常数，因此某些绝缘材料的介电常数随含水量的增加而急剧变大，基于这一事实而用来作水分或湿度的测量。例如要确定像谷物、纺织品、木材或煤炭等固体非导电性材料的湿度，可将这些材料导入

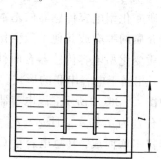

图 4-27 用电容传感器测量液位的装置

电容传感器两极板之间，通过介质介电常数的影响来改变电容值，从而确定材料的湿度。

某些专门的塑料，其分子所吸收的水分与周围空气的相对湿度之间存在着某种明确的关系，用这种原理可测量空气的湿度。

另外，某些电介质是温度灵敏的，因此也可做成相应的传感器用于火灾报警装置。

2. 电容传感器的测量电路

由于电容传感器测出的电容及电容变化量均很小，因此必须连接适当的放大电路将它们转换成电压、电流或频率等输出量。以下是常用的几种电路。

1）运算放大器电路

如图 4-28 所示，用该电路可获得输出电压随输入电容值线性变化的关系。由于运算放大器增益很大，输入阻抗很高，因此有

$$u_o = - u_i \frac{C_0}{C_x} \qquad (4-43)$$

对变间隙型电容传感器可得

$$u_o = - u_i \frac{C_0 \delta}{\varepsilon_0 \varepsilon A} \qquad (4-44)$$

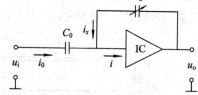

图 4-28 运算放大器电路

式中，u_i 为信号源电压；u_o 为运放输出电压；C_0 为固定电容；C_x 为传感器等效电容。

由上式可知，输出电压 u_o 与电容传感器间隙 δ 成正比。

2）电桥测量电路

如图 4-29 所示，将电容传感器接入图示电桥的一桥臂中（图中 C_2），根据电桥平衡公式有

$$\frac{\dfrac{R_2}{\mathrm{j}\omega C_2}}{R_2 + \dfrac{1}{\mathrm{j}\omega C_2}} R_3 = \frac{\dfrac{R_1}{\mathrm{j}\omega C_1}}{R_1 + \dfrac{1}{\mathrm{j}\omega C_1}} R_4 \qquad (4-45)$$

或

$$R_2 R_3 + \mathrm{j}\omega R_1 R_2 R_3 C_1 = R_1 R_4 + \mathrm{j}\omega R_1 R_2 R_4 C_2$$

$$(4-46)$$

其中实部有

图 4-29 文氏电桥电路

$$R_2 = \frac{R_4}{R_3} R_1 \qquad (4-47)$$

此式可通过调节可调电阻 R_1 来满足。

对虚部则有

$$C_2 = \frac{R_4}{R_3} C_1 \qquad\qquad (4-48)$$

此式同样可通过调节可调电容器 C_1 来实现。

当电容传感器 C_2 有变化时，电桥相应地有输出。

变压器式电桥电路如图 4-30 所示。其中差动式电容传感器组成电桥的相邻两臂，当负载阻抗为无穷大时，电桥的输出电压为

$$u_\mathrm{o} = \frac{u}{2} \frac{C_1 - C_2}{C_1 + C_2} \qquad\qquad (4-49)$$

式中，u 为电桥激励电压；C_1、C_2 为差动电容传感器的电容，$C_1 = \dfrac{\varepsilon_0 \varepsilon A}{\delta - \Delta\delta}$，$C_2 = \dfrac{\varepsilon_0 \varepsilon A}{\delta + \Delta\delta}$，由此得

$$u_\mathrm{o} = \frac{u}{2} \frac{\Delta\delta}{\delta} \qquad\qquad (4-50)$$

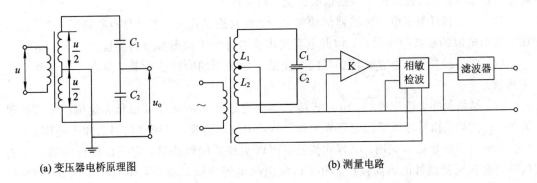

(a) 变压器电桥原理图　　　　　　　　　　(b) 测量电路

图 4-30 变压器电桥电路

由此可见，当电源激励电压恒定的情况下，电桥输出电压与电容传感器输入位移成正比。该输出电压经后续放大并经相敏检波和滤波之后可由指示表显示。

3) 调 频 电 路

如图 4-31 所示，电容传感器作为振荡器谐振回路的一部分，调频振荡器的谐振频率 f 为

$$f = \frac{1}{2\pi \sqrt{LC}} \qquad (4-51)$$

式中，L 为振荡回路电感。

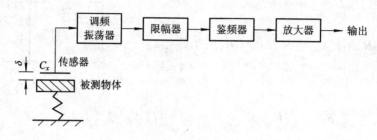

图 4-31　调频电路工作原理

当被测量使电容值发生变化时，振荡器频率也发生变化。其输出经限幅、鉴频和放大后变成电压输出。

该电路的优点是灵敏度高，可测 $0.01\ \mu m$ 的微小位移变化。缺点是易受电缆形成的杂散电容的影响，也易受温度变化的影响，给使用带来一定困难。

3. 电容式传感器的特点及应用

电容式传感器的主要优点有如下几点：

（1）输入能量小而灵敏度高。极距变化型电容压力传感器只需很小的能量就能改变电容极板的位置，如在一对直径为 1.27 cm 圆形电容极板上施加 10 V 电压，极板间隙为 2.54×10^{-3} cm，只需 3×10^{-5} N 的力就能使极板产生位移。因此，电容传感器可以测量很小的力、振动加速度，并且很灵敏。精度高达 0.01％的电容式传感器已有商品出现，如一种 250 mm 量程的电容式位移传感器，精度可达 5 μm。

（2）电参量相对变化大。电容式压力传感器电容的相对变化量为 $\Delta C/C \geqslant 100\%$，有的甚至可达 200％，这说明传感器的信噪比大，稳定性好。

（3）动态特性好。电容传感器活动零件少，而且质量很小，本身具有很高的自振频率，加之供给电源的载波频率很高，因此电容式传感器可用于动态参数的测量。

（4）能量损耗小。电容式传感器的工作是变化极板的间距或面积，而电容变化并不产生热量。

（5）结构简单，适应性好。电容式传感器主要结构是两块金属极板和绝缘层，结构很简单，在振动、辐射环境下仍能可靠工作，如采用冷却措施，还可在高温条件下使用。

（6）纳米测量技术应用。电容式传感器可以实现非接触测量，它是以极板间的电场力代替了测头与被测件的表面接触。由于极板间的电场力极其微弱，不会产生迟滞和变形，消除了接触式测量由于表面应力给测量带来的不利影响，加之测量灵敏度高，使其在纳米测量领域得到了广泛的应用。

电容式传感器的主要缺点是电缆分布电容影响大。传感器两极板之间的电容很小，仅几十个皮法，有的甚至只有几个皮法。而传感器与电子仪器之间的连接电缆却具有很大的电容，如屏蔽线的电容最小的 1 m 也有几个皮法，最大的可达上百个皮法。

连接电缆的电容大的问题不仅使传感器的电容相对变化大大降低，灵敏度也降低，更严重的是电缆本身放置的位置和形状不同，或因振动等原因，都会引起电缆本身电容的较大变化,使输出不真实,给测量带来误差。解决这个问题的方法有两种:一种是利用集成电路,使放大测量电路小型化,把它放在传感器内部,这样传输导线输出是电压信号,不受分布电容的影响;另一种是采用双屏蔽传输电缆,适当降低分布电容的影响。由于电缆分布电容对传感器的影响,使电容式传感器的应用受到一定的限制。

目前,电容传感器已广泛应用于位移、振动、角度、速度、压力、转速、流量、液位、料位以及成分分析等方面的测量。电容式传感器的精度和稳定性也日益提高。

图 4 - 32 为测量金属带材在轧制过程中厚度的电容式测厚仪工作原理。工作极板与带材之间形成两个电容,即 C_1、C_2,其总电容为 $C = C_1 + C_2$。当金属带材在轧制中厚度发生变化时,将引起电容量的变化。通过检测电路可以反映这个变化,并转换和显示出带材的厚度。

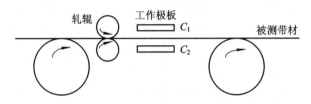

图 4 - 32 电容式测厚仪工作原理

图 4 - 33 为电容式转速传感器的工作原理。图中齿轮外沿面为电容器的动极板,当电容器定极板与齿顶相对时,电容量最大,而与齿隙相对时,则电容量最小。当齿轮转动时,电容量发生周期性变化,通过测量电路转换为脉冲信号,则频率计显示的频率代表转速大小。设齿数为 z,频率为 f,则转速 n(单位为 $\text{r} \cdot \text{min}^{-1}$)为

$$n = \frac{60f}{z}$$

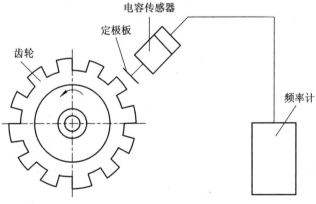

图 4 - 33 电容式转速传感器的工作原理

4.5 压电式传感器

压电式传感器是一种可逆转换器,它既可以将机械能转换为电能,又可以将电能转换为机械能。它的工作原理基于某些材料的压电效应。石英晶体的压电效应早在 1880 年由法

国人皮埃尔·居里和雅克·居里发现,1948年制作出第一个石英传感器。之后又发现了一系列的单晶、多晶陶瓷材料和有机高分子聚合材料,也都具有相当强的压电效应。

4.5.1 压电效应

某些物质,当沿一定方向对其施加力而使其变形时,在一定表面上将产生电荷,当外力去掉后,又重新回到不带电状态,这种现象称为压电效应。相反,如果在这些物质的极化方向施加电场,这些物质就在一定方向上产生机械变形或机械应力,当外电场撤去时,这些变形或应力也随之消失,这种现象称之为逆压电效应,或称之为电致伸缩效应。

明显呈现压电效应的敏感功能材料称为压电材料。常用的压电材料有三大类:① 单晶压电晶体,如石英、罗歇尔盐(四水酒石酸钾钠)、硫酸锂、磷酸二氢铵等;② 多晶压电陶瓷,如极化的铁电陶瓷(钛酸钡)、锆钛酸铅等;③ 某些高分子压电薄膜,如聚偏二氟乙烯(PVDF),作为一种新型的高分子物性型传感材料,自1972年首次应用以来,已研制了多种用途的传感器,如压力、加速度、温度、声和无损检测,尤其在生物医学领域获得了广泛的应用。

石英晶体有天然石英和人造石英。天然石英的稳定性好,但资源少,并且大都存在一些缺陷,一般只用在校准用的标准传感器或精度很高的传感器中。压电陶瓷是通过高温烧结的多晶体,具有制作工艺方便、耐湿、耐高温等优点,在检测技术、电子技术和超声等领域中用得最普遍,在长度计量仪器中,目前用得最多的压电材料是压电陶瓷,例如锆钛酸铅。

石英晶体的外形呈六面体结构,如图4-34所示,用三根互相垂直的轴表示其晶轴,其中纵轴Oz称为光轴,经过正六面体棱线而垂直于光轴的Ox轴称为电轴,而垂直于Ox轴和Oz轴的Oy轴称为机轴。通常将沿电轴Ox方向作用的力所产生的压电效应称为纵向压电效应,将沿机轴Oy方向作用的力所产生的压电效应称为横向压电效应,沿光轴Oz方向的作用力不产生压电效应。

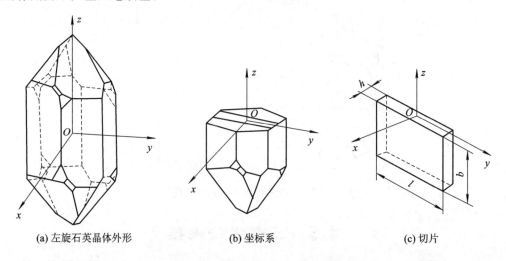

(a) 左旋石英晶体外形　　　　　(b) 坐标系　　　　　(c) 切片

图4-34　石英晶体外形及坐标系

通常从晶体上沿轴线切下一个平行六面体切片,使其晶面分别平行于晶体的三根晶轴。切片在受到沿不同方向的作用力时会产生不同的极化作用,如图4-35所示,主要的压电效应有横向效应、纵向效应和剪切效应三种。

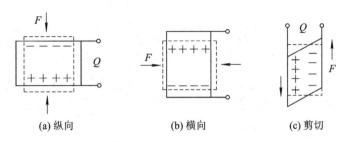

(a) 纵向   (b) 横向   (c) 剪切

图 4 - 35 压电效应类型

压电体表面产生的电荷量与作用力成正比。当石英晶体切片受 x 向压力作用时，所产生的电荷量与作用力成正比，但与切片的几何尺寸无关。当沿着机轴 Oy 方向施加压力时，产生的电荷量与晶片几何尺寸有关，而该电荷的极性与沿电轴 Ox 方向加压力时产生的电荷极性相反。

压电体受到多方面的作用力时，内部将产生一个复杂的应力场，从而纵向和横向效应可能都会出现。引发压电效应的对应面上所产生的电荷量不仅与作用于其面上的垂直力有关，且与其他方向的受力有关。

石英晶体产生压电效应的机理可解释如下。石英晶体是一种二氧化硅（SiO_2）结晶体。在每个晶体单元中，它具有三个硅原子和六个氧原子，而氧原子是成对靠在一起的。每个硅原子带 4 个单位正电荷，每个氧原子带 2 个单位负电荷。在晶体单元中，硅、氧原子排列成六边形的形式，所产生的极化效应正好互相抵消，因此整个晶体单元呈中性。如图 4 - 36(a)所示，沿 x 轴方向施加力 F_x 时，单元中硅、氧原子这种排列的平衡性被破坏，晶体单元被极化，在垂直于 F_x 的两个表面上分别产生正、负电荷，这便是所谓的纵向效应。如图 4 - 36(b)所示，沿 y 轴方向施加力 F_y 时，同样也引起晶体单元变形而产生极化现象，在与图(a)情况相同的两个面（垂直于 x 轴的两个晶面）上产生电荷，只是电荷的极性与图(a)的情况相反，此即横向效应。当施加反向力（拉力）时，产生的电荷极性相反。由于原子排列沿 z 轴（光轴）的对称性，因此在 z 轴施加作用力不会使晶体单元极化。

在产生电荷的两个面上镀上金属（通常为银或金）形成电极，便可将产生的电荷引出用于测量等用途。图 4 - 36(a)和(b)分别示出纵向和横向效应下典型的引线连接方式和形成的传感器形式。

铁电陶瓷是人工合成的多晶体压电材料，它们的极化过程与单晶体的石英材料不同。这种材料具有电畴结构形式，其分子形式呈双极型，具有一定的极化方向。

图 4 - 37(a)是钛酸钡陶瓷未受外加电场极化时的电畴结构情况。钛酸钡晶体单元在 120℃ 以下时形状呈立方体。在无外电场作用时，各电畴的极化效应相互抵消，因此材料并不显示压电效应。在制造过程中将钛酸钡材料置于强电场中，使电畴极化方向趋向于按该外加电场的方向排列，材料由此得到极化。在制造过程完毕撤去外电场之后，陶瓷材料内部仍存在有很强的剩余极化强度。该剩余极化强度束缚住了晶体表面产生的自由电荷，使其不能被释放。材料在外力作用下，剩余极化强度因电畴界限的进一步移动而变化，使晶体表面部分自由电荷被释放，由此形成压电效应。

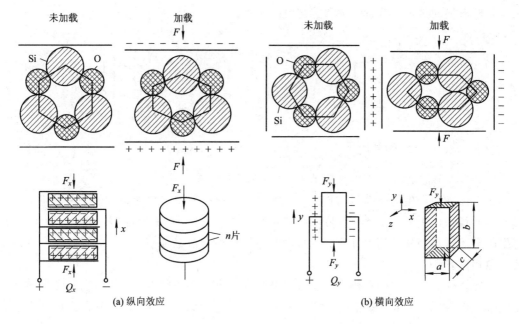

图 4-36 石英晶体压电效应

图 4-37 钛酸钡陶瓷电畴结构

4.5.2 压电式传感器的测量电路

为测量压电晶片两工作面上产生的电荷，要在该两个面上做上电极，通常用金属蒸镀法蒸上一层金属薄膜，材料常为银或金，从而构成两个相应的电极，如图 4-38 所示。

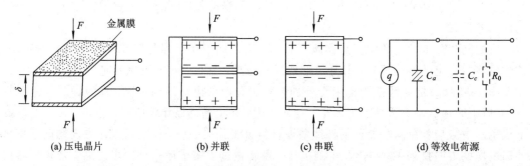

图 4-38 压电晶片及等效电路

当晶片受外力作用而在两极上产生等量而极性相反的电荷时，便形成了相应的电场。因此压电传感器可视为一个电荷发生器，也是一个电容器，其电容量为

$$C = \frac{\varepsilon_0 \varepsilon A}{\delta} \tag{4-52}$$

式中，ε 为压电材料相对介电常数，石英 $\varepsilon=4.5$；ε_0 为真空介电常数，$\varepsilon_0 = 8.854 \times 10^{-12}$ F·m^{-1}；δ 为极板间距，单位为 m。

如果施加于晶片的外力不变，而积聚在极板上的电荷又无泄漏，则当外力持续作用时，电荷量保持不变，但当外力撤去时，电荷随之消失。

对于一个压电式力传感器来说，测量的力与传感器产生的电荷量成正比，因此通过测量电荷值便可求得所施加的力。测量中如能得到精确测量结果，必须采用不消耗极板上产生的电荷的措施，亦即所采用的测量手段不从信号源吸取能量，这在实际上是难以实现的。在测量动态交变力时，电荷量可不断地得以补充，可以供给测量电路一定的电流；在作静态或准静态的测量时，必须采取措施，使所产生的电荷因测量电路所引起的漏失减小到最低程度。因此压电传感器较适宜于作动态量的测量。

一个压电传感器可被等效为一个电荷源，如图 4-39(a) 所示。等效电路图中电容器上的开路电压 u_a、电荷量 q 以及电容 C_a 三者间的关系有

$$u_a = \frac{q}{C_a} \tag{4-53}$$

将压电传感器等效为一个电压源，如图 4-39(b) 所示。

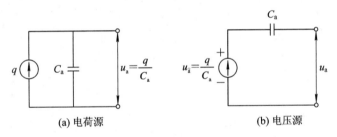

(a) 电荷源   (b) 电压源

图 4-39　压电传感器的等效电路

若将压电传感器接入测量电路，则必须考虑电缆电容 C_c、后续电路的输入阻抗 R_i、输入电容 C_i 以及压电传感器的漏电阻 R_a，此时压电传感器的等效电路如图 4-40 所示。

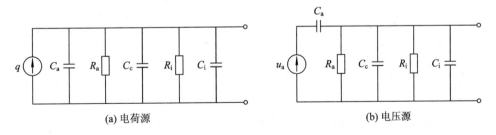

(a) 电荷源   (b) 电压源

图 4-40　压电传感器的实际等效电路

压电传感器本身所产生的电荷量很小，而传感器本身的内阻又很大，因此其输出信号十分微弱，这给后续测量电路提出了很高的要求。为了顺利地进行测量，要将压电传感器先接到高输入阻抗的前置放大器，经阻抗变换之后再采用一般的放大、检波电路处理，方可将输出信号提供给指示及记录仪表。

压电传感器的前置放大器通常有两种：

（1）采用电阻反馈的电压放大器，其输出电压正比于输入电压（即压电传感器的输出）。

（2）采用电容反馈的电荷放大器，其输出电压与输入电荷成正比。

1. 电压放大器

电压放大器的等效电路图如图 4-41 所示。考虑负载影响时，根据电荷平衡建立方程式有

$$q = C \cdot u_i + \int i\, dt \qquad (4-54)$$

式中，q 为压电元件所产生的电荷量；C 为等效电路总电容，$C = C_a + C_c + C_i$，其中 C_i 为放大器输入电容，C_a 为压电传感器等效电容，C_c 为电缆形成的杂散电容；u_i 为电容上建立的电压；i 为泄漏电流。而 $u_i = Ri$，其中，R 为放大器输入阻抗 R_i 和传感器的泄漏电阻 R_a 的等效电阻，$R = R_i /\!/ R_a$。

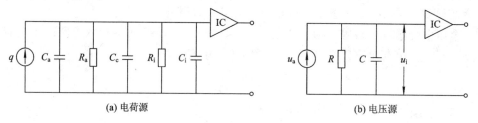

(a) 电荷源　　　　　　　　　　　　　(b) 电压源

图 4-41　压电传感器接至电压放大器的等效图

当测量的外力为一动态交变力 $F = F_0 \sin\omega_0 t$ 时，有

$$q = q_0 \sin\omega_0 t \qquad (4-55)$$

式中，ω 为外力的角频率。

由此可得

$$CRi + \int i\, dt = q_0 \sin\omega_0 t \qquad (4-56)$$

上式的稳态解为

$$i = \frac{\omega_0 q_0}{\sqrt{1 + (\omega_0 CR)^2}} \sin(\omega_0 t + \varphi) \qquad (4-57)$$

式中，$\varphi = \arctan \dfrac{1}{\omega_0 RC}$。

电容上的电压值为

$$u_i = Ri = \frac{q_0}{C} \cdot \frac{1}{\sqrt{1 + \left(\dfrac{1}{\omega_0 CR}\right)^2}} \sin(\omega_0 t + \varphi) \qquad (4-58)$$

设放大器为一线性放大器，则放大器输出电压为

$$u_o = -K \frac{q_0}{C} \cdot \frac{1}{\sqrt{1 + \left(\dfrac{1}{\omega_0 CR}\right)^2}} \sin(\omega_0 t + \varphi) \qquad (4-59)$$

式中，K 为放大器的增益。

压电传感器的低频响应取决于由传感器、连接电缆和负载组成的电路的时间常数 RC。同样在作动态测量时，为建立一定的输出电压且为了不失真地测量，压电传感器的测量电

路应具有高输入阻抗，并在输入端并联一定的电容 C_i 以加大时间常数 RC。但并联电容过大会使输出电压降低过多。

使用电压放大器时，输出电压 u_o 与电容 C 密切关联。由于电容 C 中包括电缆形成的杂散电容 C_c 和放大器输入电容 C_i，C_c 和 C_i 均较小，因而整个测量系统对电缆的对地电容十分敏感。电缆过长或位置变化时均会造成输出的不稳定变化，从而影响仪器的灵敏度。解决这一问题的办法是采用短的电缆以及驱动电缆。

2. 电荷放大器

电荷放大器是一个带电容负反馈的高增益运算放大器，其等效电路图如图 4-42 所示。

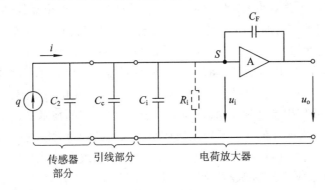

图 4-42 电荷放大器原理图

当略去漏电阻 R_a 和放大器输入电阻 R_i 时，有

$$q \approx u_i(C_a + C_c + C_i) + (u_i - u_o)C_F = u_iC + (u_i - u_o)C_F \qquad (4-60)$$

式中，u_i 为放大器输入端电压；u_o 为放大器输出端电压；C_F 为放大器反馈电容。

根据 $u_o = -Ku_i$，K 为电荷放大器开环放大增益，则有

$$u_o = \frac{-Kq}{(C + C_F) + KC_F} \qquad (4-61)$$

当 K 足够大时，有 $KC_F \gg C + C_F$，则式(4-61)简化为

$$u_o \approx \frac{-q}{C_F} \qquad (4-62)$$

在一定条件下，电荷放大器的输出电压与压电传感器产生的电荷量成正比，与电缆引线所形成的分布电容无关。从而电荷放大器彻底消除了电缆长度的改变对测量精度带来的影响，因此是压电传感器常用的后续放大电路。电荷放大器与电压放大器相比，其电路构造复杂，因而造价高。

4.5.3 压电式传感器的应用

压电式传感器具有自发电和可逆两种重要特性，同时还具有体积小、质量轻、结构简单、工作可靠、固有频率高、灵敏度和信噪比高等优点，因此压电式传感器得到了飞跃的发展和广泛的应用。在测试技术中，压电转换元件是一种典型的力敏元件，能测量最终能变换成力的那些物理量，例如压力、加速度、机械冲击和振动等，因此在机械、声学、力学、医学和宇航等领域都可见到压电式传感器的应用。

常用的压电式传感器可分为压电加速度传感器和压电力传感器两类。

（1）压电加速度传感器。该传感器通常被广泛用于测震和测振。由于压电式运动传感器所固有的基本特征，压电加速度计对恒定的加速度输入并不给出响应输出。其主要特点是输出电压大、体积小以及固有频率高，这些特点对测振都是十分必要的。压电加速度传感器材料的迟滞性是它唯一的能量损耗源，除此之外一般不再施加阻尼，因此传感器的阻尼比很小（约 0.01），但由于其固有频率十分高，这种小阻尼是可以接受的。压电加速度传感器按其晶片受力状态的不同可分为压缩式和剪切式两种类型。

（2）压电力传感器。该传感器具有与压电加速度传感器相同形式的传递函数，由于这种传感器具有使用频率上限高、动态范围大和体积小等优点，故适合于动态力，尤其是冲击力的测量，尽管某些类型的力传感器（如石英传感器外加电荷放大器）具有足够大的时间常数 τ，也可用于对静态力的短时间测量和静态标定。典型的压电力传感器的非线性度为 1‰，具有很高的刚度（$2 \times 10^7 \sim 2 \times 10^9$ N/m）和固有频率（10～300 kHz）。这些传感器通常是用石英晶体片制成的，因为石英具有很高的机械强度，能承受很大的冲击载荷。但在测量小的动态力时，为获得足够灵敏度，也可采用压电陶瓷。压电力传感器对侧向负载敏感，易引起输出误差，故使用者必须注意减小侧向负载。但厂家的技术指标中一般并不给出这种横向灵敏度值。通常推荐的横向灵敏度值应小于纵向（轴面）灵敏度值的 7‰。

压电效应是可逆的，施加电压使压电片产生伸缩，导致压电片几何尺寸的改变。利用这种逆压电效应可做成压电制动器，例如施加一高频交变电压，可将压电体做成一振动源，利用这一原理可制造高频振动台、超声发生器、扬声器、高频开关等。逆压电效应也可用于精密微位移装置，通过施加一定电压使之产生可控的微伸缩。若将两压电片粘在一起，施加电压使其中一个伸长、另一个缩短，则可形成薄片翘曲或弯曲，用于制成录像带头定位器、点阵式打印机头、继电器以及压电风扇等。

4.6　磁电式传感器

磁电式传感器的基本工作原理是通过磁电作用把被测物理量转换为感应电动势的变化。磁电式传感器主要有磁电感应传感器、霍尔传感器等。

4.6.1　磁电感应传感器

磁电感应传感器是一种将被测物理量转换为感应电动势的装置，也称电磁感应式或电动力式传感器。磁电感应传感器是一种机－电能量转换型传感器，不需要外部供电电源，其电路简单，性能稳定、输出小，又具有一定的频率响应范围（一般 10～1000 Hz），适用于振动、转速、扭矩等测量。但这种传感器的尺寸和质量都较大。

由法拉第电磁感应定律可知，当穿过线圈的磁通 Φ 发生变化时，线圈中产生的感应电动势为

$$e = -W \frac{\mathrm{d}\Phi}{\mathrm{d}t} \tag{4-63}$$

式中，W 为线圈匝数。

线圈感应电动势 e 的大小取决于线圈的匝数和穿过线圈的磁通变化率。磁通变化率又与所施加的磁场强度、磁路磁阻以及线圈相对于磁场的运动速度有关，改变上述任意一个

因素，均会导致线圈中产生的感应电动势的变化，从而可得到相应的不同结构形式的磁电感应传感器。

磁电感应传感器一般可分为动圈式、动磁铁式和磁阻式三类。

1. 动圈式和动磁铁式传感器

动圈式和动磁铁式传感器结构如图 4-43 所示。由图 4-43(a)所示的线速度型装置的工作原理可知，当弹簧片敏感到一速度时，线圈就在磁场中作直线运动，切割磁力线，它所产生的感应电动势为

$$e = WBl\dot{y}\sin\theta = WBlv_y\sin\theta \tag{4-64}$$

式中，B 为磁场的磁感应强度，单位为 T；l 为单匝线圈的有效长度，单位为 m；W 为有效线圈匝数，指在均匀磁场内参与切割磁力线的线圈匝数；v_y 为敏感轴（y 轴）方向线圈相对于磁场的速度，单位为 m/s；θ 为线圈运动方向与磁场方向的夹角。

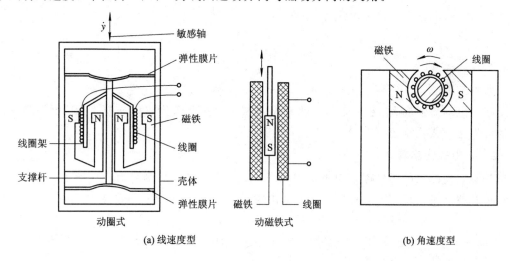

图 4-43　动圈式和动磁铁式传感器结构

当线圈运动方向与磁场方向垂直（$\theta=90°$）时，式(4-64)可写为

$$e = WBlv_y \tag{4-65}$$

当传感器的结构参数（B，l，W）选定，则感应电动势 e 的大小正比于线圈的运动速度 v_y。由于直接测量到的是线圈的运动速度，故这种传感器也称速度传感器。将测到的速度经微分和积分运算可得到运动物体的加速度和位移，因此速度传感器又可用来测量运动物体的位移和加速度。

图 4-43(b)为角速度型动圈式传感器的结构。线圈在磁场中转动时，所产生的感应电动势为

$$e = kWBA\omega \tag{4-66}$$

式中，ω 为线圈转动的角频率；A 为单匝线圈的截面积，单位为 m^2；k 为依赖于结构的参数，$k<1$。

由式(4-66)可知，当 W、B、A 选定时，感应电动势 e 与线圈相对于磁场的转动角速度成正比。用这种传感器可测量物体转速。

将传感器线圈中产生的感应电动势 e 经电缆与电压放大器相连接时，其等效电路如图 4-44 所示。图中 e 为感应电动势，Z_0 为线圈等效阻抗，R_1 为负载电阻（包括放大器输入电

阻），C_c 为电线的分布电容，R_c 为电缆电阻。$R_c = 0.03 \ \Omega/\mathrm{m}$，$C_c = 70 \ \mathrm{pF/m}$，发电线圈阻抗 $Z_0 = r + j\omega L$，r 约为 $300 \sim 2000 \ \Omega$，L 为数百毫亨，因此相对来说 R_c 可以忽略。

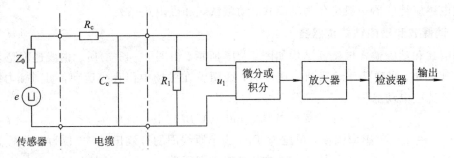

图 4-44 动圈式磁电感应传感器等效电路

此时等效电路中的输出电压为

$$u_1 \approx e \frac{1}{1 + \dfrac{Z_0}{R_1} + j\omega C_c Z_0} \tag{4-67}$$

若电缆不长，则 C_c 可以忽略，又若使 $R_1 \gg Z_0$，则上式可简化为 $u_1 \approx e$。

感应电动势经放大、检波后即可推动指示仪表，若经微分或积分电路，又可得到运动物体的加速度或位移。

2. 磁阻式传感器

动圈式传感器的工作原理也可视为线圈在磁场中运动时切割磁力线而产生电动势。磁阻式传感器则是使线圈与磁铁固定不动，由运动物体（导磁材料）运动来影响磁路的磁阻，从而引起磁场的强弱变化，使线圈中产生感应电势。

如图 4-45 所示，磁阻式传感器由永磁体及在其上绕制的线圈组成。其特点是结构简单、使用方便，可用来测量转速、振动、偏心量等。

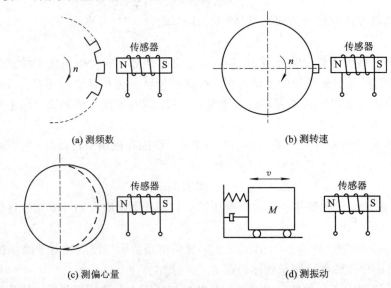

图 4-45 磁阻式传感器工作原理及应用

4.6.2　霍尔传感器

1879 年美国物理学家爱德文·霍尔首先在金属材料中发现了霍尔效应,但由于金属材料的霍尔效应太弱而没有得到应用。直到 20 世纪中期,随着半导体技术的发展,开始用半导体材料制造霍尔元件,由于它的霍尔效应显著而得到了应用和发展。

霍尔传感器也是一种磁电传感器。它是利用霍尔元件基于霍尔效应原理而将被测量转换成电动势输出的一种传感器。由于霍尔元件在静止状态下具有感受磁场的独特能力,并且具有结构简单、体积小、噪声小、频率范围宽(从直流到微波)、动态范围大(输出电动势变化范围可达 1000：1)、寿命长等特点,因此获得了广泛应用。例如,在测量技术中用于将位移、力、加速度等物理量转换为电量的传感器,在计算技术中用于作加、减、乘、除、开方、乘方以及微积分等运算的运算器等。

1. 霍尔效应

金属或半导体薄片置于磁场中,当有电流通过时,在垂直于电流和磁场的方向上将产生电动势,这种物理现象称为霍尔效应。

假设薄片为 N 型半导体,磁感应强度为 B 的磁场方向垂直于薄片,如图 4-46 所示,在薄片左右两端通以控制电流 I,那么半导体中的载流子(电子)将沿着与电流 I 相反的方向运动。由于外磁场 B 的作用,使电子受到磁场力 F_L(洛伦兹力)而发生偏转,结果在半导体的后端面上电子积累带负电,而前端面缺少电子带正电,在前、后端面间形成电场。该电场产生的电场力 F_E 阻止电子继续偏转。当 F_E 和 F_L 相等时,电子积累达到动态平衡。这时在半导体前、后两端面之间(即垂直于电流和磁场方向)建立电场,称霍尔电场,相应的电动势称为霍尔电动势 e_H。

霍尔电动势可用下式表示:

$$e_H = R_H \frac{IB}{d} = S_H IB \qquad (4-68)$$

式中,I 为电流,单位为 A;B 为磁感应强度,单位为 T;R_H 为霍尔常数,单位为 $m^3 \cdot C^{-1}$,由载流材料的物理性质决定;S_H 为灵敏度,单位为 $V \cdot A^{-1} \cdot T^{-1}$,与载流材料的物理性质和几何尺寸有关,表示在单位磁感应强度和单位控制电流时的霍尔电动势的大小;d 为霍尔片厚度,单位为 m。

如果磁场和薄片法线有 α 角,那么

$$e_H = S_H IB \cos\alpha \qquad (4-69)$$

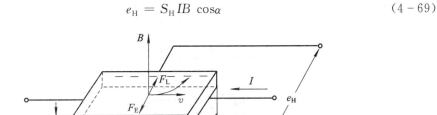

图 4-46　霍尔效应原理图

2. 霍尔元件

基于霍尔效应工作的半导体器件称为霍尔元件，霍尔元件多采用 N 型半导体材料。霍尔元件越薄（d 越小），S_H 就越大，薄膜霍尔元件厚度只有 1 μm 左右。霍尔元件由霍尔片、4 根引线和壳体组成，如图 4-47 所示。

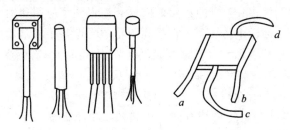

图 4-47　霍尔元件

霍尔片是一块半导体单晶薄片（一般为 4 mm×2 mm ×0.1 mm），在它的长度方向两端面上焊有 a、b 两根引线，称为控制电流端引线，通常用红色导线，其焊接处称为控制电极；在它的另两侧端面的中间以点的形式对称地焊有 c、d 两根霍尔输出引线，通常用绿色导线，其焊接处称为霍尔电极。霍尔元件的壳体是用非导磁金属、陶瓷或环氧树脂封装。目前最常用的霍尔元件材料有锗（Ge）、硅（Si）、锑化铟（InSb）、砷化铟（InAs）等半导体材料。

3. 霍尔传感器的应用

霍尔传感器的应用主要有以下三个方面：

（1）当输入电流恒定不变时，传感器的输出正比于磁感应强度。因此，凡是能转换为磁感应强度 B 变化的物理量均可用霍尔传感器进行测量，如位移、角度、转速和加速度等。

（2）当磁感应强度 B 保持恒定时，传感器的输出正比于控制电流 I 的变化。因此，凡能转换为电流变化的物理量均可用霍尔传感器进行测量和控制。

（3）由于霍尔电压正比于控制电流 I 和磁感应强度 B，所以凡是可以转换为乘法的物理量（如功率）都可用霍尔传感器进行测量。

下面介绍霍尔传感器的几个应用实例。

图 4-48 所示是一种霍尔效应位移传感器。将霍尔元件置于磁场中，左半部磁场方向向上，右半部磁场方向向下。从 a 端通入电流 I，根据霍尔效应，左半部产生霍尔电动势

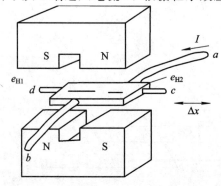

图 4-48　霍尔效应位移传感器工作原理

e_{H1}，右半部产生方向相反的霍尔电动势 e_{H2}。因此，c、d 两端电动势为 $e_{H1} - e_{H2}$。如果霍尔元件在初始位置时 $e_{H1} = e_{H2}$，则输出为零；当改变磁极系统与霍尔元件的相对位置时，即可得到输出电压，其大小正比于位移量。

图 4-49 所示是一种霍尔效应转速传感器的工作原理。采用一块永久磁铁来提供磁场，当齿轮转动时，轮齿将改变所产生的磁场，使霍尔电势产生变化。

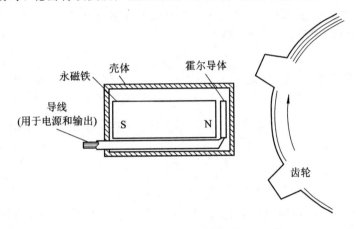

图 4-49　霍尔效应转速传感器工作原理

图 4-50 所示是一种利用霍尔效应对钢丝绳作断丝监测的例子。当钢丝绳通过霍尔元件时，钢丝绳中的断丝会改变永久磁铁产生的磁场，从而在霍尔元件中产生一个脉动电压信号。对该脉动信号进行放大和处理后，可确定断丝根数及断丝位置。

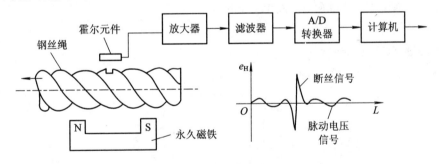

图 4-50　用霍尔效应对钢丝绳断丝进行监测的装置

4.7　光电式传感器

光电式传感器是指能敏感到由紫外线到红外线光的光能量，并能将光能转换成电信号的器件。应用这种器件进行检测时，是先将其被测量的变化转换为光量的变化，再通过光电器件转化为电量。其工作原理是利用物质的光电效应。

光电效应按其作用原理又分为外光电效应、内光电效应和光生伏打效应。

4.7.1　外光电效应

在光照作用下，物体内的电子从物体表面逸出的现象称外光电效应，也称光电子发射效应。其实质是能量形式的转变，即光辐射能转换为电磁能。

一般在金属中都存在着大量的自由电子，普通条件下，它们在金属内部作无规则的自由运动，不能离开金属表面。但当它们获取外界的能量且该能量等于或大于电子逸出功时，便能离开金属表面。为使电子在逸出时具有一定速度，就必须有大于逸出功的能量。当光照到金属表面时，光辐射通量的一部分被金属吸收，被吸收的能量一部分用于使金属增加温度，另一部分被电子吸收，使其受激发而逸出物体表面。

一个光子具有的能量由下式确定：

$$E = h\nu \tag{4-70}$$

式中，h 为普朗克常数，$h = 6.626 \times 10^{-34}$ J·s；ν 为光的频率，单位为 Hz。

当物体受到光辐射时，其中的电子吸收了一个光子的能量 $h\nu$，该能量的一部分用于使电子由物体内部逸出时所作的逸出功 P，另一部分则表现为逸出电子的动能 $\frac{1}{2}mv^2$，即

$$h\nu = \frac{1}{2}mv^2 + P \tag{4-71}$$

式中，m 为电子质量；v 为电子逸出速度；P 为物体的逸出功。

式(4-71)称为爱因斯坦光电效应方程式，它阐明了光电效应的基本规律。由该式可知，光电子逸出物体表面的必要条件是 $h\nu > P$。因此，对每一种光电阴极材料均有一个确定的光频率阈值。当入射光频率低于该值时，无论入射光的光强多大，均不能引起光电子发射；反之，入射光频率高于阈值频率，即使光强较小，也会引起发光电子发射，这个频率称为红限频率。当入射光频率成分不变时，单位时间内发射的光电子数与入射光光强成正比。光愈强，入射光子数目愈大，逸出的光电子数也愈多。

外光电效应器件有光电管和光电倍增管等。

1. 真空光电管或光电管

光电管主要有两种结构，如图 4-51 所示。

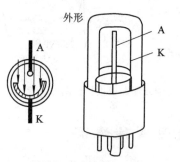

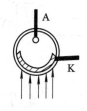

(a) 金属底层光电阴极光电管　　(b) 光透明光电阴极光电管

图 4-51　光电管的结构

图 4-51(a)中光电管的光电阴极 K 由半圆筒形金属片制成，用于在入射光照下发射光电子。阳极 A 为位于阴极轴心的一根金属丝，它的作用一方面要有效接收阴极发射的电子，另一方面又要能避免阻挡入射光对阴极的辐照。阴极和阳极被封装在一个抽真空的玻璃罩内。

图 4-51(b)中阴极直接做在玻璃壳内壁上，入射光穿过玻璃可直接投射到阴极上。

2. 光电倍增管

光电倍增管在光电阴极和阳极之间装了若干个倍增极，或叫次阴极。

倍增极上涂有在电子轰击下能发射更多电子的材料，倍增极的形状和位置设计成正好使前一级倍增极反射的电子继续轰击后一级倍增极。在每个倍增极间均依次增大加速电压，如图 4-52(a)所示。设每极的倍增率为 δ（一个电子能轰击产生出 δ 个次级电子），若有 n 个次阴极，则总的光电流倍增系数 M 将为 $(C\delta)^n$（这里 C 为各次阴极电子收集效率），即光电倍增管阳极电流 I 与阴极电流 I_0 的关系为

$$I = I_0 \cdot M = I_0(C\delta)^n$$

倍增系数与所加的电压有关。

常用光电倍增管的基本电路如图 4-52(b)所示，各倍增极电压由电阻分压获得，流经负载电阻 R_6 的放大电流造成的压降，便给出了输出电压。

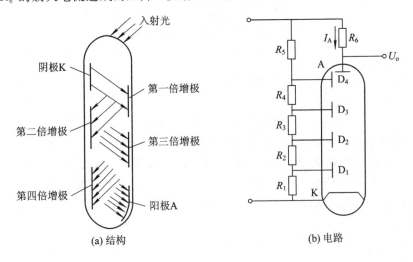

(a) 结构   (b) 电路

图 4-52 光电倍增管的结构及电路

一般阳极与阴极之间的电压为 1000～2000 V，两个相邻倍增电极的电位差为 50～100 V。电压越稳定越好，以减少倍增系数的波动引起的测量误差。由于光电倍增管的灵敏度高，所以适合在微弱光下使用，但不能接受强光刺激，否则易于损坏。

4.7.2 内光电效应

在光照作用下，物体的导电性能如电阻率发生改变的现象称内光电效应，又称光导效应。

内光电效应与外光电效应不同，外光电效应产生于物体表层，在光照作用下，物体内部的自由电子逸出到物体外部。内光电效应则不发生电子逸出，在光照作用下，物体内部原子吸收能量释放电子，这些电子仍停留在物体内部，从而使物体的导电性能发生改变。

基于内光电效应的光电器件有光敏电阻（光电导型）和光敏二极管、光敏三极管（光电导结型）。

1. 光敏电阻

某些半导体材料（如硫化镉等）受到光照时，若其光子能量 $h\nu$ 大于本征半导体材料的禁带宽度，价带中的电子吸收一个光子后便可跃迁到导带，从而激发出电子-空穴对，于

是降低了材料的电阻率，增强了导电性能。阻值的大小随光照的增强而降低，且光照停止后，自由电子与空穴重新复合，电阻也恢复原来的值。

　　光敏电阻在未受到光照条件下呈现的阻值称为暗电阻，此时流过的电流称暗电流。光敏电阻在受到某一光照条件下呈现的阻值称亮电阻，此时流过的电流称亮电流。亮电流与暗电流之差称为光电流。光电流的大小表征了光敏电阻的灵敏度大小。一般希望暗阻大、亮阻小，这样暗电流小、亮电流大，相应的光电流便大。光敏电阻的暗电阻大多很高，为兆欧量级，而亮电阻则在千欧以下。

　　利用光敏电阻制成的光电导管结构简单。图 4-53 所示为光电导管的基本结构，它由半导体光敏材料(薄膜或晶体)两端接上电极引线组成。接上电源后，当光敏材料受到光照时，阻值改变，在连接的电阻端便有电信号输出。

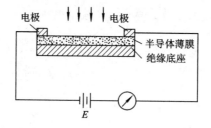

图 4-53　光电导管结构

　　光敏电阻的特点是灵敏度高、光谱响应范围宽(可从紫外一直到红外)、体积小、性能稳定，因此广泛用于测试技术。光敏电阻的材料种类很多，适用的波长范围也不一样，如硫化镉(CdS)、硒化镉(CdSe)适用于可见光($0.4\sim0.75~\mu m$)的范围，氧化锌(ZnO)、硫化锌(ZnS)适用于紫外光线范围，而硫化铅(PbS)、硒化铅(PbSe)、碲化铅(PbTe)则适用于红外线范围。

2. 光敏晶体管

光敏晶体管分光敏二极管和光敏三极管两种。

图 4-54 所示为光敏二极管的符号和连接方式。光敏二极管的 PN 结安装在管子顶部，可直接接受光照射，在电路中一般处于反向工作状态。在无光照时，暗电流很小；在有光照时，光子打在 PN 结附近，从而在 PN 结附近产生电子—空穴对，它们在内电场作用下作定向运动，形成光电流，光电流随光照度的增加而增加。因此在无光照时，光敏二极管处于截止状态，当有光照时二极管导通。

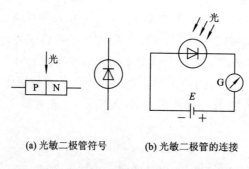

(a) 光敏二极管符号　　　　　(b) 光敏二极管的连接

图 4-54　光敏二极管的符号和连接方式

图 4-55 所示为光敏三极管的符号和连接方式。

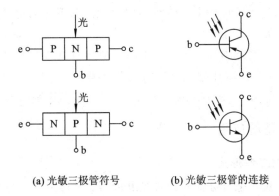

(a) 光敏三极管符号　　　　(b) 光敏三极管的连接

图 4-55　光敏三极管的符号和连接方式

光敏三极管有 NPN 和 PNP 两种类型，结构与一般晶体三极管相似。由于光敏三极管是光致导通的，因此它的发射极一边做得很小，以扩大光的照射面积。当光照射到光敏三极管的 PN 结附近时，PN 结附近便产生电子－空穴对，这些电子－空穴对在内电场作用下做定向运动从而形成光电流，这样便使 PN 结的反向电流大大增加。由于光照射发射板所产生的光电流相当于三极管的基极电流，因此集电极电流为光电流的 β 倍。

光敏三极管的灵敏度比光敏二极管的灵敏度要高。

4.7.3　光生伏打效应

在光线照射下能使物体产生一定方向的电动势的现象称为光生伏打效应。

基于光生伏打效应的器件有光电池。光电池是一种有源器件，由于它广泛用于把太阳能直接转换成电能，故亦称太阳能电池。

光电池种类很多，有硅、硒、砷化镓、硫化镉、硫化铊等。

硅光电池由于其转化效率高、寿命长、价格低廉而应用最为广泛，硅光电池较适宜于接收红外光。硒光电池适宜于接收可见光，但其转换效率低(仅有 0.02%)、寿命低，它的最大优点是制造工艺成熟、价格低廉，因此仍被用来制造照度计。

砷化镓光电池的光电转换效率理论上稍高于硅光电池，其光谱响应特性与太阳光谱接近，且其工作温度最高，耐受宇宙射线的辐射，因此可作为宇航电源。

常用的硅光电池结构如图 4-56 所示。在电阻率为 $0.1 \sim 1\ \Omega \cdot cm$ 的 N 型硅片上进行硼扩散，以形成 P 型层，再用引线将 P 型和 N 型层引出形成正、负极，便形成了一个光电池。接受光照时，在两极间接上负载便会有电流通过。一般为防止表面的光反射和提高转换效率，常将器件表面氧化处理形成 SiO_2 保护膜。

光电池的作用原理：当光照射至光电池的 PN 结的 P 型面上时，如果光子能量 $h\nu$ 大于半导体材料的禁带宽度，则在 P 型区每吸收一个光子便激发一个电子－空穴对。在 PN 结电场作用下，N 区的光生空穴将被拉向 P 区，P 区

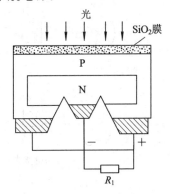

图 4-56　硅光电池的结构

的光生电子被拉向 N 区。结果，在 N 区便会积聚负电荷，在 P 区则积聚正电荷，这样，在 N 区和 P 区间便形成电势区。若将 PN 结两端用导线连接起来，电路中便会有电流流过，方向为从 P 区流向外电路至 N 区。

常用的硅光电池的光谱范围为 $0.45 \sim 1.1\ \mu m$，在 800 Å 左右有一个峰值；而硒光电池的光谱范围为 $0.34 \sim 0.57\ \mu m$，比硅光电池的范围窄得多，它在 5000 Å 左右有一个峰值。此外，硅光电池的灵敏度为 $6 \sim 8\ nAmm^{-2} \cdot lx^{-1}$，响应时间为数微秒至数十微秒。

4.7.4 光电式传感器的应用

1. 光电式传感器的工作形式

光电式传感器按接收状态可分为模拟式光电传感器和脉冲式光电传感器。

1）模拟式光电传感器

模拟式光电传感器的工作原理是基于光电元件的光电特性，其光通量是随被测量而变，光电流就成为被测量的函数，故又称为光电传感器的函数运用状态。这一类光电传感器有如下几种工作方式（见图 4 - 57）：

（1）吸收式。被测物体位于恒定光源与光电元件之间，根据被测物对光的吸收程度或对光谱线的选择来测定被测参数。如测量液体和气体的透明度、混浊度，对气体进行成分分析，测定液体中某种物质的含量等。

（2）反射式。恒定光源发出的光投射到被测物体上，被测物体把部分光通量反射到光电元件上，根据反射的光通量多少测定被测物表面状态和性质。例如测量零件的表面粗糙度、表面缺陷、表面位移等。

（3）遮光式。被测物体位于恒定光源与光电元件之间，光源发出的光通量经被测物遮去一部分，使作用在光电元件上的光通量减弱，减弱的程度与被测物在光学通路中的位置有关。利用这一原理可以测量长度、厚度、线位移、角位移、振动等。

（4）辐射式。被测物体本身就是辐射源，它可以直接照射在光电元件上，也可以经过一定的光路后作用在光电元件上。光电高温计、比色高温计、红外探测器和红外遥感器等均属于这一类。这种方式也可以用于防火报警和构成光照度计等。

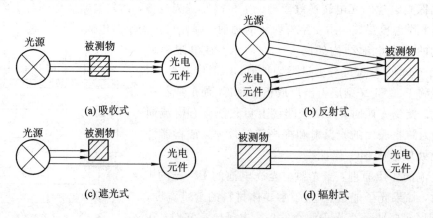

图 4 - 57　模拟式光电传感器的几种工作方式

2）脉冲式光电传感器

脉冲式光电传感器的作用方式是光电元件的输出仅有两种稳定状态，也就是"通"或"断"的开关状态，所以也称为光电元件的开关运用状态。这类传感器要求光电元件灵敏度高，而对光电特性的线性要求不高，主要用于零件或产品的自动计数、光控开关、电子计算机的光电输入设备、光电编码器及光电报警装置等方面。

2. 光电传感器的应用

由于光电测量方法灵活多样，可测参数众多，它可以用来检测直接引起光量变化的非电量，如测光强、测光照度、辐射测温、气体成分分析等，也可以用来检验能转换成光量变化的其他非电量，如测零件直径、表面粗糙度、应变、位移、振动、速度、加速度以及对物体的形状、工作状态的识别等。

一般情况下，光电传感器具有非接触、高精度、高分辨力、高可靠性和响应快等优点，加之激光光源、光栅、光学码盘、CCD 器件、光导纤维等的相继出现和成功应用，使得光电传感器在检测和控制领域得到了广泛的应用。

图 4-58 为一种利用光电传感器进行边缘位置检测的装置，用于带钢冷轧过程中控制带钢的移动位置偏移。由白炽灯发出的光经双凸透镜后，经分光镜反射，再经平面透镜会聚成平行光束，该光束被行进的带钢遮挡掉一部分，另一部分则被入射至角矩阵反射镜上，经该反射镜反射的光束再经平面透镜、分光镜和凸透镜会聚到光敏三极管上。角矩阵反射镜用于防止平面反射镜因倾斜或不平而出现的漫反射。由于光敏三极管接在输入桥路的一臂上，因此当带钢位于平行光束中间位置时，电桥处于平衡状态，输出为零；当带钢左、右偏移时，遮光面积或减小或增加，从而使角矩阵反射镜反射回的光通量增加或减小，于是输出电流变为 $+\Delta i$ 或 $-\Delta i$，该电流变化信号经放大后，可用作防止带钢跑偏的控制信号。

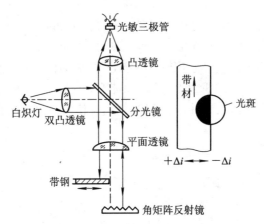

图 4-58 光电传感器边缘位置检测装置

图 4-59 所示为一种光电转速计的结构原理图。在被测对象的转轴上涂上黑白两色，转动时，反光与不反光交替出现。光源经光学系统照射到旋转轴上，轴每转一周反射光投射到光电元件上的强弱发生一次变化，从而在光电元件中引起一个脉冲信号。该脉冲信号经整形器放大后送往计数器，从而可测到物体的转速。所用的光电元件可以是光电池，也可以是光敏二极管。光源一般为白炽灯。

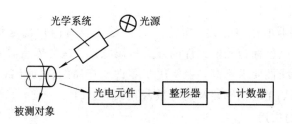

图 4-59　光电转速计结构原理图

4.8　其他类型传感器

4.8.1　光纤传感器

光纤传感器是 20 世纪 70 年代中期发展起来的一种新型传感器。光纤传感器与以机－电转换为基础进行检测的传感器不同，它是将被测量转换成可测的光信号，以光学测量为基础。

光纤传感器主要由光源、光纤、光检测器和附加装置等组成。光源种类很多，常用光源有钨丝灯、激光器和发光二极管等。光纤很细、柔软、可弯曲，是一种透明的能导光的纤维。光导纤维进行光信息传输是利用了光学上的全反射原理，即入射角大于全反射的临界角的光都能在纤芯和包层的界面上发生全反射，反射光仍以同样的角度向对面的界面入射，这样，光将在光纤的界面之间反复地发生全反射而进行传输。附加装置主要是一些机械部件，随被测参数的种类和测量方法而改变。

1. 光纤结构

光纤是各种光纤传感器系统的核心元件。光纤通常由纤芯、包层及外套组成，如图 4-60 所示。纤芯处于光纤的中心部位，它是由玻璃、石英、塑料等制成的圆柱体，一般直径约为 $5\sim150~\mu m$，光主要通过纤芯传输。围绕着纤芯的那一层叫包层，材料也是玻璃或塑料，但纤芯和外面包层材料的折射率不同，纤芯的折射率稍大于包层的折射率。由于纤芯和包层构成了一个同心圆双层结构，所以光纤具有使光功率封闭在里面传输的功能。外套起保护光纤的作用。

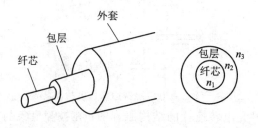

图 4-60　光纤结构示意图

2. 光纤传光原理

在几何光学中，当光线以较小的入射角 $\varphi_1(\varphi_1<\varphi_c$，$\varphi_c$ 为临界角)，由光密媒质(折射率为

n_1）射入光疏媒质（折射率为 n_2），如图 4-61(a)所示，折射角 φ_2 满足斯涅尔(Snell)法则：

$$n_1 \sin\varphi_1 = n_2 \sin\varphi_2 \tag{4-72}$$

根据能量守恒定律，反射光与折射光的能量之和等于入射光的能量。

若逐渐增大入射角 φ_1，一直到等于 φ_c，折射光就会沿着分层媒质的交界面传播，如图 4-61(b)所示。

若继续增大入射角 φ_1，即 $\varphi_1 > \varphi_c$，光不再产生折射，而只有光密媒质中的反射，即形成了光的全反射现象，如图 4-61(c)所示。这时反射光不再离开光密介质，由此不断循环反射，将光的信息（光强、光脉冲、光相位变化等）从光纤的始端传向末端，并以等于入射角的出射角传输射出光纤。光的全反射现象是光纤传光原理的基础。

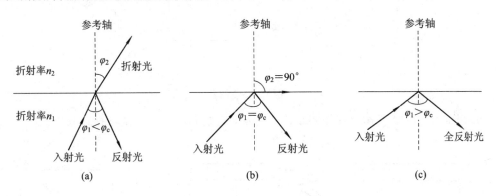

图 4-61　光线入射角小于、等于和大于临界角时界面上发生的反射

3. 光纤传感器分类

按照光纤在传感器中的作用，把光纤传感器分为两种类型：功能型（或称传感型、探测型）和非功能型（或称传光型、结构型、强度型）。

功能型光纤传感器利用对外界信息具有敏感能力和检测功能的光纤，构成"传"和"感"合为一体的传感器，如图 4-62(a)所示。这里光纤不仅起传光的作用，而且还起敏感作用。工作时利用被测量去改变描述光束的一些基本参数，如光的强度、相位、偏振态、波长等，它们的改变反映了被测量的变化。由于对光信号的检测通常使用光电二极管等光电元件，所以光的那些参数的变化最终都要被光接收器接收并被转换成光强度及相位的变化。这些变化经信号处理后，就可得到被测的物理量。应用光纤传感器的这种特性可以实现力、压力、温度等物理参数的测量。

非功能型光纤传感器主要是在光纤的端面或中间放置光学材料、机械式或光学式的敏感元件来感受被测量的变化，从而使透射光或反射光随之发生变化。在这种情况下，光纤只是作为传输光信息的通道将光束传输到光电元件和检测电路，对被测对象的"感觉"功能则依靠其他敏感元件来完成，如图 4-62(b)、(c)所示。

图 4-62(d)是一种不需要外加敏感元件的情况，光纤把测量对象所辐射、反射的光信号传输到光电元件。这种光纤传感器也叫探针型光纤传感器。典型的例子是光纤激光多普勒速度传感器、光纤辐射温度传感器和光纤液位传感器等，其特点是非接触式测量，而且具有较高的精度。

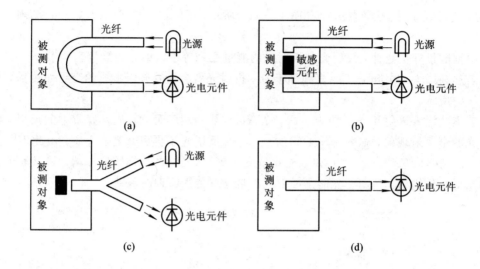

图 4-62　光纤传感器的基本结构原理

光纤压力传感器工作原理如图 4-63 所示，它是利用光纤的微弯损耗效应。

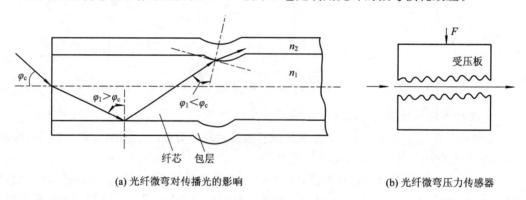

(a) 光纤微弯对传播光的影响　　　　　　(b) 光纤微弯压力传感器

图 4-63　光纤压力传感器工作原理示意图

　　微弯损耗效应是光纤中的一种特殊的光学现象，它的主要敏感元件是一对齿形波纹板和一根光纤。光纤穿过波纹板夹缝，在波纹板感受的压力 F 的作用下产生微小位移时，波纹板中间的光纤便处于微变效应状态，即微弯产生，传输损耗发生，其变化量与压力有关，压力愈大，光纤变形弯曲愈大，光损耗愈大。因此可根据其输出光照度变化量来确定感受压力的变化量。可见光纤不仅传光，而且还能感受到被测压力的变化。这种传感器不仅可检测压力，也可测量微位移、应变等参量。

　　光纤温度报警器如图 4-64 所示，其原理是当水银柱尚未升到预定的报警温度限时，由光源来的光能通过温度计而到达与之对应的光纤；当水银柱升到预定的报警温度限时，由于水银柱的上升挡住了光纤通道光，由信号处理装置发出声光报警信号。

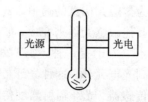

图 4-64　光纤温度报警器

4. 光纤传感器的应用

光纤传感器具有灵敏度高、抗电磁干扰能力强、耐腐蚀、体积小、质量小等许多优点，在机械、电子、仪器仪表、航空航天、石油、化工、生物医学、电力、冶金、交通运输、食品等国民经济各领域有着广泛的应用，如生产过程自动控制、在线检测、故障诊断、安全报警等。下面介绍几种光纤传感器的应用：

（1）振幅调制光纤振动传感器。当光纤由于振动而导致变形时，传输特性也会发生变化。例如将光纤制成一个 U 形结构，如图 4-65 所示。光纤两端固定，中部可感受振动运动量，当振动发生时，输入光将受到振幅调制而在输出光中反映出来，通过测量输出光的变化可以检测振动量。

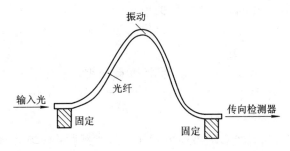

图 4-65 振幅调制光纤振动传感器的工作原理示意图

（2）光纤流速传感器。该传感器的工作原理如图 4-66 所示。多模光纤插入顺流而置的铜管中，由于流体流动而使光纤发生机械应变，从而使光纤中传播的各模式光的相位差发生变化，光纤中射出的发射光的振幅出现强弱变化，此振幅大小与流体流速成正比，这就是光纤流速传感器的工作原理。

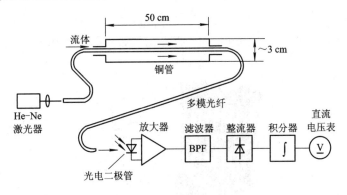

图 4-66 光纤流速传感器的工作原理示意图

4.8.2 光栅传感器

光栅传感器属于数字传感器，它利用光栅莫尔条纹现象，把光栅作为测量元件，具有结构原理简单、测量精度高等优点，在高精度机床、数控机床和仪器的精密定位或长度、速度、加速度、振动测量等方面得到了广泛应用。

1. 光栅传感器的构成及分类

光栅传感器由照明系统、光栅副和光电接收元件所组成，如图 4-67 所示。光源和透镜构成了照明系统，主光栅和指示光栅构成了光栅副，光电接收元件接收莫尔条纹信号，并通过后续电路将莫尔条纹信号转换成脉冲数字信号。

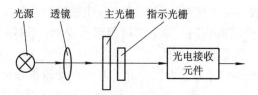

图 4-67　光栅传感器的组成

根据工作原理，光栅可分为透射光栅和反射光栅两类。透射光栅一般用光学玻璃做基体，在其上均匀地刻画上等间距、等宽度的条纹，形成连续的透光区和不透光区。反射光栅用不锈钢做基体，在其上用化学方法制作出黑白相间的条纹，形成强反光区和不反光区。

按形状和用途，光栅可分为直线光栅和圆光栅两类，前者用于测量直线位移，后者用于测量角位移。

2. 莫尔条纹的形成原理及特点

光栅上相邻两条刻线之间的距离称为光栅常数或栅距，一般是每毫米刻 10、25、50、100 或 200 条线。把光栅常数相同的主光栅与指示光栅相对叠放在一起，并使两光栅刻线间保持一很小的夹角 θ，这样两块光栅刻线相交，根据光栅的遮光阴影原理，在光栅上出现明暗相间的条纹，称为莫尔条纹，如图 4-68 所示。若改变夹角 θ，莫尔条纹间距 B 也随之变化，其几何关系为

$$B = \frac{W}{2\sin\dfrac{\theta}{2}} \approx \frac{W}{\theta} \tag{4-73}$$

式中，B 为莫尔条纹间距，单位为 mm；W 为光栅间距，单位为 mm；θ 为刻线间夹角，单位为 rad。

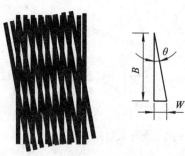

图 4-68　莫尔条纹的形成原理

根据莫尔条纹的形成原理，可以明显地看出莫尔条纹具有以下几个特点：

（1）对应关系。主光栅与指示光栅之间相对移动一个栅距 W，莫尔条纹也移动一个间距 B，而且在移动方向上也具有对应关系。

（2）放大作用。光栅的放大倍数 $K = B/W \approx 1/\theta$，由于 θ 很小，因此放大倍数 K 可以很大，即使 W 很小（通常在 0.004～0.04 mm 之间），莫尔条纹间距仍可以很大，有利于光电

元件的接收。例如，$\theta=0.1°$，$1/\theta\approx573$，即莫尔条纹宽度 B 是栅距 W 的 573 倍，这相当于把栅距放大了 573 倍，说明光栅具有位移放大作用。

（3）平均作用。莫尔条纹的形成是多条刻线综合作用的结果，因此单一刻线间距有误差时，由于平均效应，这些误差的影响会大大地削弱。

与激光传感器的干涉条纹信号相似，光栅传感器产生的莫尔条纹信号也要经过细分、辨向等处理。

4.8.3　超声波传感器

声波是一种机械波，人耳所能听到的声波频率在 20～20 000 Hz 之间，频率低于 20 Hz 的波称为次声波，频率超过 20 000 Hz 的叫做超声波（Ultrasonic Wave）。次声波的频率可以低至 10^{-8} Hz，超声波的频率则可以高达 10^{11} Hz。

超声波的频率高，其能量远远大于振幅相同的可闻声波的能量，具有很强的穿透能力，甚至可穿透 10 m 厚的钢材。此外，超声波的方向性好，它在介质中传播时与光波相似，遵循几何光学的基本规律，具有反射、折射、聚焦等特性。在液体、固体中传播时衰减小，且绕射现象小。目前，超声波被广泛用于测量速度、流量、流速、流体黏度、厚度、液位、固体料位、温度及工件内部探伤等场合。

1. 超声波的发生与接收

超声波传感器的核心器件是超声波发生器和超声波接收器，它们也称为超声波探头。发生器与接收器的原理基本相同，都是利用压电材料的逆压电效应或铁磁材料的磁致伸缩效应进行电－声或声－电能量转换，即电磁能－机械能或机械能－电磁能转换。

超声波发生器主要有压电式、磁致伸缩式、电磁式几种类型。发生器需要有产生高频激励电压或电流的电源为其提供电磁能。图 4-69(a) 和图 4-69(b) 分别为压电式和磁致伸缩式超声波发生器的结构原理示意图。

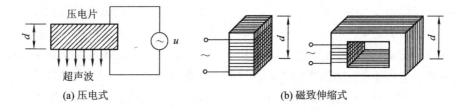

（a）压电式　　　　　　　（b）磁致伸缩式

图 4-69　超声波发生器结构原理示意图

压电式超声波发生器利用了压电晶体的电致伸缩效应（逆压电效应），当在压电晶片上施加交变电压时，压电晶片产生电致伸缩振动而发出超声波。压电晶片的固有频率主要取决于厚度 d，当外加交变电压的频率等于压电晶片的固有频率时产生共振，产生的超声波最强，因此压电晶片的固有频率就是所产生的超声波的频率。这种发生器可以产生几十千赫到几十兆赫的超声波，产生的超声波声强可达几十瓦每平方厘米（W/cm²）。

磁致伸缩式超声波发生器利用了铁磁性材料的磁致伸缩效应，当把铁磁材料置于交变磁场中时，材料在顺着磁场的方向上将产生伸缩，使其尺寸发生交替变化而产生机械振动，从而发出超声波。磁致伸缩式超声波发生器有矩形、窗形等形式，用厚度为 0.1～0.4 mm 的铁磁材料金属薄片制成，通过给绕在其上的线圈施加交变电流产生交变磁场。磁致伸缩效应的大小主要取决于铁磁材料的性质，所发出超声波的频率则取决于铁磁材料在磁场方向上的高度 d。在所有铁磁材料中，镍的磁致伸缩效应最强，此外还有铁钴钒合金以及含锌、镍的铁氧体等。磁致伸缩超声波发生器所产生的超声波的频率高达几十千赫，但功率可达上百千瓦，声强可达几千瓦每平方厘米（kW/cm^2），能耐较高的温度。

超声波接收器利用的是超声波发生器的逆效应，其原理结构与超声波发生器相似，有时甚至可以互换使用，或者用同一个探头同时完成发生器和接收器两项功能。

2. 超声波传感器的应用

1）超声波探伤

（1）穿透法探伤。图 4 - 70 所示为穿透法探伤的工作原理示意图。穿透法探伤使用两个探头，一个用来发射超声波，一个用来接收超声波。检测时，两个探头分置在工件的两侧，根据超声波穿透工件后能量的变化来判别工件内部质量。发射的超声波可以是连续波，也可以是脉冲。

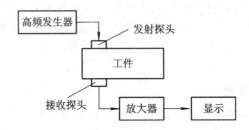

图 4 - 70　穿透法探伤工作原理示意图

在检测过程中，当工件内部无缺陷时，接收探头所接收到的能量大，仪表指示值大；当工件内有缺陷时，因部分能量被反射掉，接收能量小，仪表指示值小。根据这个变化，就可以判断出工件内部是否存在缺陷。

（2）反射法探伤。反射法探伤的工作原理如图 4 - 71 所示。高频发生器产生的高频脉冲激励信号作用在探头上，所产生的发射波 T 向工件内传播。如果工件内部存在缺陷，波的一部分将被反射回来，这部分反射波 F 称为缺陷波。发射波的其余部分传播到工件底面后也将被反射回来，这部分反射波 B 称为底波。缺陷波 F 和底波 B 反射至探头后被探头转换成电脉冲，与高频发生器产生的原始激励脉冲一起被放大后送到显示装置进行显示。根据 T、F、B 相对于扫描基线的位置可确定出缺陷的位置；根据缺陷波的幅度可确定缺陷的大小；根据缺陷波的形状可分析缺陷的性质。如果工件内部无缺陷，则屏幕上只有 T、B 波而没有 F 波。

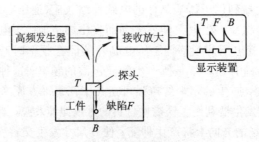

图 4 - 71　反射法探伤工作原理示意图

2）超声波测厚

超声波测厚技术中应用最广泛的是脉冲回波法，其原理如图 4 - 72 所示。这种方法测厚的原理是：测量超声波通过被测工件所需的时间间隔，然后根据已知的超声波在工作材料中的传播速度计算出工件的厚度。

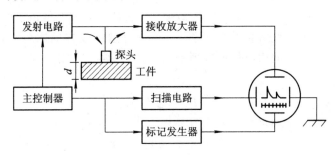

图 4 - 72 脉冲回波法测厚原理

主控制器产生高频脉冲信号，经发射电路进行电流放大后为超声波探头提供激励。探头发出的超声波脉冲进入工件后，以已知的速度 c 在工件内传播，到达底面被反射回来，最后由同一个超声波探头接收。若工件的厚度为 d，那么超声波在工件内所经过的路程为 $2d$，探头所接收到的脉冲信号经放大器加至示波器的垂直偏转板上。主控制器控制标记发生器输出一定时间间隔的标记脉冲信号，也加到示波器的垂直偏转板上。通过扫描电路将扫描电压加到示波器的水平偏转板上。这样，在示波器荧光屏上可以直接观察到发射脉冲和接收脉冲信号。根据横轴上的标记信号，可以测出从发射到接收的时间间隔 Δt，此即超声波在工件内传播所经历的时间间隔。试件的厚度 d 可用下式求出：

$$d = \frac{c\Delta t}{2} \tag{4-74}$$

3）超声波测液位

超声波测液位利用的是超声波的回声原理。如图 4 - 73 所示，超声波探头可以外置，也可内置于液体中。探头发出的超声波到达液面后被反射回来，又被探头接收，测量电路可测得超声波经过传播路程 $2h$ 所需要的时间，经计算就可得到 h。由于探头的安装位置是已知的，因此可以很容易换算得到液位。

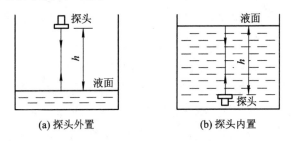

(a) 探头外置　　　　　(b) 探头内置

图 4 - 73 超声波测液位装置

这种测量方法需要事先准确地知道超声波在被测液体介质或空气介质中的传播速度，但传播速度要受温度、压力的影响，为实现精密测量通常要对它们采取补偿措施。此外，液面的晃动会导致接收困难，此时可以用直管将超声波传播路径限定在某一空间内。

4.8.4 红外传感器

自然界中的任何物体,当温度高于绝对零度(-273.15 ℃)时,都将有一部分能量以波动的方式向外辐射,辐射的波长范围很宽,但以波长为 $0.76 \sim 4~\mu m$ 的红外线(Infrared Ray)和波长为 $0.4 \sim 0.76~\mu m$ 的可见光为最强,一般把这部分能量辐射称为热辐射。

红外检测就是利用了物体的热辐射性质。分析表明,物体的辐射能量与物体的温度、性质及表面状态有关,当测得物体的辐射能量以后,就可以确定物体的温度或鉴别物体的性质。

1. 红外探测器

测定物体红外辐射能量的装置称为红外探测器或红外传感器。

红外探测器分为热敏探测器及光电探测器两类。热敏探测器利用了材料的热电效应,其响应时间为毫秒级,对功率相同但波长不同的红外辐射具有相同的响应,因此也称为无选择性红外探测器。光电探测器也称为光子探测器,它利用了半导体材料的光电效应,其响应时间最短可达纳秒级,但由于辐射必须高于某一频率才能产生光电效应,因此光电探测器的使用波长就受到了一定的限制。

根据光学系统的结构,红外探测器可分为透射式和反射式两类,它们的光学系统分别如图 4-74、图 4-75 所示。

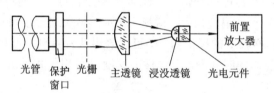

图 4-74 透射式红外探测器的光学系统

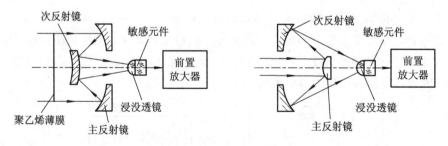

图 4-75 反射式红外探测器的光学系统

透射式红外探测器需要根据不同的工作波长选择不同的透镜玻璃材料,因为透镜对不同波长红外线的透过率差别很大,玻璃材料的选择应尽可能减少辐射损失。为此,还要在透镜表面蒸镀红外增透膜。

反射式红外探测器则不需考虑透射率问题,系统的口径可以做得比较大,但反射镜的加工比较困难。

2. 红外传感器的应用

红外线检测技术已广泛用于生产、科研、军事、医学、日常生活等各个领域,特别是红外遥感技术已成为空间科学的重要研究手段。在机械工程中,红外线检测技术已被用于自动控制、机器温度场的研究以及加工过程中刀具磨损的监测等方面。

1）红外无损检测

红外无损检测技术是 20 世纪 60 年代后发展起来的新技术。它是根据金属或非金属材料内部的温度场分布是否均匀来鉴定材料的质量、探测内部缺陷的。对于某些采用 X 射线、超声波等无法检测出来的缺陷，使用红外无损检测一般可以获得比较好的效果。

（1）焊接缺陷的检测。给焊接区两端施加一定的交流电压，在焊口上则会因出现的交流电流而产生一定的热量。如果内部存在缺陷，由于缺陷区的电阻比较高，从而导致该区域的温度高于其他区域，从红外检测设备上就可清楚地发现这样的"热点"——内部缺陷。

（2）铸件内部缺陷的检测。给铸件内部通以液态氟氯昂进行冷却，然后利用红外摄像仪快速扫描整个铸件表面。如果存在壁厚不均、残余型芯等缺陷，红外摄像仪显示的热图像中就会在白色条纹的基底上存在相应的黑色条纹标记。

（3）疲劳裂纹的检测。在待测表面处用一个点辐射源给表面上的一个小区域注入能量，然后用红外辐射温度计测量表面温度。如果测点附近存在疲劳裂纹，则热传导受到影响，导致裂纹附近区域的温度升高，在红外辐射温度计的扫描曲线上就会出现一个"温度峰"。

2）锻造自动线上的锻件温度检测

锻件毛坯在锻造之前需要加热到 900℃，其误差不能超过±5℃，否则会影响锻件的质量。传统的温度人工目测法很难保证上述要求，目前被红外温度检测取代。

图 4-76 就是一种以锻件温度红外检测装置为核心的锻造自动线的原理示意图。红外探测器对正在加热的锻件毛坯温度进行实时检测。当毛坯的温度达到 900℃时，红外探测器通过其测量控制电路发出信号，控制电动机起动传送带，将锻件毛坯送到锻锤下进行锻造加工。

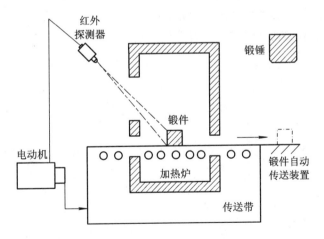

图 4-76 以锻件温度红外检测为核心的锻造自动线原理示意

思考与练习题

1. 传感器在测试系统中的作用是什么？一般由几部分组成？

2. 什么是金属的电阻应变效应？金属丝的灵敏度的物理意义是什么？有何特点？

3. 什么是半导体的压阻效应？半导体应变片灵敏度有何特点？

4. 试比较自感式传感器与差动变压器式传感器有什么不同？

5. 说明电涡流传感器的基本工作原理，它有哪些优点？

6. 低频透射式和高频反射式涡流传感器测厚度的原理有什么不同？

7. 试述电容式传感器的分类，并说明其工作原理。

8. 为什么极距变化式电容传感器的灵敏度和非线性是矛盾的？实际应用中怎样解决这一问题？

9. 某电容传感器（平行极板电容器）的圆形极板半径 $r = 4$ mm，工作初始极板间距离 $\delta_0 = 0.3$ mm，介质为空气。问：

（1）如果极板间距离变化量 $\Delta\delta = \pm 1\ \mu m$，电容的变化量 ΔC 是多少？

（2）如果测量电路的灵敏度 $S_1 = 100$ mV/pF，读数仪表的灵敏度 $S_2 = 5$ 格/mV，在 $\Delta\delta = \pm 1\ \mu m$ 时，读数仪表的变化量为多少？

10. 为什么压电式传感器通常用来测量动态信号？

11. 为什么压电式传感器多采用电荷放大器而不采用电压放大器？

12. 说明磁电式传感器的基本工作原理，它有哪几种结构型式？

13. 什么是霍尔效应？霍尔元件有什么特点？

14. 什么是光电效应？有哪几类？与之对应的光电元件有哪些？

15. 试说明光纤传光的原理与条件。

16. 按光纤在传感器中的作用，光纤传感器可分哪两类？

17. 试按接触式与非接触式区分传感器，列出它们的名称、变换原理和用途。

18. 试说明光栅传感器的构成及分类。

19. 什么是莫尔条纹？莫尔条纹有何特点？

20. 试说明超声波传感器中的测量原理，主要应用在哪些场合？

21. 红外探测器有哪两种类型？二者有何区别？

第 5 章　测试信号的转换与处理

被测物理量经过传感环节被转换为电阻、电容、电感、电荷等电参量参数的变化。传感器输出的信号一般比较微弱，在测试过程中不可避免地受到各种内、外干扰因素的影响。为了用被测信号驱动显示仪、记录仪、控制器等或进一步将信号输入到计算机进行信号分析与处理，需要对传感器的输出信号进行调理、放大、滤波、运算分析等一系列的变换处理；某些场合，为便于信号的远距离传输，需要对传感器的输出进行调制解调、抑制干扰噪声、提高信噪比。通常使用各种电路完成上述任务，这些电路称为信号变换及调理电路，转换的过程称为信号的变换及调理。本章将讨论一些常用的环节如电桥调制与解调、滤波等内容。

5.1　电　　桥

电桥是将电阻 R（应变片）、电感 L、电容 C 等电参数变为电压或电流信号后输出的一种测量电路，其输出既可用于指示仪，也可以送入放大器进行放大。常见的许多传感器都是把某种物理量的变化转换成电阻、电容或电感的变化，因此电桥电路具有很强的实用价值。由于电桥具有测量电路简单可靠、灵敏度较高、测量范围宽、实现温度补偿容易等优点，因此在测量装置中被广泛应用。

根据供桥电源性质，电桥可分为直流电桥和交流电桥；按照输出测量方式，电桥又可分为平衡输出电桥（零位法测量）和不平衡输出电桥（偏位法测量）。在静态测试中用零位法测量，在动态测试中大多使用偏位法测量。

5.1.1　直流电桥

直流电桥采用直流电源作激励电源。而直流电源稳定性高，电桥的输出 U_o 是直流量，可用直流仪表测量，精度高。电桥与后接仪表间的连接导线不会形成分布参数，对导线连接的方式要求较低。但直流电桥容易引入工频干扰，输出量需采用直流放大器，而直流放大器一般都比较复杂，易受零漂和接地电位的影响。因此直流电桥适合于静态量的测量。

1. 直流电桥的工作原理

图 5-1 所示为直流电桥的基本结构形式。其中电阻 R_1、R_2、R_3、R_4 组成电桥的四个桥臂；在电桥的一条对角线两端 a 和 c 接入直流电源 U_x 作为电桥的激励电源；而在电桥的另一对角线两端 b 和 d 上输出电压值 U_o，该输出可直接用于驱动指示仪表，也可接入后续的放大电路。

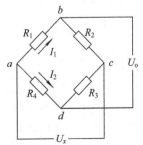

图 5-1　直流电桥的基本结构

作为测量电路的直流电桥，其工作原理是利用四个桥臂中的一个或数个电阻的阻值变化而引起电桥输出电压的变化，因此桥臂可采用电阻式敏感元件组成并接入测量系统。当输出端接输入阻抗较大的仪表或放大电路时，可视为开路，其输出电流为零。此时有

$$\begin{cases} I_1 = \dfrac{U_x}{R_1 + R_2} \\[2mm] I_2 = \dfrac{U_x}{R_3 + R_4} \end{cases} \tag{5-1}$$

a 和 b 之间与 a 和 d 之间的电位差分别为

$$\begin{cases} U_{ab} = I_1 R_1 = \dfrac{R_1}{R_1 + R_2} U_x \\[2mm] U_{ad} = I_2 R_4 = \dfrac{R_4}{R_3 + R_4} U_x \end{cases} \tag{5-2}$$

由此可得输出电压为

$$\begin{aligned} U_o = U_{ab} - U_{ad} &= \left(\frac{R_1}{R_1 + R_2} U_x - \frac{R_4}{R_3 + R_4} U_x \right) \\ &= \frac{R_1 R_3 - R_2 R_4}{(R_1 + R_2)(R_3 + R_4)} U_x \end{aligned} \tag{5-3}$$

由式(5-3)可知，若要使输出为零，亦即使电桥平衡，则应有

$$R_1 R_3 = R_2 R_4 \tag{5-4}$$

式(5-4)即为直流电桥的平衡公式。由该式可知，4 个电阻的任何一个或数个阻值发生变化而使电桥的平衡不成立时，均可引起电桥输出电压的变化。因此，适当选取各桥臂电阻值，可使输出电压仅与被测量引起的电阻值变化有关。

2. 直流电桥的基本类型

常用的直流电桥连接形式有半桥单臂、半桥双臂和全桥连接，如图 5-2 所示。

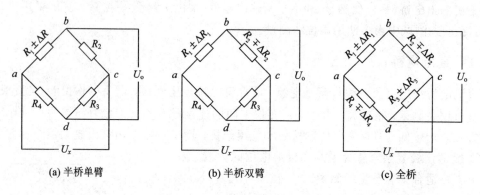

(a) 半桥单臂　　　　　　(b) 半桥双臂　　　　　　(c) 全桥

图 5-2　直流电桥的连接方式

1）半桥单臂电桥

图 5-2(a)为半桥单臂连接方式，在工作时仅有一个桥臂电阻值随被测量变化。设该电阻为 R_1，其变化量为 ΔR，则由式(5-3)可得

$$U_o = \left(\frac{R_1 + \Delta R}{R_1 + R_2 + \Delta R} - \frac{R_4}{R_3 + R_4} \right) U_x \tag{5-5}$$

实践中常设相邻桥臂的阻值相等，亦即 $R_1 = R_2 = R_3 = R_4 = R_0$，则式(5-5)变为

$$U_\circ = \frac{\Delta R}{4R_0 + 2\Delta R}U_x \tag{5-6}$$

一般 $\Delta R \ll R_0$，因此式(5-6)可简化为

$$U_\circ \approx \frac{\Delta R}{4R_0}U_x \tag{5-7}$$

可见电桥输出 $U_\circ$ 与激励电压 U_x 成正比，且在 U_x 和 R_0 固定条件下，与变化桥臂的阻值变化量成单调线性变化关系。

电桥的灵敏度定义为

$$S = \frac{\mathrm{d}U_\circ}{\mathrm{d}\left(\dfrac{\Delta R}{R_0}\right)} \tag{5-8}$$

则单臂电桥的灵敏度为

$$S \approx \frac{1}{4}U_x \tag{5-9}$$

2) 半桥双臂电桥

图 5-2(b)为半桥双臂连接方式，工作时有两个桥臂（一般为相邻桥臂）阻值随被测物理量变化，且阻值变化大小相等、极性相反，即 $R_1 \pm \Delta R_1$、$R_2 \mp \Delta R_2$。同样由式(5-3)可知，当 $R_1 = R_2 = R_3 = R_4 = R_0$，$\Delta R_1 = \Delta R_2 = \Delta R$ 时，可得电桥输出电压为

$$U_\circ = \frac{\Delta R}{2R_0}U_x \tag{5-10}$$

因此，半桥双臂连接的灵敏度为

$$S = \frac{1}{2}U_x \tag{5-11}$$

3) 全桥电桥

如图 5-2(c)所示，工作中四个桥臂阻值都随被测物理量而变化，相邻的两臂阻值变化大小相等、极性相反，相对的两臂阻值变化大小相等极性相同，即 $R_1 \pm \Delta R_1$、$R_2 \mp \Delta R_2$、$R_3 \pm \Delta R_3$、$R_4 \mp \Delta R_4$，同样式(5-3)可知，当 $R_1 = R_2 = R_3 = R_4 = R_0$，$\Delta R_1 = \Delta R_2 = \Delta R_3 = \Delta R_4 = \Delta R$ 时，输出电压为

$$U_\circ = \frac{\Delta R}{R_0}U_x \tag{5-12}$$

故全桥连接的灵敏度为

$$S = U_x \tag{5-13}$$

由上述分析可知，采用不同的桥式接法，输出的电压灵敏度不同，其中全桥的接法在输入量相同的情况下可以获得最大的输出。因此，在实际工作中，当传感器的结构条件允许时，应尽可能采用全桥接法，以便获得高的灵敏度。

3. 直流电桥的干扰、误差及补偿

1) 直流电桥的干扰

由以上分析可知，直流电桥输出正比于 $\Delta R_0/R_0$ 与供桥电压 U_x 的乘积。由于 $\Delta R_0/R_0$

是一个非常小的量，因此电源电压不稳定所造成的干扰是不可忽略的。为了抑制干扰，通常采用如下措施：

（1）电桥的信号引线采用屏蔽电缆。

（2）屏蔽电缆的屏蔽金属网应该与电源至电桥的负接线端连接，并应该与放大器的机壳地隔离。

（3）放大器应该具有高共模抑制比。

2）电桥测量的误差

对于直流电桥来说，误差主要来源于非线性误差和温度误差。

由式(5-7)知，当采用半桥单臂接法时，其输出电压近似正比于 $\Delta R_0/R_0$，这主要是因为输出电压的非线性造成的。减少非线性误差的办法是采用半桥双臂和全桥接法，这些接法不仅消除了非线性误差，而且使输出灵敏度也成倍提高。

另一种误差是温度误差，即温度的变化造成上述双臂电桥接法中的 $\Delta R_1 \neq -\Delta R_2$，及全桥接法中的 $\Delta R_1 \neq -\Delta R_2$ 或者 $\Delta R_3 \neq -\Delta R_4$，所以在贴应变片时尽量使各应变片的温度一致，从而有效地减少温度误差。

3）直流电桥的误差补偿方法

（1）利用电桥的和差特性实现补偿。图5-3所示为一种应变片的温度补偿方案。其中采用一补偿应变片，它与工作应变片一起被配置在一电桥的相邻臂上，两应变片为完全一样的应变片，且使它们感受相同的温度。这样由电阻的温度系数和差动热膨胀而引起的阻值变化对电桥的输出电压无影响，而因正常的输入载荷引起的阻值变化仍将使电桥失去平衡，从而产生输出。

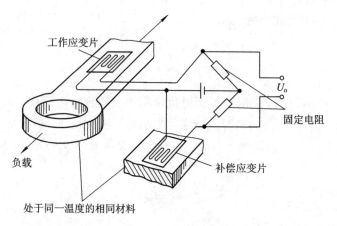

工作应变片

固定电阻

U_0

负载

补偿应变片

处于同一温度的相同材料

图5-3 应变片温度补偿方案

（2）使用专门的具有温度补偿功能的电阻（应变片）。这种应变片采用特别的材料，该材料能使线性膨胀系数和电阻变化造成的效应差不多相互抵消。

4）直流电桥的平衡电路

直流电桥的平衡电路比较简单，仅需对纯电阻的桥臂调整即可。图5-4示出了直流电桥平衡调节的几种配置方式。可以看出，无论是串联、并联、差动还是非差动的，实质都是调节桥臂的电阻值来达到电桥的平衡，实现起来比较容易。

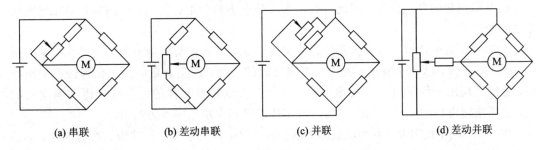

(a) 串联　　　　　(b) 差动串联　　　　　(c) 并联　　　　　(d) 差动并联

图 5-4　直流电桥平衡调节的配置方式

5.1.2　交流电桥

交流电桥电路结构与直流电桥相似，所不同的是：交流电桥的激励电源为交流电源，电桥的桥臂均由阻抗元件（即电阻、电容、电感元件）或它们的组合所形成，而检测仪表的选择则随电源频率而不同。交流电桥电路通常用于测量交流元件电参数的量值，如电阻、电感、电容等；也用于测量影响交流元件电参数量值和性能的次要微小因素，如电阻时间常数、电容损耗角、互感角差等；还可以测量频率、损耗等电参量及一些可转换为电参量的非电量。

交流电桥的结构如图 5-5 所示，其中 $z_1 \sim z_4$ 为交流阻抗。

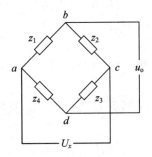

图 5-5　交流电桥的结构

若将交流电桥的阻抗、电流及电压用复数表示，则直流电桥的平衡关系也可用于交流电桥，即交流电桥的平衡条件为相对桥臂的阻抗乘积相等。也就是当电桥平衡时，有

$$z_1 z_3 = z_2 z_4 \qquad (5-14)$$

式中，z_i 为第 i 个桥臂的复数阻抗，$z_i = Z_i \mathrm{e}^{\mathrm{j}\varphi_i}$。其中 Z_i 为复数阻抗的模，φ_i 为复数阻抗的阻抗角。代入式（5-14）得

$$Z_1 Z_3 \mathrm{e}^{\mathrm{j}(\varphi_1+\varphi_3)} = Z_2 Z_4 \mathrm{e}^{\mathrm{j}(\varphi_2+\varphi_4)} \qquad (5-15)$$

式（5-15）成立的条件是：

$$\begin{cases} Z_1 Z_3 = Z_2 Z_4 \\ \varphi_1 + \varphi_3 = \varphi_2 + \varphi_4 \end{cases} \qquad (5-16)$$

式（5-16）表明，交流电桥平衡要满足两个条件：两相对桥臂的阻抗模的乘积相等；两相对桥臂的阻抗角的和相等。

由于阻抗角表示桥臂电流与电压之间的相位差，而当桥臂为纯电阻时，$\varphi = 0$，即电流与电压同相位；若为电感性阻抗，$\varphi > 0$；电容性阻抗时，$\varphi < 0$。由于交流电桥平衡必须同时

满足模及阻抗角的两个条件，因此桥臂结构可采取不同的组合方式，以满足相对桥臂阻抗角之和相等这一条件。

早期的交流电桥曾用音叉振荡器作为交流电源，用类似听筒的器具作为检测仪表。到20世纪60年代，已开发出几十种用于不同目的的桥路，这类测量电桥统称为经典交流电桥，曾广泛应用于科学研究和技术领域。由于受组成桥臂元件的电参数量值准确度的限制，经典交流电桥的测量准确度不高，60年代以后其应用范围大为缩小。

20世纪50年代出现了利用电磁感应耦合臂供给电压比值或电流比值的交流电桥，称感应耦合比例臂电桥。其测量准确度比经典交流电桥高几个数量级。由于电子技术的发展，大量半导体器件被用于构成桥臂，形成有源电桥。70年代以来，数字技术被引入电磁测量领域，出现了数字电桥，除了使读数数字化外，还使电桥操作自动化并与计算机联合使用。

1. 经典交流电桥

图5-6示出两种常见的交流电桥结构，图(a)为电容电桥，电桥中两相邻桥臂为纯电阻 R_2、R_3，而另两相邻桥臂为电容 C_1、C_4，其中 R_1、R_4 可视为电容介质损耗的等效电阻。由此根据式(5-16)的平衡条件有

$$\left(R_1 + \frac{1}{j\omega C_1}\right)R_3 = \left(R_4 + \frac{1}{j\omega C_4}\right)R_2 \tag{5-17}$$

根据实部、虚部分别相等的原理可得

$$\begin{cases} R_1 R_3 = R_2 R_4 \\ \dfrac{R_3}{C_1} = \dfrac{R_2}{C_4} \end{cases} \tag{5-18}$$

由式(5-18)可知，为达到电桥平衡，必须同时调节电容与电阻两个参数，使之分别取得电阻和电容的平衡。

图5-6(b)为电感电桥，两相邻桥臂分别为 L_1、L_4 和 R_2、R_3。同样由式(5-16)的平衡条件可得

$$\begin{cases} R_1 R_3 = R_2 R_4 \\ L_1 R_3 = L_4 R_2 \end{cases} \tag{5-19}$$

调平衡时也就是分别调节电阻和电感两参数使之各自达到平衡。

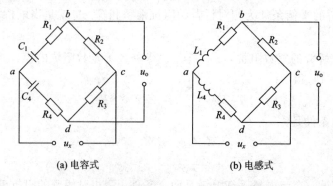

(a) 电容式　　　　　　　　(b) 电感式

图5-6　常见交流电桥结构

表5-1列出了由不同的组合方式的交流电桥，其电源和检测仪表分别接在两对角顶点上。

表 5-1　测量用交流电桥

电桥形式	电路示意图	用　途	说　明
通过串联常数测量元件电参量	R_1 R_2 z_g z_x	主要用于以电容或电感为标准测未知电容或电感的量值及其他参数，如电感品质因数	测量电感：$$L_x = L_g \frac{R_2}{R_1}$$测量电容：$$C_x = C_g \frac{R_1}{R_2}$$
麦克斯韦-维恩 (Maxwell - Wien)电桥	R_1 C_1 R_2 R_3 R_x L_x	用于以电容为标准测未知电感及其品质因数，满足 $\dfrac{\omega L_x}{R_x} < 10$ 时测量效果好	电感及其参数：$$L_x = R_2 R_3 C_1$$$$R_x = \frac{R_2 R_3}{R_1}$$
海氏(Hay)电桥	C_1 R_1 R_2 R_3 R_x L_x	用于以电容为标准测电感，也用于测磁性材料的磁导率和损耗，当 $\dfrac{\omega L_x}{R_x} > 10$ 时测量效果好	电感及其参数：$$L_x = \frac{R_2 R_3 C_1}{1 + \omega^2 C_1^2 R_1^2}$$$$R_x = \frac{\omega^2 C_1^2 R_1 R_2 R_3}{1 + \omega^2 C_1^2 R_1^2}$$
西林(Schering)电桥	R_x R_2 C_x R_4 C_3 C_4	用于以电容为标准测未知电容的损耗角和量值，主要用于研究介质性能，特别是高电压下电容的介质损耗	测量电容的平衡方程：$$C_x = C_3 \frac{R_4}{R_2}$$$$R_x = R_2 \frac{C_4}{C_3}$$
谐振电桥	R_4 C L R_2 R_3 R_1	根据谐振原理可用电容为标准测电感，或以电感为标准测电容，或以电感、电容为标准测供给电桥电源的频率	$$R_1 R_4 = R_2 R_3$$$$\omega L = \frac{1}{\omega C}$$$$f = \frac{1}{2\pi \sqrt{LC}}$$
维恩(Wien)电桥，也称文氏电桥	R_1 R_2 C_3 R_4 R_3 C_4	用于以电容为标准测未知电容参数，或以电容为标准测供给电桥电源的频率	$$f = \frac{1}{2\pi \sqrt{R_3 R_4 C_3 C_4}}$$$$\frac{R_1}{R_2} = \frac{R_3}{R_4} + \frac{C_4}{C_3}$$
欧文(Owen)电桥	R_x L_x R_1 R_2 C_3 C_4 R_3	主要用于以电容为标准测未知电感的量值及其品质因数	$$L_x = R_2 R_3 C_4$$$$R_x = \frac{C_4}{C_3} R_2 - R_1$$

2. 经典交流电桥的平衡调节及精度

由于交流电桥的平衡必须同时满足幅值与阻抗角两个条件，因此较之直流电桥其平衡调节要复杂得多。即使是纯电阻交流电桥，电桥导线之间形成的分布电容也会影响桥臂阻抗值，相当于在各桥臂的电阻上并联了一个电容。为此，在调电阻平衡时尚需进行电容的调平衡。图 5-7 示出的是一种用于动态应变仪的纯电阻电桥，其中采用差动可变电容器 C_2 来调电容，使并联的电容值得到改变，来实现电桥电容的平衡。

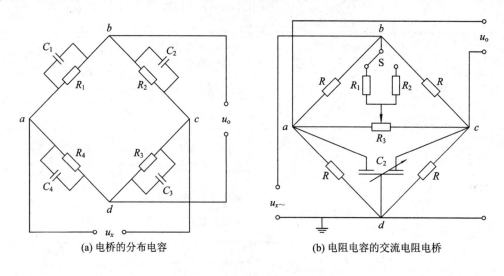

(a) 电桥的分布电容　　　　　　　(b) 电阻电容的交流电阻电桥

图 5-7　纯电阻电桥平衡调节

将电桥调到平衡状态，即调节使得检测仪表指零。因此，在实际操作电桥使其达到平衡状态时，必须至少调两个标准元件的量值，而且常需要反复调节。一般要求调节的次数越少越好，这说明电桥有较好的收敛性。电桥平衡时，与电源的幅值无关，但是否与电源频率有关，决定于 4 个桥臂的配置。

在交流电桥的使用中，影响交流电桥测量精度及误差的因素较之直流电桥要多得多，如电桥各元件之间的互感耦合、无感电阻的残余电抗、泄漏电阻、元件间以及元件对地之间的分布电容、邻近交流电路对电桥的感应影响等，对此应尽可能早地采取适当措施加以消除。另外，对交流电桥的激励电源要求其电压波形和频率必须具有很好的稳定性，否则将影响到电桥的平衡。当电源电压波形畸变时，其中亦包含了高次谐波。即使针对基波频率将电桥调至平衡，由于电源电压波形中有高次谐波，仍将有高次谐波的输出，电桥仍不一定能平衡。作为电桥电源，一般多采用频率范围为 5～10 kHz 的音频交流电源，此时电桥输出将为调制波，外界工频干扰便不易被引入电桥线路中，由此后接交流放大电路便可采用简单的形式，且没有零漂的问题。

经典交流电桥的结构简单，可以用标准元件自行组成，也有商品出售。限于标准元件的准确度，经典交流电桥一般的准确度不是很高，以误差表示约为 1×10^{-4} 到 5×10^{-3}，只满足一般工业测试和科学研究的要求。经典交流电桥自 19 世纪 80 年代起曾出现几十种不同用途的专用电桥线路。但到 20 世纪 80 年代，大多数经典交流电桥已被准确度更高、使用方便的新型电桥如感应耦合比例臂电桥、有源电桥、数字电桥等所代替。

3. 新型电桥

1）感应耦合比例臂电桥

感应耦合比例臂电桥是用感应分压器或电流比较仪作为比例臂的交流电桥，采用前者的称做变压器电桥（如图 5-8 所示），采用后者的称做电流比较仪式电桥（如图 5-9 所示）。该电桥线路于 1928 年由 A. D. 布卢姆莱因提出。因当时有关感应耦合比例臂电桥的理论和技术还不成熟，而在经典交流电桥中，用电阻、电容、电感标准元件可组成任意的复数比值，使用灵活，其准确度与测量范围已能满足当时科学技术对测量的要求，所以，感应耦合比例臂电桥没有得到应用和发展。20 世纪 50 年代中期，由于计算电容器的出现，要求提供能以很高准确度测量皮法数量级电容器的设备，感应耦合比例臂的固有特点（如高准确度的电压比值和电流比值、高输入阻抗、低输出阻抗等）提供了这种可能性，从而使这种电桥的理论和实践得到飞跃发展，到 80 年代中期日趋成熟。

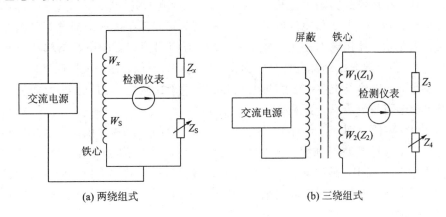

(a) 两绕组式　　　　　　　　　　　　　(b) 三绕组式

图 5-8　两种变压器电桥

变压器电桥是最早出现的感应耦合比例臂电桥。图 5-8(a) 中采用单铁心、两绕组的变压器（即单盘感应分压器）电桥，多用于比较中、低阻抗。其工作原理是：检测仪表指零时，被测阻抗 Z_x 与标准阻抗 Z_S 的比值等于二者的电压降之比，而电压降之比又等于匝数比，即

$$\frac{Z_x}{Z_S} = \frac{u_x}{u_S} = \frac{W_x}{W_S}$$

图 5-8(b) 是三绕组式变压器电桥，多用于比较高阻抗，如电感比较仪中。其中的感应耦合绕组 W_1、W_2（阻抗 Z_1、Z_2）与阻抗 Z_3、Z_4 组成电桥的四个臂，绕组 W_1、W_2 为变压器次级，平衡时有 $Z_1 Z_3 = Z_2 Z_4$。如果任一桥臂阻抗有变化，则电桥有电压输出。

图 5-9 是电流比较仪式电桥，它实际是将图 5-8(b) 中的电源和检测仪表的位置相互调换而成，是变压器电桥的共轭电路。其中变压器的初级绕组 W_1、W_2（阻抗 Z_1、Z_2）与阻抗 Z_3、Z_4 组成电桥的四个臂，若使阻抗 Z_3、Z_4 相等并保持不变，电桥平衡时，绕组 W_1、W_2 中两磁通大小相等但方向相反，激磁效应相互抵消，因此变压器次级绕组中无感应电势产生，输出为零；反之，当移动变压器中铁心位置时，电桥失去平衡，促使次级绕组中产生感应电势，从而有电压输出。

上述两种电桥中的变压器结构实际上均为差动变压器式传感器，通过移动其中的敏感元件——铁心的位置将被测位移转换为绕组间互感的变化，再经电荷转换为电压或电流输

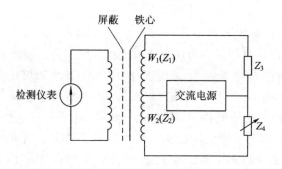

图 5-9　电流比较仪式电桥

出量。感应耦合比例臂电桥具有比例准确度高(可高于经典交流电桥几个数量级)、稳定度好、受寄生泄漏和环境的影响小、线路灵敏度高、测量范围宽、调节简便等特点。多铁心的多级感应耦合比例臂电桥,其比例值可高达 $10^6:1$,误差低于 10^{-8},对电容的测量限可自若干皮法至若干法,使用频率进入声频范围(电桥的使用频率影响电桥结构和对铁心材料的选用)。但因感应耦合比例臂电桥只能提供实数比例,所以,在一般情况下仅用于比较同性质的电参数,如电容与电容、电感与电感等。当用于比较电容与电感时,需引入频率因子;用于比较电阻与电容时,要采用双直角桥路。

20 世纪 80 年代中期,高准确度(误差小于 0.01%)的交流测量仪器多已采用感应耦合比例臂电桥,主要用于精密测量交流电路元件的电参数及其变化量。随着电子技术的发展和微计算机的普及应用,感应耦合比例臂电桥的性能进一步提高。但感应耦合比例臂电桥的某些功能,也被在新技术上发展起来的新型电桥如有源电桥、数字电桥等所取代。

2) 数字电桥

数字电桥是采用数字技术测量阻抗参数的电桥。数字技术是将传统的模拟量转换为数字量,再进行数字运算、传递和处理等。1972 年,国际上首次出现带微处理器的数字电容电桥,它将模拟电路、数字电路与计算机技术结合在一起,为阻抗测量仪器的发展开辟了一条新路。

数字电桥的测量对象为阻抗元件的参数,包括交流电阻 R、电感 L 及其品质因数 Q、电容 C 及其损耗因数 D。因此,又常称数字电桥为数字式 LCR 测量仪,其测量用频率自工频($50\ \text{Hz}$)到约 $100\ \text{kHz}$。基本测量误差为 0.02%,一般均在 0.1% 左右。

数字电桥原理如图 5-10 所示。图中 Z_x 为被测阻抗,R_S 为标准电阻器。切换开关 S 可分别测出两者的电压 u_x 与 u_S,于是有下式:

$$Z_x = R_S \frac{u_x}{u_S} = \frac{u_x}{I_S} \tag{5-20}$$

式(5-20)为一相量关系式。如使用相敏检波器(PSD)分别测出 u_x 与 u_S 对应于某一参考相量的同相分量和正交分量,然后经 A/D 转换器将其转化为数字量,再由计算机进行复数运算,即可得到组成被测阻抗 Z_x 的电阻与电抗值。

从图 5-10 中的线路及工作原理可见,数字电桥只是继承了电桥传统的称呼。实际上它已失去传统经典交流电桥的组成形式,而是在更高的水平上回到以欧姆定律为基础的测量阻抗的电流表、电压表的线路和原理中。

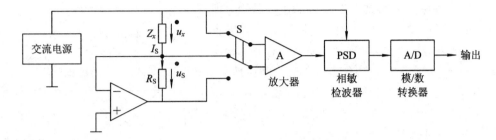

图 5-10　数字电桥电路

数字电桥可用于计量测试部门对阻抗量具的检定与传递，以及在一般部门中对阻抗元件的常规测量。很多数字电桥带有标准接口，可根据被测值的准确度对被测元件进行自动分档；也可直接连接到自动测试系统，用于元件生产线上对产品自动检验，以实现生产过程的质量控制。80 年代中期，通用的误差低于 0.1％ 的数字电桥有几十种。数字电桥正向着更高准确度、更多功能、高速、集成化以及智能化的方向发展。

3）有源电桥

桥臂中包括有源器件的交流电桥称为有源电桥。在经典交流电桥中，电子有源器件只用于电源支路或检测支路内。1946 年出现利用电子放大器作辅助支路的自动平衡电桥。R. L. 柯尼希斯贝格在 1956 年首先提出将有源器件用于构成桥臂的设想，1962 年 R. G. 福克斯对这类测量线路的原理作了系统的论述，不久便出现实用的有源电桥。

在有源电桥中，有源桥臂通常是由差动放大器和一些标准电参数元件所组成，它们具有不同的变换功能。以图 5-11 的典型有源电桥线路与图 5-12 中与其对应的麦克斯韦电桥原形作比较，可见虚线框 A 中，被测元件 L_x、R_x 两端的电压降 u_x 被转换为对地电压降 u'_x；虚线框 C 中的线路是将电流 I 转换为输出电压 u_o；虚线框 D 中的上方线路起到可调电容器的作用，而下方线路起到可调电阻器的作用。

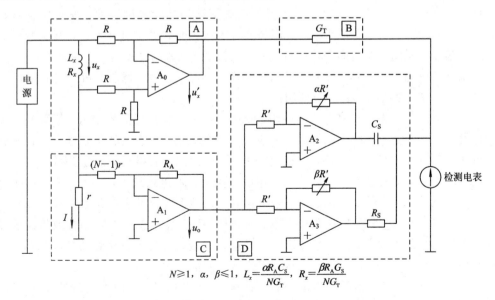

$N \geqslant 1$，α，$\beta \leqslant 1$，$L_x = \dfrac{\alpha R_A C_S}{N G_T}$，$R_x = \dfrac{\beta R_A G_S}{N G_T}$

图 5-11　典型有源电桥

有源电桥保留了经典交流电桥的主要特点，即测量结果不受电源电压的影响；当桥臂做适当配置时，测量结果可与电源频率无关。此外，有源电桥还具有以下优点：电源与检测仪表可以有公共接地点，因此桥体与电源或检测电表间无需装设隔离变压器；测量结果不受各标准元件对地寄生电容的影响，因此不需要辅助平衡，从而简化了操作。

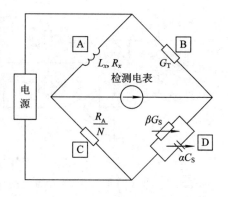

图 5 - 12　麦克斯韦电桥

如图 5 - 11 中每个元件的两端都存在等效对地寄生电容(未在图中画出)，这些寄生电容实际上是接在放大器的输入端或输出端。由于放大器的输入端是虚地，其输出阻抗几乎为零，因此接在输入端的寄生电容不会引起分流，而接在输出端的寄生电容不会改变放大器的输出电压。

利用有源桥臂线路的各种变换功能，参考经典交流电桥的线路，可设计出具有不同用途的有源电桥，从而可扩大电桥的应用领域。

5.2　调　制　与　解　调

所谓调制是指利用某种信号来控制或改变一般为高频振荡信号的某个参数(幅值、频率或相位)的过程。当被控制的量是高频振荡信号的幅值时，称为幅值调制或调幅(AM)；当被控制的量为高频振荡信号的频率时，称为频率调制或调频(FM)；而当被控制的量为高频振荡信号的相位时，则称为相位调制或调相(PM)。如果高频振荡信号为脉冲信号，被控制的量为脉冲的宽度，则称为脉冲调宽。

在调制解调技术中，将控制高频振荡的低频信号称为调制波，将载送低频信号的高频振荡信号称为载波，将经过调制过程所得的高频振荡波称为已调制波。根据被控制参数(如幅值、频率)的不同分别有调幅波、调频波等不同的称谓。从时域上讲，调制过程即是使载波的某一参量随调制波的变化而变化；而在频域上，调制过程是一个移频的过程。

解调是从已调制波信号中恢复出原有低频调制信号的过程。调制与解调是一对信号变换过程，在工程上常常结合在一起使用。

调制与解调在工程上有着广泛的应用。测量过程中常常会碰到比如力、位移等一些变化缓慢的量，经传感器变换后所得的信号也是一些低频的电信号。如果直接采取直流放大常会带来零漂和级间耦合等问题，造成信号的失真。因此常常设法先将这些低频信号通过调制的手段变成为高频信号，然后采取简单的交流放大器进行放大，从而可避免前述直流放大中所遇到的问题。对放大的已调信号再采取解调的手段便可最终获取原来的缓变被测量。同样在信号的远距离传输过程中，为了防止被传输的信号间的互相串扰或传输信号受到其他干扰信号的干扰，常常将被传输的信号进行调制，使其频率移到被分配的高频、超高频频段上进行传输与接收，从而提高抗干扰能力和信号的信噪比。

一般来说，调制信号的类型很多，如正弦信号、余弦信号、一般周期信号、瞬态信号、随机信号等；而载波信号常用的形式主要有正弦信号、方波信号等。工程上常用的是以正(余)弦信号为载波信号的调制与解调。

5.2.1　幅值的调制与解调

1. 幅值的调制

幅值调制(调幅)是将一个高频载波信号同被测信号(调制信号)相乘,使载波信号的幅值随被测信号的变化而变化。如图 5-13 所示,$x(t)$ 为被测信号,$y(t)$ 为高频载波信号。此处选择余弦信号 $y(t)=\cos 2\pi f_0 t$,则调制器的输出即已调制信号 $x_m(t)$ 为 $x(t)$ 与 $y(t)$ 的乘积:$x_m(t)=x(t)\cos 2\pi f_0 t$。由傅里叶变换性质知,两信号在时域中的相乘对应于其在频域中的傅里叶变换的卷积,即

$$x(t) \cdot y(t) \Longleftrightarrow X(f) * Y(f)$$

由于余弦函数 $\cos 2\pi f_0 t$ 的傅里叶变换为 $[\delta(f+f_0)+\delta(f-f_0)]/2$,则有

$$x(t)\cos 2\pi f_0 t \Longleftrightarrow \frac{1}{2}X(f) * \delta(f+f_0) + \frac{1}{2}X(f) * \delta(f-f_0) \tag{5-21}$$

根据 δ 函数的卷积特性,信号 $x(t)$ 与载波信号的乘积在频域上相当于将在原点处的频谱图形移至载波频率 f_0 处,如图 5-13(c)所示。因此调幅过程在频域上就相当于一个"移频"的过程。

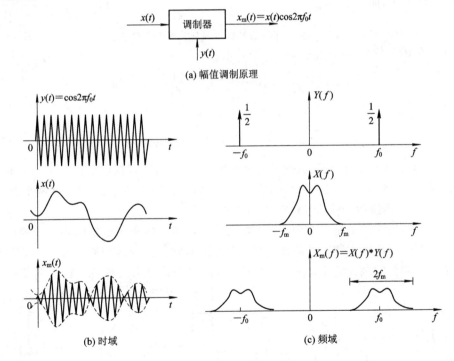

图 5-13　幅值调制原理

调制信号可以有不同的形式,以下分别以正弦信号、普通周期信号、瞬态信号为调制信号,分析各自的调幅过程。

1) 调制信号为正弦信号

令调制信号 $x(t)=A_s\sin\omega_s t$,载波信号 $y(t)=A_c\sin\omega_c t$,则经调制后的已调制波为

$$x_m = x(t) \cdot y(t) = A_s\sin\omega_s t \cdot A_c\sin\omega_c t \tag{5-22}$$

式中,A_s、ω_s 为调制信号的幅值和角频率;A_c、ω_c 为载波信号的幅值和角频率。

频率 ω_c 应远大于频率 ω_s，其信号波形见图 5-14。由图可见，调制信号处于正半周时，已调制波与载波信号同相；当调制信号处于负半周时，已调制波与载波信号反相。

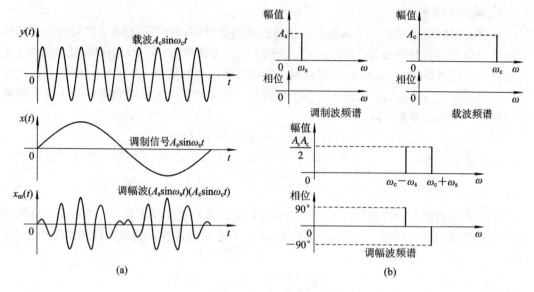

图 5-14　正弦信号幅值调制波形图和频谱

应用三角函数积化和差公式：

$$\sin\alpha \times \sin\beta = \frac{1}{2}\cos(\alpha-\beta) - \frac{1}{2}\cos(\alpha+\beta)$$

代入式(5-22)得

$$x_m = \frac{A_s A_c}{2}\big[\cos(\omega_c-\omega_s)t - \cos(\omega_c+\omega_s)t\big] \tag{5-23}$$

由图 5-14(b)可见，已调制波信号的频谱是一个离散谱，仅仅位于频率 $\omega_c-\omega_s$ 和 $\omega_c+\omega_s$ 处，即以载波信号频率为中心，以调制信号频率为间隔的左右两频率处，这两个频率称为上、下边频。其幅值的大小等于 A_s 与 A_c 乘积的一半。

幅值调制装置实质上是一个乘法器，在实际应用中经常采用电桥作调制装置，其中以高频振荡电源供给电桥作装置的载波信号，则电桥输出 u_o 便为调幅波。图 5-15 给出一个应变片电桥的调幅实例。众所周知，若想容易地测量并记录来自传感器的微弱信号，则要

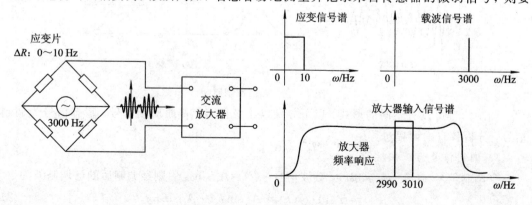

图 5-15　应变片电桥调幅装置

求有一个高增益放大器。而由于放大器的漂移等问题，构造一个高增益交流放大器远比一个直流放大器来得容易。但交流放大器不能放大静态的或缓变的量，因此不能直接用来测量静态的应变。解决这一问题的方法是采用一个应变片电桥，电桥的激励电源为交流电源，图例中电桥供电电压为 5 V，频率为 3000 Hz。若所测应变量的频率变化为 0～10 Hz，即从静态到缓变的一个范围，那么根据交流电桥原理，由应变阻抗变化促使电桥产生的输出信号频率与电源频率一致，而其幅值为应变变化值所调制。图 5-15 例中，电桥输出信号的频谱范围为 2990～3010 Hz，该范围的频率易为后续交流放大器处理。这种放大器通常也称为载波放大器。性能良好的线性乘法器、霍尔元件等均可作调幅装置。

2）调制信号为普通周期信号

此时，调制信号 $x(t)$ 可用傅里叶级数展开为

$$x(t) = a_0 + \sum_{n=1}^{\infty} (a_n \cos n\omega_0 t + b_n \sin n\omega_0 t), \quad n = 1, 2, 3, \cdots \tag{5-24}$$

则已调制波信号为

$$x_m(t) = \left[a_0 + \sum_{n=1}^{\infty} (a_n \cos n\omega_0 t + b_n \sin n\omega_0 t) \right] A_c \sin \omega_c t \tag{5-25}$$

展开并做积化和差处理可得

$$x_m(t) = A_0 A_c \sin \omega_c t + (A_1 A_c \cos \omega_1 t \sin \omega_c t + A_2 A_c \cos \omega_2 t \sin \omega_c t + \cdots)$$
$$+ (B_1 A_c \sin \omega_1 t \sin \omega_c t + B_2 A_c \sin \omega_2 t \sin \omega_c t + \cdots)$$

即

$$x_m(t) = A_0 A_c \sin \omega_c t + C_1 \{ \sin[(\omega_c + \omega_1)t - \alpha_1] + \sin[(\omega_c - \omega_1)t + \alpha_1] \} + \cdots \tag{5-26}$$

式中，$C_1 = \dfrac{A_c}{2} \sqrt{A_1^2 + B_1^2}$；$\alpha_1 = \arctan \dfrac{B_1}{A_1}$。

上述结果的频谱图示于图 5-16 中，由图可见输出信号的频谱仍然为离散谱，谱线分别位于 ω_c，$\omega_c \pm \omega_1$，$\omega_c \pm \omega_2 \cdots$ 处，亦即调制信号的每一频率分量均产生一对边频。

3）调制信号为瞬态信号

瞬态信号的频谱可由傅里叶变换写成：

$$X(j\omega) = \int_{-\infty}^{\infty} x(t) e^{-j\omega t} \, dt$$

载波信号为

$$y(t) = A_c \sin \omega_c t$$

此时已调制信号 $x_m(t)$ 的傅里叶变换为

$$X_m(j\omega) = X(j\omega) * \mathscr{F}[A_c \sin \omega_c t]$$
$$= X(j\omega) * \frac{jA_c}{2} [\delta(\omega + \omega_c) - \delta(\omega - \omega_c)]$$

故

$$|X_m(j\omega)| = \frac{A_c}{2} |X[j(\omega - \omega_c)]| \tag{5-27}$$

$$\angle X_m(j\omega) = \angle X[j(\omega - \omega_c)] - \frac{\pi}{2}, \quad 0 \leqslant \omega < \infty \tag{5-28}$$

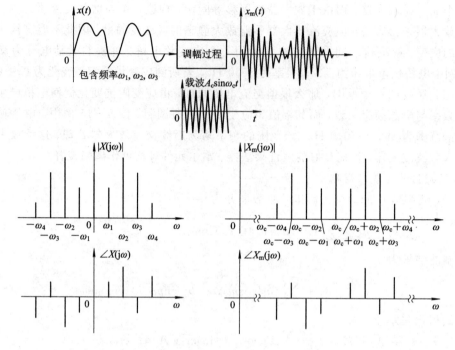

图 5-16 周期调制信号下的信号频谱

调制过程及结果的频谱图示于图 5-17。

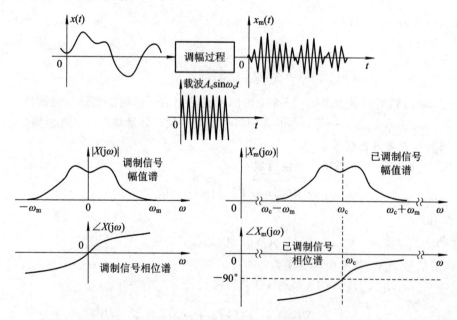

图 5-17 瞬态调制信号下的信号频谱

从调幅原理看，载波频率 ω_c 必须高于信号中最高频率 $\omega_{s,\,max}$ 才能使已调制信号保持原信号的频谱图形，不产生交叠现象。为减小放大电路可能引起的失真，信号的频宽（$2\omega_{s,\,max}$）相对于中心频率（载波频率 ω_c）应越小越好。通常实际载波频率 ω_c 至少数倍甚至数十倍于信号中的最高频率，但载波频率的提高也受到放大电路截止频率的限制。

2. 幅值调制的解调

为了从调幅波中将原测量信号恢复出来,就必须对调制信号进行解调。常用的解调方法有同步解调、整流检波解调和相敏检波解调。

1) 同步解调

同步解调是将已调制波与原载波信号再做一次乘法运算。由于所乘的信号与调制时的载波信号具有相同的频率和相位,故此得名,即

$$x'(t) = x(t) \cdot \cos 2\pi f_0 t \cdot \cos 2\pi f_0 t = \frac{1}{2}x(t) + \frac{1}{2}x(t)\cos 4\pi f_0 t \qquad (5-29)$$

$$\mathscr{F}\left[x(t)\cos 2\pi f_0 t \cos 2\pi f_0 t\right] = \mathscr{F}\left[\frac{1}{2}x(t) + \frac{1}{2}x(t)\cos 4\pi f_0 t\right]$$

$$= \frac{1}{2}\left\{X(f) + X(f) * \left[\frac{1}{2}\delta(f - f_0) + \frac{1}{2}\delta(f + f_0)\right]\right\}$$

$$= \frac{1}{2}X(f) + \frac{1}{4}\delta(f - 2f_0) + \frac{1}{4}\delta(f + 2f_0) \qquad (5-30)$$

同步解调的信号的频域图形将再一次进行"搬移",即将以坐标原点为中心的已调制波频谱搬移到载波中心 f_0 处。由于载波频谱与原来调制时的载波频谱相同,第二次搬移后的频谱有一部分搬移到原点处,所以同步解调后的频谱包含两部分,即与原调制信号相同的频谱和附加的高频频谱。与原调制信号相同的频谱是恢复原信号波形所需要的,附加的高频频谱则是不需要的。设计适当的低通滤波器滤去大于 f_m 的成分时,则可以复现原信号的频谱,也就是说在时域恢复了原波形。

同步解调方法简单,但要求有性能良好的线性乘法器件,否则将引起信号失真。图5-18 所示为上述调制解调原理的具体实现电路,其采用了 AD630 调制解调器芯片,该芯片包括两个输入缓冲器、一个精密运算放大器和一个相位比较器,可组成增益为 1 或 2 的解调器。

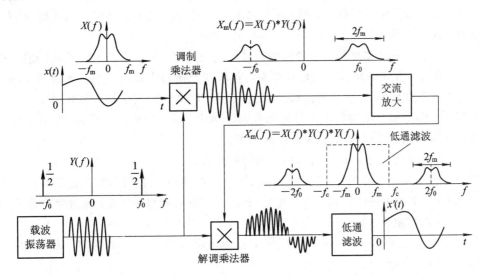

图 5-18　幅值调制和同步解调及其频谱变化

2）整流检波解调

在时域上，将被测信号即调制信号 $x(t)$ 在进行幅值调制之前，先预加一直流分量 A，使之不再具有正负双向极性，然后再与高频载波相乘得到已调制波。这种解调方式称为整流检波解调。在解调时，只需对已调制波作整流和检波，最后去掉所加直流分量 A，就可以恢复原调制信号，如图 5-19(a) 所示。

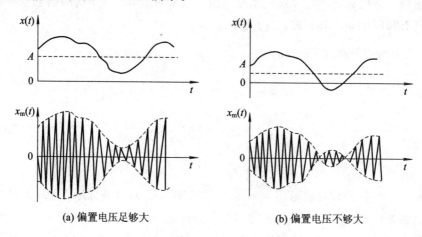

(a) 偏置电压足够大   (b) 偏置电压不够大

图 5-19 调制信号加偏置的调幅波

此方法虽然可以恢复原信号，但在调制解调过程中有一加、减直流分量 A 的过程，由于实际工作中要使每一直流本身很稳定，且使两个直流完全对称是较难实现的，这样原信号波形与经调制解调后恢复的波形虽然幅值上可以成比例，但在分界正、负极性的零点上可能有漂移，从而使得分辨原波形正、负极性上可能有误，如图 5-19(b) 所示。采用相敏检波解调技术就解决了这一问题。

3）相敏解调

相敏解调或相敏检波用来鉴别调制信号的极性，利用交变信号在过零位时正、负极性发生突变，使调幅波相位与载波信号比较也相应地产生 180°相位跳变，从而既能反映原信号的幅值又能反映其相位。

图 5-20 示出一种典型的二极管相敏检波电路及其工作原理。四个特性相同的二极管 $VD_1 \sim VD_4$ 沿同一方向串联成一个桥式电路，各桥臂上通过附加电阻将电桥预调平衡。四个端点分别接在变压器 A 和 B 的次级线圈上，变压器 A 的输入信号为调幅波 u_0，B 的输入信号为参考信号 u_x，u_x 与载波信号的相位和频率均相同，用作极性识别的标准。要求变压器 B 的次级输出远大于变压器 A 的次级输出。

图 5-21 示出了相敏解调器解调的波形转换过程。

当调制信号 $R(t)$ 为正时（图 5-21(b) 中的 $0 \sim t_1$ 时间内），检波器相应输出为 u_{o1}。此时从图 5-20(b) 和 (c) 中可以看到，无论在 $0 \sim \pi$ 或 $\pi \sim 2\pi$ 时间里，电流 i_1 流过负载 R_1 的方向不变，即此时输出电压 u_{o1} 为正值。

当 $R(t) = 0$ 时（图 5-21(b) 中的 t_1 点），负载电阻 R_1 两端电位差为零，因此无电流流过，此时输出电压 $u_{o1} = 0$。

当调制信号 $R(t)$ 为负时（图 5-21(b) 中的 $t_1 \sim t_2$ 时间内），此时调幅波 u_0 相对于载波 u_x 的极性正好相差 180°，此时从图 5-20(d) 中可以看到，电流流过负载 R_1 的方向与前相

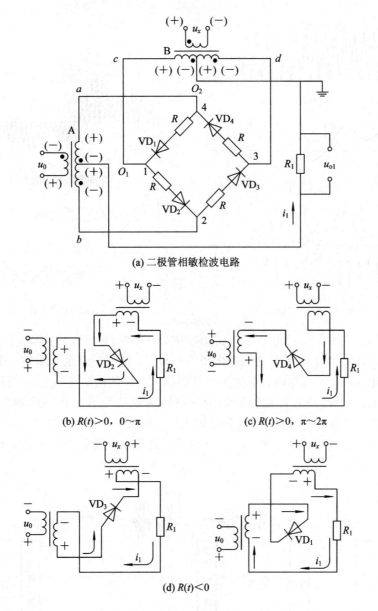

(a) 二极管相敏检波电路

(b) $R(t)>0$，$0\sim\pi$　　　**(c)** $R(t)>0$，$\pi\sim 2\pi$

(d) $R(t)<0$

图 5-20　典型二极管相敏检波原理

反，即此时输出电压 u_{o1} 为负值。

　　由以上分析可知，通过相敏检波可得到一个幅值和极性均随调制信号的幅值与极性改变的信号，它真正重现了原被测信号。

　　相敏检波由于能够正确地恢复被测信号的幅值与相位，因此得到很广泛的应用，对于信号具有极性或方向性的被测量，经调制之后要想正确地恢复，必须采用相敏检波的方法。

　　下面就常用的 Y6D 型动态电阻应变仪作为一典型实例予以介绍。如图 5-22 所示，电桥为应变仪电桥，用于敏感被测量，它由振荡器供给高频（10～15 kHz）、等幅正弦激励电压源作为载波 $y(t)$，贴在试件上的应变片受力 $F(\varepsilon)$ 等作用，其电阻变化量 $\Delta R/R$ 反映试件

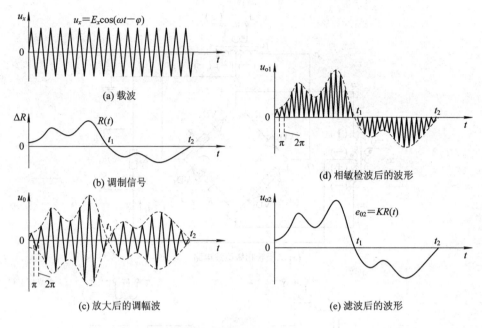

图 5-21　相敏解调的波形转换过程

上的应变 ε 的变化。由于电阻 R 为交流电桥的一桥臂，则电桥有电压输出。作为原信号的 $x(t)$（电阻变化 $\Delta R/R$），其与高频载波 $y(t)$ 作幅值调制后的调幅波 $x_m(t)$，经放大器后幅值将放大为 $u_1(t)$。$u_1(t)$ 送入相敏检波器后被解调为原信号波形包络线的高频信号波形 $u_2(t)$，$u_2(t)$ 进入低通滤波器后，高频分量被滤掉，则恢复了原来被放大的信号 $u_3(t)$。最后记录器将 $u_3(t)$ 的波形记录下来，$u_3(t)$ 反映了试件应变变化情况，其应变大小及正负都能准确地显示出来。

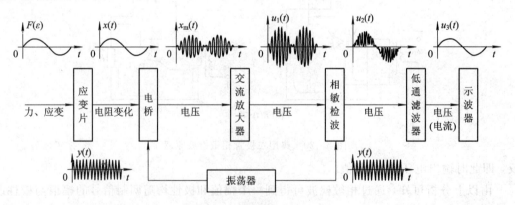

图 5-22　动态电阻应变仪工作原理

5.2.2　频率的调制与解调

调频就是用调制信号（缓变的被测信号）去控制载波信号的频率，使其随调制信号的变化而变化。经过调频的被测信号寄存在频率中，不易衰减，也不易混乱和失真，使得信号的抗干扰能力得到很大的提高；同时，调频信号还便于远距离传输和采用数字技术。调频信号的这些优点使得调频和解调技术在测试技术中得到了广泛应用。

1. 频率调制的基本原理

调频就是利用信号电压的幅值控制一个振荡器，振荡器输出的是等幅波，其振荡频率变化值和信号电压成正比。信号电压为零时，调频波的频率就等于中心频率；信号电压为正值时，调频波的频率升高；信号电压为负值时，调频波频率降低。所以调频波是随时间变化的疏密不等的等幅波，如图 5 - 23 所示。

调频波的瞬时频率为

$$f(t) = f_0 \pm \Delta f \tag{5-31}$$

式中，f_0 为载波频率；Δf 为频率偏移，与调制信号的幅值成正比。

设调制信号 $x(t)$ 是幅值为 X_0、频率为 f_m 的正弦波，其初始相位为零，则有

$$x(t) = X_0 \cos 2\pi f_m t \tag{5-32}$$

载波信号为

$$y(t) = Y_0 \cos(2\pi f_0 t + \varphi_0) \tag{5-33}$$

调频时载波的幅值 Y_0 和初相位 φ_0 不变，瞬时频率 $f(t)$ 围绕着 f_0 随调制信号电压做线性的变化，因此有

$$f(t) = f_0 + K_f X_0 \cos 2\pi f_m t = f_0 + \Delta f_f \cos 2\pi f_m t \tag{5-34}$$

式中，Δf_f 是由调制信号幅值 X_0 决定的频率偏移，$\Delta f_f = K_f X_0$；K_f 为比例常数，其大小由具体的调频电路决定。

由式(5-34)可知，频率偏移与调制信号的幅值成正比，而与调制信号的频率无关，这是调频波的基本特征之一。

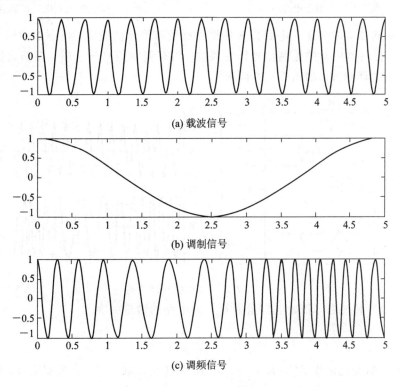

(a) 载波信号

(b) 调制信号

(c) 调频信号

图 5 - 23　调频波形成

2. 调频及解调电路

实现信号的调频和解调的方法很多，这里主要介绍仪器中最常用的方法。

谐振电路是把电容、电感等电参量的变化转为电压变化的电路。图 5-24 所示的谐振电路通过耦合高频振荡器获得电路电源。谐振电路的阻抗值取决于电容、电感的相对值和电源的频率值。当谐振电路如图 5-25 所示时，其谐振频率为

$$f_n = \frac{1}{2\pi \sqrt{LC}} \tag{5-35}$$

式中，f_n 为谐振电路的固有频率，单位为 Hz；L 为谐振电路的电感，单位为 H；C 为谐振电路的电容，单位为 F。

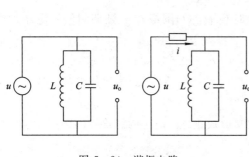

图 5-24 谐振电路

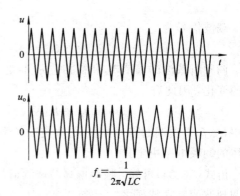

图 5-25 电抗到电压的转换

在测量系统中，以电感或电容作为传感器感受被测量的变化，传感器的输出作为调制信号的输入，振荡器原有的振荡信号作为载波。当有调制信号输入时，振荡器输出的信号就是被调制后的调频波，如图 5-26 所示。

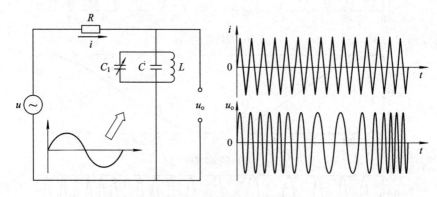

图 5-26 振荡电路作调频器

设 C_1 为电容传感器，初始电容量为 C_0，则电路的谐振频率为

$$f_0 = \frac{1}{2\pi \sqrt{LC_0}} \tag{5-36}$$

若电容 C_0 的变化量为 $\Delta C = K_f C_0 x(t)$，K_f 为比例系数，$x(t)$ 为被测信号，则谐振频率变为

$$f = \frac{1}{2\pi \sqrt{LC_0 \left(1 + \frac{\Delta C}{C}\right)}} = f_0 \frac{1}{\sqrt{1 + \frac{\Delta C}{C}}} \qquad (5-37)$$

将式(5-37)按泰勒级数展开并忽略高阶项，则有

$$f \approx f_0 \left(1 - \frac{\Delta C}{2C_0}\right) = f_0 - \Delta f \qquad (5-38)$$

式中，$\Delta f = f_0 \frac{\Delta C}{2C_0} = f_0 \frac{1}{2} K_f x(t)$。

由式(5-38)可知，LC 振荡回路的振荡频率 f 与谐振参数的变化呈线性关系，即振荡频率 f 受控于被测信号 $x(t)$。

谐振电路调频波的解调一般使用鉴频器。调频波通过正弦波频率的变化来反映被测信号的幅值变化，因此，调频波的解调首先把调频波变换成调频调幅波，然后进行幅值检波。

鉴频器通常由频率—电压线性变换电路与幅值检波电路组成，如图5-27(a)所示。图中 L_1、L_2 为变压器耦合器的初级、次级线圈，它们与电容 C_1、C_2 形成并联谐振回路。

如图5-27(a)所示，调频波 u_f 经过变压器耦合后，加于 L_2、C_2 组成的谐振电路上，而在 L_2、C_2 并联振荡回路两端获得如图5-27(b)所示的电压—频率特性曲线。当等幅调频波 u_f 的频率等于回路的谐振频率 f_n 时，线圈 L_1、L_2 中的耦合电流最大，次级输出电压 u_a 也最大。u_f 的频率偏离 f_n 时，u_a 也随之下降。虽然 u_a 的频率与 u_f 的频率保持一致，但 u_a 的幅值在改变。通常利用特性曲线的次谐振区近似直线的一段工作范围实现频率—电压变换，调频的载波频率 f_0 设置在直线工作段中点附近，在有频偏 Δf 时，频率范围为 $f_0 \pm \Delta f$。其中频偏 Δf 为一正弦波，因此由 $f_0 \pm \Delta f$ 所对应的变换所得到的输出信号为一同频($f_0 \pm \Delta f$)的、幅值也随频率变化的振荡信号。随着测量参数的变化，u_a 的幅值也随调频波 u_f 的频率作近似线性的变化，调频波 u_f 的频率则和测量参数保持线性的关系。后续的幅值检波电路是常见的整流滤波电路，将 u_a 经过二极管进行半波整流，再经过 R、C 组成的滤波器滤波，滤波器的输出电压 u_o 与调制信号成正比，复现了被测量信号 $x(t)$，则解调完毕。

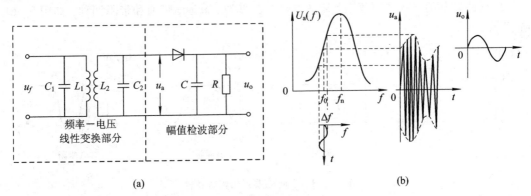

图 5-27　谐振振幅鉴频器原理

频率调制的最大优点在于它的抗干扰能力强。由于噪声干扰极易影响信号的幅值，因此调幅波容易受噪声的影响。与此相反，调频是依据频率变化的原理，对噪声的幅度影响不太敏感，因而调频电路的信噪比较高。

5.3 滤　　波

5.3.1　概述

　　滤波是选取信号中感兴趣的成分，同时极大地衰减其他不需要的频率成分。能实施滤波功能的装置称为滤波器。滤波器是具有频率选择作用的电路或运算处理电路。滤波器可采用模拟电路实现或数字运算处理系统实现。现代数字技术迅猛发展，许多传统的模拟运算电路已经被数字系统代替。数字滤波运用也十分广泛，但是数字滤波不能完全取代模拟滤波。例如，模拟信号在 A/D 采样数字化之前，应保证信号带宽不超过采样频率的 1/2，必须通过模拟滤波器进行抗混叠滤波。另外，模拟滤波器在响应速度、实时性及经济性方面仍具有相当的优势。

　　在信号处理中，往往要对信号作时域、频域的分析与处理。对于不同目的的分析与处理，往往需要将信号中相应的频率成分选取出来，而无需对整个的信号频率范围进行处理。此外，在信号的测量与处理过程中，会不断地受到各种干扰的影响。因此在对信号作进一步处理之前，有必要将信号中的干扰成分去除掉，以利于信号处理的顺利进行。滤波和滤波器便是实施上述功能的手段和装置。滤波器对不同频率的信号有三种不同的选择作用：在通带内使信号受到较小的衰减而通过；在阻带内使信号受到较大的衰减而抑制；在通带与阻带之间的一段过渡段使信号受到不同程度的衰减。

5.3.2　滤波器分类

　　信号进入滤波器后，部分特定的频率成分可以通过，而其他频率成分极大地衰减。对于一个滤波器，信号能通过它的频率范围称为该滤波器的频率通带，被抑制或极大地衰减的频率范围称为频率阻带，通带与阻带的交界点称为截止频率。

　　根据滤波器的不同选频范围，滤波器可分为低通、高通、带通和带阻四种，如图 5-28 所示。

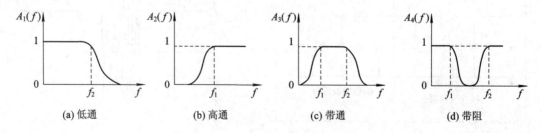

图 5-28　不同滤波器的幅频特性

　　(1) 低通滤波器的选频范围在 $0 \sim f_2$ 频率之间，幅频特性平直，如图 5-28(a) 所示。它可以使信号中低于 f_2 的频率成分几乎不受衰减地通过，而高于 f_2 的频率成分都被衰减掉，所以称为低通滤波器。f_2 称为低通滤波器的上截止频率。

　　(2) 高通滤波器与低通滤波器相反，当频率大于 f_1 时，其幅频特性平直，如图 5-28 (b) 所示。它使信号中高于 f_1 的频率成分几乎不受衰减地通过，而低于 f_1 的频率成分则被衰减掉，所以称为高通滤波器。f_1 称为高通滤波器的下截止频率。

（3）带通滤波器的通频带在 $f_1 \sim f_2$ 之间，它使信号中高于 f_1 而低于 f_2 的频率成分可以几乎不受衰减地通过，如图 5-28(c)所示，而其他的频率成分则被衰减掉，所以称为带通滤波器。f_1、f_2 分别称为此带通滤波器的下、上截止频率。

（4）带阻滤波器与带通滤波器相反，阻带在频率 $f_1 \sim f_2$ 之间，它使信号中高于 f_1 而低于 f_2 的频率成分受到极大地衰减，其余频率成分几乎不受衰减地通过，如图 5-28(d)所示。

从图 5-28 中分析可知，这四种滤波器的特性之间存在着一定的联系：高通滤波器的幅频特性可以看作低通滤波器做负反馈而得到的，所以频率响应函数 $A_2(f) = 1 - A_1(f)$，$A_1(f)$ 为低通滤波器的频率响应函数；带通滤波器的幅频特性可以看作带阻滤波器做负反馈而获得；带通滤波器是低通和高通滤波器的组合。

滤波器还有其他的分类方法：比如根据构成滤波器的电路性质，可分为有源滤波器和无源滤波器；根据滤波器所处理信号的性质，可分为模拟滤波器和数字滤波器。

本节主要涉及模拟滤波器的内容，有关数字滤波器的内容不做介绍。

5.3.3　理想滤波器与实际滤波器

从图 5-28 可知，四种滤波器在通带与阻带之间都存在一个过渡带，其幅频特性是一条斜线，在此频带内，信号受到不同程度的衰减。这个过渡带是滤波器所不希望的，但也是不可避免的。

理想滤波器是一个理想化的模型，在物理上是不能实现的，但它对深入了解滤波器的传输特性是非常有用的。

根据线性系统的不失真测试条件，理想测量系统的频率响应函数为

$$H(f) = A_0 \mathrm{e}^{-\mathrm{j}2\pi f t_0} \tag{5-39}$$

式中，A_0、t_0 均为常数。若滤波器的频率响应满足下列条件：

$$H(f) = \begin{cases} A_0 \mathrm{e}^{-\mathrm{j}2\pi f t_0}, & |f| < f_\mathrm{c} \\ 0, & \text{其他} \end{cases} \tag{5-40}$$

则该滤波器称为理想低通滤波器，其幅频和相频特性如图 5-29 所示。相频图中的直线斜率为 $-2\pi t_0$，即一个理想滤波器在其通带内幅频特性为常数，相频特性为通过原点的直线，在通带外幅频特性值应为零。这样，理想滤波器能使通带内输入信号的频率成分不失真地传输，而在通带外的频率成分全部衰减掉。

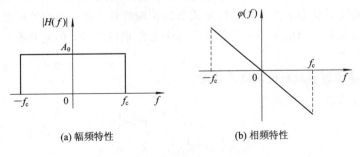

(a) 幅频特性　　　　　　　　　　　(b) 相频特性

图 5-29　理想滤波器的幅频和相频特性

1. 理想低通滤波器对单位脉冲的响应

在单位脉冲信号输入下，式(5-40)所示的频响函数的响应为

$$h(t) = \mathscr{F}^{-1}[H(f)] = \int_{-\infty}^{+\infty} H(f) \mathrm{e}^{\mathrm{j}2\pi ft}\,\mathrm{d}f = \int_{-f_c}^{f_c} A_0 \mathrm{e}^{-\mathrm{j}2\pi ft_0}\,\mathrm{e}^{\mathrm{j}2\pi ft}\,\mathrm{d}f$$

$$= 2A_0 f_c \frac{\sin[2\pi f_c(t-t_0)]}{2\pi f_c(t-t_0)} \tag{5-41}$$

即将单位脉冲输入理想低通滤波器，则它的响应为一个 sinc 函数，如图 5-30 所示。如无相角滞后，即 $t_0 = 0$，则

$$h(t) = 2A_0 f_c \mathrm{sinc}(2\pi f_c t) \tag{5-42}$$

其图形表达如图 5-30(a)所示。显然，$h(t)$ 具有对称性，时间 t 的范围从 $-\infty \sim +\infty$。当 $t_0 = 0$ 时，$h(t)$ 的波形以 $t=0$ 为中心向左右无限延伸。其物理意义：在 $t=0$ 时对一个理想低通滤波器输入单位脉冲，滤波器的输出蔓延到整个时间轴上，不仅延伸到 $t \rightarrow +\infty$，并且延伸到 $t \rightarrow -\infty$。任意一个实际的物理系统，响应只可能出现于输入到来之后，不可能出现于输入到来之前。对于上述负的 t 值，其 $h(t)$ 的值不等于零，这是不合理的。因为单位脉冲在时刻 $t=0$ 才作用于系统，而系统的输出 $h(t)$ 在 $t<0$ 时不为零，说明在输入脉冲到来之前，这一系统已有响应，这实际上是不可能的。显然，任何滤波器不可能有这种"先知"，滤波器的这种特性是不可能实现的。由此可以推论，"理想"的低通、高通、带通和带阻滤波器都是不存在的。实际滤波器的幅频特性不可能出现直角锐边（即幅值由常数值 A 突然变为 0 或由 0 变为 A），也不会在有限频率上完全截止。原则上讲，实际滤波器的幅频特性将延伸到 $|f| \rightarrow +\infty$，所以一个滤波器对信号通带以外的频率成分只能极大地衰减，却不能完全阻止。

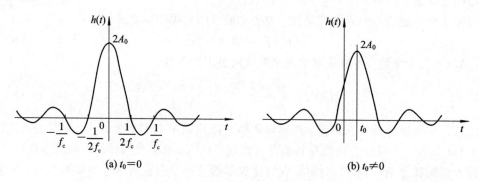

图 5-30　理想低通滤波器的脉冲响应

讨论理想滤波器是为了进一步了解滤波器的传输特性，建立滤波器的通频带宽与滤波器稳定输出所需时间之间的关系。虽然在实际中工作难以实现，但它具有一定的理论探讨价值。

2. 理想低通滤波器对单位阶跃的响应

给理想滤波器输入阶跃函数，即

$$x(t) = \begin{cases} 1, & t > 0 \\ \dfrac{1}{2}, & t = 0 \\ 0, & t < 0 \end{cases}$$

滤波器的响应为

$$y(t) = h(t) * x(t) = \int_{-\infty}^{\infty} x(\tau)h(t-\tau)\mathrm{d}\tau = \frac{1}{2} + 2\,\mathrm{Si}\big[2\pi f_c(t-\tau)\big] \quad (5-43)$$

其中，

$$\mathrm{Si}\big[2\pi f_c(t-\tau)\big] = \int_0^{2\pi f_c(t-\tau)} \frac{\sin t}{t}\,\mathrm{d}t$$

函数 $\dfrac{\sin \eta}{\eta}$ 的定积分称正弦积分，用符号 $\mathrm{Si}(x)$ 表示，即

$$\mathrm{Si}(x) \xlongequal{\mathrm{def}} \int_0^x \frac{\sin \eta}{\eta}\,\mathrm{d}\eta$$

其函数值可以从相应的正弦积分表中查到。

图 5-31 所示为理想低通滤波器对单位阶跃输入的响应曲线。

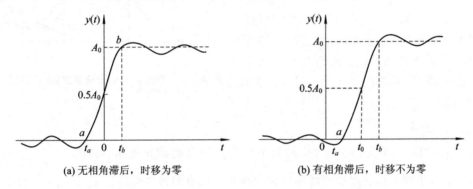

(a) 无相角滞后，时移为零　　　　　　(b) 有相角滞后，时移不为零

图 5-31　理想低通滤波器对单位阶跃输入的响应

由图 5-31 可知，输出从零（图中 a 点）到稳定值 A_0（b 点）经过一定的建立时间（$t_b - t_a$），时移 t_0 仅影响曲线的左右位置，并不影响建立时间。这种建立时间的物理意义可解释如下：由于滤波器的单位脉冲响应函数 $h(t)$（见图 5-30）的图形主瓣有一定的宽度 $1/f_c$，因此当滤波器的 f_c 很大亦即其通频带很宽时，则 $1/f_c$ 很小，$h(t)$ 的图形将变陡，从而所得的建立时间（$t_b - t_a$）也将很小；反之，若 f_c 小，则（$t_b - t_a$）将变大，即建立时间长。

建立时间也可这样理解：输入信号突变处必然包含有丰富的高频分量，低通滤波器阻挡了高频分量，其结果是将信号波形"圆滑"了。通带越宽，衰减的高频分量便越少，信号便有较多的分量更快通过，因此建立时间较短；反之，则建立时间较长。

由此可知，低通滤波器的阶跃响应的建立时间 T_e 和带宽 B 成反比，或者说两者的乘积为常数，即

$$BT_e = 常数 \quad (5-44)$$

这一结论同样适用于其他（高通、带通、带阻）滤波器。

式（5-43）表明：

$$t_b - t_a = \frac{0.61}{f_c} \quad (5-45)$$

若按理论响应值的 0.1～0.9 作为计算建立时间的标准，则有

$$t_b - t_a = \frac{0.45}{f_c} \quad (5-46)$$

滤波器带宽表示它的频率分辨能力，通带窄，则分辨力高。这一结论表明：滤波器的

高分辨能力与测量时快速响应的要求是矛盾的。若想采用一个滤波器从信号中获取某一频率很窄的信号（例如进行高分辨率的频谱分析），便要求有足够的建立时间，若建立时间不够，则会产生错误。因此，应根据具体情况作适当处理，对已定带宽的滤波器，一般采用 $BT_e = 5 \sim 10$ 便足够了。

3. 实际滤波器的特征参数

图 5-32 表示理想带通滤波器（虚线）和实际带通滤波器的幅频特性，从中可看出两者间的差别。

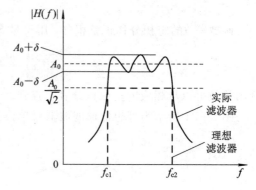

对于理想滤波器来说，在两截止频率 f_{c1} 和 f_{c2} 之间的幅频特性为常数 A_0，截止频率之外的幅频特性均为零。

图 5-32　理想和实际带通滤波器的幅频特性

对于实际滤波器，其特性曲线无明显转折点，通带中幅频特性也并非常数。因此对它的描述要求有更多的参数，主要的有截止频率、带宽、纹波幅度、品质因数（Q 值）以及倍频程选择性等。

1）截止频率

幅频特性值为 $A_0/\sqrt{2}$ 时所对应的频率称为滤波器的截止频率。如图 5-32 所示，以 $A_0/\sqrt{2}$ 作平行于横坐标的直线与幅频特性曲线相交两点的横坐标值为 f_{c1}、f_{c2}，分别称为滤波器的下截止频率和上截止频率。若以 A_0 为参考值，则 $A_0/\sqrt{2}$ 相对于 A_0 衰减 -3 dB。若以信号的幅值平方表示信号功率，该频率对应的点为半功率点。

2）带宽

滤波器带宽定义为上、下截止频率之间的频率范围 $B = f_{c2} - f_{c1}$，又称 -3 dB 带宽，单位为 Hz。带宽决定着滤波器分离信号中相邻频率成分的能力即频率分辨力。

3）纹波幅度

实际的滤波器在通频带内可能出现纹波变化，其波动幅度 δ 与幅频特性的稳定值 A_0 相比，越小越好。在图 5-32 中以 $\pm \delta$ 表示，δ 值应越小越好。

4）品质因数（Q 值）

电工学中以 Q 表示谐振回路的品质因数，而在二阶振荡环节中，Q 值相当于谐振点的幅值增益系数，$Q = 1/(2\zeta)$。对于一个带通滤波器来说，其品质因数 Q 定义为中心频率 f_0 与带宽 B 之比，即 $Q = f_0/B$。

5）倍频程选择性

在两截止频率外侧，实际滤波器有一个过渡带，这个过渡带的幅频曲线倾斜程度表明了幅频特性衰减的快慢，它决定着滤波器对带宽外频率成分衰减的能力，通常用倍频程选择性来表征。倍频程选择性是指在上截止频率 f_{c2} 与 $2f_{c2}$ 之间，或者在下截止频率 f_{c1} 与 $f_{c1}/2$ 之间幅频特性的衰减值，即频率变化一个倍频程时的衰减量，以 dB 表示。显然，衰减越快，滤波器的选择性越好。

6) 滤波器因数(矩形系数)

滤波器选择性的另一种表示方法是用滤波器幅频特性的 $-60\ \text{dB}$ 带宽与 $-3\ \text{dB}$ 带宽的比值,即 $\lambda = B_{-60\ \text{dB}} / B_{-3\ \text{dB}}$ 来表示。

理想滤波器 $\lambda = 1$,通常使用的滤波器,λ 一般为 $1 \sim 5$。有些滤波器因器件影响(例如电容漏阻等),阻带衰减倍数达不到 $-60\ \text{dB}$,则以标明的衰减倍数(如 $-40\ \text{dB}$ 或 $-30\ \text{dB}$)带宽与 $-3\ \text{dB}$ 带宽之比来表示其选择性。

5.3.4　滤波器类型

前面已经介绍滤波器的基本类型有低通、高通、带通和带阻。本节将对这几种基本类型及其组合的特性和参数作详细介绍。

1. 低通滤波器

图 5-33 示出了最简单的几种不同用途的低通滤波器。图(a)为一阶 RC 低通滤波器;图(b)为一阶弹簧—阻尼系统,它是一个机械低通滤波器;图(c)是一个液压计,它是一个以液压手段形成的一阶低通滤波器。它们都具有相同的传递函数。RC 滤波器具有电路简单,抗干扰性能强,低频性能较好,电阻和电容元件标准、易于选择的特点。因此,在测试系统中,常常选用 RC 滤波器。

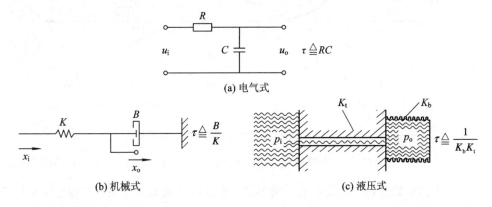

图 5-33　不同类型的低通滤波器

以 RC 低通滤波器为例,其输入、输出如图分别为 u_i 和 u_o,电路的微分方程为

$$RC \frac{\mathrm{d}u_o}{\mathrm{d}t} + u_o = u_i \qquad (5-47)$$

令 $\tau = RC$,称系统的时间常数,对上式作拉氏变换,可得传递函数:

$$H(s) = \frac{U_o(s)}{U_i(s)} = \frac{1}{\tau s + 1} \qquad (5-48)$$

同理可得其他两种低通滤波器的传递函数为

$$H(s) = \frac{X_o(s)}{X_i(s)} = \frac{P_o(s)}{P_i(s)} = \frac{U_o(s)}{U_i(s)} = \frac{1}{\tau s + 1} \qquad (5-49)$$

式(5-48)、(5-49)中 $U_o(s)$、$U_i(s)$ 代表输出电压、输入电压的拉氏变换;$X_o(s)$、$X_i(s)$ 代表输出位移、输入位移的拉氏变换;$P_o(s)$、$P_i(s)$ 代表输出压力、输入压力的拉氏变换。

对式(5-49)进行傅里叶变换,得到频率响应函数为

$$H(\mathrm{j}\omega) = \frac{1}{\mathrm{j}\tau\omega + 1} \tag{5-50}$$

其幅频与相频分别为

$$|H(\mathrm{j}\omega)| = \frac{1}{\sqrt{1 + (\omega\tau)^2}}, \quad \varphi(\omega) = -\arctan(\omega\tau)$$

从式(5-49)可知，这是个典型的一阶系统，上截止频率为

$$f_{c2} = \frac{1}{2\pi RC} \tag{5-51}$$

当 $f \ll \dfrac{1}{2\pi\tau}$ 时，其幅频特性 $|H(\mathrm{j}\omega)| = 1$，信号不受衰减地通过。

当 $f = \dfrac{1}{2\pi\tau}$ 时，$|H(\mathrm{j}\omega)| = \dfrac{1}{\sqrt{2}}$，幅值比稳定幅值下降了 3 dB。$R$、$C$ 决定着上截止频率。

调节 R、C 可方便地调节上截止频率，从而也改变着滤波器的带宽。一阶 RC 低通滤波器的幅频、相频特性如图 5-34 所示。

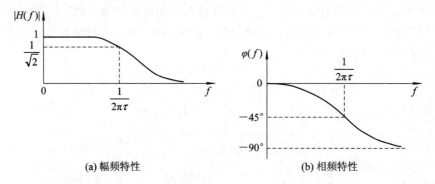

(a) 幅频特性   (b) 相频特性

图 5-34 一阶 RC 低通滤波器的幅频、相频特性

当 $f \gg \dfrac{1}{2\pi\tau}$ 时，输出与输入的积分成正比。此时 RC 低通滤波器起着积分器的作用。

由于上述图示滤波器均为简单的一阶系统，它的频率衰减速度慢，亦即它的倍频程选择性差，对高频成分的衰减为 -20 dB/dec，因此在通带与阻带之间没有十分陡峭的界限。为改善过渡带曲线的陡度亦即频率衰减的速度，可采取将多个 RC 环节级联的方式，并采用电感元件替代电阻元件的方式（图 5-35 所示），由此达到较好的滤波效果。

理论上采用级联多个 RC 网络可提高滤波器阶次，从而达到提高衰减速度的目的。但在实际应用中必须考虑各级联环节之间的负载效应。解决负载效应的最好办法是采用运算放大器来构造有源滤波器。

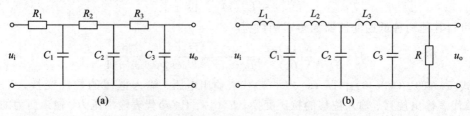

(a)   (b)

图 5-35 不同滤波器构造方式（以提高过渡带曲线陡度）

　　上述采用 RC 无源元件构造的滤波器均为无源滤波器，因为所有的输出能量均直接来自于输入。无源滤波器结构简单、噪声低、无需电源，且其动态范围宽，但它的倍频程选择性不好，各级间负载效应严重。目前经常采用的还有有源滤波器。有源滤波器是基于运算放大器的 RC 调谐网络，因此要求有电源供电。有源滤波器参数更易于调节，覆盖的频率范围很宽，且具有很高的输入阻抗和很低的输出阻抗，有利于多级串联，并能方便地在不同的滤波器类型之间进行转换。

　　简单的一阶有源低通滤波器如图 5-36(a)所示，其中将 RC 无源网络接至运算放大器的输入端，根据电路分析，其截止频率仍为 $f_{c2}=\dfrac{1}{2\pi RC}$，放大倍数为 $K=1+\dfrac{R_F}{R_1}$。

　　将高通网络接至运算放大器的反馈回路，则能得到低通滤波器的功能，如图 5-36(b)所示，其截止频率为 $f_{c2}=\dfrac{1}{2\pi R_1 C}$，放大倍数为 $K=\dfrac{R_F}{R_1}$。

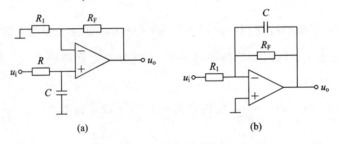

(a)　　　　　　　　　　　　(b)

图 5-36　一阶有源低通滤波器

2. 高通滤波器

　　图 5-37 示出最简单的几种不同类型的无源高通滤波器。图(a)为电气 RC 高通滤波器，图(b)和图(c)分别为机械式和液压式高通实现形式，它们均具有相同的传递函数。以 RC 电路为例，根据图 5-37(a)有

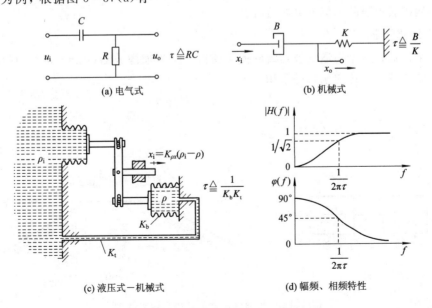

(a) 电气式　　　　　　　　　　(b) 机械式

(c) 液压式－机械式　　　　　　(d) 幅频、相频特性

图 5-37　不同类型的无源高通滤波器

$$u_o + \frac{1}{RC} \int u_o \, dt = u_i \qquad (5-52)$$

令 $RC = \tau$，则得传递函数为

$$H(s) = \frac{\tau s}{\tau s + 1} \qquad (5-53)$$

频率响应函数为

$$H(j\omega) = \frac{j\omega\tau}{1 + j\omega\tau} \qquad (5-54)$$

其幅频与相频分别为

$$|H(j\omega)| = \frac{\omega\tau}{\sqrt{1 + (\omega\tau)^2}} \qquad (5-55)$$

$$\varphi(\omega) = \arctan \frac{1}{\omega\tau} \qquad (5-56)$$

当 $f \gg \frac{1}{2\pi\tau}$ 时，其幅频特性 $|H(j\omega)| = 1$，$\varphi(f) \approx 0$，即当 f 相当大时，幅频特性接近于 1，相频特性趋于零，这时 RC 高通滤波器可视为不失真传输系统，信号不受衰减地通过。

当 $f = \frac{1}{2\pi\tau}$ 时，$|H(j\omega)| = \frac{1}{\sqrt{2}}$，滤波器的 -3 dB 下截止频率为 $f_{c1} = \frac{1}{2\pi RC}$。

当 $f \ll \frac{1}{2\pi\tau}$ 时，输出 u_o 与输入 u_i 的微分成正比，即

$$u_o = \frac{1}{RC} \frac{du_i}{dt} \qquad (5-57)$$

此时 RC 高通滤波器起着微分器的作用。

这种无源一阶高通滤波器的过渡带衰减也是十分缓慢的，同样可采用更为复杂的无源或有源结构来获得更陡的频率衰减过程。

3. 带通滤波器

将一个低通和一个高通滤波器级联便可获得一个带通滤波器（图 5-38），其传递函数为高通与低通滤波器传递函数的乘积，即

$$H(s) = H_1(s) H_2(s) \qquad (5-58)$$

其中，$H_1(s) = \frac{\tau_2 s}{\tau_2 s + 1}$，$H_2(s) = \frac{1}{\tau_1 s + 1}$。

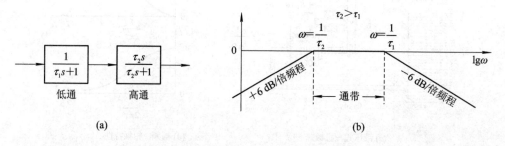

图 5-38　带通滤波器的结构和频率特性

级联后所得带通滤波器的上、下截止频率分别对应于原低通和原高通滤波器的上、下截止频率，即 $f_{c1}=\dfrac{1}{2\pi\tau_1}$，$f_{c2}=\dfrac{1}{2\pi\tau_2}$。调节高、低通环节的时间常数 τ_2 和 τ_1，便可得不同的上、下截止频率和带宽的带通滤波器。值得注意的是，高、低通两级串联时，应消除两级耦合时的相互影响，因为后一级成为前一级的"负载"，而前一级又是后一级的信号源内阻。实际上，两级间常用射极输出器或者选用运算放大器的阻抗变换特性进行隔离。因此，实际的带通滤波器常常是有源的。

4. 带阻滤波器

在自平衡电位计和 XY 记录仪的输入电路中，常应用带阻滤波器，它常受到 50 Hz 工频干扰电压的影响。由于记录仪的频率响应仅为每秒几周，因此要采用能调谐到 50 Hz 工频的带阻滤波器来防止对有用信号的干扰。该滤波器可防止噪声信号造成记录仪放大器的饱和以及对有用信号不恰当的放大。无源带阻滤波器采用桥式 T 型或双 T 型网络（图 5-39），其中 T 型网络不能完全抑制所要抑制的频率，而双 T 型网络的抑制特性明显好于 T 型网络。

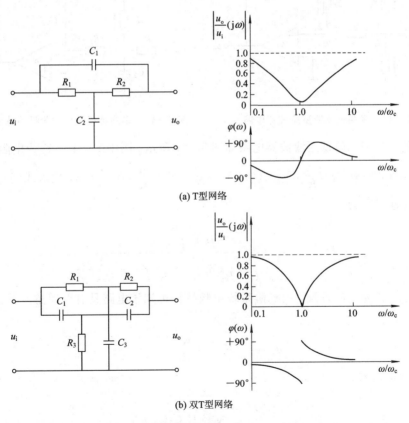

(a) T型网络

(b) 双T型网络

图 5-39　T 型网络和双 T 型网络带阻滤波器及频率特性

将滤波网络与运算放大器结合可以构造二阶有源滤波器，这里介绍几种基本类型。

1）多路负反馈型有源滤波器

多路负反馈型有源滤波器是把滤波网络接在运算放大器的反相输入端，其电路如图 5-40 所示。图中用导纳 Y_i 来表示电路中各元件。

假设运算放大器具有理想参数,根据克希霍夫定律可得各节点的电流方程。

节点 1 的电流方程为

$$(u_i - u_1)Y_1 = (u_1 - u_o)Y_4 + (u_1 - u_2)Y_3 + u_1 Y_2 \tag{5-59}$$

节点 2 的电流方程为

$$(u_1 - u_2)Y_3 = (u_2 - u_o)Y_5 \tag{5-60}$$

图中 u_2 为虚地点,故

$$u_2 = 0 \tag{5-61}$$

由式(5-59)~式(5-61)解得输入 u_i 与输出 u_o 的传递函数为

$$H(s) = \frac{U_o(s)}{U_i(s)} = \frac{-Y_1 Y_3}{Y_5(Y_1 + Y_2 + Y_3 + Y_4) + Y_3 Y_4} \tag{5-62}$$

若将 $Y_1 \sim Y_5$ 分别用电阻、电容来代替,则可得出不同类型的滤波器特性。下面以低通滤波器为例讨论电路的实现。

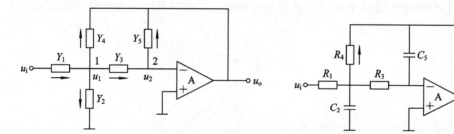
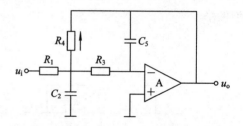

图 5-40 多路负反馈型滤波器电路   图 5-41 多路负反馈型二阶低通滤波器电路

多路负反馈型二阶低通滤波器电路如图 5-41 所示。图中 Y_1、Y_3、Y_4 为电阻元件,Y_2、Y_5 为电容元件,则有 $Y_1 = \frac{1}{R_1}$,$Y_2 = C_2 s$,$Y_3 = \frac{1}{R_3}$,$Y_4 = \frac{1}{R_4}$,$Y_5 = C_5 s$,代入式(5-62),得到该电路的传递函数为

$$H(s) = \frac{\dfrac{-R_4}{R_1 R_3 R_4 C_2 C_5}}{s^2 + \dfrac{s}{C_2}\left(\dfrac{1}{R_1} + \dfrac{1}{R_3} + \dfrac{1}{R_4}\right) + \dfrac{1}{R_3 R_4 C_2 C_5}} \tag{5-63}$$

显然该传递函数为二阶系统,由二阶系统幅频特性可知该电路具有低通滤波器特性。其直流增益为

$$K = -\frac{R_4}{R_1} \tag{5-64}$$

其 -3 dB 截止频率为

$$\omega_c = \sqrt{\frac{1}{R_3 R_4 C_2 C_5}} \tag{5-65}$$

如希望上述电路具有高通特性,其必要条件如下:

① $Y_1 = C_1 s$,$Y_3 = C_3 s$,以保证分子为 s 的二次项;

② $Y_4 = C_4 s$,以保证分母中有 s 的二次项,但若取 $Y_5 = C_5 s$,电路将不工作;

③ $Y_5 = \frac{1}{R_5}$,以保证分母中有 s 的一次项;

④ $Y_2 = \dfrac{1}{R_2}$，以保证分母中有 s 的零次项。

将上述参数代入式(5-62)，有

$$H(s) = \dfrac{-\dfrac{C_1}{C_4}s^2}{s^2 + \left(\dfrac{C_1 + C_3 + C_4}{R_5 C_3 C_4}\right)s + \dfrac{1}{R_2 R_5 C_3 C_4}} \tag{5-66}$$

对于带通的情况，读者可自行分析。

2）有限电压放大型有源滤波器

有限电压放大型有源滤波器是把滤波网络接在运算放大器的同相输入端，如图 5-42 所示，这种电路可以得到较高的输入阻抗。根据与多路反馈类似的方法同样可推导出这一电路的传递函数为

$$H(s) = \dfrac{U_o(s)}{U_i(s)} = \dfrac{Y_1 Y_3(1 + A_F)}{Y_4(Y_1 + Y_2 + Y_3) + Y_3(Y_1 - Y_2 A_F)} \tag{5-67}$$

式中，$A_F = \dfrac{R_F}{R_0}$ 是该运算放大器的闭环增益。

按上述同样方法，将 $Y_1 \sim Y_4$ 各用电阻、电容代替即可组合出不同的滤波特性。图 5-43 所示为有限电压放大型二阶低通滤波器电路。

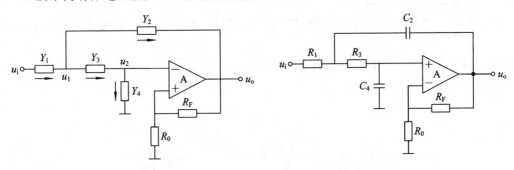

图 5-42　有限电压放大型有源滤波器电路　　　图 5-43　有限电压放大型二阶低通滤波器电路

3）状态变量型有源滤波器

状态变量型有源滤波器是许多仪器中常用的一种有源滤波器，它有多种类型的电路，图 5-44 是其中的一种，整个电路由 3 个运算放大器和电阻、电容元件组合而成。

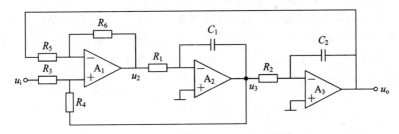

图 5-44　状态变量型有源波器电路

3 个运算放大器的输出 u_2、u_3、u_4 分别对输入信号 u_1 提供高通、带通、低通三种输出，所以常称之为"万能滤波器"。

5.3.5 滤波器的综合运用

工程中为得到特殊的滤波效果常将不同的滤波器或滤波器组进行串联和并联。

1. 滤波器串联

为加强滤波效果，常将两个具有相同中心频率的（带通）滤波器串联，其合成系统的总幅频特性是两滤波器幅频特性的乘积，从而使通带外的频率成分有更大的衰减。高阶滤波器便是由低阶滤波器串联成的。但由于串联系统的相频特性是各环节相频特性的相加，因此将增加相位的变化，在使用中应加以注意。

2. 滤波器并联

滤波器并联常用于信号的频谱分析和信号中特定频率成分的提取。使用时常将被分析信号通入一组具有相同增益但中心频率不同的滤波器，从而各滤波器的输出便反映了信号中所含的各个频率成分。

实现这样一组带通滤波器组可以有两种不同的方式：

（1）采用中心频率可调的带通滤波器，通过改变滤波器的 R、C 参数来改变其中心频率，使之追随所要分析的信号频率范围。由于在调节中心频率过程中一般总希望不改变或不影响到诸如滤波器的增益及 Q 因数等参数，因此这种滤波器中心频率的调节范围是有限的，从而也限制了它的使用性。

（2）采用一组由多个各自中心频率确定的、其频率范围遵循一定规律相互连接的滤波器。

为使各带通滤波器的带宽覆盖整个分析的频带，它们的中心频率应能使相邻滤波器的带宽恰好相互衔接，如图 5-45 所示。

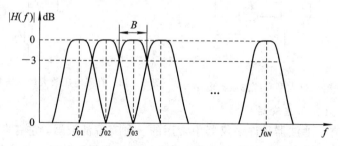

图 5-45 信号分析频带上带通滤波器带宽分布

并联滤波器时，通常的做法是使前一个滤波器的 -3 dB 上截止频率等于后一个滤波器的 -3 dB 下截止频率，滤波器组还应具有相同的放大倍数。带通滤波器的中心频率 f_0 依滤波器的性质分别定义为上、下截止频率 f_{c2} 和 f_{c1} 的算术平均值或几何平均值。对恒带宽带通滤波器，采取算术平均的定义法，即

$$f_0 = \frac{1}{2}(f_{c2} + f_{c1}) \tag{5-68}$$

对恒带宽比带通滤波器，采取几何平均的定义法，即

$$f_0 = \sqrt{f_{c1} \cdot f_{c2}} \tag{5-69}$$

带通滤波器的带宽如前所述为上、下截止频率之差，即

$$B = f_{c2} - f_{c1} \tag{5-70}$$

称 $-3\,\text{dB}$ 带宽，也称半功率带宽。

带宽 B 与中心频率 f_0 的比值称相对带宽，或百分比带宽 b：

$$b = \frac{B}{f_0} \times 100\% \tag{5-71}$$

根据品质因数 Q 的定义可知，相对带宽等于品质因数的倒数，即

$$b = \frac{1}{Q} \tag{5-72}$$

Q 越大，则相对带宽越小，滤波器的选择性就越好。在作信号频谱分析时，要用一组中心频率逐级可变的带通滤波器，当中心频率变化时，各滤波器带宽遵循一定的规则取值。通常用两种方法构成两种不同的带通滤波器：恒带宽比滤波器和恒带宽滤波器。

（1）恒带宽比滤波器。这种滤波器的相对带宽是常数，即

$$b = \frac{B}{f_0} = \frac{f_{c2} - f_{c1}}{f_0} \times 100\% = 常数$$

（2）恒带宽滤波器。这种滤波器的绝对带宽为常数，即

$$B = f_{c2} - f_{c1} = 常数$$

当中心频率 f_0 变化时，上述两种滤波器带宽变化的情况如图 5-46 所示。实现恒带宽比滤波器的方式常采用倍频程带通滤波器，它的上、下截止频率之间应满足以下的关系，即

$$f_{c2} = 2^n f_{c1} \tag{5-73}$$

式中，n 为倍频程数。$n=1$，称倍频程滤波器；$n=1/3$，则称 $1/3$ 倍频程滤波器；以此类推。

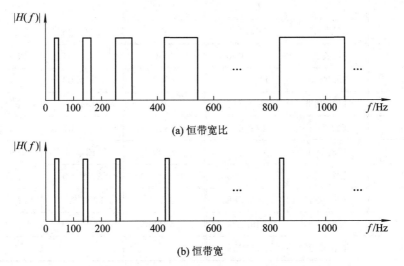

图 5-46　理想恒带宽比和恒带宽滤波器特性

由于滤波器中心频率 $f_0 = \sqrt{f_{c1} \cdot f_{c2}}$，根据式(5-73)可得：

$$f_{c2} = 2^{\frac{n}{2}} f_0, \qquad f_{c1} = 2^{-\frac{n}{2}} f_0$$

又根据 $B = f_{c2} - f_{c1} = \dfrac{f_0}{Q}$，则可得

$$b = \frac{B}{f_0} = 2^{\frac{n}{2}} - 2^{-\frac{n}{2}} \qquad\qquad (5-74)$$

由此可得如下的关系：

倍频程	n	1	1/3	1/5	1/10
品质因数	Q	1.41	4.32	7.21	14.42

同理可证，对于邻接的一组滤波器，后一个滤波器的中心频率 f_{02} 与前一个滤波器的中心频率 f_{01} 间应满足如下关系：

$$f_{02} = 2^n f_{01} \qquad\qquad (5-75)$$

根据式(5-74)和式(5-75)便可以进行滤波器组的设计。只要根据频率分析的要求选定一个 n 值，便可确定滤波器组中各滤波器的带宽和中心频率。表5.2给出了1/3倍频程滤波器的中心频率和上、下截止频率。

表5-2　1/3倍频程滤波器的中心频率和上、下截止频率(ISO标准)

中心频率 f_0	下截止频率 f_d	上截止频率 f_u	中心频率 f_0	下截止频率 f_d	上截止频率 f_u
16	14.2544	17.9600	630	561.267	707.175
20	17.8180	22.4500	800	712.720	898.000
25	22.2725	28.0625	1000	890.900	1122.50
31.5	28.0634	38.5875	1250	1113.63	1403.13
40	35.6360	44.9000	1600	1425.44	1796.00
50	44.5450	56.1250	2000	1781.80	2245.00
63	56.1267	70.7175	2500	2227.25	2806.25
80	71.2720	89.8000	3150	2806.34	3535.88
100	89.0900	112.2500	4000	3563.60	4490.00
125	111.363	140.313	5000	4454.50	5612.50
160	142.544	179.600	6300	5612.67	7071.75
200	178.180	224.500	8000	7127.20	8980.00
250	222.725	280.625	10 000	8909.00	11 225.0
315	280.634	353.588	12 500	11 136.3	14 031.3
400	356.360	449.000	16 000	14 254.4	17 960.0
500	445.450	516.250			

恒带宽比滤波器的滤波性能在低频段较好，但在高频段由于其带宽增大而变坏，使频率分辨力下降，从图5-46中可清楚地看到这一点。因此，为使滤波器在所有频段均具有良好的频率分辨特性，可使用恒带宽滤波器。为提高分辨力，滤波器的带宽可做得窄些，但由此在整个频率分析范围内所使用的滤波器数量便会增加。因此恒带宽滤波器不应做成中心频率固定的，应使滤波器的中心频率跟随一个预定的参考信号，作信号频谱分析时，该参考信号用一频率扫描的信号发生器来供给。恒带宽滤波器同样应遵循带宽 B 与滤波器建立时间

T_e 之积应大于一个常数的要求(式(5-44))。因此若用参考信号进行频率扫描,所得信号频谱是有一定畸变的。实际使用时,只要对扫频速度加以限制,使其不大于 $(0.1\sim 0.5)B^2$,单位为 Hz/s,就能获得相当精确的频谱图。常用的恒带宽滤波器有相关滤波器和变频跟踪滤波器两种。

3. 带通滤波器在信号频率分析中的应用

带通滤波器的一个典型应用是用作信号频率分析。以下介绍几种模拟式频率分析仪。

1) 跟踪滤波器

图 5-47 所示为一变频式跟踪滤波器的原理图。将频率为 Ω(100 kHz)的晶体振荡器的两路正交信号同频率为 ω 的两路正交信号相乘和相减,得频率为 $(\Omega+\omega)$ 的信号。将此信号再与被测信号 $u(t)$ 相乘。其中 $u(t)=A\sin(\omega t+\varphi)+n(t)$, $n(t)$ 为噪声。经上述运算后得到的信号为

$$\frac{k_1 k_2 A}{2}\{\sin[(\Omega+2\omega)t+\theta+\varphi]-\sin[\Omega t+\theta+\varphi]\}$$

亦即得到频率为 $(\Omega+2\omega)$ 和 Ω 的两种分量。上述信号通过一个中心频率为 Ω 的窄带滤波器(带宽一般不大于 4 Hz)后,仅剩下频率为 Ω 的分量,因此滤出了与参考信号同频率(ω)成分的幅值 A 和相角 φ 信息。经整流和相位比较之后便可获取幅值 A 和相角 φ 的信息。原信号中的噪声 $n(t)$ 与频率($\Omega+\omega$)的信号相乘后所产生的频率成分均被排斥在滤波器通带外而被滤除。将参考信号作成连续的扫频信号,则经该跟踪滤波器处理后便可得到被测信号的频谱。用同样的方法也可得到一个系统的传递特性。

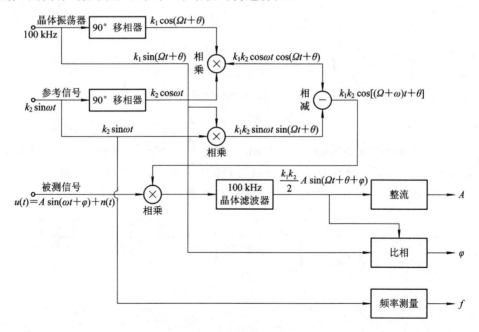

图 5-47　变频式跟踪滤波器原理图

从图 5-47 可见,跟踪滤波器的一个关键元件是窄带滤波器,一般采用通带很窄的晶体滤波器。由于既要提取信号的幅值又要提取信号的相位信息,因而该滤波器的特性必须与晶体振荡器的特性一致。故对晶体的制造提出了十分严格的要求。这种模拟式跟踪滤波

技术广泛用于模态分析，目前已被数字谱分析技术所替代。

2) 开关电容滤波器

开关电容滤波器(Switched Capacitor Filter)是 20 世纪 70 年代后期发展起来的新型单片滤波器件，具有体积小、性能好、价格低和使用方便等诸多优点，已广泛用于信号处理和通信等领域。

开关电容滤波器是一种由 MOS 开关、MOS 电容器和运算放大器构成的集成电路，其基本原理是用开关电容来替代原 RC 滤波器中的电阻 R，从而使滤波器的特性仅取决于开关频率和网络中的电容比。

图 5-48 为开关电容滤波器的等效电路。图(a)中，当开关 S 接通 A 点时，则电容 C 上将储存有电荷量 Cu_A；当 S 接通 B 点时，则经负载放电而产生电压 u_B，此时电容 C 上储存有电荷量 Cu_B；当开关 S 交替接通 A 和 B 点时，在一个开关周期 T 内由电容 C 传送的电荷量为

$$\Delta Q = Cu_A - Cu_B \qquad (5-76)$$

所产生的平均电流为

$$I = \frac{Cu_A - Cu_B}{T} \qquad (5-77)$$

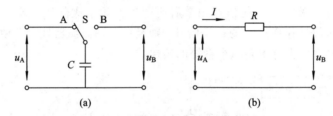

图 5-48 开关电容滤波器的等效电路

若将开关电容等效为图 5-48(b)的电阻 R，则 R 的值为

$$R = \frac{u_A - u_B}{I} = \frac{T}{C} \qquad (5-78)$$

将图 5-48 中的开关 S 和电容 C 用 MOS 开关和 MOS 电容来替代，并用两个同频反相的脉冲列 φ 和 $\bar{\varphi}$ 分别驱动两个开关，则可得到最简单的 MOS 型开关电容等效电阻电路（如图 5-49(a)所示），图 5-49(b)为两驱动脉冲波形。

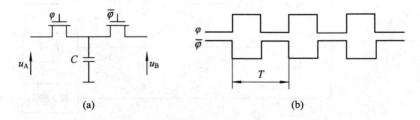

图 5-49 MOS 型开关电容等效电阻电路及脉冲波形

下面介绍开关电容在低通滤波器上的应用情况。图 5-50(a)为一个一阶 RC 低通滤波器，其传递函数为

$$H(s) = \frac{-1}{R_1 C_1 s} = -\frac{1}{\tau s} \tag{5-79}$$

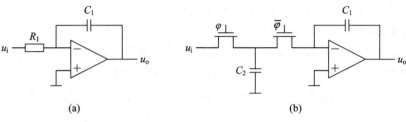

(a)　　　　　　　　　　　　　(b)

图 5 - 50　一阶有源低通滤波器及其相应开关电容实现形式

用一开关电容器替代电路中的电阻 R_1 则得到图 5 - 50(b)所示的对应电路。将式 (5 - 78)代入式(5 - 79)，得此电路的传递函数表达式：

$$H(s) = -\frac{1}{\left(\dfrac{T}{C_2}\right) C_1 s} \tag{5-80}$$

由式(5 - 79)可得到此开关电容实现的一阶低通滤波器的时间常数为

$$\tau = \frac{C_1}{C_2} T = \frac{C_1}{C_2 f} \tag{5-81}$$

式中，$f = 1/T$ 为开关频率。

由式(5 - 81)可知，滤波器的时间常数仅取决于开关频率 f 及电路中的电容比 C_1/C_2，因此改变驱动脉冲 φ 和 $\bar{\varphi}$ 的频率即可改变滤波器的时间常数。采用集成电路工艺能保证获得精确和稳定的电容比值，且电容的绝对值可做得很小，故集成电路型的开关电容器的尺寸很小，从而可将多个滤波器集成在一个芯片上。采用这种结构的倍频程带通滤波器可十分方便地构成一个频率分析仪。另外，还可用开关电容器件组成各种传递函数的网络电路。开关电容的独特结构和性能使它广泛应用于信号处理、智能化仪器、网络分析、无线电通信等领域。设计中要注意开关电容器件的开关噪声及高于开关频率的高频信号的混叠等问题。

思考与练习题

1. 有人在使用电阻应变片时，发现灵敏度不够，于是试图在工作电桥上增加电阻应变片数以提高灵敏度。试分别分析在半桥双臂各串联一片和半桥双臂各并联一片两种情况下，是否可以提高灵敏度？为什么？

2. 用电阻值 $R = 100\ \Omega$、灵敏度 $S = 2.5$ 的电阻应变片与阻值 $R = 100\ \Omega$ 的固定电阻组成电桥，供桥电压为 10 V。当应变片应变为 1000 $\mu\varepsilon$ 时，若要使输出电压大于 10 mV，则可采用何种接桥方式？计算输出电压值(设输出阻抗为无穷大)，并画出接线图。

3. 以阻值 $R = 100\ \Omega$、灵敏度 $S = 2$ 的电阻应变片与阻值 100 Ω 的固定电阻组成电桥，供桥电压为 4 V，并假定负载电阻无穷大。当应变片的应变分别为 1 $\mu\varepsilon$ 和 1000 $\mu\varepsilon$ 时，计算半桥单臂、半桥双臂及全桥的输出电压，并比较三种情况下的灵敏度。

4. 若调制信号是一个限带信号(最高频率 f_m 为有限值)，载波频率为 f_0，那么 f_m 与 f_0 应满足什么关系？为什么？若不满足，会出现什么情况？

5. 交流应变电桥的输出电压是一个调幅波。设供桥电压 $u_0 = \sin 2\pi f_0 t$，电阻变化量为 $\Delta R(t) = R_0 \cos 2\pi f t$，其中 $f_0 \gg f$，问电桥输出电压 $u_y(t)$ 的频谱。

6. 一个信号具有从 100 Hz 到 500 Hz 范围的频率成分，对此信号进行调幅。

(1) 试求调幅波的带宽。

(2) 若载波的频率为 10 kHz，在调幅波中将出现哪些频率成分？

7. 用电阻应变片接成全桥，测量某一构件的应变，已知其变化规律为 $\varepsilon(t) = A\cos 10t + B\cos 100t$。如果电桥的激励电压 $u_i = U\sin 10\,000t$，求电桥的输出信号频谱，并画出频谱图。

8. 什么是滤波器的分辨力？与哪些因素有关？

9. 有一个 1/3 倍频程滤波器，其中心频率 $f_0 = 500$ Hz，建立时间 $T_e = 0.8$ s。

(1) 求该滤波器的带宽 B；

(2) 求该滤波器的上、下截止频率 f_{c1}、f_{c2}；

(3) 若中心频率改为 $f_0' = 200$ Hz，求该滤波器的带宽，上、下截止频率和建立时间。

10. 设一滤波器的传递函数为 $H(s) = \dfrac{1}{0.0036s + 1}$，试求其上、下截止频率，画出其幅频特性示意图。

第 6 章　信号的显示与记录

6.1　概　　述

在前面几章中介绍了测试信号的获取、转换以及信号处理等知识。作为一个完整的测试仪器或系统，其测量信号总是需要显示、打印或输出给其他设备，最终以某种结果的形式体现或存储起来。由于各种测试系统的应用对象和使用的要求不同，因此其测量结果需要以不同形式的信号输出来满足不同使用对象的需求，也就需要不同的设备与技术来实现。

信号的输出是测试仪器不可或缺的构成环节。过去的测试仪器的信号输出形式比较单一，输出物理量大多为机械模拟信号和电子模拟信号，信号输出的目的也仅仅是为了指示或显示仪器检测的结果。近年来，随着现代微电子技术和微型计算机技术的飞速发展，为满足不同应用对象和应用要求的需要，测试信号的输出形式已经十分丰富，信号输出的目的不仅仅是简单的结果显示与记录。因此，测试仪器的信号显示与记录有了新的含义。

测试仪器信号的显示与记录是指将测试结果（包括中间结果）以特定形式提供给特定的对象，或为特定对象提供特定接口的技术。现代测试仪器的信号输出技术已经不再是简单的人—机界面，还应该包括仪器与仪器之间、仪器与执行器之间的接口技术，信号显示与技术已经成为现代测试系统整体水平的重要标志。因此，信号的显示与记录是现代测试技术的必备知识。

与模拟量输出相比较，数字量的输出驱动简单、显示直观、抗干扰能力强、传输距离远、接口标准化、通用性和兼容性强。现代测试仪器大多采用数字信号输出，仅在某些特殊情况下需要使用模拟信号输出，因此，本章对模拟信号输出技术进行一般介绍而重点介绍数字信号。

6.2　信号显示与记录的形式及分类

测试信号的显示与记录的形式多种多样，可以从不同的角度分类。根据输出的物理量分类，测试仪器的信号输出可分为机械量信号输出、电子量信号输出和光电图示信号输出；根据信号输出的性质，可分为模拟输出和数字输出；根据输出信号的频率，可分为低频信号输出和高频信号输出；根据输出信号应用角度，可分为指示和显示类、记录类以及通信接口和驱动类。

实际上，测试仪器的信号输出很难按照上述标准严格分类。因为目前功能比较强的测试与检测系统往往都采用更复杂的综合输出方式，其信号输出同时采用上述信号输出项中的几种并行输出，以满足不同使用对象的要求。但为了方便学习，便于理解、掌握及应用，本章主要依据按输出信号应用分类的方法进行介绍。

测试仪器的信号输出形式分类如图 6-1 所示。

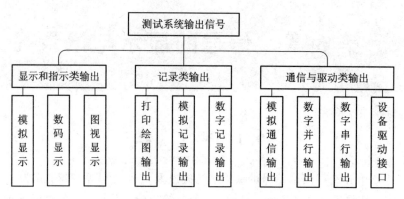

图 6-1 测试仪器的信号输出形式分类

对于大多数测试仪器来说，最重要也是最常用的信号输出技术是显示和指示类输出技术以及记录类输出技术，因此这是本章介绍的主要内容。通信与驱动类输出技术在特定仪器中有各自特定的要求，不具备普遍性和一般性，因此本章不将其作为重点内容。

6.3 显示和指示类信号输出

显示和指示类信号输出主要用于测试结果、信号特征测量（如幅值、频率、相位角）以及信号波形的显示和指示，包括模拟显示、数码显示、图示波形显示等几种基本结构，其特点是输出信号直观，并能充分测试与检测信号的实时性。显示和指示类信号输出一般用于人—机界面，通常不具备记录和重放功能。

6.3.1 模拟显示

模拟显示通常利用模拟显示仪表来实现。模拟显示仪表又称直读仪表，常装有指针，根据指针在标尺上的位置读出被测量，如各种交直流电流表、电压表、功率表、万用表。早期设计的测试和检测仪器的信号输出多为模拟输出，通过机械表头或电流表表头进行指示。用机械表头指示的测试仪器目前比较少见，但仍有一些产品由于原理和结构简单目前还在使用中。电流表表头广泛地应用于直流电流和直流电压的测量。与整流元件配合，可以用于交流电流与电压的测量；与变换电路配合，也可以用于功率、频率、相位等其他电量的测量，还可以用来测量多种非电量，例如温度，压力等；当采用特殊结构时，可制成检流计。

电流表表头一般为磁电式的，根据磁路形式的不同，分为外磁式、内磁式和内外磁结合式三种结构。

永久磁铁放在可动线圈之外的磁电式仪表称为外磁式，其结构如图 6-2 所示。安培计和伏特计大多是由磁电式电流计改装的。在永久磁铁的两极之间有一圆柱形的软铁心，用来增强磁极和铁心间的空气隙内的磁场，并使磁场均匀地沿径向分布。在空气隙内放一可绕固定轴转动的线圈，轴的两端各有一个游丝，且在轴一端上固定一个指针（有一些灵敏电流计中线圈常悬在悬丝上）。

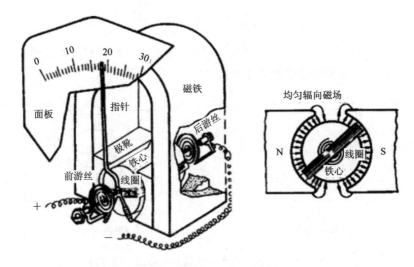

图 6-2　电流计的结构

电流计的原理如下：

当电流 I 通过线圈时，线圈在磁场中受到磁力矩的作用而转动。无论线圈转到什么位置，线圈平面的法线方向总是和线圈所在处的磁场方向垂直，因此，线圈所受磁力矩 M 的大小是不变的，即

$$M = NBIA \tag{6-1}$$

式中，N 为线圈匝数；A 为线圈面积；B 为磁场强度；I 为通过线圈的电流。

当线圈转动时，卷紧的游丝给线圈一个反方向的扭转力矩 M'。该力矩与线圈转过的角度 θ 成正比，即

$$M' = k\theta \tag{6-2}$$

式中，k 称为游丝的扭转常量，对于一定的游丝来说 k 是恒量。

当线圈受到的磁力矩和游丝给线圈的扭转力矩相互平衡时，线圈就稳定在这个位置，此时

$$NBIA = k\theta \tag{6-3}$$

于是

$$I = \frac{k}{NBA}\theta = K\theta \tag{6-4}$$

显然，式(6-4)中，K 是恒量，通常称为电流计常量，表示电流计偏转单位角度时所需通过的电流。K 值越小，电流计越灵敏。线圈偏转的角度 θ 与通过线圈的电流 I 成正比，这样就可以从指针所指位置测出电流。电流计的灵敏度很高，通过线圈的最小电流可以小到 $1\ \mu A$ 或以下。

测试信号的输出一般为电压信号或电流信号。不同的测试系统，其信号输出量及指示精度要求不同。图 6-3 是利用电流计输出不同量程的电压信号和电流信号的典型输出电路。

在图 6-3(a)中，U_s 是测试仪器输出的电压信号，分压电阻 R_1 的阻值永远大于电流计内阻 r。设通过电流计的电流为 I，则测试仪器的输出电压与电流计指针偏转角度 θ 的关系为

$$U_s = (R_1 + r)I = K(R_1 + r)\theta \tag{6-5}$$

如果已知测试仪器输出的电压信号最大值为 $U_{\max}$，电流计满量程时可以通过的电流为 $I_{\max}$，则可以很容易设计出分压电阻 R_1 的阻值为

$$R_1 = \frac{U_{max}}{I_{max}} - r \qquad (6-6)$$

I_{max}(一般在微安量级)和 r(一般在欧姆量级)都很小。如果 U_{max} 为伏特量级，则 R_1 将在兆欧量级，对测试信号的输出相当于开路状态。

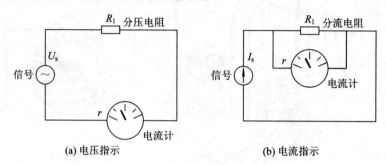

(a) 电压指示　　　　　　　　　　　　　　　**(b)** 电流指示

图 6-3　电流计在测试仪器信号输出中的应用

在图 6-3(b)中，I_s 是测试仪器输出的电流信号，R_1 分流电阻的阻值永远小于电流计内阻 r。设通过电流计电流为 I_s，则测试仪器的输出电流 I_s 与电流计指针偏转角度 θ 的关系为

$$I_s = \frac{R_1 + r}{R_1} I = K \frac{R_1 + r}{R_1} \theta \qquad (6-7)$$

如果已知测试仪器的输出电流信号最大值为 $I_{s,\,max}$，电流计满量程时可以通过的电流为 I_{max}，则可以很容易设计出分流电阻 R_1 的阻值为

$$R_1 = \frac{I_{max}}{I_{s,\,max} - I_{max}} \qquad (6-8)$$

同样，I_{max}(一般在微安量级)和 r(一般在欧姆量级)都很小。如果 $I_{s,\,max}$ 为毫安量级，则 R_1 将在毫欧量级，对测试信号的输出相当于短路状态。

在测试系统中，电流计的另一个重要功能是可以指示短促的电流脉冲信号的大小，这对于设计成本敏感的测试系统来说是很有吸引力的。因为除此之外，只能用示波器或其他成本较高的脉冲信号专用设备才能实现同样的功能。

假使在通电的极短的时间 t 内，电流的线圈(连同其他可转动的部件)受到一个冲量力矩 G 的作用

$$G = \int_0^t M \, dt = \int_0^t NBIA \, dt = NBA \int_0^t I \, dt = NBAq \qquad (6-9)$$

式中，q 为脉冲电流通过时的总电荷量。

由于这个冲量力矩的作用时间 t 极短，在 t 时间内，可认为线圈的位置没有显著变动，仅是线圈很快地从静止变为以角速度 ω 启动。按角动量原理应有

$$G = J\omega \qquad (6-10)$$

式中，J 为线圈(连同其他可转动部件)的转动惯量。

线圈启动后，受游丝扭转力矩作用，角速度 ω 减小，直转至最大偏转角 θ 位置上瞬时静止(以后线圈转回初始位置，并往返摆动)。从启动到偏转到最大偏转角 θ 位置的过程中，机械能是守恒的，线圈在最大偏转角 θ 时的弹性势能等于线圈启动时的初动能，即

$$\frac{1}{2} k\theta^2 = \frac{1}{2} \omega^2 \qquad (6-11)$$

于是，

$$q = \frac{\sqrt{kJ}}{NBA}\theta \qquad (6-12)$$

式中，k 为游丝的扭转常量。

式(6-12)表明，从最大偏转角 θ 可以测定电流脉冲通过时(例如电容器放电时)的电荷量 q，这就是电流计的电流脉冲信号指示原理。根据图 6-3 所示，显然也可以用电流计指示不同幅度的电压和电流脉冲信号。

正是由于电流计可以用极其低廉的价格实现脉冲信号指示功能，所以在模拟输出设备日趋淘汰、数字技术日趋发达的今天，电流计仍未被完全淘汰。

6.3.2　数码显示

随着数字技术的发展，目前大多数测试仪器都采用数码显示方式输出测试结果。数码显示常用的显示器有发光二极管(Light Emitting Diode，LED)、液晶显示器(Liquid Crystal Display，LCD)、真空荧光显示器(Vacum Fluorescent Display，VFD)、等离子显示器(Plasma Display Panel，PDP)。本小节重点介绍前两种。相对于发光二极管，液晶显示器亮度较弱，且由于液晶显示器是被动显示，因此它需要外光源。

各种测试信号输出与数码显示器的接口原理框图如图 6-4 所示。测试仪器信号以不同形式输出，首先要用不同的转换电路来转换成数字信号，然后通过译码、锁存、驱动电路，被数码显示出来。不同的数码显示器需要不同的驱动技术。

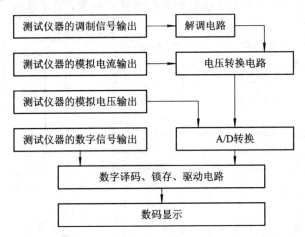

图 6-4　各种测试信号输出与数码显示器的接口原理框图

1. 发光二极管(LED)数码显示

如图 6-5 所示，LED 数码显示器件分别有七段("8"字形)数码管(图(a))、"米"字形数码管(图(b))、数码点阵(图(c))和数码条柱(图(d))四种类型。其中"8"字形和"米"字形显示器最为常用，一般用于显示 0～9 的数字数码和简单英文字母；数码点阵显示器不仅可以显示数码，还可以显示英文字母和汉字以及其他二值图形；数码条柱显示器比较简单，多用于分辨率要求不高的信号幅度显示，如音频信号幅度显示、电源电池容量的指示、汽车油箱液位高度的显示、水箱相对温度的显示等。

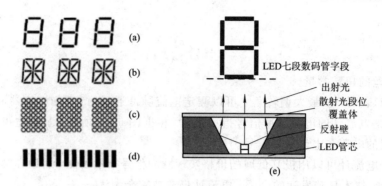

图 6-5 LED 数码显示器件及其字段构成原理

发光二极管的管芯很小(100 μm 左右),发光时相当于一个发射角很大而发光面积很小的点光源,不足以直接形成,需要一定大小(几十毫米)的显示字段。因此需要一个外形与字段相同的特殊反光和散光结构来扩大发光面积,并使整个字段接近均匀发光。由发光二极管构成数码显示字段,然后由数码显示字段构成 LED 数码显示块。LED 数码显器结构原理示意图如图 6-5(e)所示。

LED 数码显示器件的种类不同,其驱动电路的复杂程度也有所差别,但对于所有的 LED 数码显示器件,其驱动显示原理是相同的。因此本节仅以常用的 LED 数码显示块为例,详细说明其驱动显示原理。

常用的 LED 显示块有七段和"米"字段之分,并有共阳极和共阴极两种类型。如图6-6所示,共阴极 LED 显示块的发光二极管的阴极连接在一起,通常接地,当某个发光二极管

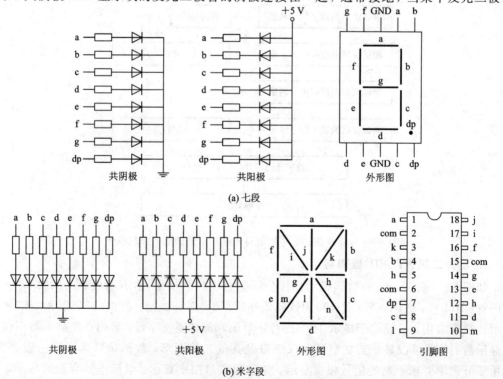

图 6-6 LED 显示器结构与工作原理

的阳极为高电平时,该发光二极管点亮,相应的段被显示。同样,共阳极 LED 显示块的发光二极管阳极连接在一起,通常公共阳极接正电压,当某个发光二极管的阴极接低电平时,该发光二极管被点亮,相应的段被显示。图 6-6 中的两个显示块都有 dp 显示段,用于显示小数点。

一片 LED 显示块可以显示一位完整的数码,由 N 片 LED 显示块可以拼接成 N 位的 LED 显示器。N 位 LED 显示器有 N 根位选线(共阴极线或共阳极线)和 $8 \times N$(七段型)或 $16 \times N$("米"字段)根段选线。根据显示方式不同,位选线和段选线的连接方式也各不相同。段选线控制显示字符的字形;而位选线则可以控制显示位的亮或暗。LED 显示器有静态显示和动态显示两种显示方式。

1) LED 静态显示方式

LED 显示器工作于静态方式时,各位的共阴极(或共阳极)位选线在一起并接地(或正电压),每位的段选线(a～dp)分别由一个 8 位的锁存输出驱动。之所以称为静态显示,是由于显示器中的各位互相独立,而且各位的显示字符一经确定,相应锁存器的输出将维持不变,直到显示另一个字符为止。也正因为如此,静态显示器的亮度比较高。

如图 6-7 所示为一个 4 位的 LED 显示器电路原理图,各位连线连接在一起并接地(或正电压)。该电路各位可独立显示,只要在该位的段选线上保持段选码电平,该位就能保持相应的显示字符。由于各位分别由一个 8 位输出口控制段选码,因此在同一时刻,每一位显示的字符可以各不相同。

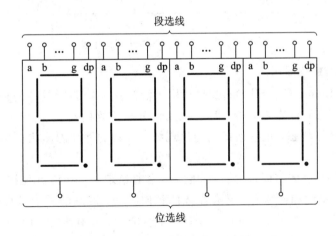

图 6-7　LED 静态显示电路原理图

静态显示方式原理简单、驱动容易、显示亮度较高,付出的代价是占用的硬件资源比较多、功耗较大。因此在显示位数较多的情况下,一般都采用动态显示方式。

2) LED 动态显示方式

在多位 LED 显示时,为了简化硬件电路,通常将所有位的段选线相应地并接在一起,由一个(七段 LED)或两个("米"字段 LED)8 位驱动器控制,形成段选线的多路复用,而各位的共阳极或共阴极位选线分别由相应的位选端口线控制,实现各位的分时复用。图 6-8 所示为一个 4 位七段 LED 动态显示器电路原理图,其中段选线总共只需要 8 根驱动线,而位选线总共只需要 4 根驱动线。由于各位的段选线并联,段码的输出对各位来说都是相同的。因此，同一时刻，如果各位位选线都处于选通状态的话，4 位 LED 将显示相同的字符。若要各位 LED 能够显示出与文本相应的显示字符，就必须采用扫描方式，即在某一时刻，只让某一位的位选线处于选通状态，而其余的位选线处于关闭状态；同时，段选线上输出相应位要显示字符的字形码，则同一时刻，只有选通位显示出相应的字符，而其余位则是熄灭的，如此循环下去，就可以使各位显示出将要显示的字符，虽然这些字符是在不同时刻出现的，但由于人眼有视觉暂留现象，只要循环周期足够短（一般小于 20 ms），则可造成多位同时亮的假象，达到显示目的。

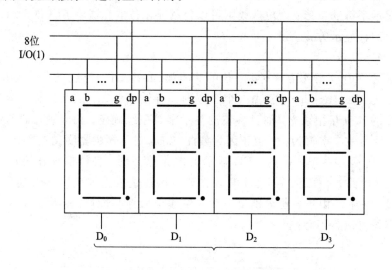

图 6-8 LED 动态显示电路原理图

2. 液晶(LCD)数码显示

液晶显示器(Liquid Crystal Display)利用了液晶这一物态所具备的独特的物理性质，液晶是一种介于固态和液态之间的、具有规则性分子排列的有机化合物。如果把它加热，就会呈现透明的液体状态，把它冷却则会出现结晶颗粒的浑浊固体状态，因此液晶显示器不适合超低温环境。

液晶是一种介于液体与固体之间的热力学中的稳定相，其特点是在一定的温度范围内，既有液体的流动性和连续性，又有晶体的各向异性。液晶的分子呈长棒形，长宽比较大，不能弯曲，是一个刚性体，中心一般有一个桥链，两头有极性。LCD 的基本结构和显示原理如图 6-9 所示。由于液晶的四壁效应，在定向膜的作用下，液晶分子在正、背玻璃电极上呈水平排列，但排列方向互为正交，而玻璃间的分子呈连续扭转过渡。这样构造能使液晶对光产生旋光作用，使光的偏振方向旋转 90°。当外部光线通过上偏振片后形成偏振光，偏振方向成垂直方向，当此偏振光通过液晶材料之后，被偏转 90°，偏振方向成水平方向。此方向与下偏振片的偏振方向一致，因此，此光线能完全穿过下偏振片而到达反射板，经反射后沿原路返回，从而呈现透明状态。当在液晶盒的上、下电极上加上一定的电压后，电极部分的液晶分子转成垂直排列，从而失去旋光柱。因此，从上偏振片入射的偏振光不被旋转，当此偏振光到达下偏振片时，因其偏振方向与下偏振片的偏振方向垂直，因而被下偏振片吸收，无法达到反射板形成反射，所以呈现黑色。根据需要，将电极做成各种文字、数字或点阵，就可以获得所需要的各种显示。

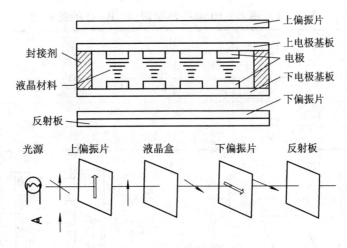

图 6 - 9　LCD 显示的基本结构和显示原理

　　液晶显示器的驱动方式由电极引线的选择方式确定，因此，在选择好液晶显示器之后，用户无法改变驱动方式。由于直流电压驱动 LCD 会使液晶体产生电解和电极老化，从而大大降低 LCD 的使用寿命，所以现用的驱动方式多为交流驱动。静态驱动回路及波形显示如图 6 - 10 所示，其中控制字段 A、公共电极 B 及异或门输出 C 的关系如表 6 - 1 所示。图 6 - 10 中，LCD 表示某个液晶显示字段，当此字段上两个电极的电压相位相同时，两电极之间的电位差为零，该字段不显示；当此字段上两个电极的电压相位相反时，两电极之间的电位差不为零，为驱动方波电压幅值的两倍，该字段呈现出黑色显示。图 6 - 11 为七段液晶显示器的电极配置和驱动电路，七段译码器完成从 BCD 码到七段段选的译码，其真值表及数字显示如表 6 - 2 所示。

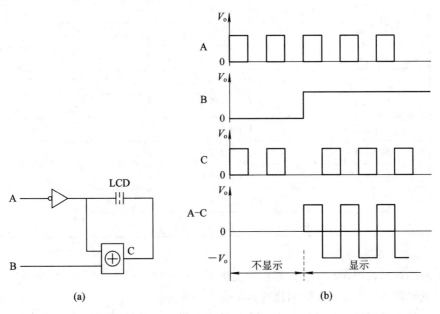

图 6 - 10　LCD 静态驱动回路及波形显示

表6‑1 图6‑10中控制字段A、B、C的关系表

A	B	C
0	0	0
0	1	1
1	0	1
1	1	0

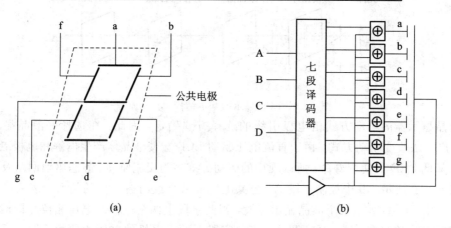

(a) (b)

图6‑11 七段LCD的电极配置和驱动电路

表6‑2 七段译码器真值表及数字显示

A B C D	a b c d e f g	数字显示
0 0 0 0	1 1 1 1 1 1 0	0
0 0 0 1	0 1 1 0 0 0 0	1
0 0 1 0	1 1 0 1 1 0 1	2
0 0 1 1	1 1 1 1 0 0 1	3
0 1 0 0	0 1 1 0 0 1 1	4
0 1 0 1	1 1 1 1 0 1 1	5
0 1 1 0	1 0 1 1 1 1 1	6
0 1 1 1	1 0 1 0 0 0 0	7
1 0 0 0	1 1 1 1 1 1 1	8
1 0 0 1	1 1 1 1 0 1 1	9

1）液晶显示器的特点

（1）液晶显示器寿命长，能长期正常工作。

（2）无辐射污染，与显像管相比这是最突出的优势。

（3）液晶显示器属于被动显示，液体本身不会发光，而是靠外界光的不同反射和透射形成不同的对比度来达到显示的目的。外光越强，显示内容也越清晰。这种显示更适合于人眼视觉，不易引起眼睛的疲劳，有益于长期观看显示器的工作者。

（4）液晶显示器的工作电压一般为 2～3 V，所需的电流只有几个微安，因此它是低电压、低功率显示器件，与阴极射线显示器（CRT）相比，可大幅降低功耗。

（5）由于液晶为无色，采用滤色膜便可实现彩色化，能重现彩色画面，在视频领域有着广阔的发展前途。

2）液晶显示器的技术参数

（1）色深：指色彩层次。LCD 是液晶显示屏的全称，它包括了薄膜晶体管（Thin Film Transistor，TFT）、双层超扭曲向列型显示器（Dual - layer Super Twist Nematic，DSTN）等类型液晶显示屏。LCD 的色彩层次比较丰富，其中 TFT 显示器可显示 24 bit 色深的真彩色，新的 TFT 显示器甚至可支持 16 万色显示，色彩十分鲜艳；DSTN 显示器只有 256 K 种色彩。

（2）分辨率：LCD 的分辨率与 CRT 显示器不同，一般不能任意调整，它是厂家设置的。显示器的分辨率是指屏幕上每行有多少像素点、每列有多少像素点。现在 LCD 的分辨率一般是 800 点×600 行的高级视频图形阵列（Super Video Graphics Array，SVGA）显示模式和 1024 点×768 行的多扩展图形阵列（Extend Graphic Array，XGA）显示模式。

（3）刷新频率：LCD 刷新频率是指每个像素在 1 秒钟内被刷新的次数，这和 CRT 显示器是相同的。刷新频率过低，可能出现屏幕图像闪烁或抖动的现象。

另外，防眩光、防反射性能也是 LCD 显示器的重要指标，这是为了减轻眼睛疲劳所增设的功能。由于 LCD 屏幕结构特点，屏幕的前景会反光，以及像素自身的对比度和亮度都将对用户眼睛产生反射和眩光，特别是侧面观察屏幕时表现得很明显。

6.3.3　图视显示

测试仪器的简单信息显示，如测量结果、信号的幅值、频率、相角、峰峰值等信号特征值都可以采用前面介绍的模拟指示和数码显示技术输出。然而现代测试仪器需要输出的信息越来越多，也越来越复杂，而且有时候需要根据不同工作状态进行输出调整，或要求输出信号的实际波形，此时前面两种信息显示方式显然无法满足这一要求，这时只有图视显示技术可以达到目的。

图视显示是点阵图形显示和视频图像显示的总称。近年来，该技术的发展非常迅速，不仅有许多成熟技术可供测试仪器选用，而且很多图视显示新技术正逐渐走出实验室。在这些技术中，发光二极管（LED）是一种全固化的发光器件，可以把电能直接转化成光能，是很有希望的一种平面显示技术。但受单晶体面积的限制，只能制作分离的 LED 器件，然后组装成大面积的广告显示，目前还不适合制作高密度显示，因此很少在测试与检测仪器中作阵列式图视显示。本节先介绍目前测试与检测仪器中常用的 CRT 技术和 LCD 点阵显示技术及其应用，然后介绍若干已经走出实验室的图示显视新技术。

不管采用哪一种具体的显示器件，测试仪器的图视显示输出硬件构成都可以概括为图 6 - 12 所示的基本结构。首先将测试仪器的输出信号（如果需要的话）变换成数字信号，然后将该数字信号通过显示驱动及控制电路写入显示缓存储器，由显示驱动及控制电路完成译码、信号变换及驱动等工作，最后由显示器（屏）显示出来。图中灰色背景框中的"输出控制电路及软件"用于显示接口信号的协调控制，一般是由微控制器或微处理器（MCU 或 CPU 单片机）实现，同时为测试仪器的其他功能服务。显示驱动及控制电路、显示缓冲存储器，甚至包括显示器(如 LCD 显示屏)往往集成在一起，构成一个标准的显示卡(模块)。对"输出控制电路及软件"来说，相当于一个标准的并行数字输出口。

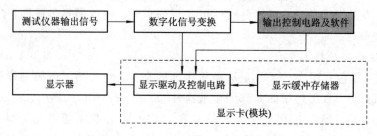

图 6-12　图视显示输出硬件实现框图

1. 阴极射线管(Cathode-Ray Tube, CRT)图视显示

CRT 技术发展已有 100 多年的历史，这种技术具有显示品质好、性能稳定可靠、寻址方式简单、制造成本低、价格便宜等特点。CRT 既适合于 102 cm(40 in)以下电视和计算机终端显示，也可应用于投影大屏幕电视。CRT 显示技术一般可分为 CRT 波形显示器技术和 CRT 图像显示器技术两种类型，其原理相近但不相同，以下将分别予以介绍。

CRT 纯平显示器具有可视角度大、无坏点、色彩还原度高、色度均匀、可调节的多分辨率模式、响应时间极短等 LCD 显示器难以超越的优点，而且 CRT 显示器价格要比 LCD 显示器便宜很多，它曾是应用最广泛的显示器之一。

1) CRT 波形显示器技术

CRT 是一种使用阴极射线管的显示器，主要由五部分组成：电子枪、偏转线圈(Deflection coils)、荫罩(Shadow mask)、荧光粉层(Phosphor)及玻璃外壳。

CRT 波形显示器的工作原理如图 6-13 所示。电子枪由灯丝和栅极构成，电子枪中灯丝加热发射出来的热电子(单位时间内发射出来的热电子数量由加在栅极上的电压来控制)

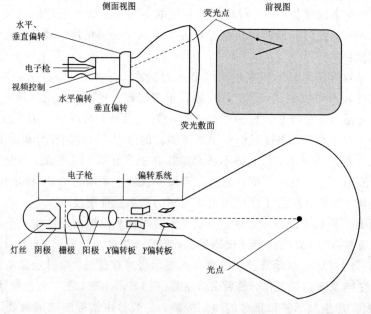

图 6-13　CRT 波形显示器工作原理

被加速电极加速以后，形成一束很细的电子束，在没有外力的作用下，电子束打在玻璃显示屏的中央。玻璃显示屏的内表面涂有荧光粉末材料，荧光粉在高速电子的轰击下发出荧光，在显示屏的中央形成一个亮点。荧光亮度的大小取决于单位时间内发射的热电子数量，亦即由加在栅极上的电压来控制。由于带电粒子在电场中通过时在库仑力的作用下会发生偏转，如果在电子束通过的路径上增加两组偏转电极，一组使得电子束在水平方向上发生偏转，另一组使得电子束在垂直方向上发生偏转，这样通过控制加到两组偏转电极上的偏转电压就可以使得电子束在某一时刻到达玻璃显示屏的任何位置。由于荧光的余辉效应，电子束在显示屏上扫过的轨迹在人眼看来就是一条连续的曲线，因此可以用来显示信号的波形。

图 6-14 是 CRT 示波器的显示原理示意图。水平偏转电极上加有一个周期和幅度一定的锯齿波电压，形成水平扫描控制电压和扫描的时间基准。如果将待测或待显示信号的电压加到垂直偏转电极上，在屏幕上就可以显示出该待测或待显示信号随时间变化的波形，这就是 CRT 示波器的工作原理。因此 CRT 示波器是一种模拟电压波形显示仪器。

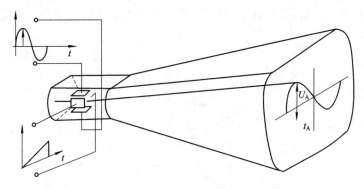

图 6-14　CRT 示波器波形显示原理

图 6-15 是一种典型的 CRT 示波器工作原理框图。显然 CRT 示波器仅仅能显示信号的波形，而很难显示字符和图像等信息。由于这一缺陷，目前越来越多的示波器采用数字

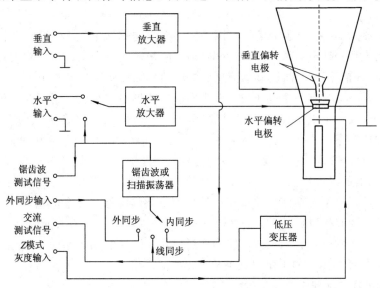

图 6-15　CRT 示波器工作原理框图

处理技术来显示信号波形、字符文字甚至图像等综合信息，所用的显示设备不是 CRT 波形显示器，而是下面介绍的 CRT 图像显示器。

2）CRT 图像显示器技术

CRT 图像显示器是日常接触最多的一种图视显示器，如台式计算机的显示器、数字示波器、数字电视机等。CRT 图像显示器与 CRT 波形显示器的工作原理相近但不相同。在图 6-13 中，如果将横向和纵向偏转"电极"分别换成横向和纵向偏转"线圈"，并对这两组偏转线圈通以固定频率和特定波形的驱动电流，使得电子束在屏幕上按照从左到右、从上到下固定节拍的顺序扫描，那么这个波形显示器就变成了单色图像显示器，图像的灰度由加在栅极上的电压来控制。

对于彩色图像显示器，发射热电子的电子枪由红、绿、蓝三个独立的灯丝和三个独立的辉度控制栅极构成，如图 6-16 所示。可见，图像显示器和波形显示器的区别在于：波形显示器的电子束偏转是靠偏转电极形成的电场对带电粒子形成的库仑力来完成的；而图像显示器的电子束偏转是靠偏转线圈形成的磁场对电子束形成的洛伦兹力来完成的。

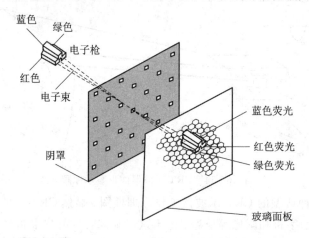

图 6-16 CRT 彩色图像显示结构图

对于波形显示器，被显示的信号电压一般加在纵向偏转电极上，同时在横向电极上施加扫描锯齿波电压；对于图像显示器，纵向和横向偏转线圈中均通以特定波形的扫描电流（即场扫描和行扫描信号），而被显示信息的电压信号加在灰度控制栅极上。

波形显示器一般只有一个电子枪，因此显示的波形是单色的；而图像显示器可以由一个电子枪（单色）或三个电子枪构成，可以显示中色或真彩色图像信息。波形显示器在没有被显示信号的情况下，显示的是一条水平直线（有扫描信号时）或平面中央的一个亮点（无扫描信号时），而图像显示器在没有被显示信号的情况下，显示的是满屏的"雪花"、光栅或黑屏幕（由显示器的设计厂家决定）。由于结构上的差别，波形显示器只能显示信号波形，而图像显示器可以显示包括信号波形在内的任何复杂的图像和文字信息。

可见，图像显示器和波形显示器在原理上似乎只差一点，但在显示特性上却差很多。

随着微电子技术的发展和集成电路的广泛应用，促使信息产品向小型化、节能化以及高密度化方向发展，CRT 的不足也逐渐显现出来。

2. 液晶 LCD 图视显示

液晶的光电效应自 20 世纪 60 年代发现以来，以其轻量、薄型、能耗低等优势迅速在显示应用方面得到发展。经扩大视角，提高灰度的研究，尤其是 20 世纪 60 年代初，薄膜晶体管(Thin Film Transistor，TFT)的成熟化，使得液晶显示器件的性能发生了革命性的飞跃，揭开了便携电子显示技术的新纪元。

近几年人们开发了光学补偿膜技术、共面转换技术、多畴垂直排列技术、轴对称多畴技术等来改善液晶显示的视角性能，使液晶显示技术的视角特性已接近主动式发光显示的视角特性。TFT-LCD 显示品质几乎可与 CRT 媲美。TFT-LCD 的小体积、低功耗特性也正好可以满足现代测试仪器的使用要求，因此 LCD 是目前测试仪器首选的图视显示输出器件。

LCD 图视显示屏一般采用动态驱动技术。但图视彩色显示的实际驱动电路远比 LCD 数码显示驱动复杂，一般与显示屏集成在一起配套销售和使用，对于使用者来说，其接口就是一个扩展的外部并行接口。LCD 图视显示驱动、控制器内部显示缓冲存储器地址分配方法与存储容量都没有统一标准，一般在产品说明书中予以说明，不同的显示屏需要生产厂家提供(或根据说明书编写)不同的显示驱动软件。对于中小型 LCD 屏，有的不带显示控制和驱动电路，因此需要测试仪器设计者自己来设计。这种情况下，可以选用 LCD 显示控制集成电路和 LCD 显示驱动集成电路来实现。

HD61830 是一种典型的由单片机直接控制的点阵 LCD 控制器，具有图像和字符两种驱动方式。前者能根据外接显示缓冲 RAM 中的一位数据控制 LCD 上一个点的亮与灭；后者是通过把字符代码存储到外接显示缓冲 RAM 中，并根据字符代码来确定内部字符发生器 ROM 中的地址，将其变换成相应的点阵数据。HD61830 引脚排列如图 6-17 所示。

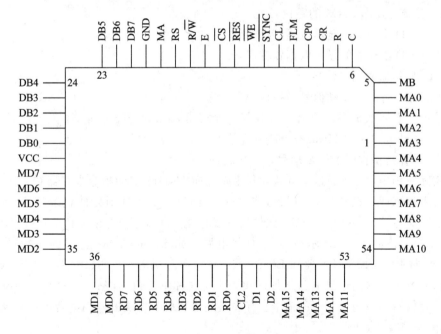

图 6-17　HD61830 引脚示意图

HD61830 芯片的主要特点是可以通过多片并行扩展应用形成较大的 LCD 点阵显示驱动，其特点如下：

· 能与通用 8 位单片机直接接口；

- 图像方式：64K；
- 字符方式：4K；
- 多种指令功能：光标开/关/闪，字符闪和位操作等；
- 工作频率高：1.1 MHz(max)；
- 内部字符发生器 ROM 中共有 192 种字符；
- CMOS 工艺制造，60 脚塑料封装；
- +5 V 单电源供电，功耗低；
- 时隙划分(扫描行数)可以由软件控制，其范围为 1~28。

管脚说明：

DB0~DB7：数据总线，双向，三态。

$\overline{CS}$：片选信号，低电平有效。

R/$\overline{W}$：读/写，当 R/$\overline{W}$=1 时，读有效；当 R/$\overline{W}$=0 时，写有效。

RS：寄存器选择，当 RS=1 时，选指令寄存器；当 RS=0 时，选数据寄存器。

E：使能选择端，在 E 的下降沿写数据，E 为高电平时，读数据。

CR，R，C：RC 振荡器输入端。

$\overline{RES}$：复位信号，低电平有效。

MA0~MA15：外接 RAM 地址总线，空间 64K 字节。

MD0~MD7：显示数据总线，三态。

RD0~RD7：ROM 数据输入，即外接字符发生器的点数输入，单向。

$\overline{WE}$：使能，外部 RAM 的写信号。

CL2：LCD 驱动器的显示数据移动时钟。

CL1：LCD 驱动器的显示数据锁存时钟。

FLM：显示器帧同步信号。

MA，MB：将液晶驱动信号转换成 AC 信号。

D1，D2：显示数据串行输出，D1 用于上半屏幕，D2 用于下半屏幕。

CP0：从动方式时的 HD61830 时钟信号。

$\overline{SYNC}$：并行操作时的同步信号，三态。

在实际应用中，只要通过单片机，利用软件向 HD61830 的指令寄存器和 13 个数据寄存器中写入数据即可控制显示。但是，该芯片工作时需要的外围元件较多(需要外接存储器和显示驱动器等)，不利于现代测试仪器的微型化。目前已经有很多种单片机，其内部就已经集成了完整的 LCD 显示驱动与控制电路，如 StrongARM 公司的 SA1100，以及 EPSON 公司的 EOC88300 系列和 EOC88400 系列单片机等。在测试仪器中如果选用这些芯片可以使测试仪器的输出电路更加简单，因此这种单片机内嵌式 LCD 显示驱动与控制电路更适合仪器向微型化发展的需求。有关这些单片机及模块的应用读者可以查阅有关参考文献。

3. 阴极射线管图视显示与液晶图视显示的比较

1) LCD 的优点

(1) 健康和环保。这是 LCD 最大的优点。虽然现在的 CRT 很多已经通过 TCO99 认证，不过和 LCD 比起来辐射还是比较高，LCD 的辐射几乎为零。刷新率对于 LCD 来说不是非常重要，而且 LCD 没有画面闪烁问题，眼睛不容易疲劳，对人体没什么伤害。

（2）节电。LCD 非常省电，耗电量约为同尺寸 CRT 的 1/3。

（3）具有数码功能。LCD 是一台数码显示器，不过由于 CRT 采用的是模拟方式，所以大多数显卡的输出口都采用 15 针 D 型模拟接口，所以现在市面上的 LCD，尤其是一些低价位的 LCD 一般都只有模拟输入以配合显卡，然后在 LCD 再进行模转数的过程后显示出来。少数高档 LCD 则单独配有数码输入接口。无疑前者的画质会有所损失，后者则是纯净的视频信号。随着时间的发展，相信越来越多的 LCD 会直接使用数码输入口，还 LCD "本色"。

（4）可视面宽。LCD 不像 CRT 那样存在边角聚焦不准、边界不整齐的通病，而且 LCD 的尺寸很实在，15 英寸就是可看到 15 英寸的屏幕。而 CRT 一般要打一个折扣，15 英寸的 CRT 可视面积一般只有 13.9 英寸。所以 14 英寸的 LCD 可相当于 15 英寸的 CRT，15 英寸的 LCD 可相当于 17 英寸的 CRT。

2）LCD 的缺点

（1）成本高。LCD 的成本比较高，为同尺寸 CRT 的 1～2 倍左右。

（2）分辨率固定。一台 LCD 的分辨率是固定的，每一种分辨率对应一种晶体管数，所以 LCD 不像 CRT 那样可以随意地调整分辨率。一般家用型 LCD 多数固定分辨率为 1024×768。

当然也可以通过一些技术来实现较低的分辨率，一般有两种方式：

① 居中显示。例如想在 XGA1024×768 的屏幕显示 SVGA800×600 的分辨率时，只有横向 1024 居中的 800 个像素、纵向 768 居中的 600 条网线可以被呈现出来，其他没有被呈现出来的像素与网线就是黑的，整个画面看起来好像是外围阴影环绕。

② 扩展显示。此种显示方法的好处是不论使用的分辨率是多少，所显示的影像一定是全屏显示，不会产生阴影在边缘环绕的现象。然而，由于像素的扩散，原来只要一个晶体管就能显示的像素现在要扩散到几个晶体管来显示，因此影像难免会产生扭曲，尤其是斜向的连续影像，清晰准确度也会受到影响。

（3）响应时间长。在显示器中有一个重要的指标是响应时间，现在市场上的 LCD 响应时间一般为 8 ms、5 ms、2 ms，而 CRT 则不存在这个问题（响应时间为 1 ms）。

（4）可视角度小。LCD 的可视角度比较小，如果从旁边看的话效果会大打折扣，LCD 最佳的观赏角度是正前方。

（5）颜色数有限。LCD 显示的颜色数有限，色彩表现方面和一些高级 CRT 相比有差距。

6.4 信号的记录

仅仅将测试仪器的输出信号显示出来是不够的，有时候还需要将测试的结果永久记录下来，作为测试档案和测试的法定依据保存。特别是对于那些需要花很多经费和很大人力和物力才能完成，以及由于条件限制很难重复的宝贵测试数据与检测结果，不仅需要永久记录下来，更希望能在需要的时候重放测试过程。而这些任务的完成与实现就需要用到信号的记录技术。

6.4.1 信号记录仪的类型

测试仪器的信号输出技术是指将测试结果(包括中间结果)以特定形式提供给特定对象,或为特定对象提供特定的接口技术。信号记录仪根据被记录信号的类型不同可分为模拟信号记录仪和数字信号记录仪;根据记录介质的不同又可分为显式记录仪(如光线示波器)和隐式记录仪(如磁带机);根据被记录信号的频率变化范围不同又可分为低速记录仪(如笔式记录仪)、中速记录仪(如光线示波器)和高速记录仪(如磁带机等)。

测试过程中在选择显示与记录装置时需要考虑的因素如下:

(1) 被测信号的精度要求。

(2) 被测信号的频率范围。

(3) 信号的持续时间。

(4) 是否同时记录多路信号。

(5) 记录信号同时是否需立即显。

(6) 其他因素,包括记录装置的重量、体积、价格因素、抗振性要求等。

6.4.2 笔式记录仪

笔式记录仪实际上是在指针式电表的基础上,把指针换成记录笔或在指针的尖端装有笔而成,分为可动圈式、可动铁心式和感应式几种。可动圈式磁电指示机构示意图如图 6-18 所示,其核心是磁电式检流计,故又称为检流计式笔录仪。当信号电流输入检流计的线圈时,在磁场力矩作用下,线圈产生与信号电流成正比的角度偏转,直接带动笔杆摆动,同时弹簧产生与转角成正比的弹性恢复力矩与电磁力矩平衡。

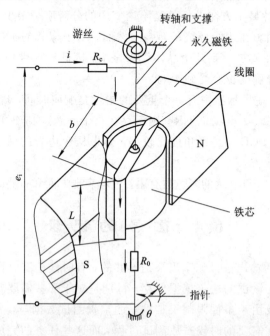

图 6-18 可动圈式磁电指示机构示意图

图 6-18 中，检流计被连接到信号源 u_i，电流 i 产生的电磁力矩为

$$T_i = BnAi \qquad (6-13)$$

式中，B 为磁感应强度，单位为 T；A 为线圈的面积，$A = b \times l$，单位为 m^2；n 为线圈的匝数。

当线圈偏转 θ 角时，受到弹簧的反抗力矩为

$$T_k = k\theta \qquad (6-14)$$

式中，k 为弹簧的扭转刚度，单位为 N·m/rad。

忽略摩擦扭矩，线圈所受到的不平衡扭矩 $(T_i - T_k)$ 等于角加速度 $d^2\theta/dt^2$ 与转动惯量 I 的乘积，即

$$T_i - T_k = BnAi - k\theta = I\frac{d^2\theta}{dt^2} \qquad (6-15)$$

因线圈在磁场中的运动产生的反电动势为

$$e_b = nAB\frac{d\theta}{dt} \qquad (6-16)$$

由全电路欧姆定律知，线圈中的电流为

$$i = \frac{e_i - e_b}{R_i + R_L} \qquad (6-17)$$

式中，R_i、R_L 为线圈的内、外电阻。

由式(6-15)至式(6-17)有

$$\frac{I}{k}\frac{d^2\theta}{dt^2} + \frac{(nAB)^2}{k(R_i + R_L)}\frac{d\theta}{dt} + \theta = \frac{nAB}{k(R_i + R_L)}e_i \qquad (6-18)$$

以线圈角位移 θ 输出，信号电压 e_i 为输入，检流计的传递函数为

$$H(s) = \frac{K}{\frac{1}{\omega_n^2}s^2 + \frac{\zeta}{\omega_n}s + 1} \qquad (6-19)$$

式中，K 为静态灵敏度，$K = \dfrac{(nAB)^2}{k(R_i + R_L)}$，单位为 rad·$V^{-1}$；$\omega_n$ 为固有频率，$\omega_n = \sqrt{kI}$，单位为 rad·s^{-1}；ζ 为阻尼比，$\zeta = \dfrac{(nAB)^2}{2\sqrt{kI}(R_i + R_L)}$。

笔式记录仪结构简单，指示与记录能同时进行。这种记录器笔尖与记录纸间摩擦较大，可动部分质量大，需要相当大的驱动力矩，并需要抑制笔急速运动时跳动的强力阻尼装置，其灵敏度较低。因此，这种记录仪只适合于长时间慢变化信号，要求指示与记录同时进行的场合。

6.4.3　磁带记录仪

磁带记录仪的记录方式是隐式记录，需通过其他显示记录仪器才能观察波形。磁带记录仪的主要部件为磁头和磁带。记录磁头和重放磁头的结构大体相同，在带有磁隙的环行铁心上绕有线圈；铁心由高磁导率、低电阻、耐磨性好的软磁性铁磁材料薄片叠成；磁带是一条涂有一层磁性材料的长塑料带，磁带上的磁性材料采用硬磁材料，以满足大矫顽力和剩余磁感应强度的要求。磁带记录仪结构示意图如图 6-19 所示。

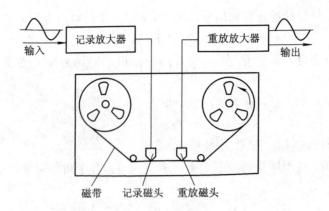

图 6-19　磁带记录仪结构示意图

　　磁记录器有磁带式、磁盘式和磁鼓式；按照信号记录方式不同，又可分为数字式和模拟式两类。

　　记录时，输入信号首先被放大，然后供给记录磁头。记录磁头线圈内的信号电流在磁头的铁心中产生磁力线，由于气隙的磁阻较大，大部分磁力线都绕过气隙通过磁带表层的磁性材料而闭合，从而使磁头底下的一小部分磁层磁化。随着磁层离开记录磁头，由于磁滞效应，磁带的磁化材料产生与磁场强度相应的剩磁 B_r。由于磁场强度与输入线圈的信号电流成正比例，所以剩磁 B_r 亦与信号电流成正比例。

　　重放时，当记录有剩磁通的磁带经过重放磁头的磁隙时，因重放磁头铁心的磁阻很小，剩磁通穿过铁心形成回路，与磁头线圈交链耦合，在线圈中产生感应电势，其大小与剩磁通变化率成正比例。这样，经过重放磁头，剩磁通的变化率则转换成磁头线圈的输出电压。

　　磁带记录仪具有以下特点：

　　(1) 记录频带宽。可记录 0～2 MHz 的信号，适用于高频交变信号的记录。

　　(2) 能同时进行 1～42 路信号及更多信号的记录，并能保证这些信号之间的时间和相位关系。

　　(3) 具有改变时基的能力。可对高频信号快速记录、慢速重放；对低频信号可慢速记录、快速重放，便于分析研究信号，在数据处理中是十分有用的。

　　(4) 特别适用于长时间连续记录，并可将信号长时间保存在磁带中，在需要时重放。它适用于需要反复研究信号的情况。信号不需要时，又可抹去，再记录新的信号，因而使用方便且经济。

　　(5) 记录的信号精度高、信噪比高、失真小、线性好、零点漂移小、对环境(温度、湿度)不敏感、抗干扰能力强。

　　(6) 输入、输出均为电信号，磁带记录器前面可加放大器，便于与数据处理设备及计算机连接，可实现整个测试系统的自动化，大大节约测试时间。

6.4.4　伺服记录仪

　　伺服记录仪是一种自动平衡式仪表，它能高精度地自动显示和记录已转化成电压的信号。最常用的是闭环零位平衡系统的伺服记录仪，其工作原理如图 6-20 所示。若待记录的直流信号电压 u_l 与电位计的比较电压 u_o 不相等，则有电压 u_e 输出。电压 u_e 经调制、放大、解调后驱动伺服电动机，电动机轴的转动通过传动带（或钢丝）等传动机构带动记录笔作直线运动，实现信号的记录。同时，与记录笔相连的电位器的电刷也随着移动，从而改变着 u_o 的值。当 $u_o=u_x$ 时，$u_e=0$，后续电路没有输出，伺服电动机停止转动，记录笔不动。信号电压 u_x 不断变化，记录笔就跟踪运动。由于电位器是线性变化的，所以记录笔的运动幅值与 u_x 的幅值成正比。由于采用零位平衡原理，记录的幅值准确性高，一般误差小于全量程的 $\pm 0.2\%$。但是由于传动机构的机械惯性大，频率响应通常在 $10\ \mathrm{Hz}$ 以下，所以只能记录变化缓慢的信号。

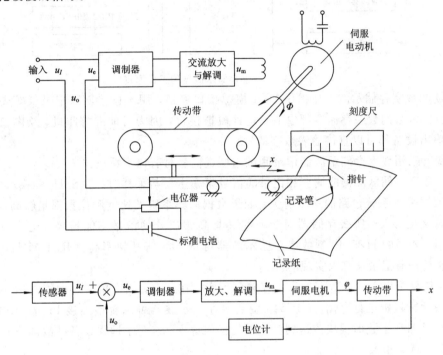

图 6 - 20　闭环零位平衡系统的伺服记录仪工作原理

　　如果将记录纸固定不动，使用两个互相垂直的记录笔，它们分别由两套零位平衡伺服系统驱动，那么在记录纸上便描绘出两个被测量的关系曲线，这就是 XY 函数记录仪的工作原理。

6.4.5　数字存储示波器

　　数字存储示波器不仅可以像普通示波器一样来观察信号的波形，而且可以记录信号的波形。数字存储示波器的工作原理如图 6 - 21 所示。输入的模拟信号先经前置增益控制电路处理以后，经采样/保持(S/H)和 A/D 转换获得数字化信号，该数字信号被直接存储在示波器内存 RAM 中。为了提高信号采集存储的速度，数字存储示波器的数据内存一般都采用双口存储器或采用 DMA 采集方式。不同型号的数字存储示波器的内存容量不同，在相同采样率的情况下，存储容量越大，能记录的波形长度就越长。存储在数字示波器内存中的数字信号，一方面可以以波形的方式通过示波器的 CRT 或 LCD 图像显示器显示出来，也可以通过 RS-232、IEEE-488、软盘，甚至 Internet 网(如 HP 公司的 HP5540 型数字存储示波器)以数字或图形的方式直接传输给其他设备或通用计算机，以便做进一步的数据处理和记录。

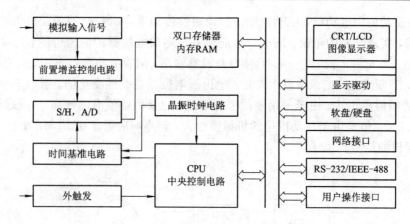

图 6-21　数字存储示波器的工作原理

　　早期的数字存储示波器还提供 D/A 模拟接口通道，用于连接 XY 记录仪等硬拷贝设备。目前大多数的数字存储器都取消了这种模拟接口，因为目前的打印机、绘图仪等通用的拷贝输出设备都可以直接输入数字信号。

　　可见，采用数字存储示波器记录测试与检查信号时有以下特点：

　　（1）数字存储示波器能捕获和记录的信号频率主要与采样/保持（S/H）和模/数（A/D）转换等数据采集系统电路的速度有关，如果数据采集系统的速度和位数都足够高，而存储器的容量又足够大，那么存储器对于一些具有高频成分的信号均能精确、充分地予以记忆。如 HP 公司的 HP5540 型数字存储示波器可记录的信号频率高达几百 MHz，甚至几 GHz，这是普通记录仪难以实现的。

　　（2）信号可以直接以数据的形式存储到硬盘、软盘上，或直接通过网络等数字接口传送到通用计算机中进行存储。HP5540 型数字存储示波器可以直接连接 Internet 网，可以将瞬间记录的数字波形很快传送到世界上的任何地方，这对于远程设备的故障分析和全球专家会诊，意义重大。

　　（3）由于数字存储示波器和普通计算机一样具有 CPU 等核心部件，一般都具有各种复杂的信号处理功能可以选用，可以在示波器上直接进行信号处理和分析，如作 FFT 分析，而且可以采用图形和数据多种方式输出。

　　（4）由于数字示波器总是先对信号进行采集和存储，然后再通过图像显示器显示出来。这样在记录某些时域波形密集、含高频成分较多的瞬态过程时，就可以在显示时充分扩展时间坐标，准确地、展开地显示所记录信号波形的各种细节。

　　数字存储示波器系统解决了信号频率高而普通记录仪系统频响跟不上的矛盾，同时也解决了极短瞬态过程需要仔细观测、分析波形细部变化的问题。

　　由于有了记忆功能，对于一些科技、生产上的突发性事件（如地震、工业事故等）均可采用外触发器来启动记录系统。因存储装置可长期连续地采集客观物理量的变化波形值，存满后还能够以最新的数据更替旧数据的方法作"滚动"记忆。只有在客观物理量超过或低于某一阈值时才能启动记录，这样就把突发事件发生后的重要波形记录了下来；另外还可以采用"预触发"功能，即触发后将存储的事件发生前的先兆信号调出，以分析事件发生的原因。

　　数字存储示波器可做成独立的装置，也可配在通用记录仪器上作为附件，现有的专用瞬态记录仪大都采用这种系统。数字存储示波器的记录频率上限现在已转移到数据采集系统的采集转换速度上来。目前所能记录的信号频率上限多为几百 MHz 到十几 GHz。随着数字转换的提高还有很大的潜力。

6.4.6 通用设备媒体的数字记录技术

任何一台通用的计算机，配上满足信号采集要求的数据采集卡，再辅以其外设数字存储媒体，如磁带、磁盘、光盘、新型的固态半导体存储盘等，就可以构成一台通用的测试信号数字记录设备。

利用通用数字存储媒体和设备进行数字记录的优点是：通用数字存储媒体和设备兼容性比较好，在测试仪器中使用的媒体及媒体上的记录可以用另外任意一台兼容设备（如计算机）读出。如果测试设备不仅要记录测试信号的波形和结果，而且还要记录一些测试现场关键参数的话，那么，即使完全脱离原设备也可以在其他通用计算机上通过软件构成的数字虚拟环境重现测试过程、信号及结果。

通用数字记录设备及媒体在测试仪器中的应用原理与过程如图 6-22 所示。在应用过程中，分为现场测试与记录过程和后置分析与处理过程。在现场测试与记录过程中，测量过程令所有关键参数被记录在通用媒体介质上，该媒体（不是测试设备）可以任意移动。在后置分析与处理过程中，通用媒体介质上记录的参数被读入计算机，输入到与测试设备配套的虚拟环境软件中运行，即可完全重现原来的测试过程，当然包括原始测量数据、信号波形以及测试结果。

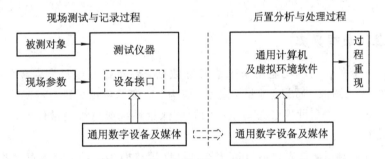

图 6-22 基于通用设备及媒体的数字记录技术应用过程示意图

思考与练习题

1. 测试仪器的信号输出有哪些类型？
2. 信号显示记录仪表和装置有哪几种类型？
3. 什么是模拟显示仪表？有哪几种？各有何特点？
4. 什么是数字显示仪表？有何特点？
5. 请简述磁带式记录仪的工作原理。
6. 显示仪表在过程控制系统中的作用是什么？
7. 试述动圈式磁电指示机构的工作原理。
8. 数字式显示仪表的特点是什么？
9. 数码显示常用的显示器有哪些？各有何特点？

第 7 章　计算机数据采集与处理

在现代工业生产过程的监测与控制系统中，数据的采集与处理是非常重要的一个环节，各种设备的参数通过传感器与仪表进行测量，然后输入计算机系统，才能进行数据分析与处理，并在此基础上进行设备的控制与管理。

在实际应用中，首先是以实现 A/D 转换为基础的计算机检测系统——亦称计算机数据采集系统，既可作为独立的检测系统，又可以作为计算机控制系统的前向通道，为控制系统提供信息，这种计算机数据采集系统应用极为广泛。其次是计算机数据分配系统以及计算机辅以插卡式硬件、软件构成的各种虚拟设备，这些虚拟设备可用来完成以前靠复杂硬件构成的专用设备的功能。

本章首先介绍计算机数据采集系统的组成及特点，然后讲述小波分析方法，最后介绍现代测试技术的一个典型应用——虚拟仪器。

7.1　概　　述

7.1.1　计算机数据采集

计算机的一个重要功能是能用来采集各种数据。要对被控或被测对象的位置、速度、压力、温度、声音、图像、质量、流量、振动、应力、应变等物理量进行准确测量，离开计算机是很难实现的。现在全世界各公司生产的智能测量系统或高级测量仪器，全部是以计算机为核心组成的。

对物理量进行测量，首先要通过传感器将物理量转换为电信号，再对这些电信号进行阻抗变换、滤波、放大、分压等处理，将反映物理量特征的信号分离出来，这一过程称为信号调理；然后对这些信号进行采样，所谓采样，就是按特定的频率获取信号在不同时间点上的量值，并将这些量值(通常为模拟量)转换为数字量；将模拟量转换为数字量的过程称为模/数转换，将转换所得到的数据进行数字滤波后，用来进行计算分析。对于单纯的测量系统或仪器，将计算分析的结果存入数据库中。对于控制系统，要根据计算分析结果，确定控制输出的方式和控制量的大小。

7.1.2　计算机数据处理方法

信号处理的目的就是要从一大堆混合的、杂乱的信息中提取或增强有用的信息。实质上，信号处理就是提取、增强、存储和传输有用信息的一种运算。信号处理的内容主要包括滤波、变换、频谱分析、压缩、识别与合成等。常用信号处理方法包括数字信号处理方法和小波分析方法等。

1. 数字信号处理

数字信号处理是把信号用数字或符号表示的序列，通过计算机或通用（专用）的信号处理设备，用数字的数值计算方法处理（滤波、变换、压缩、增强、估值与识别等），以达到提取有用信息便于应用的目的。数字信号处理的效果，或是通过滤波消除噪声，或是进行频域分析，或是用以提取特征参数，或是进行编码压缩等。完成不同目的所采用的计算方法（统称算法）也不同，可以说，数字信号处理的实现就是算法的实现。采用数字信号处理，相对于模拟信号处理（Analog Signal Processing，ASP）有很大的优越性，其优越性表现在软件可实现、精度高、灵活性好、可靠性高、易于大规模集成、设备尺寸小、造价低、速度快等方面。随着人们对实时信号处理要求的不断提高和大规模集成电路技术的迅速发展，数字信号处理技术也在发生着日新月异的变革。

数字信号处理的实现大体上可以分为三大类，即软件实现法、硬件实现法以及软硬件结合的实现方法。

（1）软件实现法。该方法是按照数字信号处理的原理和算法，编写程序或利用现有程序在计算机上实现的，其中 Mathworks 公司的 MATLAB 软件（一种交互式和基于矩阵体系的软件，主要用于科学工程数值计算和可视化）可以说是这方面成功的范例。当前，国内外研究机构、公司不断推出不同用途的数字信号处理软件包，如美国 National Instruments 公司的信号测量与分析软件 LabVIEW、Cadence 公司的信号和通信分析设计软件 SPW、以及 TI 公司的 DSP 等。软件实现方法速度较慢，但经济实用（可重复使用），因此多用于教学和科研方面。

在许多非实时的应用场合，可以采用软件实现法。例如，处理一盘混有噪声的录像（音）带，可以将图像（声音）信号转换成数字信号并存入计算机，用较长的时间一帧帧地处理这些数据。处理完毕后，再实时地将处理结果还原成一盘清晰的录像（音）带。普通计算机即可完成上述任务，而不必花费较大的代价去设计一台专用数字计算机。

（2）硬件实现法。该方法是按照具体的要求和算法设计硬件结构图，用乘法器、加法器、延时器、控制器、存储器以及 I/O 接口部件实现的一种方法，其特点是运算速度快，可以达到实时处理的要求，但是不灵活。

（3）软硬件结合的实现方法。首先可以利用单片机的硬件环境配以恰当的信号处理软件来实现，可以直接用于工程实际，如数控机床、医疗仪器设备等。其次，可以使用专用数字信号处理芯片，即数字信号处理器（Digital Signal Processor，DSP），经过简单编程来实现。这种方法目前发展最为迅速，常用的 DSP 专用芯片较之单片机有着更为突出的优点，例如，DSP 内部有专用的乘法器和累加器并采用流水线工作方式及并行处理结构，总线多、速度快，内嵌有信号处理的常用指令。

目前，DSP 专用芯片正高速发展，它速度快、体积小、性能优良且价格不断下降，用 DSP 专用芯片实现数字信号处理的技术已成为工程技术领域的主要方法。

2. 小波分析

小波分析或称小波变换，是傅里叶变换的发展，具有多分辨率分析的特点，在时频两域都具有表征信号局部特征的能力，是一种窗口面积不变，但其形状、时间窗和频率窗都可以改变的时频局部化分析方法。小波变换与短时傅里叶变换的最大不同之处是其分析精度可变，它是一种加可变时频窗进行分析的方法。在时—频平面的高频段具有高的时间分辨率和低的频率分辨率，而在低频段具有低的时间分辨率和高的频率分辨率，这正符合低频信号变化缓慢而高频信号变化迅速的特点。

从信号处理的角度，小波变换是一种把信号或函数分解成不同的频率成分，然后用与其尺度相匹配的分辨率研究每个成分的工具。小波分析利用一个可以伸缩和平移的可变时频窗，能够聚焦到信号的任意细节进行时频域处理，既可看到信号的全貌又可分析信号的细节，并且可以保留数据的瞬时特性。时域响应信号经小波分析后其突变特征会更加明显，因此，小波分析非常适合于识别正常信号和反常信号间的细微差别。

小波分析从诞生伊始就与实际工程问题紧密联系在一起。在工程应用领域，特别是在信号处理、图像处理、模式识别、语音识别、量子物理、地震勘测、流体力学、电磁场、CT成像、机械故障识别与监控、分形、数值计算等领域，它被认为是近年来在计算工具及方法上的重大突破。小波理论也是近些年形成和发展迅速的一种数学工具。基于小波变换的小波分析技术是泛函分析、傅里叶变换、样条分析、调和分析、数值分析等半个世纪以来发展最完美的结晶，是正在发展的新的数学分支。可以预料，在今后数年内，它将成为科技工作者经常使用的又一锐利的数学工具，会极大地促进科技及工程应用领域的新发展。

7.2 计算机数据采集系统

为了把需要处理的信息输入给计算机，把计算机处理的结果输出到所需的场所，就需要一系列输出、输入设备(计算机外围设备)来完成信息的调理、采样、A/D 和 D/A 转换、打印、显示等工作。这些处理信息的输入输出设备与计算机一起就构成一个数据采集系统(Data Acquisition System，DAS)。现在，在市面上已有与各种计算机和总线系统适配的、构成 DAS 中各种功能的大规模集成电路(LSI)芯片(模块)及设备出售，也有完全组装好的、专用或通用的工业控制机。制造 DAS 所需的各种器件与设备已形成一种崭新的工业，其产值成倍增长。因而，设计、制作、调试 DAS 已成为应用电子技术专业的学生的一项主要技术工作。

7.2.1 数据采集系统的组成

数据采集系统框图如图 7-1 所示。显然，要采集的信号有如下三类：

(1) 开关信号：指只有两个状态(0 或 1)的数字信号，如开关的合与断、继电器的激励与释放等。

(2) 数字信号：指用二进制形式表示的数(如数字电压表、键盘等)的输出信息。频率输出型数据传感器输出的信号也为数字信号。

(3) 模拟信号：指在规定的连续时间内，对输入信号的幅值可以在连续范围内任意取值的信号。

传感器的作用是把待测的非电量(如温度、压力、流量、位移等)转化为电量(电流、电压、频率等)。传感器(Sensor)常称为一次仪表，它的输出可以是模拟量，也可以是开关量或数字量。因为计算机只能接收规定形式的数字信号，所以对传感器送来的模拟信号，先要经过信号调理(Signal Conditioning)，将信号放大(或衰减)、滤波等，使之满足 A/D 转换器输入的要求，然后经 A/D 转换送入计算机。

放大器用来放大和缓冲输入信号。由于传感器输出的信号较小，如常用的热电偶输出变化往往在几毫伏到几十毫伏之间，电阻应变片输出电压变化只在几个毫伏之间，人体生物电信号仅是微伏量级，因此，需要将这类信号加以放大，以满足大多数 A/D 转换器的满量程输入的要求。此外，某些传感器内阻比较大，输出功率较小，这样放大器还起到了阻抗变换器的作用，用来缓冲输入信号。由于各类传感器输出信号的情况各不相同，因此，放大器的种类也很繁杂。例如，为了减少输入信号的共模分量，就产生了各种差分放大器、仪器放大器和隔离放大器；为了使不同数量级的输入电压都具有最佳变换，就有量程可以变换的程控放大器；为了减少放大器输出的漂移，则有斩波稳零和激光修正的精密放大器。

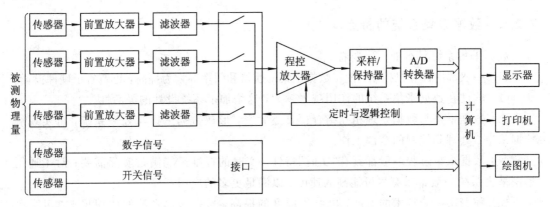

图 7-1　数据采集系统框图

传感器和电路中的器件常会产生噪声，人为的发射源也会通过各种耦合渠道使信号通道感染上噪声，如工频信号可以成为一种人为的干扰源。这种噪声可以用滤波器来衰减，以提高模拟输入信号的信噪比。

在数据采集系统中，往往要对多个物理量进行采集，即所谓多路巡回检测，这可通过多路模拟开关来实现。多路模拟开关可以分时选通来自多个输入通道的某一信号，因此，在多路模拟开关后的单元电路，如采样/保持电路、A/D 及处理器电路等，只需一套即可。这样，节省成本和体积。但这仅仅在物理量变化比较缓慢、变化周期在数十至数百毫秒之间的情况下较合适，因为这时可以使用普通的数十微秒 A/D 转换器从容地分时处理这些信号。当分时通道较多时，必须注意泄漏及逻辑安排等问题。当信号频率较高时，使用多路模拟开关后，对 A/D 的转换速率要求也随之上升。采样速率超过 40～50 kHz 时，一般不再使用分时的多路模拟开关技术。多路模拟开关有时也可以安排在放大器之前，但当输入的信号电平较低时，需注意选择多路模拟开关的类型。若选用集成电路的模拟多路开关，由于它比干簧或继电器组成的多路开关导通电阻大、泄漏电流大，因而有较大的误差产生。因此，要根据具体情况来选择多路模拟开关的类型。

多路模拟开关之后是模拟通道的转换部分，它包括采样/保持和 A/D 转换电路。采样/保持电路的作用是快速拾取多路模拟开关输出的信号，并保持幅值恒定，以提高 A/D 转换器的转换精度。如果把采样/保持电路放在多路模拟开关之前（每道一个），还可以实现对瞬时信号进行同步采样。

采样/保持器输出的信号送至 A/D 转换器，A/D 转换器是模拟输入通道的关键电路。

由于输入信号变化速度不同，系统对分辨力、精度、转换速率及成本的要求也不同，因此，A/D 转换器的种类也较多。早期的采样/保持器和 A/D 转换器需要数据采集系统设计人员自行设计，目前普遍采用单片集成电路，有的单片 A/D 转换器内部还包含有采样/保持电路、基准电源和接口电路，这为系统设计提供了较大方便。

如果传感器输出的就是数字量，一般也需经过数字信号调理，将信号整形或调整电平，变为计算机可接受的信号，并经缓冲、锁存再送到计算机相应的 I/O 口。采集的数据经计算机处理后，其结果经适当分配输出给打印、显示及其他器件，以供人们观察、分析或实现闭环控制。整个数据的采集过程和数据处理及控制均在微机控制下进行，所以微机系统是 DAS 的核心部分。

7.2.2 数据采集系统的特点

数据采集系统具有如下主要特点：

（1）一般都由计算机控制，使得数据采集的质量和效率等大为提高，也节省了硬件投资。

（2）软件在数据采集系统的作用越来越大，这增加了系统设计的灵活性。

（3）数据采集与数据处理相互结合得日益紧密，形成数据采集与处理系统，可实现从数据采集、处理到控制的全部工作。

（4）数据采集过程一般都具有"实时"特性，实时的标准是能满足实际需要；对于通用数据采集系统一般希望有尽可能高的速度，以满足更多的应用环境。

（5）随着微电子技术的发展，电路集成度的提高，数据采集系统的体积越来越小，可靠性越来越高。

（6）总线在数据采集系统中有着广泛的应用，总线技术对数据采集系统结构的发展起着重要作用。

7.2.3 数据采集系统的主要性能指标

数据采集系统的性能指标和具体应用目的与应用环境密切相关，以下给出的是比较主要和常用的 5 个指标的含义。

1. 系统分辨率

系统分辨率是指数据采集系统可以分辨的输入信号最小变化量。通常用最低有效位（LSB）占系统满度信号的百分比表示，或用系统可分辨的实际电压数值来表示，有时也用满度信号可以分的级数来表示。表 7-1 表示出了满度值为 10 V 时数据采集系统的分辨率。

表 7-1 系统的分辨率（满度值为 10 V）

位　数	级　数	1 LSB(满度值的百分比)	1 LSB(10 V 满度)
8	256	0.391%	39.1 mV
12	4099	0.0244%	2.44 mV
16	65 536	0.0015%	0.15 mV
20	1 048 576	0.000 095%	9.55 μV
24	16 777 216	0.000 006 0%	0.60 μV

2. 系统精度

系统精度是指当系统工作在额定采集速率下，每个离散子样的转换精度。模/数转换器的精度是系统精度的极限值。实际的情况是，系统精度往往达不到模/数转换器的精度，这是因为系统精度取决于系统的各个环节（部件）的精度。例如，前置放大器、滤波器、多路模拟开关等，只有这些部件的精度都明显优于 A/D 转换器精度时，系统精度才能达到 A/D 的精度。这里还应注意系统精度与系统分辨率的区别。系统精度是系统的实际输出值与理论输出值之差，它是系统各种误差的总和，通常表示为满度值的百分数。

3. 采集频率

采集频率又称为系统通过速率、吞吐率等，是指在满足系统精度指标的前提下，系统对输入模拟信号在单位时间内所完成的采集次数，或者说是系统每个通道、每秒钟可采集的子样数目。这里所说的"采集"，包括对被测物理量进行采样、量化、编码、传输、存储等的全部过程。在时间域上，与采集频率对应的指标是采样周期，它是采样频率的倒数，它表示了系统每采集一个有效数据所需的时间。

4. 动态范围

动态范围是指某个物理量的变化范围。信号的动态范围是指信号的最大幅值和最小幅值之比的分贝数，数据采集系统的动态范围通常定义为所允许输入的最大幅值 $V_{i\max}$ 与最小幅值 $V_{i\min}$ 之比的分贝数，即

$$I_i = 20 \lg \frac{V_{i\max}}{V_{i\min}} \tag{7-1}$$

式中，最大允许幅值 $V_{i\max}$ 是指使数据采集系统的放大器发生饱和或者是使模/数转换器发生溢出的最小输入幅值。最小允许输入值 $V_{i\min}$ 一般用等效输入噪声电平 V_{IN} 来代替。

对大动态范围信号的高精度采集时，还要用到"瞬时动态范围"这样一个概念。所谓瞬时动态范围，是指某一时刻系统所能采集到的信号的不同频率分量幅值之比的最大值，即幅度最大频率分量的幅值 $A_{f\max}$ 与幅度最小频率分量的幅值 $A_{f\min}$ 之比的分贝数。若用 I 表示瞬时动态范围，则有

$$I = 20 \lg \frac{A_{f\max}}{A_{f\min}} \tag{7-2}$$

5. 非线性失真

非线性失真也称谐波失真。当给系统输入一个频率为 f 的正弦波时，其输出中出现很多频率 kf（k 为正整数）的新的频率分量的现象，称为非线性失真。谐波失真系数用来衡量系统产生非线性失真的程度。它通常可表示为

$$H = \frac{\sqrt{A_2^2 + A_3^2 + \cdots}}{\sqrt{A_1^2 + A_2^2 + A_3^2 + \cdots}} \tag{7-3}$$

式中，A_1 为基波频率 ν_0 振幅；A_k 为 k 次谐波（频率为 kf）的振幅。

7.2.4　采样过程与采样定理

计算机是一台数字化设备，它只能处理数字信息，故使用计算机处理信号时必须将模拟信号转换为数字信号，完成模拟信号到数字信号的转换，称为模/数（A/D）转换，或称为

数据采集。将连续的模拟信号转换成计算机可接受的离散数字信号需要两个环节：首先是采样，由连续模拟信号得到离散信号；然后再通过 A/D 转换，变为数字信号。模拟信号的数字化过程如图 7-2 所示。

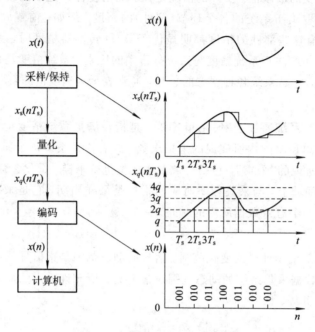

图 7-2　模拟信号的数字化过程

1. 采样

采样过程如图 7-3 所示。采样开关周期性地闭合，闭合周期为 T_s，闭合时间很短。采样开关的输入为连续函数 $x(t)$，输出函数 $x^*(t)$ 可认为是 $x(t)$ 在开关闭合时的瞬时值，即脉冲序列 $x(T_s)$，$x(2T_s)$，$\cdots$，$x(nT_s)$。

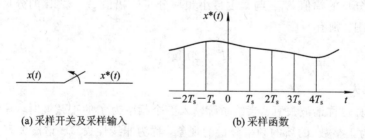

(a) 采样开关及采样输入　　　　　　(b) 采样函数

图 7-3　采样过程示意图

设采样开关闭合时间为 τ，则采样后得到的宽度为 τ，幅值随 $x(t)$ 变化的脉冲序列如图 7-4(a) 所示，采样信号 $x_s(t)$ 可以看作是原信号 $x(t)$ 与一个幅值为 1 的开关函数 $s(t)$ 的乘积，即

$$x_s(t) = x(t)s(t) \tag{7-4}$$

式 (7-4) 中，$s(t)$ 是周期为 T_s、脉冲宽度为 τ、幅值为 1 的脉冲序列（见图 7-4(b)）。因此，采样过程实质上是一种调制过程，可以用一乘法器来模拟，如图 7-4(c) 所示。

由于脉冲宽度 τ 远小于采样周期 T_s。因此，可近似认为 τ 趋近于零，用单位脉冲序列

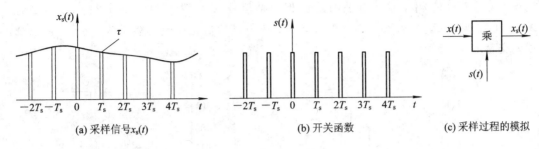

图 7-4　采样过程原理图

$\delta_{T_s}(t)$ 来代替 $s(t)$，如图 7-5 所示，$\delta_{T_s}(t)$ 可表示为

$$\delta_{T_s}(t) = \sum_{n=-\infty}^{+\infty} \delta(t-nT_s) \tag{7-5}$$

因此，采样信号可用关系式表示为

$$x_s(nT_s) = x(t) \sum_{n=-\infty}^{+\infty} \delta(t-nT_s) = \sum_{n=-\infty}^{+\infty} x(nT_s)\delta(t-nT_s) \tag{7-6}$$

采样信号 $x_s(nT_s)$ 也称离散信号，$x_s(nT_s)$ 是从连续信号 $x(t)$ 上取出的一段数值，因此，$x_s(nT_s)$ 与 $x(t)$ 的关系是局部与整体的关系。那么，这个局部能否反映整体呢？能否由 $x_s(nT_s)$ 唯一确定或恢复出连续信号 $x(t)$ 呢？一般是不行的，因为连接两个点 $x_s(nT_s)$ 与 $x_s[(n+1)T_s]$ 的曲线是非常多的，但是在一定的条件下，按照一定的方

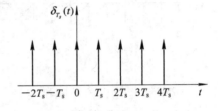

图 7-5　单位脉冲序列

式可以由离散信号 $x_s(nT_s)$ 恢复（重构）原来的连续信号 $x(t)$，这就是本节讨论的采样定理：对一个有限频谱($-f_{max}<f<f_{max}$)的连续信号，当采样频率 $f_s \geqslant 2f_{max}$ 时，采样信号才能不失真地恢复到原来的连续信号。

采样定理为使用数据采集系统时选择采样频率奠定了理论基础，采样定理所规定的最低的采样频率是数据采集系统必须遵守的规则。在实际使用时，由于：

(1) 信号 $x(t)$ 的最高频率难以确定，特别是当 $x(t)$ 中有噪声时，则更为困难。

(2) 采样理论要求在取得全部采样值后才能求得被采样函数，而实际上在某一采样时刻，计算机只取得本次采样值和以前各次采样值，而必须在以后的采样值尚未取得的情况下进行计算分析。

因此，实际的采样频率取值高于理论值，一般为信号最高频率的 5～10 倍。

2. 量化

量化就是将模拟量转化为数字量的过程。它是模/数转换器所要完成的主要功能。量化电平(Quantized Level)定义为满量程电压(或称满度信号值)V_{FSR} 与 2 的 N 次幂的比值，其中，N 为数字信号 X_d 的二进制位数。量化电平(也称量化单位)一般用 q 来表示，故

$$q = \frac{V_{FSR}}{2^N} \tag{7-7}$$

图 7-6 为模拟信号 X_a 的量化过程。图 7-6(a)中，量化电平为 q，量化误差(Quantization Error)e 为数字信号 X_d 对应的理论电压值与模拟信号 X_a 之差，其值在 0 与 $-q$ 之间，即 $-q$

$\leqslant e \leqslant 0$。图 7-6(b)中，量化电平仍为 q，但模拟信号 X_a 偏置 $q/2$。当 $-q/2 \leqslant X_a < q/2$ 时，X_d 为 000；当 $q/2 \leqslant X_a < 3q/2$ 时，X_d 为 001；……显然量化误差可表示为 $-q/2 \leqslant e < q/2$，误差交替取正、负值。

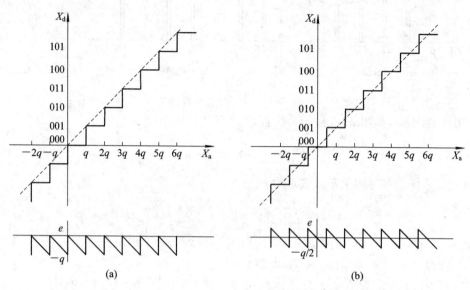

(a) (b)

图 7-6 模拟信号 X_a 的量化过程

一般认为量化误差是随机变量，且分别在区域 $-q < e < 0$（对于图 7-6(a)）或区域 $-q/2 < e < q/2$（对于图 7-6(b)）。如果码位选得足够多，则量化误差可做得很小。在实际量化时，码位扩展是受条件限制的，因此，就必须允许有一定的误差，即量化过程必然要引入这种不定因素。这种不定因素的引入所带来的误差，通常称为量化噪声。峰值量化噪声对应图 7-6(a)、(b)分别为 q 与 $q/2$。

即使模拟信号 X_a 为无噪声信号，经过 ADC 量化后，数字信号 X_d 也将包含噪声。也就是说，量化误差是一种原理性误差，它只能减小而不可能彻底消除。

对量化与量化噪声可以进一步讨论如下：用一基本量（现为量化电平 q）对与基本量具有同一量纲的一个模拟量进行比较的过程称为量化。显然比较的结果可分为两部分：

(1) 整数部分——量化电平 q 的整数倍。

(2) 余下部分——不足一个基本单位 q，即为量化误差（量化噪声）。

上述概念用数学表达式说明为

$$X_a = q\left(\frac{b_1}{2} + \frac{b_2}{2^2} + \cdots + \frac{b_n}{2^n} + \frac{b_{n+1}}{2^{n+1}} + \cdots\right) \tag{7-8}$$

由于受二进制字长的限制（码位限制），设变换到第 n 位停止，因此有

$$X_a = q\left(\frac{b_1}{2} + \frac{b_2}{2^2} + \cdots + \frac{b_n}{2^n}\right) \tag{7-9}$$

忽略的 b_{n+1}、b_{n+2}、…表示了变换误差，即量化噪声。

模/数转换器的位数（也就是二进制代码的个数）是 ADC 的分辨率，也表征了 ADC 的动态范围。通常将模/数转换器的动态范围定义为转换器最高有效位与最低有效位的比值。一定的位数也相当于一定的量化精度。

ADC 的分辨率与其动态范围是两个相关的参数,但有不同的含义。

这里还要指出,输入信号较大时,相对量化误差较小,输入信号较小时,相对量化误差较大。例如,输入值为满量程的 1/10 时,量化误差相对扩大 10 倍。以 8 位模/数转换器为例,这时峰值信号与均方根误差比从 883 倍变成 88.3 倍,相应分贝数从 59 dB 变成 39 dB。一般使用时要求的输入信号动态范围必须与模/数转换器相适应。

3. 编码

模/数转换过程的最后阶段是编码。编码是指把量化信号的电平用数字代码表示。编码有多种形式,最常用的是二进制编码。在数据采集中,被采集的模拟信号是有极性的,因此,编码也分单极性编码与双极性编码两大类。在应用时,可根据被采集信号的极性来选择编码形式。

1)单极性编码

常用的单极性的编码有二进制码和十进制码两种。

(1)二进制码。这是单极性码中使用最普遍的一种码制。在数据转换中经常使用的是二进制分数码。在这种码制中,一个(十进制)数 D 的量化电平可表示为

$$D = \sum_{i=1}^{n} a_i 2^{-i} = \frac{a_1}{2} + \frac{a_2}{2^2} + \cdots + \frac{a_n}{2^n} \qquad (7-10)$$

由式(7-10)可以看出,第 1 位(最高位 MSB)的权值是 1/2,第 2 位的权值是 1/4,……,第 n 位(最低位 LSB)的权值是 $1/2^n$。a_i 或为 0 或为 1;n 为位数。数 D 的值就是所有非 0 位的值与它的权值的积的累加和(在二进制中,由于非 0 位的 a_i 均等于 1,故数 D 的值就是所有非 0 位的权的和)。当式(7-10)的所有各位均为 1 时(n 一定时,这时的 D 取得最大值),$D=1-1/2^n$,也就是说在二进制分数码中,数 D 的值是一个小数。

一个模拟输出电压 U_o,若用二进制分数码,则表示为

$$U_o = U_{FSR} \sum_{i=1}^{n} a_i 2^{-i} = U_{FSR} \left(\frac{a_1}{2} + \frac{a_2}{2^2} + \cdots + \frac{a_n}{2^n} \right) \qquad (7-11)$$

式中,U_o 为对应于二进制数码 $a_n a_{n-1} \cdots a_2 a_1$ 的转换器模拟输出电压;U_{FSR} 为满量程电压。

在式(7-11)中,最低有效位的值为 $LSB = \dfrac{U_{FSR}}{2^n}$,根据量化单位 q 的定义可知,$LSB=q$。LSB 代表 n 位二进制分数码所能分辨的最小模拟量值。

(2)十进制(BCD)编码。尽管上面介绍的二进制编码是普遍使用的一种码制,但在系统的接口中,经常使用另一些码制,以满足特殊的需要。例如,在数字电压表、光栅数显表中,数字总是以十进制形式显示的,以便于人们读数。在这种情况下,二-十进制码有它的优越性。

BCD 编码中,用一组 4 位二进制码来表示一位 0~9 的十进制数。例如,一个电压按 8421(即 $2^3 2^2 2^1 2^0$)进行 BCD 编码,则有

$$U_o = \frac{U_{FSR}}{10} (8a_1 + 4a_2 + 2a_3 + a_4) + \frac{U_{FSR}}{100} (8b_1 + 4b_2 + 2b_3 + b_4) + \cdots \qquad (7-12)$$

使用 BCD 编码,主要是因为 BCD 码的每一组(4 位二进制)码代表一位十进制码,每一组码可以相对独立地解码去驱动显示器,从而使数字电压表等仪器可以采用更简单的译码器。

BCD 编码常使用超量程附加位。这样对 A/D 转换器来说，量程增加了 1 位。如十进制满量程值 9.99，使用附加位时，满量程值即为 19.99。在这种情况下，最大输出编码为 1 1001 1001 1001，附加量程也称为半位，这样 A/D 转换器的分辨率为 $3\frac{1}{2}$ 位。

2）双极性编码

在很多情况下，模拟信号是双极性的，即有时是正值，有时是负值，这种情况下，就需要用双极性编码来表示。双极性编码也有多种形式，常见的有符号－数值码、偏移二进制码、补码。表 7-2 给出这三种编码的示例。

表 7-2　三种编码与十进制的对应关系

十进制（分数）	符号－数值码	偏移二进制码	2 的补码
+7/8	0111	1111	0111
+6/8	0110	1110	0110
+5/8	0101	1101	0101
+4/8	0100	1100	0100
+3/8	0011	1011	0011
+2/8	0010	1010	0010
+1/8	0001	1001	0001
0+	0000	1000	0000
0-	1000	1000	0000
-1/8	1001	0111	1111
-2/8	1010	0110	1110
-3/8	1010	0101	1101
-4/8	1100	0100	1100
-5/8	1101	0011	1011
-6/8	1110	0010	1010
-7/8	1111	0001	1001
-8/8	—	0000	1000

（1）符号－数值码。在这种码制中，最高位为符号位（通常"0"表示正，"1"表示负），其他各位是数值。这种码制与其他码制比较，其优点是依赖在零的附近变动 1 LSB 时，数值码只有最低位改变，这意味着不会产生严重的瞬态效应，参见表 7-2。从表 7-2 中可以看出，其他双极性码在零点附近都会产生主码跃迁，即数值码的所有位全都发生变化，因而可能产生严重的瞬态效应和误差。符号－数值编码的缺点是，有两个码表示零，0+ 为 0000，0- 为 1000。因此从数据转换的角度看，符号－数值编码的转换器电路要比其他双极性码复杂。

（2）偏移二进制码。这是转换器最容易实现的双极性码制。从表 7-2 可以看出，一个模拟输出量 U_o，当用偏移二进制码表示时，其代码完全按照二进制码的方式变化，不同之处只是前者的代码简单地用满量程值加以偏移。

以 4 位二进制码为例，代码的偏移情况如下：

- 代码为 0000 时，表示模拟负满量程值；
- 代码为 1000 时，表示模拟零；
- 代码为 1111 时，表示模拟正满量程值减 1 LSB。

对应于 0000～1111 的输入码，A/D 转换器的输出范围从 $-U_{FSR}$ 到 $\frac{7}{8}U_{FSR}$。

以上偏移情况可以用数学公式概括为

$$U_o = U_{FSR}\left(\sum_{i=1}^n \frac{a_i}{2^{i-1}} - 1\right) \tag{7-13}$$

偏移二进制码的优点是除了容易实现外，还很容易变换成 2 的二进制补码；其缺点是在零点附近发生主码跃迁。

(3) 补码。表示双极性信号时，用补码是比较方便的，由于这样可以用加法运算代替减法运算，因此，它是一种很适合算术运算的编码。

将偏移二进制码的符号位取反即可得到补码。另一种构成补码的方法是：正数 n 位补码 N，其数值与原码完全相同；负数 n 位补码 $-N$ 的构成方法是，先将其正数 n 位原码 N 逐位取反，然后在最低位加 1 即可得到相应的补码。

7.2.5　数据采集通道的设计原则和芯片的选择

一个好的系统设计不仅体现在电路性能指标达到要求，同时需要考虑经济性。在电路设计和芯片的选择时要综合考虑转换速度、转换精度、使用条件、经济性能等因素。另外对系统的软硬件要统一权衡考虑。设计中，在 CPU 处理数据的速度允许且存储容量又有足够余量的情况下，应充分利用微机的软件资源，由软件代替硬件以节约硬件开支、减小体积。

A/D、S/H、多路开关等电路的集成芯片种类繁多，为系统设计者在芯片功能、特性等方面进行选择提供了较大的自由度。在设计系统时应对如下几个方面提出明确要求：

(1) 模拟量输入范围、信号源与负载阻抗是多少，输入电压的极性；

(2) 对数字量码制的要求，是二进制还是二进制补码的形式；

(3) 系统逻辑电平是多大，TTL、DTL、CMOS 还是低压 CMOS；

(4) 系统允许的漏码；

(5) 输入信号的特性及信号的有限带宽频率；

(6) 系统环境条件，温度范围、供电电源的可靠性、期望的转换精度是多少、有无特殊的环境限制需要设计时考虑，如高湿度、高功率、振动及空间的限制。

除以上一般考虑外，对每一部件还有专门的考虑。对 A/D 通道需考虑：

(1) 模拟输入范围，被测量信号的分辨率是多少；

(2) 线性误差是多少，相对精度及刻度的稳定性是多少；

(3) 在周围环境温度变化下，各种误差限制在什么范围内；

(4) 完成一次转换所需的时间；

(5) 系统电源稳定性的要求是多少，由于电源的变化，引起的允许误差是多少等。

对于采样/保持器应从如下几个方面加以考虑：

(1) 输入信号范围是多少；

(2) 多路通道切换率是多少，期望的采样/保持器的采集时间是多少；

(3) 所需精度(包括增益、线性度及偏置误差)是多少；

(4) 在保持期间允许的电压下降是多少；

(5) 通过多路开关及信号源的串联电阻的保持器旁路电流引起偏差是多少。

7.3 小波分析方法

在传统的信号分析中，傅里叶分析占了举足轻重的地位。它揭示了时间函数和频谱函数之间的内在联系，反映了信号在"整个"时间范围内的"全部"频谱成分。但是，傅里叶变换存在着严重的缺点：用傅里叶变换的方法提取信号频谱时，需要利用信号的全部时域信息。信号在时域内的局部变化会影响到信号的整个频谱。它不能告诉人们在某段时间里信号发生了什么变化。但是，在很多情况下，人们需要知道信号在某一时刻的频谱分布情况，也即需要把时域和频域结合起来观察信号特征，这就是时频分析技术。使用较多的有短时傅里叶变换、Gabor 变换和小波变换等。

小波变换概念是 1984 年法国地球物理学家 J. Morlet 在分析处理地球物理勘探资料时提出的。它采用改变时间—频率窗口形状的方法很好地解决了时间分辨率和频率分辨率的矛盾，在时间域和频率域内都具有很好的局部化性质。对信号中的低频成分，采用宽时间窗，得到低的时间分辨率、高的频率分辨率；对信号中的高频成分，采用窄的时间窗，得到高的时间分辨率、低的频率分辨率。小波变换的这种自适应性，使它在工程技术和信号处理方面获得了广泛应用。

7.3.1 小波变换

1. 小波变换的定义

设函数 $\psi(t)$ 的傅里叶变换为 $\Psi(j\Omega)$，若它满足

$$C_{\Psi} = \int_{R^*} \frac{|\Psi(j\Omega)|^2}{|\Omega|} d\Omega < +\infty \qquad (7-14)$$

则称 $\psi(t)$ 为基本小波函数。式(7-14)中，R^* 表示 $(-\infty, 0) \cup (0, +\infty)$。该式常称为小波函数的容许性条件。实际上，式(7-14)等价于

$$\int_R \psi(t) dt = 0 \qquad (7-15)$$

这就是说，$\psi(t)$ 与整个横轴所围面积的代数和为 0，也意味着其图形应围绕横轴上、下波动且定义域有限。同时，它还给出了另外一个信息，即 $\Psi(j\Omega)|_{\Omega=0} = 0$。

引入尺度因子 a 和平移因子 b，设 $a, b \in R$，$a \neq 0$，$\psi(t)$ 在 a、b 作用下得到连续小波函数

$$\psi_{a,b}(t) = \frac{1}{\sqrt{|a|}} \psi\left(\frac{t-b}{a}\right) \qquad (7-16)$$

于是可以定义信号 $f(t) \in L^2(\mathbf{R})$ 的连续小波变换(CWT)为

$$(W_\psi f)(a, b) = \left\langle f(t), \overline{\psi_{a, b}(t)} \right\rangle = \int_{\mathbf{R}} f(t) \overline{\psi_{a, b}(t)} \, \mathrm{d}t = \frac{1}{\sqrt{|a|}} \int_{\mathbf{R}} f(t) \overline{\psi\left(\frac{t-b}{a}\right)} \mathrm{d}t$$

$$(7-17)$$

利用 Fourier 变换的 Parseval 恒等式，易证得连续小波变换的逆变换（ICWT）为

$$f(t) = \frac{1}{C_\Psi} \iint_{\mathbf{R} \times \mathbf{R}} (W_\psi f)(a, b) \psi_{a, b}(t) \frac{\mathrm{d}a \, \mathrm{d}b}{a^2}$$

$$= \frac{1}{\sqrt{|a|} C_\Psi} \int_{-\infty}^{\infty} \int_{-\infty}^{\infty} (W_\psi f)(a, b) \psi\left(\frac{t-b}{a}\right) \frac{\mathrm{d}a \, \mathrm{d}b}{a^2} \qquad (7-18)$$

2. 连续小波变换的性质

1）线性

设信号 $f(t) = mf_1(t) + nf_2(t)$，且它们对应的小波变换分别为 $(W_\psi f_1)(a, b)$ 和 $(W_\psi f_2)(a, b)$，则存在

$$(W_\psi f)(a, b) = m(W_\psi f_1)(a, b) + n(W_\psi f_2)(a, b) \qquad (7-19)$$

2）时移性

若信号 $f(t)$ 的小波变换为 $(W_\psi f)(a, b)$，则 $f(t-t_0)$ 的小波变换为 $(W_\psi f)(a, b-t_0)$。

3）尺度特性

若信号 $f(t)$ 的小波变换为 $(W_\psi f)(a, b)$，则 $f(ct)$ 的小波变换为 $\frac{1}{\sqrt{c}}(W_\psi f)(ca, cb)$。

4）微分运算

$$\left(W_\psi \frac{\partial^m f}{\partial t^m}\right)(a, b) = (-1)^m \int_{-\infty}^{\infty} f(t) \frac{\partial^m}{\partial t^m} \overline{\psi_{a, b}(t)} \, \mathrm{d}t \qquad (7-20)$$

5）能量守恒

$$\int_{-\infty}^{\infty} |f(t)|^2 \, \mathrm{d}t = \frac{1}{2C_\Psi} \int_{-\infty}^{\infty} \int_{-\infty}^{\infty} |(W_\psi f)(a, b)|^2 \frac{\mathrm{d}a \, \mathrm{d}b}{a^2} \qquad (7-21)$$

6）Moyal 定理

$$\left\langle (W_\psi f)(a, b), (W_\psi g)(c, d) \right\rangle = \frac{C_\Psi}{2} \left\langle f(t), g(t) \right\rangle \qquad (7-22)$$

3. 离散小波变换

所谓离散小波变换，是指对尺度因子 a 和平移因子 b 的离散化，而不是通常意义下的对时间 t 的离散化。引入离散小波变换的概念的原因有二：其一，在实际应用中，特别是利用计算机进行数字处理时，必须对连续小波进行离散化；其二，由式（7-18）可知，$f(t)$ 可由它的小波变换 $(W_\psi f)(a, b)$ 精确地重建，也可将它看成 $f(t)$ 按基 $\psi_{a, b}(t)$ 的分解，系数就是 $f(t)$ 的小波变换，但是基 $\psi_{a, b}(t)$ 的参数 a、b 是连续变化的，所以 $\psi_{a, b}(t)$ 之间不是线性无关的，即它们之间有"冗余"，这就导致 $(W_\psi f)(a, b)$ 之间有相关性。故要使各点小波变换之间没有相关，需要在函数族 $\psi_{a, b}(t)$ 中寻找相互正交的基函数。通过将小波基函数 $\psi_{a, b}(t)$ 的参数 a、b 的离散化，以期能够找到相互正交的基函数。

通常按某个常数 a_0 的整数幂进行取样，即取 $a = a_0^j (a_0 > 0, j \in \mathbf{Z})$。为了使采样后不同尺度小波的频带相互邻接排列，覆盖整个正频率轴，取 $b = kb_0 a_0^j (b_0 \in \mathbf{R}, j \in \mathbf{Z})$，则小波 $\psi_{a, b}(t)$ 变为

$$\psi_{a,b}(t) = a_0^{-\frac{j}{2}} \psi(a_0^{-j}t - kb_0) \qquad (7-23)$$

令 $a_0 = 2$，即得到著名的二进小波，相应的变换称为二进小波变换。令 $b_0 = 1$，则得到二进正交小波，即

$$\psi_{a,b}(t) = 2^{-\frac{j}{2}} \psi(2^{-j}t - k) \qquad (7-24)$$

已经证明，二进正交小波是函数空间 $L^2(\mathbf{R})$ 的一组标准正交基，相应的小波变换称为二进正交小波变换。

将式(7-24)带入式(7-17)，则得到二进离散小波变换(DWT)：

$$(D_\psi f)(a,b) = \langle f(t), \overline{\psi_{a,b}(t)} \rangle = 2^{-\frac{j}{2}} \int_{-\infty}^{\infty} f(t) \overline{\psi(2^{-j}t - k)}\, \mathrm{d}t \qquad (7-25)$$

进行数字信号处理时，我们关心的是时域离散信号 $x(n)$。定义序列 $x(n)$ 的离散小波变换为

$$D_\psi X(j,k) \triangleq (\mathrm{DWT}_\psi x)(2^j, k2^j) = \sum_{n=-\infty}^{+\infty} x(n) \overline{\psi_{j,k}(n)}$$

$$= 2^{-\frac{j}{2}} \sum_{n=-\infty}^{+\infty} x(n) \overline{\psi(2^{-j}n - k)} \qquad (j, k, n \in \mathbf{Z}) \qquad (7-26)$$

7.3.2 离散小波变换的快速算法——Mallat 算法

小波变换中的伸缩参数实质上描述了观测信号的范围，也就是尺度，在图像处理中称之为分辨率，所以小波变换也可以理解为信号的多分辨率分析。多分辨率分析和时-频分析一样，是理解小波变换的基本概念。

多分辨率分析又称为多尺度分析，是 1988 年 S. Mallat 在构造正交小波基时提出的。该理论从函数分析的角度给出了正交小波的数学解释，在空间的概念上形象地说明了小波的多分辨率特性，给出了通用的构造正交小波的方法，将之前所有的正交小波构造方法统一起来，并类似傅里叶分析中的快速傅里叶算法，给出了小波变换的快速算法——Mallat 算法，其思想又可以同多采样率滤波器组的理论结合起来，使小波在计算上变得可行。

1. 多分辨率分析

为了避免混叠，我们说尺度等于 2^j 时的分辨率为 2^{-j}。多分辨率分析的基本思想是构造嵌套的线性函数空间序列 $\{V_j\}_{j\in\mathbf{Z}}$，j 表示不同的分辨率，V_j 是在分辨率为 2^{-j} 时对 $L^2(\mathbf{R})$ 的逼近，分辨率越高，逼近程度越高。具体来说，对任意 $f(t) \in L^2(\mathbf{R})$，其分辨率为 2^{-j} 时的逼近信号 $f_{A_j}(t) \in V_j$ 就是 $f(t)$ 在 V_j 上的正交投影，用 A_j 表示正交投影算子，则有

$$\begin{cases} A_j f(t) = f_{A_j}(t) \\ f(t) \in L^2(\mathbf{R}) \quad, \quad j \in \mathbf{Z} \\ f_{A_j}(t) \in V_j \end{cases} \qquad (7-27)$$

分辨率越高，$f_{A_j}(t)$ 对 $f(t)$ 的逼近程度越高。根据投影定理，A_j 是正交投影算子意味着

$$\|A_j f(t) - f(t)\| \leqslant \|g(t) - f(t)\|, \quad \forall g(t) \in V_j \qquad (7-28)$$

上列不等式左边可解释为用 $A_j f(t)$ 逼近 $f(t)$ 的逼近误差，右边为用 $g(t)$ 逼近 $f(t)$ 的逼近误差，故式(7-28)意味着 $A_j f(t)$ 是分辨率为 2^{-j} 时对 $f(t)$ 的最佳逼近。

我们将函数空间 $L^2(\mathbf{R})$ 直观地表示在数轴上，如图 7-7 所示。取一基准空间 V_0，首先

将其压缩为原来的 $1/2$，得到新的空间记为 V_1，同时在图上直观地看出形成了"两段小空间"，即是 V_1 和 V_1 的补空间 W_1，显然 $V_0 = V_1 \oplus W_1$（$\oplus$ 表示空间的直和）；对空间 V_1 做同样的运算，得到 V_2 和 W_2。照这样下去，得到一系列空间 V_0，V_1，V_2，…和 W_0，W_1，W_2，… 反过来对空间 V_0 进行扩展，即加上空间 W_0 形成 V_{-1}，使得 V_{-1} 进行 $1/2$ 压缩后可以形成空间 V_0，照此对 V_1 进行扩展，依次下去，得到一系列空间 $\cdots V_2$，V_1，V_0 和 $\cdots W_2$，W_1，W_0。显然，这些空间满足下列关系：

(1) 单调性：$V_j \subset V_{j-1}$，$j \in \mathbf{Z}$；

(2) 渐进完全性：$\bigcup\limits_{j=-\infty}^{+\infty} V_j \in L^2(\mathbf{R})$，$\bigcap\limits_{j=-\infty}^{+\infty} V_j = [0]$；

(3) 伸缩性：$\forall j \in \mathbf{Z}$，$f(t) \in V_j \Leftrightarrow f(2t) \in V_{j-1}$；

(4) 平移不变性：$\forall k \in \mathbf{Z}$，$f(t) \in V_j \Rightarrow f(t - 2^j k) \in V_j$；

(5) $i \neq j$，$W_i \bigcap W_j = \varnothing$；$j \in \mathbf{Z}$，$V_{j-1} = V_j \oplus W_j$；$i \leqslant j$，$W_j \subset V_i$；$\bigoplus\limits_{j=-\infty}^{+\infty} W_j = L^2(\mathbf{R})$；$\forall j \in \mathbf{Z}$，$x(t) \in W_j \Leftrightarrow x(2t) \in W_{j+1}$，

则称 $\{V_j\}_{j \in \mathbf{z}}$ 为 $L^2(\mathbf{R})$ 的一个多分辨率分析。其中 V_j 和 W_j 常分别称为尺度空间和小波空间，W_j 为 V_j 在 V_{j-1} 中的正交补，并且 $W_i \perp W_j (i \neq j)$，$V_j \perp W_j$。

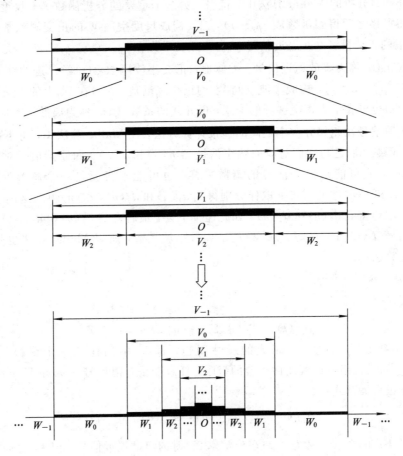

图 7-7　函数空间分解示意图

按投影定理，V_j 可分解为 V_{j+1} 及其在 V_j 中的正交补 W_{j+1} 的直和，即

$$V_j = V_{j+1} \oplus W_{j+1}, \quad V_{j+1} \perp W_{j+1}, \quad j \in \mathbf{Z} \tag{7-29}$$

令 D_j 为 $L^2(\mathbf{R})$ 到 W_j 的正交投影算子，则

$$D_j f(t) = f_{D_j}(t) \tag{7-30}$$

表示 $f(t)$ 在 W_j 上的正交投影，称为 $f(t)$ 在分辨率为 2^{-j} 时的细节信号。由式(7-29)可得

$$f_{A_j}(t) = f_{A_{j+1}}(t) + f_{D_{j+1}}(t) \tag{7-31}$$

$f_{A_j}(t)$ 比 $f_{A_{j+1}}(t)$ 包含了更多的信息，而多余的信息包含在 $f_{D_{j+1}}(t)$ 中。稍后将看到 $f_{A_{j+1}}(t)$ 包含了 $f_{A_j}(t)$ 的低频部分，$f_{D_{j+1}}(t)$ 包含了 $f_{A_j}(t)$ 的高频部分。

多分辨率分析实际上是尺度函数空间不断递推分解的过程。假定多分辨率分析从 V_0 开始进行递推分解，则多分辨率分析可以表示为

$$V_0 = W_1 \oplus W_2 \oplus \cdots \oplus W_j \oplus \cdots \oplus W_J \oplus V_J \tag{7-32}$$

$$f_{A_0}(t) = f_{D_1}(t) + f_{D_2}(t) + \cdots + f_{D_j}(t) + \cdots + f_{D_J}(t) + f_{A_J}(t) \tag{7-33}$$

式中，j 既表示分解的层次，又表示分辨率为 2^{-j}。

2. Mallat 算法

在多分辨率分析的 Mallat 算法中，将引入另一个重要的分析函数——尺度函数 $\phi(t)$，它经伸缩和平移之后得到函数族 $\{\phi_{j,n}(t)\}_{n\in\mathbf{Z}}$，构成尺度空间 V_j 的正交规范基。于是信号 $f(t)$ 在 V_j 上的正交投影，即逼近信号 $f_{A_j}(t)$ 可表示为在 $\{\phi_{j,n}(t)\}_{n\in\mathbf{Z}}$ 上的正交展开式，展开式的系数 $a_j(n)$ 称为离散逼近信号。类似地，正交小波函数 $\psi(t)$ 经二进伸缩和平移之后得到函数族 $\{\psi_{j,n}(t)\}_{n\in\mathbf{Z}}$，构成小波空间 W_j 的正交规范基。$f(t)$ 在 W_j 上的正交投影，即细节信号 $f_{D_j}(t)$ 也可表示为正交展开的形式，展开式的系数 $d_j(n)$ 称为离散细节信号。Mallat 算法正是离散信号在相邻分辨率之间的递推计算方法。在 Mallat 算法中，将不再出现尺度函数和小波函数，而是与它们对应的数字滤波器 $h(n)$ 和 $g(n)$。如原始信号对应着 $j=0$，表示为 $a_0(n)$，它可能是模拟信号的离散采样，也可能本身就是一个离散的数字序列。$a_0(n)$ 经 $h(n)$ 和 $g(n)$ 滤波后再下取样分别得到 $a_1(n)$ 和 $d_1(n)$，$a_1(n)$ 再经这两个数字滤波器滤波和下取样得到 $a_2(n)$ 和 $d_2(n)$，如此递推下去，最后得到 $a_J(n)$ 和 $d_J(n)$。必须注意，离散细节信号 $d_j(n)(1 \leqslant j \leqslant J, j \in \mathbf{Z})$ 正是离散小波系数，所以 Mallat 算法也是离散小波变换的快速算法。

1) 分解算法

设 $\phi_{j,n}(t)$ 为

$$\phi_{j,n}(t) = 2^{-\frac{j}{2}} \phi(2^{-j}t - n), \quad j, n \in \mathbf{Z} \tag{7-34}$$

则 V_j 是由函数族 $\{\phi_{j,n}(t)\}_{n\in\mathbf{Z}}$ 张成的线性闭包，即 V_j 中的任意一个函数均可表示为 $\{\phi_{j,n}(t)\}_{n\in\mathbf{Z}}$ 的线性组合或其线性组合的极限。任意能量有限信号 $f(t)$ 在 V_j 上的正交投影可写为如下正交展开式：

$$A_j f(t) = \sum_n \langle f(u), \phi_{j,n}(u) \rangle \phi_{j,n}(t) \tag{7-35}$$

上述正交展开式的系数定义为 $f(t)$ 在分辨率 2^{-j} 时的离散逼近信号，记为 $a_j(n)$，即

$$a_j(n) = \langle f(u), \phi_{j,n}(u) \rangle \tag{7-36}$$

离散逼近信号 $a_j(n)$ 又称为尺度系数。

由于 $\phi_{j+1,n}(t) \in V_{j+1}$，而 $V_j \subset V_{j+1}$，故 $\phi_{j+1,n}(t)$ 可按 V_j 的正交规范基展开为

$$\phi_{j+1,n}(t) = \sum_k \left\langle \phi_{j+1,n}(u), \phi_{j,k}(u) \right\rangle \phi_{j,k}(t)$$

上式中，由内积表示的系数为

$$\left\langle \phi_{j+1,n}(u), \phi_{j,k}(u) \right\rangle = \int_{-\infty}^{\infty} 2^{-\frac{j+1}{2}} \phi(2^{-(j+1)}u - n) 2^{-\frac{j}{2}} \phi(2^{-j}u - k) \mathrm{d}u$$

$$= 2^{\frac{1}{2}} \int_{-\infty}^{\infty} \phi(y-n)\phi(2y-k)\mathrm{d}y$$

$$= 2^{\frac{1}{2}} \int_{-\infty}^{\infty} \phi(x)\phi(2x+2n-k)\mathrm{d}x \tag{7-37}$$

令

$$h(n) = \sqrt{2} \int_{-\infty}^{\infty} \phi(t)\phi(2t-n)\mathrm{d}t \tag{7-38}$$

则式(7-37)可以写成：

$$\left\langle \phi_{j+1,n}(u), \phi_{j,k}(u) \right\rangle = h(k-2n)$$

从而得到

$$\phi_{j+1,n}(t) = \sum_k h(k-2n) \phi_{j,k}(t)$$

将上式两边对 $f(t)$ 求内积，有

$$\left\langle f(t), \phi_{j+1,n}(t) \right\rangle = \sum_k h(k-2n) \left\langle f(t), \phi_{j,k}(t) \right\rangle$$

注意到离散逼近信号的定义式(7-36)，则上式可写为

$$a_{j+1}(n) = \sum_k h(k-2n)a_j(k) \tag{7-39}$$

该式正是两相邻分辨率的离散逼近信号之间的递推关系式。式中的 $h(\cdot)$ 是由式(7-38)定义的一个数字滤波器，有时称之为尺度滤波器，它在 Mallat 算法中起核心作用。式(7-39)反映了多分辨率分析中两相邻分辨率之间的关系。还可以看到，数字滤波器 $h(n)$ 和尺度函数 $\varphi(t)$ 是紧密相连的。

如定义

$$\bar{h}(n) = h(-n) \tag{7-40}$$

则式(7-39)可更明显地表示为数字滤波的形式

$$a_{j+1}(n) = \sum_k \bar{h}(2n-k)a_j(k) \tag{7-41}$$

即 $a_j(n)$ 经过冲激响应为 $\bar{h}(n)$ 的数字滤波器之后，再抽取偶数样本就得到 $a_{j+1}(n)$。

现在解释抽取偶数样本。令 $a'_{j+1}(p)$ 为 $a_j(p)$ 经过冲激响应为 $\bar{h}(p)$ 的数字滤波器之后的输出，则 $a'_{j+1}(p)$ 可表示为如下卷积和

$$a'_{j+1}(p) = \sum_k \bar{h}(p-k)a_j(k)$$

令 $p=2n$，$a_{j+1}(n)=a'_{j+1}(2n)$，意味着 $a_{j+1}(n)$ 是 $a'_{j+1}(p)$ 抽取偶数样本的结果，代入上式便可得到式(7-41)的结果。

关于小波函数空间的正交规范基，有如下定理：

定理：设 $\{V_j\}_{j \in z}$ 为多分辨率逼近的矢量空间序列，$\phi(t)$ 为相应的尺度函数，总存在与它对应的正交小波 $\psi(t)$，其傅立叶变换 $\Psi(\omega)$ 由下式给定

$$\Psi(\omega) = \frac{1}{\sqrt{2}}G\left(\frac{\omega}{2}\right)\Phi\left(\frac{\omega}{2}\right), \quad G(\omega) = e^{-i\omega}H^*(\omega + \pi) \tag{7-42}$$

其中，$H(\omega)$ 为 $h(n)$ 的傅里叶变换。由 $\psi(t)$ 二进伸缩及整数平移后可得到函数族

$$\psi_{j,n}(t) = 2^{-\frac{j}{2}}\psi(2^{-j}t - n) \tag{7-43}$$

该函数族具有如下性质：

① $\{\psi_{j,n}(t)\}_{n\in\mathbf{Z}}$ 是 W_j 的正交规范基；

② $\{\psi_{j,n}(t)\}_{j,n\in\mathbf{Z}}$ 是 $L^2(\mathbf{R})$ 的正交规范基，

则意味着任意 $f(t)\in L^2(\mathbf{R})$ 均可展开为 $\{\psi_{j,n}(t)\}_{j,n\in\mathbf{Z}}$ 的线性叠加，这就是离散小波变换。

此外，$G(\omega)$ 是数字滤波器 $g(n)$ 的傅里叶变换，由式(7-42)可导出：

$$g(n) = (-1)^{1-n}h(1-n) \tag{7-44}$$

根据上面的定理，$f(t)$ 在 W_j 的正交投影为

$$D_j f(t) = \sum_n \langle f(u), \psi_{j,n}(u)\rangle \psi_{j,n}(t) \tag{7-45}$$

类似地，将上式中由内积表示的系数定义为分辨率为 2^{-j} 时的离散细节信号 $d_j(n)$，即

$$d_j(n) = \langle f(u), \psi_{j,n}(u)\rangle \tag{7-46}$$

显然，离散细节信号 $d_j(n)$ 正是离散小波系数。$f(t)$ 在 W_j 的正交投影可写成

$$f_{D_j}(t) = D_j f(t) = \sum_n d_j(n) \psi_{j,n}(t) \tag{7-47}$$

因为 $W_j \subset V_{j+1}$，$\psi_{j+1,n}(t)\in W_{j+1}$，所以 $\psi_{j+1,n}(t)$ 可按 V_j 的正交规范基展开为

$$\psi_{j+1,n}(t) = \sum_k \langle \psi_{j+1,n}(u), \phi_{j,k}(u)\rangle \phi_{j,k}(t)$$

经过类似推导，可得如下递推关系

$$d_{j+1}(n) = \sum_k g(k-2n)a_j(k) \tag{7-48}$$

其中

$$g(n) = \sqrt{2}\int_{-\infty}^{\infty} \psi(t)\phi(2t-n)\,\mathrm{d}t \tag{7-49}$$

如定义

$$\bar{g}(n) = g(-n) \tag{7-50}$$

则式(7-48)又可写成数字滤波的形式

$$d_{j+1}(n) = \sum_k \bar{g}(2n-k)a_j(k) \tag{7-51}$$

即 $a_j(n)$ 经过冲激响应为 $\bar{g}(n)$ 的数字滤波器之后再抽取偶数样本就得到 $d_{j+1}(n)$。

式(7-41)和式(7-51)就是 Mallat 算法信号分解的表达式，如图 7-8 所示。

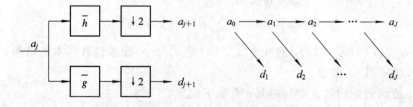

图 7-8　Mallat 信号分解算法

通常设初始分辨率为 2^0，原始信号记为 $a_0(n)$，按分解算法逐次降低分辨率将信号分解为离散逼近信号和离散细节信号，如图 7-8 所示。设 a_0 有 N 个样本，将它分解为 a_1 和 d_1，由于滤波后仅取偶数样本，故 a_1 和 d_1 各为 $N/2$ 个样本，总样本数仍为 N，令 $1 \leqslant j \leqslant J$，则分辨率为 2^{-j} 时，a_j 和 d_j 各有 $2^{-j}N$ 个样本。这样，离散信号 $\{a_J; d_j, 1 \leqslant j \leqslant J\}$ 总共仍有 N 个样本。按 Mallat 算法进行信号分解后总样本数不变，这是由于采用了正交规范基的结果，意味着既没丢失信息，又不存在信息冗余。

2）重构算法

由于 $V_j = V_{j+1} \oplus W_{j+1}$，而 V_{j+1} 和 W_{j+1} 的正交规范基分别为函数族 $\{\phi_{j+1,k}(t)\}_{k \in \mathbf{Z}}$ 和 $\{\psi_{j+1,k}(t)\}_{k \in \mathbf{Z}}$，故 $\{\phi_{j+1,k}(t), \psi_{j+1,k}(t)\}_{k \in \mathbf{Z}}$ 是 V_j 的正交规范基。因为 $\phi_{j,n}(t) \in V_j$，所以可将它展开为

$$\phi_{j,n}(t) = \sum_k \left\langle \phi_{j,n}(u), \phi_{j+1,k}(u) \right\rangle \phi_{j+1,k}(t) + \sum_k \left\langle \phi_{j,n}(u), \psi_{j+1,k}(u) \right\rangle \psi_{j+1,k}(t)$$

上式中，由内积表示的第一个系数为

$$\left\langle \phi_{j,n}(u), \phi_{j+1,k}(u) \right\rangle = \int_{-\infty}^{\infty} 2^{-\frac{j}{2}} \phi(2^{-j}u - n) 2^{-\frac{j+1}{2}} \phi(2^{-(j+1)}u - k) \mathrm{d}u$$

$$= 2^{\frac{1}{2}} \int_{-\infty}^{\infty} \phi(y - k) \phi(2y - n) \mathrm{d}y$$

$$= \sqrt{2} \int_{-\infty}^{\infty} \phi(x) \phi(2x + 2k - n) \mathrm{d}x$$

由 $h(n)$ 的定义式（7-38）得

$$\left\langle \phi_{j,n}(u), \phi_{j+1,k}(u) \right\rangle = h(n - 2k)$$

类似地，展开式的第二个系数为

$$\left\langle \phi_{j,n}(u), \psi_{j+1,k}(u) \right\rangle = g(n - 2k)$$

于是展开式可写成

$$\phi_{j,n}(t) = \sum_k h(n - 2k) \phi_{j+1,k}(t) + \sum_k g(n - 2k) \psi_{j+1,k}(t)$$

将上式两边与 $f(t)$ 求内积，并注意到式（7-36）和式（7-46），则有

$$a_j(n) = \sum_k h(n - 2k) a_{j+1}(k) + \sum_k g(n - 2k) d_{j+1}(k) \tag{7-52}$$

这就是重构算法的数学表达式，如图 7-9 所示。图中符号 ↑2 表示上取样，即将 a_{j+1}（或 d_{j+1}）拉长，置奇数时刻信号值为零，偶数时刻保留原来的信号值，这与信号分解时的下取样相对应。

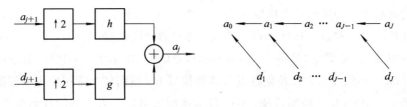

图 7-9　Mallat 信号重构算法

现在解释上取样。令 a_{j+1} 的上取样为 a'_{j+1}，则 a'_{j+1} 可写成

$$a'_{j+1}(l) = \begin{cases} a_{j+1}\left(\dfrac{l}{2}\right) & l = 2k \\ 0 & l = 2k+1 \end{cases}, \quad k = 0, \pm 1, \cdots$$

这样，a'_{j+1} 通过滤波器 $h(n)$ 后的输出表示为如下卷积和：

$$\sum_l h(n-l)a'_{j+1}(l) = \sum_k h(n-2k)a_{j+1}(k)$$

这正是式(7-52)右边第一项。同理可得第二项。

7.4 虚 拟 仪 器

7.4.1 概述

传统的测试系统或仪器主要由三个功能块组成：信号的采集与控制、信号的分析与处理、结果的表达与输出。由于这些功能块基本上是以硬件或固化的软件形式存在，仪器只能由生产厂家来定义和制造，因此传统仪器设计复杂、灵活性差，整个测试过程几乎仅限于简单地模仿人工测试的步骤，在一些较为复杂和测试参数较多的场合下，使用起来很不方便。

计算机科学和微电子技术的迅速发展和普及，有力地促进了多年来发展相对缓慢的仪器技术。目前正在研究的第三代自动测试系统中，计算机处于核心地位，计算机软件技术和测试系统紧密地结合组成了一个有机整体，使仪器的结构概念和设计观点等发生了突破性的变化，由此产生了一种新的仪器概念——虚拟仪器。由于虚拟仪器是用软件来集成仪器所有的采集、控制、数据分析、结果输出和用户界面等功能，使传统仪器的某些硬件乃至整个仪器都能被计算机软件所代替。因此，从某种意义上可以说，在虚拟仪器中，软件就是仪器。

虚拟仪器是计算机技术在仪器仪表领域的应用所形成的一种新型的、富有生命力的仪器种类，它是计算机硬件资源、仪器测/控硬件和用于数据分析、过程通信及图形用户界面的软件之间的有效结合。虚拟仪器通过提供给用户组建自己仪器的可重用源代码库、处理模块间通信、定时、触发等功能，强调在通用计算机平台的基础上，通过软件和软面板，把由厂家定义的传统仪器转变为由用户定义的、由计算机软件和几种模块组成的专用仪器。虚拟仪器的出现，彻底打破了传统仪器仅由厂家定义、用户无法改变的模式，而给了用户一个充分发挥自己能力和想象力的空间。

虚拟仪器的基本构成包括计算机、虚拟仪器软件、硬件接口模块。其中，硬件接口模块包括插入式数据采集卡(Data AQuisition，DAQ)、串/并口、GPIB(General Purpose Interface Bus，GPIB)卡、VXI 控制器以及其他接口卡。目前较为常用的虚拟仪器系统是数据采集卡系统、GPIB 仪器控制系统、VXI 仪器系统以及这三者之间的任意组合。在这里，硬件仅仅是为了解决信号的输入、输出，软件才是整个系统的关键。

与传统仪器相比，虚拟仪器有如下特点：

(1)打破了传统仪器的"万能"功能概念，将信号的分析、显示、存储、打印和其他管理功能集中起来交由计算机来处理。由于充分利用计算机技术，完善了数据的传输、交换等性能，使得组建的系统变得更加灵活、简单。

（2）强调"软件就是仪器"的概念，软件在仪器中充当了以往由硬件实现的角色。由于减少了许多随时间可能漂移、需要定期校准的分立式模拟硬件，加上标准化总线的使用，使系统的测量精度、测量速度和可重复性都大大提高。

（3）仪器由用户自己定义，系统的功能、规模等均可通过软件修改、增减，并可方便地同外设、网络及其他应用连接。

（4）鉴于虚拟仪器的开放性和功能软件的模块化，用户可以将仪器的设计、使用和管理统一到虚拟仪器标准，使资源的可重复利用率提高，系统组建时间缩短，功能易于扩展，管理规范，使用简便，软/硬件生产、维护和开发的费用降低。

（5）由于虚拟仪器技术是建立在当今最新的计算机技术和数据采集技术基础上的，技术更新快。

7.4.2　虚拟仪器的构成

一个虚拟仪器的基本构成框图如图 7 - 10 所示。由图可知，仪器的构成主要有两大部分：硬件和软件。硬件部分主要包括数据采集卡（DAQ）、GPIB 接口仪器、VXI 仪器，另外将 PLC、现场总线设备也放入了硬件部分，因为按构成仪器的三大功能部件来看，过程控制系统和工业自动化系统也可归纳到虚拟仪器中来。虚拟仪器的软件部分主要包括集成的开发环境与仪器硬件的接口以及虚拟仪器的用户界面。其中尤以美国国家仪器公司（NI）的 LabVIEW 软件开发平台组成软件部分主体。以下分别加以介绍。

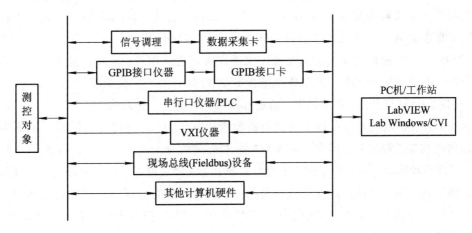

图 7 - 10　虚拟仪器的基本构成框图

1. 虚拟仪器的硬件模块

在虚拟仪器中，插入式数据采集卡（DAQ）是最常用的接口形式之一，其功能是将现场数据采集到计算机中。目前插入式数据采集卡已具有兆赫级的采样速度，精度高达 24 位，具有可靠性高、功能灵活、性/价比高等特点。用数据采集卡配以计算机平台和虚拟仪器软件，便可构成各种数据采集与控制仪器/系统，如信号发生器、电路和器件测试仪等。

数据采集系统的性能除了精度、采样频率、通道数等指标以外，还应有各种软件平台下的驱动程序，用户构建数据采集系统时，能方便地得到测量结果。目前很多数据采集板卡都附带了非常友好的驱动程序。用户对它的工作模式和采样参数设定很方便，数据的读/写也很容易。不像原来的数据采集板，要用户来写底层设备驱动程序。目前，美国 NI 公司设计的虚拟仪器配有专门的数据采集卡。对数据采集卡的编程很简单，数据读/写和结果显示只要对图标作一连线即完成。比如要将数据采集卡采集的数据送至虚拟示波器显示，只要在数据采集卡的图标和虚拟示波器图标之间连一根线，就完成了全部的编程工作。虚拟仪器以可视化、形象化和简单化的方式，完成计算机设备层的驱动、访问和数据读/写。当然，在这看似简单的虚拟操作背后，实际是由系统软件来自动完成众多功能子程序的组建和集合。但应注意，不是任何数据采集板卡都能被虚拟仪器所使用。只有在虚拟仪器设备驱动库中有的板卡，才能直接往上挂接；否则，用户就要为自己的板卡写 DLL 驱动程序。

目前，虚拟仪器最主要的结构形式是采用 VXI 总线技术组建的自动测试系统。VXI 仪器系统以 SCPI 为仪器程控语言，综合了 GPIB 仪器和 DAQ 板的特点，将仪器与仪器、仪器与计算机更紧密地联系在一起。VXI 的标准开放结构、即插即用和虚拟仪器软件体系结构 VISA 等允许用户在组建 VXI 系统时根据自己的实际情况自由选择仪器模块，而不必局限于一家厂商的产品，从而达到系统的最优化。另外，VXI 总线还提供了在机架层叠式的测试系统中不可能存在的、具有触发和同步能力的 32 位高速计算机总线。运用 VXI 技术可以方便地实现多功能、多参数的自动测试，为实现虚拟仪器提供了一个较好的硬件平台，代表着今后仪器系统的发展方向。

先进的测试仪器大都带有 GPIB 接口，提供仪器的遥控功能。GPIB 总线是仪器自动测试系统的标准总线。为实现 PC 对具有 GPIB 接口的仪器控制，可以设计 PC 总线上的 GPIB 控制卡，PC 机作为主控者，而被控仪器作为听者或讲者。虚拟仪器对 GPIB 总线上的仪器的控制就是采用这种方式。典型的配置方案由一台运行虚拟仪器软件的 PC、一块 GPIB 接口板卡和若干台 GPIB 仪器，通过标准 GPIB 电缆连接而成。

利用 GPIB 扩展技术还可以增加仪器的数量和电缆距离，这样可以用虚拟仪器实现对仪器操作的控制，替代人工操作，排除人为因素造成的测量误差；也可以预先编制好测量工序，实现自动测试，提高测量效率。另一方面，当仪器装置与虚拟仪器结合后，仪器本身的功能也得到扩展。仪器是同计算机连接在一起的，测量的数据结果送到计算机里，可进一步对数据作分析处理，相当于增加了仪器的功能。例如，把数字示波器的信号通过 GPIB 送到计算机，再用软件作频谱分析，相当于把示波器扩展为频谱分析仪。

一个基本的 VXI 仪器系统可以有三种不同的配置方案：GPIB 控制方案、嵌入式计算机控制方案和 MXI 总线控制方案。GPIB 控制方案适用于对总线控制的实时性要求不高，并需在系统中集成较多 GPIB 仪器的场合；嵌入式计算机控制方案由于在系统的体积、控制速率和电磁兼容等方面具有优势，因而可用在性能要求较高和投资较大的场合，如航天、军用等；MXI 控制方案综合了 GPIB 方案的使用外部计算机灵活方便、易于升级和嵌入式方案的高性能优点，具有较高的性/价比，便于系统扩展和升级，适用于各种实验室中实现科研系统以及对体积要求不高的场合。

2. 虚拟仪器的软件模块

在确定的硬件基础条件下，虚拟仪器构造和使用的关键就是应用不同的软件来实现不同的功能。如前所述，虚拟仪器的应用软件主要包括集成的开发环境、仪器硬件的高级接口和虚拟仪器的用户界面。虚拟仪器的应用软件由用户编制，可以采用各种编程软件。提高计算机软件编程效率是一个非常现实的问题，而提高软件编程效率的关键是采用面向对象的编程方式。

近年来，基于 PC 和工作站基础的图形接口标准和计算机计算能力的提高，促进了图形开发软件包和图形开发环境的迅速普及。图形开发方式为每一个虚拟仪器提供了可重用的代码模块，并允许用户从其他代码模块中分级调用。这些重用部分是一些封装良好的、原子性的程序代码；理想情况下，重用部分应与硬件电路一样，可以不经过任何修改而被直接"插接"到其他程序中。典型的重用部分包括函数库、过程程序包、宏、类、库等，它们通过各自的接口被组装在一起，每一部分完成特定的功能。在虚拟仪器图形软件开发平台研究方面，近年来国际上许多公司都做了大量的工作，其中最有代表性的是 NI 公司的 LabVIEW(Laboratory Virtual Instrument Engineering Workbench)虚拟仪器软件开发平台。

LabVIEW 作为一种完全图形化的编程环境，其主要优点有：

(1) 使用"所见即所得"的可视化技术建立人－机界面。针对测量的过程控制领域，NI 公司在 LabVIEW 中建了大量的仪器面板的控制对象，如表头、旋钮、图表、示波器等，用户还可以通过控制编辑器将现有的控制对象修改成适合自己工作领域的控制对象。

(2) 使用图标表示功能模块，使用图标间的连线表示在各功能模块间传递的数据，使用为大多数工程师和科学家所熟悉的数据流程图式的语言书写程序源代码。这样使得编程过程与思维过程非常近似。

(3) 提供程序调试功能，用户可以在源代码中设置断点、单步执行源代码，在源代码中的数据流连线上设置探针，在程序运行过程中观察数据流的变化。在数据流程图中以较慢的速度运行程序，根据连线上显示的数据值检查程序运行的逻辑状态。

(4) 继承了传统的编程语言中的结构化和模块化编程的优点，这对于建立复杂应用的代码的可重复性来说是至关重要的。

(5) 采用编译方式运行 32 位应用程序，解决了用解释方式运行程序的图形化编程平台时运行程序速度慢的问题。

(6) 支持多种系统平台。如 Macintosh、Power Macintosh、HP－UX、SunSPARC、Windows 3. x、Windows 95 和 Windows NT。NI 公司在这些系统平台上都提供了相应版本的 LabVIEW。并且，在任何一个平台上开发的 LabVIEW 应用程序，均可直接移植到其他平台上。

(7) 提供了大量的函数库供用户直接调用。从基本的数学函数、字符串处理函数、数组运算函数和文件 I/O 函数到高级的数字信号处理函数和数值分析函数，从底层的 VXI 仪器、数据采集和总线接口硬件的驱动程序，到世界各大仪器厂商的 GPIB 仪器的驱动程序，LabVIEW 都有现成的模块帮助用户方便、迅速地组建自己的应用系统。

（8）提供 DLL 库接口和 CIN 节点来使用户有能力在 LabVIEW 平台上使用其他软件平台编译的模块。因此，LabVIEW 是一个开放式的开发平台，用户能够在该平台上使用其他软件开发平台生成的模块。

LabVIEW 的基本程序单位是一个 VI(Virtual Instrument)。对于简单的测试任务，可以由一个 VI 之间的层次调用结构构成，高层功能的 VI 调用一个或多个低层的特殊功能的 VI，如图 7 - 11 所示。可见，LabVIEW 中的 VI 相当于常规语言中的程序模块，通过它实现了软件的重用。每一个 LabVIEW 中的 VI 均由两部分组成，即前面板(Front Panel)和方块图(Block Panel)。

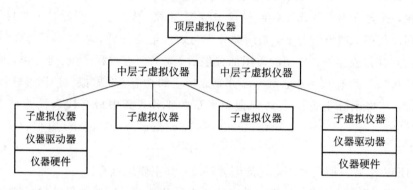

图 7 - 11　虚拟仪器的软件结构

前面板是用户进行测试时的主要输入/输出界面，用户通过 Controls 菜单在面板上选择控制及显示功能，从而完成测试的设置及结果显示。其中控制包括各种类型的输入，如数字输入、布尔输入、字符串输入等；显示包括各种类型的输出，如图形、表格等。各个 VI 的建立、存取、关闭及管理操作也均由面板上的命令菜单完成。作为一种图形程序设计语言，LabVIEW 内部集成了大量的生成图形界面的模板，如各种开关、旋钮、表头、刻度杆、指示灯等，包含了组成一个仪器所需的主要部件，而且用户也可方便地设计库中没有的仪器。

LabVIEW 的最大特点就是：采用全图形化编程，在计算机屏幕上利用其内含的功能库和开发工具库产生一软面板，用来为测试系统提供输入值并接受其输出值。该面板在外观和操作上模仿有形器件，在功能上则与一般惯用的语言程序相同。由于采用了图形这种独特的方式来建立直观的用户界面，因此每个对文本编程方式不熟的工程人员都可以快速"画"出仪器面板，"画"出自己的程序。当虚拟仪器建立起来并运行后，用户即可通过软面板来控制自己的仪器，如按开关、移动滑块、旋转旋钮或从键盘上输入一数据等；同时，该软面板立刻响应来自系统的实时反馈。作为人—机对话的软面板，还可接受来自更高层次的虚拟仪器的参数。

LabVIEW 的基本编程单元是方块图，方块图是测试人员根据测试方案及测试步骤进行测试编程的界面。用户可以访问的 Functions 选项不仅包含了一般语言的基本要素，如算术及逻辑函数、数组及串操作等，而且还包括了大量与文件输入/输出、数据采集、GPIB 及串口控制有关的专用程序模块。方块图以图形软件绘制，用目标来表示程序设计，虚拟仪器则接收来自方块图的指令。从理论上说，LabVIEW 方块图方法是建立在目标定向和数据流程序设计的概念基础上的。在这里，数据流是指目标间的相互连线。在数据流的程序设计中，一个目标只有当它的所有输入有效时才能执行任务；而对目标输出来讲，只有当它的功能完成时才是有效的。LabVIEW 编写程序的过程也就是将多个目标用数据流连接起来的过程，被连接的目标之间的数据流控制着执行次序，并允许有多个数据通路同步运行。这是一种完全不同于文本程序语言线性结构的新型程序设计概念。因此，LabVIEW 在绘制方块图时只需从软件菜单中调用相应的功能方块并用导线（Wires）连接即可，不必受常规程序设计句法细节的限制。

一个虚拟仪器的目标和导线的工作如同一个图解参数表，因此一个虚拟仪器可以把数据传送到另一个虚拟仪器上。基于上述特点，LabVIEW 发展了结构化程序设计的概念，使虚拟仪器成为分层次和模块化的，既可以把任意一个虚拟仪器当做顶层程序，也可将其当做其他虚拟仪器或自身的子程序。这样用户就可以把一个复杂的应用任务分解为一系列的、多层次的子任务，通过为每一个子任务设置一个子虚拟仪器，并运用方块图原理把这些子虚拟仪器进行组合、修改、交叉和合并，最后建成的顶层虚拟仪器就成为一个包括所有应用功能的子虚拟仪器的集合。因此可以认为，LabVIEW 中的虚拟仪器相当于常规语言中的程序模块，通过它实现了软件重用。

LabVIEW 以严格定义的概念构成了一种易于理解和掌握的硬件和软件模块，并提供了一个理想的程序设计环境。LabVIEW 中编写的源程序很接近于程序流程图，利用 LabVIEW 开发系统画出方框图（程序流程图）后即可自动生成测试软件，而不需要再去编写文本程序，它使得科研和工程人员可以摆脱对专业编程人员的依赖。作为一种高水平的程序设计，同传统的编程语言相比，LabVIEW 图形编程方式可以节省大约 80% 的程序开发时间，而运行速度却几乎不受影响。

7.4.3　虚拟仪器的应用

虚拟测试技术的优势在于用户自定义测试仪器功能、结构等，且构建容易、转换灵活，因此它具有很好的发展潜力。目前虚拟测试和虚拟仪器技术尚处在一个起步的阶段。国外在这方面的技术发展速度很快，推出了一大批卓有成效的实际系统，涉及的应用从大学的教学实验、仿真系统到工程和科研中的实际测试系统，几乎遍及各个学科领域。由于虚拟测试仪器的主体是计算机，因此通过互联网实现虚拟仪器的远程遥测和遥控，进一步扩展了虚拟仪器的功能，显示出它强大的生命力。国内在这方面的发展也十分迅速，短短几年里涌现出一大批大专院校、科研院所和企业，从事虚拟仪器和测试系统的研究和发展工作。在航空、航天、石油勘探、发电机组动态监测、自动化计量控制、电力系统测试、汽车性能检测、铁路机车平稳性检测以及医学等领域均有了许多应用。相信随着计算机技术的不断发展，虚拟仪器技术将得到进一步的发展和应用。

思考与练习题

1. 什么是采样定理？采样频率过高或过低对后续数字信号分析带来怎样的影响？

2. 为什么要对采样信号进行量化？用什么器件完成量化？

3. 采样/保存器的作用是什么？在什么情况下需要使用采样/保持器？

4. 设有一个 D/A 转换器，输入二进制数码为 110101，$u_{FSR}=10$ V，求输出电压 u_o？

5. 假设满量程输入电压为 5 V，用 12 位 A/D 转换器进行模/数转换，那么量化单位为多少？

6. 为什么小波变换具有"变焦距"的功能？

7. Nallat 算法的原理是什么？

8. 什么是虚拟仪器？虚拟仪器与传统仪器的区别是什么？

第 8 章　测试技术的应用

机械相关量的测量，如力、力矩、位移、速度、加速度、温度等的测量，在国民经济各个领域应用非常广泛，在工程设计、科研及各生产实际中起着重要的作用。

8.1　力 的 测 量

8.1.1　基本概念

力是一个物体对另一个物体的作用或反作用。力的作用可使物体改变机械运动状态而产生加速度，也可以使物体产生变形而产生内应力，这就是力的动力效应和静力效应。

由力的动力效应可引出力的单位。根据牛顿第二定律，力是由公式 $F=ma$ 定义的，由此可知，力取决于质量和在此力作用下该质量所产生的加速度。若要确定标准力，就需先确定标准质量和加速度。根据国际单位制的规定，质量是基本量，而加速度不是基本量。质量是以国际标准和国家的各级标准作依据，而加速度是长度和时间两基本量的导出量。地球的重力加速度 g 可方便地作为加速度的标准参考值。所谓 g 的标准，是指它在纬度为 45°的海平面上的标准值，在数值上为 980.665 cm/s²。任意纬度(P)上的重力加速度可由下式计算：

$$g = 978.0491 + 0.005\ 288\ 4\ \sin^2\varphi - 0.000\ 005\ 9\ \sin^2 2\varphi\ \text{cm/s}^2 \qquad (8-1)$$

高于海平面 h(m)上的重力加速度的修正量为

$$(0.000\ 308\ 55 + 0.000\ 000\ 22\ \cos 2\varphi)h + 0.000\ 072\left(\frac{h}{1000}\right)^2\ \text{cm/s}^2 \qquad (8-2)$$

这样，地球上某点的 g 就可确定。在此点上选取一个标准质量，标准力即可确定，从而引出力的单位(国际单位)是牛顿或牛(N)。1 牛(N)是指作用在 1 千克(kg)质量的物体上产生 1 米/秒²(m/s²)加速度的力。

力的测量的广泛含义包括对力矩(以力和长度确定)、轴功率(以力矩和角速度确定)、压力(以力和面积确定)等项的测量。

力的测量的基本方法有如下几种：

(1) 平衡比较法：将所测力与标准质量所受重力相比较，直接通过杠杆来平衡，如图 8-1(a)所示。

(2) 测量未知力作用于已知质量上的加速度来实现力的测量，如图 8-1(b)所示。

(3) 将被测力转化成液体压力，然后再测此压力，如图 8-1(c)所示。

(4) 将被测力作用在某些特殊元件上，以产生可测的物理效应。最常用的是利用机械弹性元件将被测力转化成位移，如图 8-1(d)所示。

另外，如压电晶体受力后表面产生电荷，压磁元件受力后磁阻发生变化，张紧的金属弦在轴向受力后自然频率的变化等均可用来测量未知力。

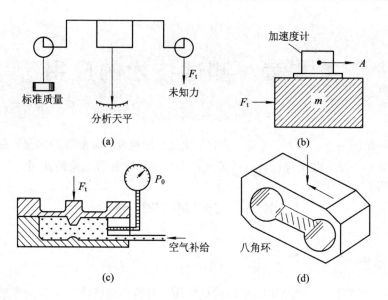

图 8 - 1 力的基本测量方法

8.1.2 测力传感器

目前在测力中，常常要求能自动显示、记录并与计算机相连进行数据处理。因此，力传感器的好坏直接影响整个测力系统工作的好坏，成为测力系统中不可缺少的重要组成部分。例如，各种小型自动台秤到大型火车轨道衡，它们的称重都是利用测力传感器的输出信号转变成数字量，进行自动显示或记录；在飞机、火箭发动机的地面记录中，也是利用力传感器来测量所产生的推力大小及其随时间的变化规律，以提供准确的特性参数供分析研究等。测力传感器的种类很多，如电阻应变片式、电感式、电容式、压电式、压磁式等。其中，电阻应变片式力传感器应用最为广泛，它是一种将被测力作用于弹性敏感元件，使力转化为弹性元件的应变，然后再用应变片及后续电路将应变转化为电压输出，最后由显示、记录仪器读出对应的力值。这类传感器依据弹性敏感元件的不同类型，分为柱形(见图 8 - 2(a))、梁形(见图 8 - 2(b))和环形(见图 8 - 2(c)、(d))等几种形式。

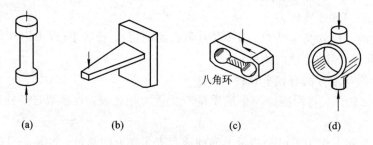

图 8 - 2 常用弹性敏感元件

柱形弹性元件有圆柱、圆筒及方柱等几种形式。作用力沿柱的轴心线作用，所产生的应变为

$$\varepsilon = \frac{F}{AE} \tag{8-3}$$

式中，F 为沿柱轴心线的作用力；E 为弹性元件的弹性模量；A 为弹性元件的横截面积。

梁形弹性元件有悬臂型和两端固定型。对于矩形截面等强度的悬臂梁，上、下表面的应变相等，且符号相反，有

$$|\varepsilon| = \frac{6Fl}{Ebh^2} \qquad (8-4)$$

对于矩形截面两端固定梁，上、下表面的应变为

$$|\varepsilon| = \frac{3Fl}{4Ebh^2} \qquad (8-5)$$

两式中，l 为梁的长度；b 为梁的宽度；h 为梁的厚度。

对于环形弹性元件的应变计算较为复杂。就圆环形弹性元件来说，在受轴向力(见图 8-3(a))中的力 F 时，在圆环的两个截面 A、B 应变最大，分别为

$$|\varepsilon_A| = \frac{1.910FR_0}{Ebh^2} \qquad (8-6)$$

$$|\varepsilon_B| = \frac{1.910FR_0}{Ebh^2} \qquad (8-7)$$

式中，R_0 为圆环的平均半径；b 为圆环的宽度；h 为圆环的厚度。

在 C 截面上应变为零。根据理论推导，各截面上的弯矩分布如图 8-3(b)所示，C 截面与轴线夹角等于 39.6°。因 A、B 处内表面的应变符号相反，可组成差动电桥。应变片大多粘贴在环的内表面 A、B 处。

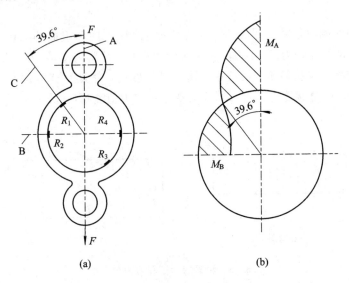

(a)   (b)

图 8-3　圆环受轴向力各截面弯矩分布图

前面所介绍的圆柱形、圆环形、梁形弹性元件构成的测力传感器都有一个共同缺点，即在相同载荷下作用力点位置的变化会引起较大的输出变化，且它们的抗侧向力及抗偏心载荷的能力差。剪切应变轮辐式力传感器(简称轮辐式力传感器)，可以克服上述缺点。

轮辐式力传感器结构示意图如图 8-4(a)所示，在轮圈与轮毂之间成对地并相互对称地连接着轮辐，被测力作用在轮毂的上端面及轮圈的下端面(受压缩力时)，在轮辐上由于被测力的作用产生与被测力成比例的切应力。应变片贴在与轮辐轴成 45°方向的轮辐侧面，感受和切应力对应的正应力大小而获得被测力。

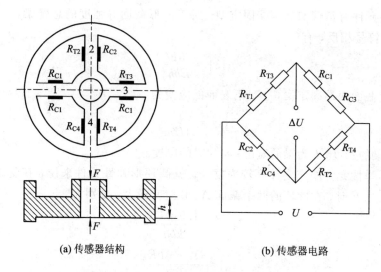

(a) 传感器结构　　　　　　　　(b) 传感器电路

图 8-4　轮辐式力传感器结构示意图

图 8-5(a)和图 8-5(b)分别是轮辐的弯矩和剪切分布图。梁 45°方向上的正应变为

$$\varepsilon = \frac{3(1+\mu)F}{8bhE} \qquad (8-8)$$

式中，μ 为材料的泊松比；F 为被测力；b 为截面宽度；h 为轮辐的高度；E 为材料的弹性模量。

在 4 个轮辐的侧面粘贴 4 片(或 8 片)应变片，粘贴方向和组成的电桥如图 8-4(b)所示。图中，电阻 R 的注脚为 T 者(R_T)表示拉伸应变片，注脚为 C 者(R_C)表示压缩应变片。

轮辐式力传感器结构简单、线性好、输出灵敏度高，并且具有抗偏心载荷、侧向载荷能力强，以及安全的过载能力等许多特点，现已在大力值测量(10 kN)中广泛采用。

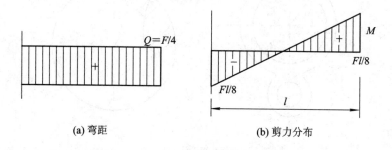

(a) 弯距　　　　　　　　　　(b) 剪力分布

图 8-5　轮辐的弯矩和剪力分布图

利用弹性元件将被测力转化成位移后，可以用不同类型的位移传感器(如差动变压器式、电感式、电容式等)来测量这一位移，从而可做成不同类型的力传感器。差动变压器式力传感器是具有筒状空心截面的弹性元件，高度与直径的比值较小，以减小横向偏心分力的影响，在受轴向力时应力分布均匀。差动变压器式力传感器实质上是利用弹性元件将被测力转换成位移，而后用差动变压器来测出这一位移。这样，它的精度、线性度等技术指标就主要取决于弹性元件和差动变压器的性能了，其动态性能则取决于可活动部分的频率响应特性。

另一类常用的力传感器为压电式力传感器，其工作原理在传感器技术一章中作了论述。压电式力传感器近年来在国内的研制和使用有较大发展,在机械制造中用它来监测切削力的变化;在控制系统中用它作为反馈检测元件;在航天工业中对火箭发动机大推动的测试充分发挥其作用。利用压电材料制成的压电式力传感器,可消除在动态测量时所感受加速度的惯性质量 m,可制成多向力传感器(如三向),这样即可测量出多向力的作用。例如在金属切削机床上测量车削、铣削等三个互相垂直的切削力,就可采用这种类型的力传感器。压电式力传感器的刚度好、灵敏度高、频率范围宽、稳定性好,特别适合于瞬态力与交变力的测量。

8.1.3　压力测量

工程中流体介质对容器、管道及其他元件的压力是一个需要经常检测的物理量。压力测量在液压、气压传动与控制中,在液压元件和系统性能试验及其他一些领域中,都有十分重要的应用。压力也是反映流体本身状态的一个很重要的参数。工程中习惯上称的压力概念实际上是物理学中的压强,即气体或液体介质垂直作用在单位面积上的作用力。压力的单位为帕(Pa,$1\ Pa = 1\ N/m^2$)。介质垂直作用在容器单位面积上的全部压力(包括大气压)称绝对压力,绝对压力值与大气压力值之差称为表压力。工程中压力测量多采用表压力作为指示值,当表压力为负值时,又称为真空度。

1. 压力敏感元件

压力测量与力测量有许多共同之处。各种压力计和压力传感器多采用弹性变形法,将压力先转换为位移量。能感知压力的弹性元件称为压力敏感元件。压力传感器中的敏感元件都是些特定形式的弹性元件(如图 8-6 所示),常用的有弹簧管、膜片和波纹管三类。此

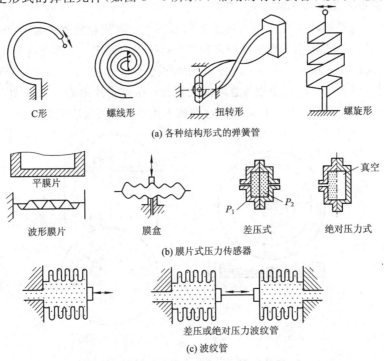

（a）各种结构形式的弹簧管

C 形　　螺线形　　扭转形　　螺旋形

平膜片　　波形膜片　　膜盒　　差压式　　绝对压力式　　真空　　P_1　P_2

（b）膜片式压力传感器

差压或绝对压力波纹管

（c）波纹管

图 8-6　弹性压力敏感元件

外，使用时也有将两个弹性元件组合在一起，构成组合式弹性敏感系统。在被测流体的压力作用下，这些元件将产生位移或应变。

1）弹簧管

弹簧管又称波登管，它利用管的曲率变化或扭转变形将压力变化转换为位移量。常用的弹簧管类型有 C 形、螺线形、麻花形及螺旋形等。弹簧管的截面均做成非圆形，如椭圆形和扁圆形。管的一端密封，一端开口。当管内通以被测流体时，在压力的作用下，管的截面力图变为圆形，但由于管的外表面和内表面的长度都不会改变，这样势必会使管的自由端产生位移。自由端位移与作用压力在一定范围内呈线性关系。

2）膜片

膜片是用弹性材料制成的圆形薄片，主要形式有平膜片、波形膜片和悬链式膜片。应用时，膜片的边缘刚性固定，在压力作用下，膜片的中心位移和膜片的应变在小变位时均与压力近似成正比。两个膜片边缘对焊起来构成膜盒，几个膜盒连接起来可以构成膜盒组，以增大输出位移。

3）波纹管

波纹管是一种表面上有许多同心环状波纹的薄壁圆筒。波纹有单层和多层之分，波纹管有无缝和有缝两类。制造波纹管的材料为弹性比较好的合金材料，如磷青铜和铍青铜。波纹管作为压力敏感元件，使用时应将开口端焊接于固定基座上并将被测流体通入管内。在流体压力的作用下，密封的自由端会产生一定的位移。在波纹管弹性范围内，自由端的位移与作用压力呈线性关系。

2. 常用压力传感器

1）膜片应变式压力传感器

图 8 - 7(a)为平膜片应变式压力传感器示意图。它利用粘贴在平膜片表面的应变片，来感测膜片在流体压力作用下产生的局部应变。对于周边固定、一侧受均匀压力 P 作用的平膜片，其径向应变 ε_r 和切向应变 ε_t 的分布规律如图 8 - 7(b)所示。由应变分布图可知，在膜片中心，切向应变与径向应变相等且取最大正值；在离膜片中心 $0.58R$ 处，径向应变由正值转变为负值；在膜片边缘，径向应变达到最大负值，而切向应变为零。

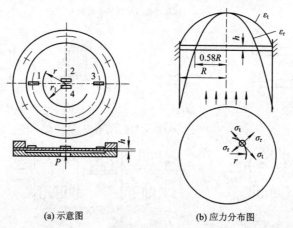

(a)示意图　　　　　　(b)应力分布图

图 8 - 7　膜片应变式压力传感器结构示意及应力分布图

根据上述应变分布的特点，按图 8-7(a)来布置应变片，并接成全桥形式，则可得到最大的电量输出。

有一种特殊的膜片，它是用 N 型半导体材料单晶硅做成的硅片。利用集成电路工艺，按一定晶轴方向和应变规律，在硅片上的相应部位扩散一层 P 型杂质。这种导电 P 型层形成的条形或栅形电阻称为扩散型半导体应变片，它是利用压阻效应工作的。由于这种应变片与基底硅片互相渗透，紧密结合在一起，因此称为固态压阻式传感器。它可以根据需要制成杯形膜片和长方条形膜片等。

图 8-8 是固态压阻式压力传感器的结构示意图。它由外壳、基座、杯状硅膜片和引线等部分组成。由于采用了集成电路的扩散工艺，硅片的有效面积可以做得很小，直径甚至达到零点几毫米。这种传感器的频率响应特性好，灵敏度也高，可用来测量脉动频率达几十千赫的局部区域压力。由于半导体材料对温度的敏感性，采用这种传感器测量时应注意温度补偿。

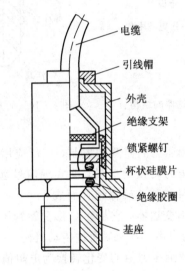

图 8-8　固态压阻式压力传感器的结构

2) 压电压力传感器

压电压力传感器利用压电晶片作为力—电转换元件。按感知压力的方式，压电压力传感器可分为膜片式和活塞式两种。

图 8-9 所示为膜片式压电压力传感器。承压膜片受到的压力直接传送到压电晶片上，膜片还起到密封和产生预压的作用。压电压力传感器可以测量几百帕到几百兆帕的压力。外形尺寸也可以做得很小，直径可小到几毫米。由于膜片质量很小，压电晶片的刚度很大，使传感器的固有频率高达 1000 kHz 以上，因此，此类传感器专门用于动态压力测量。为了提高传感器的灵敏度，压电晶片可以采用多片并联或串联的层叠结构。

压电压力传感器可以配用电荷放大器，也可以配用电压放大器。在配用电压放大器时，中间应加入阻抗变换器。

图 8-10 是活塞式压电压力传感器的结构示意图。测量时，传感器用螺纹旋在测孔上，流体压力通过活塞和砧盘作用在压电晶片上。

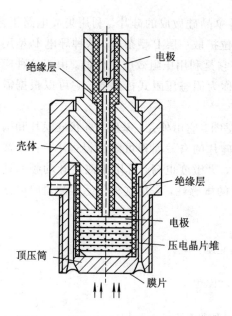

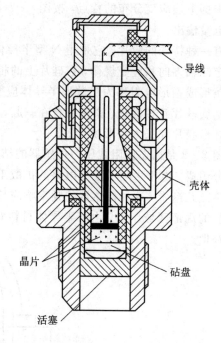

图 8-9　膜片式压电压力传感器的结构　　　图 8-10　活塞式压电压力传感器的结构

3) 其他压力变送器

在工业生产中，对静态过程压力的监测和控制，广泛应用着各类压力变送器。与压力传感器一样，它们也是一种将压力转换为电量，能实现信号远传的装置。结构上，压力变送器通常由各种弹性元件和各种位移传感器组合而成。

图 8-11 是一种电阻式压力变送器，它是在 C 形弹簧管压力表内附加一个滑线电阻而组成的。测量压力时，弹簧管的自由端移动，通过传动机构，一面带动指示指针转动，一面带动电刷在电阻器上滑行，使被测压力值的变化转换为电阻值的变化，并传至显示仪表。

图 8-12 是一种电感式压力变送器，它由 C 形弹簧管压力表和差动式电感传感器组成。弹簧管自由端的位移带动铁心在螺管线圈内移动，改变两个差动式线圈的自感，导致负载电阻输出电压的变化，从而反映被测压力的变化。

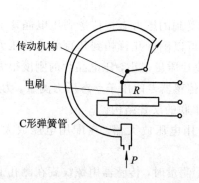

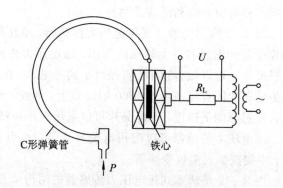

图 8-11　电阻式压力变送器的结构　　　图 8-12　电感式压力变送器的结构

霍尔式压力变送器的原理如图 8-13 所示。变送器由膜盒、顶杆、杠杆、霍尔元件、磁铁和恒定工作电源组成。霍尔元件固定在杠杆的一端，放在两对磁极相对的磁铁中间。当被测压力为零时，霍尔元件处在两磁极中间对称的位置上，由于霍尔元件两个半部通过的磁通量大小相等、方向相反，所以总的输出电势为零。当被测压力不为零时，膜盒的变形通过顶杆使杠杆产生位移，这时，霍尔元件偏离平衡位置，有电势输出，所产生的霍尔电势与压力成正比。霍尔电势的极性还可以反映压力的正、负。

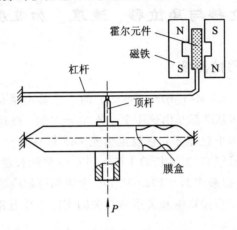

图 8-13　霍尔式压力变送器的结构

测量压力差可以采用各种形式的差压变送器。图 8-14 是一种利用差动式变极距电容传感器原理制作的电容式差压变送器。被测压力 P_1、P_2 分别作用于左、右两片隔离膜片上，通过硅油将压力传送给测量膜片。测量膜片作为活动极板，在压差作用下向低压方向鼓起，从而导致与两个固定极板间的电容量一个增大、一个减小。测量差动电容的变化，即可得知差压的数值。图 8-15 是另一种膜片式差压变送器。当高压流体和低压流体分别进入高压腔和低压腔时，膜片在压差的作用下向低压腔移动，从而带动差动变压器的铁心移动，使两个次级线圈的感应电势发生变化，其差值与铁心位移成正比，因而也与压差成正比。

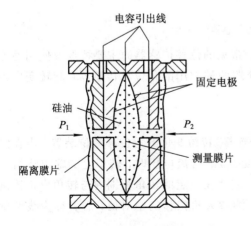

图 8-14　电容式差压变送器的结构

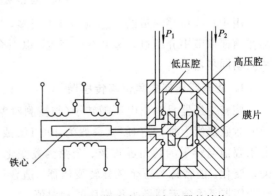

图 8-15　膜片式差压变送器的结构

以上介绍的是电测方法中使用的各种压力传感器和变送器，它们检测的压力信号可以远传，并通过动圈式指示仪表或电子电位差计显示压力值，也可以输送到控制装置，对压力变化过程实现自动控制。除此以外，工业生产中还大量应用着直接安装在工艺设备或管道上，直接显示和读取压力值的各类压力表，如各类液柱式压力计、各类指针显示的弹性压力表等。

8.2 线位移与角位移、速度、加速度的测量

8.2.1 线位移与角位移的测量

国际测量制(International Measuring System)的 4 个基本量是长度、时间、质量和温度，而其他所有量的单位和基准都是由这 4 个基本量导出的。在运动量的测量中，基本量是长度和时间。长度的基本单位是米，它规定为氪-86 灯在真空中相应于氪-86 原子在 $2P_{10}$ 能级和 $5d_5$ 能级之间跃迁的辐射波长的 1 650 763.73 倍的长度。时间的基本单位是秒，它被规定为铯-133 原子谐振频率的 9 192 631 770 个周期所相应的时间间隔。

长度和时间的基本基准直接影响和关系到有关的实际工作基准，如速度、加速度的工作基准。

位移的测量本身具有重要意义，这是因为位移测量往往构成测量压力、力、加速度和温度等许多传感器的基础，如图 8-16 所示。

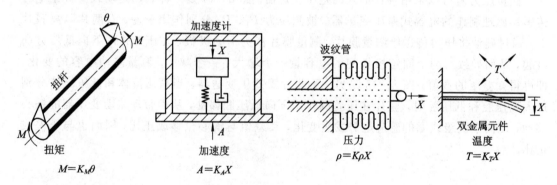

图 8-16 位移测量传感器的应用

用于直线位移测量的传感器的种类很多，较常见的位移传感器的主要特点及使用性能都在前面章节中介绍过，这里不再赘述。以下介绍两种常用的角位移传感器：旋转变压器和微动同步器。

1. 旋转变压器式角位移传感器

旋转变压器是输出电压随转子(与被测对象连接)转角变化的角位移测量装置。当在定子的激磁绕组上加一定频率(一般为 400 Hz 或更高)的交流电压时，转子上的输出绕组的电压幅值与转子的转角成正弦、余弦函数变化，或者在一定的转角范围内与转角成正比例关系变化。前者称为正余弦旋转变压器，适合于测量大角位移的绝对值；后者称为线性旋转变压器，适合于测量小角位移的相对值。

旋转变压器式角位移传感器的结构如图 8-17 所示。其基本结构与线绕式异步电机相似。一般制成两级电机的形式，在定子上有激励绕组和辅助绕组，它们的轴线互成 90°；在转子上有两个输出绕组——正弦绕组和余弦绕组，这两个绕组的轴线也互成 90°。正余弦旋转变压器的工作原理如图 8-18 所示，当给定子的激励绕组加上等幅的交流电压 u_{S1} 时，在转子的两个绕组上将分别产生输出电压 u_{R1} 和 u_{R2}，其大小与转子偏离零位的转角 θ 的关系为

$$u_{R1} = K_\theta u_{S1} \cos\theta \tag{8-9}$$

$$u_{R2} = - K_\theta u_{S1} \sin\theta \tag{8-10}$$

式中，$K_\theta = \dfrac{W_1}{W_2}$ 为旋转变压器的变比；W_1、W_2 为转子、定子绕组的匝数；u_{S1} 为加于激磁绕组的交流电压，单位为 V。输出电压为调幅波。

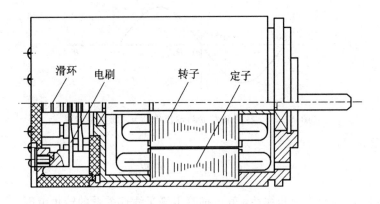

图 8-17　旋转变压器角位移传感器的结构

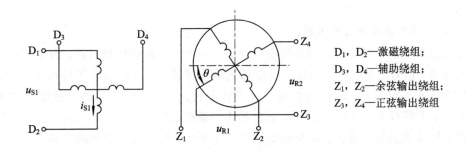

图 8-18　正余弦旋转变压器原理图

当输出绕组接有负载时，转子转动就有电流通过输出绕组并产生电枢反应磁通，使气隙中磁场发生畸变，从而使输出电压发生一些不希望有的变化。为了减小这种变化，旋转变压器在工作时，应将辅助绕组 D_3、D_4 短接，或在 Z_1、Z_2 和 Z_3、Z_4 两输出绕组上接对称负载。为了提高旋转变压器的工作精度，负载阻抗应尽量大。

线性旋转变压器实际上是正余弦旋转变压器，不同的是线性旋转变压器采用了特殊的变比 K_θ 和接线方式（如图 8-19 所示），这样使得在一定转角范围内（一般为 ±60°）输出电压与转子转角 θ 成线性关系（如图 8-20 所示）。

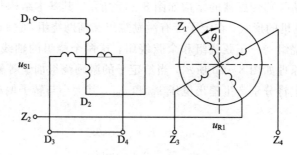

图 8-19　线性旋转变压器原理图

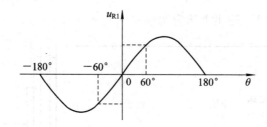

图 8-20　转子转角 θ 与输出电压 u_{R1} 的关系曲线

输出电压 u_{R1} 为

$$u_{R1} = Ku_{S1} \frac{\sin\theta}{1 + K_\theta \cos\theta} \qquad (8-11)$$

由此式选定变比 K_θ 及允许的非线性，就可推算出满足线性关系的转角范围。如取 $K_\theta = 0.54$，非线性不超过 $\pm 0.1\%$，则转子的转角范围可达 $\pm 60°$。在此范围内，输出电压与转角成线性关系。

2. 微动同步器式角位移传感器

微动同步器是一种变磁阻型旋转变压器，分为力矩型和信号型两种，力矩型是一种力矩输出装置，信号型是一种高精度的角位移测量传感器。在一定的转子转角范围内，当激磁电压和频率一定时，它的输出电压正比于转子转角。微动同步器的灵敏度大约为每度 $0.2 \sim 5\ V$，非线性为 $0.1\% \sim 1.0\%$，通常采用的激磁电压为 $60 \sim 5000\ Hz$，$5 \sim 50\ V$。

微动同步器式角位移传感器结构如图 8-21 所示，由四极定子和两极转子组成。在定子的每个极点上绕有两个线圈将各极中的一个线圈串联成初级激磁回路，将各极中的另一个线圈串联成次级感应回路。激磁回路四个线圈的连接原则是当等幅交流电压加上时，在激磁电流的某半周内各极上的磁通方向如图中的箭头所示，次级感应回路的连接原则是使总的输出电压是Ⅰ、Ⅱ极和Ⅲ、Ⅳ极上感应电压之差。当转子转到如图所示的对称于定子的位置时，定子和转子之间的 4 个气隙几何形状完全相同，各极的磁通相等，从而使Ⅰ、Ⅱ极上的感应电压与Ⅲ、Ⅳ极上的感应电压相等，总的输出电压为零，转子被看成是处于零位。若转子偏离零位一个角度，则 4 个气隙不再相同，造成各极磁通的变化量不同，其中一对磁极的磁通量减小，另一对磁极的磁通量增加。这样，次级就有一个正比于转子角位移的电压输出。当转动方向改变时，输出电压也有 $180°$ 的相位跃变。

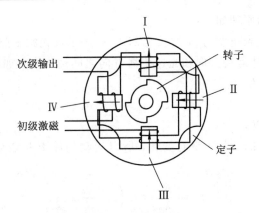

图 8 - 21　微动同步器式角位移传感器结构

微动同步器的输入电压也是一种调幅波，需要配上必要的具有解调与检波功能的测量电路与记录显示装置。微动同步器位移传感器与差动变压器一样，也具有零位输出，要采取适当的措施加以消除和补偿。

8.2.2　速度测量

物体运动速度的测量方法有以下几种：

1. 通过电气微分位移电压信号来测量速度

这种方法是把位移传感器的输出电压加在一适当的微分电路的输入端，以获得与速度成正比的电压信号。但微分作用将增强存在于位移信号中的低幅而高频的噪声，这是采用这种方法存在的主要问题，当用这种方法设计速度测试系统时，要特别注意。

2. 通过所测的 $\triangle x$ 和 $\triangle t$ 来测量平均速度

在许多情况下，测得一段短距离或短时间间隔内的平均速度值就能满足要求了。这种测量方法是，当运动物体通过间距为精确已知的两个位置时，用某种方法（光学的、电磁的等）产生脉冲。当运动速度不变，选用大的间距将可获得较高的测量精度；若速度是变化的，间距 $\triangle x$ 就应选得足够小，才能保证测量的精度。这种方法也适用于转动情况。

3. 闪光测速法

用工作频率已知且可调的电子闪光灯可方便地测量物体的转速。其方法是，在构件上贴一张黑白相间的纸作为目标，调整闪光灯的闪光频率，直到"目标"看起来静止不动。在这个调整位置上，闪光灯的频率便等于被测物体运动的频率。

4. 激光多普勒测速法

激光多普勒测速法是测量目标运动速度的一种新方法。利用激光器作为光源，当运动物体与光波有相对运动时，就会产生多普勒效应，采用光电外差技术即可检测出多普勒频率，从而计算出被测物体的运动速度。这种方法也可以用来测量流体或粒子的运动速度、湍流速度等。激光多普勒测速法简称为 LDV。

激光多普勒测速法的主要优点如下：空间分辨力高，探测光点是一个椭球形，短轴小到数十微米，长轴小到数百微米；测得速度的准确度高；频率响应快；动态范围广，为非接触测量。

激光多普勒测速的原理如下：

激光器 S 发射的激光速度为 c，波长为 λ，以 v_P 表示被光源 S 照射的物体 P 相对于光源的运动速度，α 表示物体运动方向和光速传播方向之间的夹角，如图 8-22(a) 所示。对于物体 P，光的传播速度为

$$v' = c - v'_P = c - v_P \cos\alpha \qquad (8-12)$$

式中，c 为激光传播速度，$c = \lambda f$。

由于光源发出的光的波长 λ 没有变化，所以运动物体 P 接收到的光波的频率 f_1 由式 (8-12) 可以算出，即

$$f_1 = \frac{v'}{\lambda} = f_0 \left(1 - \frac{v_P}{\lambda}\cos\alpha\right) \qquad (8-13)$$

当 $\alpha = 0$ 时，有

$$f_1 = f_0 \left(1 - \frac{v_P}{c}\right) \qquad (8-14)$$

或

$$f_d = f_0 - f_1 = \frac{v_P}{\lambda} \qquad (8-15)$$

f_d 称为多普勒频率。物体的运动速度为

$$v_P = f_d \lambda \qquad (8-16)$$

图 8-22(b) 为前向接收光路示意图。激光器发出的一束光，被分束器分为光强相等的两束光，经发射透镜后相交于测点 P（即透镜焦点）。运动物体经过该两光相交区时会发出散射光，产生多普勒效应。因此，相对于光束 Ⅰ 和 Ⅱ 运动的物体所分别发出的两种散射光的光波频率已不再是激光器发出的光波频率，而是分别发生了第一次多普勒频移后的光波频率。这种频率的散射光的一部分经接收透镜后会聚到针孔光阑面上，经过一个很小的针孔（比成像光斑直径略小一些）把杂散光滤掉，以减小光电检测器（光电倍增管或光电管）产生的噪声。通过针孔进入光电倍增管的表面的两路散射光发生第二次多普勒频移。在光电倍增管的每一点处，这两次的散射光发生混频，产生差频响应的电信号，这正是我们需要的多普勒信号频率。

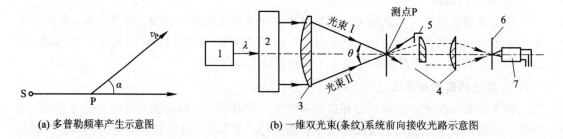

(a) 多普勒频率产生示意图　　　　　(b) 一维双光束(条纹)系统前向接收光路示意图

图 8-22　激光多普勒测速

图 8-22(b) 的光路可简化为图 8-23 所示结构。激光多普勒测速的基本关系式推导如下：

根据式 (8-13) 及 (8-14)，P 处运动物体所接收到的光束 Ⅰ 和光束 Ⅱ 的频率（此时发生了第一次频移）分别为

$$f_{1P} = f_0 \left(1 + \frac{v_{x1}}{c} \right) \tag{8-17}$$

$$f_{2P} = f_0 \left(1 - \frac{v_{x2}}{c} \right) \tag{8-18}$$

式中，v_x 为 P 点运动物体的速度；v_{x1}、v_{x2} 为 v_x 分别在光束 I 和光束 II 方向上的投影。v_{x1} 和 v_{x2} 的符号正好相反，正号表示相对于光源移近，负号表示相对于光源移远。

根据光的散射理论，运动物体在 P 处以接收到的光波的相同频率发出散射光，在光电接收器表面的 A 点接收到两种不同频率的散射光，一种是由光束 I 产生的，另一种是由光束 II 产生的，其频率分别为

$$f_{1A} = f_{1P} \left(1 + \frac{v_{xA}}{c} \right) \tag{8-19}$$

$$f_{2A} = f_{2P} \left(1 - \frac{v_{xA}}{c} \right) \tag{8-20}$$

式中，v_{xA} 为 v_x 在线段 PA 方向上的投影。

v_{xA} 前的符号是一致的，均为正。如果在 B 点接收，则 v_{xB} 前的符号均为负。这就是第二次频移，即第二次产生的多普勒频率。

在 A 点处发生混频，两者的差频即为所求的信号频率，即

$$f_{1A} - f_{2A} = (f_{1P} - f_{2P}) \left(1 + \frac{v_{xA}}{c} \right) \tag{8-21}$$

将式(8-19)、(8-20)代入上式，忽略高阶微量后可得

$$f_{1A} - f_{2A} = \frac{f_0}{c} (v_{x1} + v_{x2}) \tag{8-22}$$

同理，可得光电检测器上任一点 B 处的信号频率为

$$f_{1B} - f_{2B} = \frac{f_0}{c} (v_{x1} + v_{x2}) = f_{1A} - f_{2A} = f_1 - f_2 \tag{8-23}$$

由此可见，检测器接收的信号频率与接收方位无关。

若 v_x 反向，则

$$f_1 - f_2 = -\frac{f_0}{c} (v_{x1} + v_{x2}) \tag{8-24}$$

$$f_d = |f_1 - f_2| = \frac{f_0}{c} (v_{x1} + v_{x2}) \tag{8-25}$$

由图 8-23 可知，$v_{x1} - v_{x2} = v_x \sin \dfrac{\theta}{2}$，又因 $c = \lambda f_0$，故最终可得多普勒测速的基本关系式如下：

$$|v_x| = \frac{\lambda}{2 \sin \dfrac{\theta}{2}} f_d \tag{8-26}$$

式中，λ 为激光器发出的光波波长，单位为 m；θ 为两束入射光之间的夹角，单位为 rad；f_d 为多普勒频率，单位为 Hz；v_x 为运动物体(或运动粒子)在 x 轴方向的速度分量，单位为 m/s，x 轴位于两光束决定的平面内且与 θ 角的平分线垂直。

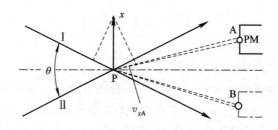

图 8-23　测点和光电检测器的光场

前述把激光器发出的光分为两束，它们的偏振方向相同，相交于经 P 为中心的一个区域，相互干涉形成明暗相交的干涉条纹，亮条纹和暗条纹相互平行并与 x 轴平行。理论上可证明，在干涉场中，相邻两亮条纹之间或暗条纹之间的距离 d 相等，其表达式为

$$d = \frac{\lambda}{2 \sin \frac{\theta}{2}} \qquad (8-27)$$

若被测物体或粒子以 v_x 的速度经过两条纹的时间为 T，则 $T = \dfrac{d}{v_x}$，此即多普勒频率对应周期，所以也有

$$f_d = \frac{1}{T} = \frac{2}{\lambda} \sin \frac{\theta}{2} \, | v_x | \qquad (8-28)$$

或

$$v_x = \frac{\lambda}{2 \sin \frac{\theta}{2}} f_d \qquad (8-29)$$

在实际的测速系统中，可以用多种方法得到多普勒频率 f_d。

8.2.3　加速度测量

线加速度是指物体质心沿其运动轨迹方向的加速度，是描述物体在空间运动本质的一个基本量。因此，可通过测量加速度来测量物体的运动状态。通过测量加速度可判断机械系统所承受的加速度负荷的大小，以便正确设计其机械强度和按照设计指标正确控制其运动加速度，以免机件损坏。线加速度的单位是 m/s^2，而习惯上常以重力加速度 g 作为计量单位。

1. 惯性式加速度计

对于加速度，常用惯性测量法，即把惯性型测量装置安装在运动体上进行测量。

目前测量加速度的传感器基本上都是基于图 8-24 所示的由质量块 m、弹簧 k 和阻尼器 c 组成的惯性型二阶测量系统。传感器的壳体固接在待测物体上，随物体一起运动，壳体内有一质量块 m，通过一根刚度为 k 的弹簧连接到壳体上。当质量块相对壳体运动时，受到黏滞阻力的作用。阻尼力的大小与壳体间的相对速度成正比，比例系数 c 称为阻尼系数，用一个阻尼器来表示。由于质量块不与传感器基座固定连接，因而在惯性作用下与基座之间将产生相对位移。质量块承受加速度并产生与加速度成比例的惯性力，从而使弹簧产生与质量块相对位移相等的伸缩变形，弹簧变形又产生与变形量成比例的反作用力。当惯性力与弹簧反作用力相平衡时，质量块相对于基座的位移与加速度成正比例，故可通过该位移或惯性力来测量加速度。

要建立惯性式加速计的数学模型，可建立如图 8-24 所示的两个坐标系，以坐标 x 表示传感器基座的位置，以坐标 y 表示质量块相对于传感器基座的位置，以静止状态下的位置为坐标原点。

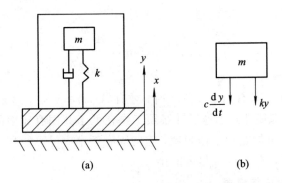

图 8-24　二阶惯性系统的物理模型

假设壳体和质量块都沿着标注正方向运动。对质量 m 取隔离体，受力状态如图 8-24(b)所示。质量体的绝对运动应当等于其牵连运动和相对运动之和，因此，由牛顿运动规律，有

$$m\left(\frac{d^2 x}{dt^2}+\frac{d^2 y}{dt^2}\right)=-c\frac{dy}{dt}-ky \tag{8-30}$$

经整理后得到

$$m\frac{d^2 y}{dt^2}+c\frac{dy}{dt}+ky=-m\frac{d^2 x}{dt^2} \tag{8-31}$$

该式是描述质量块对壳体的相对运动的微分方程。显然，它是二阶线性测量系统。如果引入系统的运动特性参数，则上式可写成：

$$\frac{d^2 y}{dt^2}+2\zeta\omega_n\frac{dy}{dt}+\omega_n^2 y=-\frac{d^2 x}{dt^2} \tag{8-32}$$

式中，ω_n 为二阶系统的固有角频率，$\omega_n=\sqrt{\frac{k}{m}}$；$\zeta$ 为系统的阻尼比，$\zeta=\frac{c}{2\sqrt{mk}}$；$m$ 为质量块的质量；k 为弹簧刚度系数；c 为阻尼系数。

以待测物体的加速度 $\frac{d^2 x}{dt^2}$ 为激励，并记作 $a=\frac{d^2 x}{dt^2}$，以质量块的相对位移 y 为响应，对上式取拉氏变换，则有

$$s^2 Y(s)+2\zeta\omega_n sY(s)+\omega_n Y(s)=-A(s) \tag{8-33}$$

传递函数 $H(s)$ 为

$$H(s)=\frac{Y(s)}{A(s)}=-\frac{1}{s^2+2\zeta\omega_n s+\omega_n} \tag{8-34}$$

频率响应函数 $H(j\omega)$ 为

$$H(s)=-\frac{1}{(j\omega)^2+2\zeta\omega_n j\omega+\omega_n^2}=-\frac{1}{\omega_n^2}\cdot\frac{1}{\left[1-\left(\frac{\omega}{\omega_n}\right)^2\right]^2+j2\zeta\frac{\omega}{\omega_n}} \tag{8-35}$$

幅频特性为

$$A(\omega) = -\frac{1}{\omega_n^2} \cdot \frac{1}{\sqrt{\left[1-\left(\dfrac{\omega}{\omega_n}\right)^2\right]^2 + \left(2\zeta\dfrac{\omega}{\omega_n}\right)^2}} \tag{8-36}$$

相频特性为

$$\varphi(\omega) = \arctan\frac{2\zeta\dfrac{\omega}{\omega_n}}{1-\left(\dfrac{\omega}{\omega_n}\right)^2} \tag{8-37}$$

从式(8-36)可知，只有当 $\omega/\omega_n \ll 1$ 时，才有 $A(\omega) \approx 1/\omega_n$。这是用惯性式传感器测量加速度的理论基础，即惯性式加速度计必须工作在低于其固有频率的频域内。因此，为使惯性式加速度计有尽可能宽的工作频域，它的固有频率应尽可能高一些，也就是弹簧的刚度 k 应尽可能大一些，质量 m 应尽可能小。

2. 应变片式加速度传感器

应变片式加速度传感器结构如图 8-25 所示，它的弹性元件为悬臂梁，在梁的端部有一质量块 m。当构件以加速度 a 运动时，弹性元件受惯性力 $Q=ma$ 的作用而产生弹性变形，其变形量与加速度 a 成正比。因此，测出悬臂梁的应变值就可测得加速度 a 的大小。根据材料力学的理论有 $\sigma=E\varepsilon$，所以，当悬臂梁是等强度梁时，贴片处的应变为

$$\varepsilon = \frac{QL}{EW} = \frac{ml}{EW}a \tag{8-38}$$

式中，W 为梁的抗弯截面系数；l 为梁的长度；E 为弹性模量。

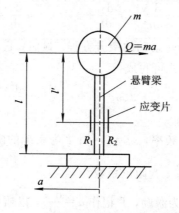

图 8-25　应变片式加速度传感器结构

若应变片 R_1、R_2 按半桥接法，则加速度 a 与仪器应变读数 $\hat{\varepsilon}$ 间的关系为

$$a = \frac{EW}{mk} \times \frac{\hat{\varepsilon}}{2} \tag{8-39}$$

当悬臂梁为等截面梁时，也可导出类似的关系：

$$\varepsilon = \frac{QL'}{EW} = \frac{ml'}{EW}a \tag{8-40}$$

$$a = \frac{EW}{ml'} \times \frac{\hat{\varepsilon}}{2} \tag{8-41}$$

式中，l' 为贴片处到质量块中心的距离。

可见，由应变仪的输出读数或示波器的记录波形，就可求得加速度的大小或变化规律。用悬臂梁作弹性元件的加速度传感器已有系列产品，其测量范围为 $1g \sim 10g$ 或更大。加速度传感器的弹性元件除悬臂梁外，还有空心圆柱、圆环等。

显然，通过这种传感器已经把加速度的测量转化成一个力学量的测量，所以在组成的测量系统中可以采用各种现有的应变仪或者自行设计的专用测量电路。

3. 差动变压器式加速度传感器

差动变压器式加速度传感器的结构如图 8-26 所示。

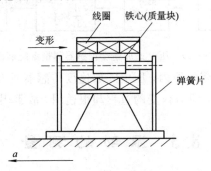

图 8-26　差动变压器式加速度传感器结构

差动变压器的外壳、线圈等与弹簧片组成的组件固定在被测件上。被测件以加速度 a 运动时，铁心的惯性力作用在弹簧片上而产生弯曲变形，也即铁心相对于线圈有位移，因此差动变压器有输出，其输出与铁心位移即加速度 a 成正比。

同交流电桥一样，差动变压器也是一个调制器，其输出为调幅输出，因而其测量电路或系统的组成也类似于应变仪的电路。差动变压器测量系统框图如图 8-27 所示。

图 8-27　差动变压器测量系统框图

4. 压电式加速度传感器

压电式加速度传感器结构和实物示意图如图 8-28 所示。当构件以加速度 a 运动时，质量块 m 就以惯性力 $Q = ma$ 作用在压电晶片上。晶片由于压电效应在其两端面就产生电荷 q，其量值与加速度成正比，即

$$q = S_q a \tag{8-42}$$

式中，S_q 为传感器的电荷灵敏系数。

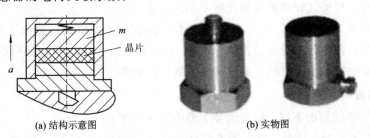

(a) 结构示意图　　　　　　(b) 实物图

图 8-28　压电式加速度传感器

若压电晶片的电容为 C，则两端面的输出电压 u_o 为

$$u_o = \frac{q}{C} = S_V a \qquad\qquad (8-43)$$

式中，S_V 为传感器的电压灵敏系数。

压电式加速度传感器的输出可接入电荷或电压放大器放大，然后再输入到其他测量线路，最后由示波器记录。压电式加速度传感器测量系统框图如图 8-29 所示。

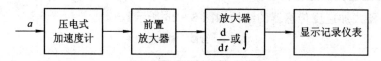

图 8-29　压电式加速度传感器测量系统框图

由于晶片两端面电荷泄露的原因，压电式加速度传感器具有低频性差的特点，故不适于测量恒定或缓变的加速度，但对快变的过程却很适用，故常用来测量振动加速度。

8.3　振 动 的 测 量

振动是指物体在其平衡位置附近的一种交变运动，可以用运动的位移、速度或加速度随时间的变化来描述。在这些变化的信号中，含有许多表征振动过程特征和振动系统特性的有用信息。振动测量就是检测振动变化量，将其转换为与之对应的，便于显示、分析和处理的电信号，并从中提取所需的有用信息。

8.3.1　振动测量的作用和类别

1. 振动测量的作用

机械振动是工程技术和日常生活中常见的物理现象。振动具有有害的一面，如破坏机器的正常工作、缩短机器的使用寿命、产生噪声等；振动也有可利用的一面，如可以进行振动输送、振动夯实、振动破碎、振动时效和振动加工等。为了兴利除弊，必须对振动现象进行测量和研究。

现代工业对各种高新机电产品提出了低振级、低噪声、高抗振能力的要求。因此，必须对它们进行振动分析、试验和振动设计，或者通过振动测量找出振动源，采取减振措施。

机械振动测试技术是现代机械振动学科的重要内容之一，它是研究和解决工程技术中许多动力学问题必不可少的手段。对许多复杂的机械系统，其动态特性参数无法用理论公式正确计算出来，振动试验和测量便是唯一的求解方法。

由于电子技术和计算机技术的应用，现代振动测试技术的应用已超出了经典机械振动的领域，已应用到各种物理现象的检测、分析、预报和控制中，如环境噪声的监测、地震预报与分析、地质勘查和矿藏探测、飞行器的监测与控制等。

2. 振动测量的类别

根据测量工作的目的不同，振动测量主要有以下三类：

（1）振动基本参数的测量：对振动着的结构或部件进行实时测量和分析，测量振动体上某点的振动位移、速度、加速度及振动频率等参数，便于人们识别振动状态和寻找振源。

（2）机械动力学特性参数的测量：以某种激振力作用在被测对象上，使其产生受迫振动，同时测出输入激振力信号和振动响应信号，通过分析求取被测对象的固有频率、阻尼比、动刚度、振型等动态特性参数。这类测量又称"频率响应试验"或"机械阻抗试验"。

（3）机械动力强度和模拟环境振动试验：按规定的振动条件，对设备进行振动例行试验，用以检查设备的耐振寿命、性能稳定性以及设计、制造、安装的合理性。

3. 振动的描述

振动的分类方法很多，按产生振动的原因可分为由初始激励引起的自由振动、由持续外部作用力引起的强迫振动和由振动系统内部的反馈作用激发的自激振动；按振动系统的结构参数特性可分为线性振动和非线性振动；按振动的规律可分为确定性振动和随机性振动。

8.3.2　振动量的测量方法

振动量可以通过各种不同方法来测量。按测量过程的物理性质分，一般有机械式测量方法、电测方法和光测方法三类。机械式测量方法由于响应慢、测量范围有限而很少使用。由于激光具有波长稳定、能量集中、准直性好的独特优点，因此光测方法中的激光测振技术已得到开发和应用，目前主要用于某些特定情况下的测振。现代振动测量中，电测方法使用得最普遍，技术最成熟。振动量电测方法通常是先用测振传感器检测振动的位移、速度或加速度信号并转换为电量，然后利用分析电路或专用仪器来提取振动信号中的强度和频谱信息。

1. 测振传感器的分类

电测方法中使用的测振传感器的分类方法很多。

按振动量转换为电量的原理不同，可分为电感式、电容式、电阻应变式、磁电式、压电式等类型。这些传感器的原理已在前面章节介绍。

根据测量参数的不同，测振传感器分为位移传感器、速度传感器和加速度传感器。

根据测量参考坐标的不同，测振传感器可分为相对式测振传感器和绝对式测振传感器。相对式测振是指测量振动体相对于固定基准的振动运动。相对式测振传感器又分接触式和非接触式两种。如电感式位移传感器、磁电式相对速度传感器等属接触式；涡流式位移传感器等属非接触式。绝对式测振传感器固定在被测物体上，测量相对于地球的绝对振动运动，因此又称为惯性式测振传感器。这类传感器在振动测量中普遍使用，如惯性式位移传感器、磁电式绝对速度传感器、压电式加速度传感器。以下简要介绍这类传感器的工作原理。

2. 惯性式测振传感器原理

测量绝对振动位移、速度和加速度的传感器属于惯性式传感器，它们的力学模型和数学模型都相同。惯性式传感器在不同的工作频段内，通过不同的物理转换原理可以得到与振动的位移、速度和加速度成正比的输出。图 8 - 30 是用质量块、弹簧和阻尼器元件表示的惯性式测振传感器的力学模型，传感器被固定在振动体上。

设 $x(t)$ 是被测的振动位移量，$y(t)$ 是质量块的绝对位移量，而 $z(t)$ 是质量块相对于传感器壳体的位移量。三者之间的关系为 $z(t) = y(t) - x(t)$，其中能检测到的量是 $z(t)$。根

据牛顿第二定律，列出质量块的运动微分方程为

$$m\ddot{y}(t) + c[\dot{y}(t) - \dot{x}(t)] + k[y(t) - x(t)] = 0$$

$$(8-44)$$

若以 $x(t)$ 为输入量，$z(t)$ 为输出量，在上式中消去 $y(t)$，则得到由基础运动引起的受迫振动运动方程：

$$m\ddot{z}(t) + c\dot{z}(t) + kz(t) = -m\ddot{x}(t)$$

$$(8-45)$$

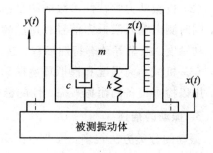

图 8-30 惯性式测振传感器力学模型

设被测振动为谐波振动信号，$x(t) = x_0 \sin\omega t$，则传感器的稳态响应为

$$z(t) = z_0 \sin\omega(t - \varphi_0) \tag{8-46}$$

其中

$$z_0 = \frac{x_0 (\omega/\omega_n)^2}{\sqrt{[1 - (\omega/\omega_n)^2]^2 + 4\zeta^2 (\omega/\omega_n)^2}} \tag{8-47}$$

$$\varphi_0 = \arctan \frac{2\zeta(\omega/\omega_n)}{1 - (\omega/\omega_n)^2} \tag{8-48}$$

式中，ω_n 为传感器的固有频率；ζ 为阻尼比。

可见传感器的输出振幅 z_0 和相位差 φ_0 取决于被测振动频率 ω 与传感器固有频率 ω_n 之比，以及阻尼比 ζ 的大小。

当 $\omega > \omega_n$，$\xi < 1$ 时，式(8-47)、式(8-48)和(8-46)可以分别近似为

$$z_0 \approx x_0, \quad \varphi_0 \approx \pi, \quad z(t) \approx x_0 \sin(\omega t - \pi) = -x(t)$$

此时，z_0 表达了被测振动幅值 x_0。因此，在这种条件下，该惯性系可以作为振动位移传感器使用。为了扩大测量的频率范围，通常取 $\omega \geqslant 2\omega_n$，$\zeta = 0.7$。物理上可以利用电感式、电容式或涡流式传感器原理，将 z_0 转换为电信号输出。结构上通常采用软弹簧和相当大的质量块 m，以得到尽量低的固有频率 ω_n。这样，测量时质量块相对于惯性系几乎会处于静止状态。

利用电磁感应原理，若将可动线圈作为质量块在与壳体相对固定的磁气隙中运动，则转换的电动势信号将与相对运动速度 $\dot{z}(t)$ 成正比。在与惯性式位移传感器相同的条件下，即 $\omega \geqslant 2\omega_n$ 和 $\zeta = 0.7$，线圈输出的电动势信号也就表达了被测振动速度 $\dot{x}(t)$。此即惯性式速度传感器原理。图 8-31 所示为磁电式速度传感器的结构。固定的磁铁与壳体形成磁回路，线圈与阻尼环、弹簧组成在磁场中运动的惯性系。测量时传感器用螺纹紧固在被测体上。

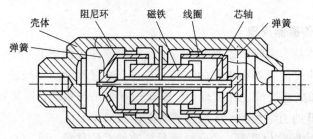

图 8-31 磁电式速度传感器的结构

当 $\omega \geqslant 2\omega_n$，$\zeta = 0.7$ 时，式(8-47)可以近似为

$$z_0 \approx x_0 \left(\frac{\omega}{\omega_n}\right)^2 = \frac{1}{\omega_n^2} \cdot x_0 \omega^2 \tag{8-49}$$

此时，z_0 正好与被测振动加速度 $\ddot{x}(t)$ 的幅值 $x_0\omega_n$ 成正比，比例系数为 $1/\omega_n^2$。分析可知，相位差 φ_0 与 ω 也接近正比关系，可以消除由于相位畸变带来的测量误差。因此，该惯性系统在此条件下可以作为振动加速度传感器使用。在阻尼比 $\zeta = 0.7$ 时，传感器测量范围一般为 $\omega \leqslant 0.4\omega_n$。物理上利用压电效应或应变效应将与 z_0 成正比的弹性力转换为电信号输出。

图 8-32 所示为几种压电式加速度计的结构。使用时一般用双头螺栓将其固定在被测体的光滑平面上。

由振动传感器检测的振动信号，根据测量目的不同，可以送到不同的仪器中进行相应的分析、处理，从中提取有用信息。

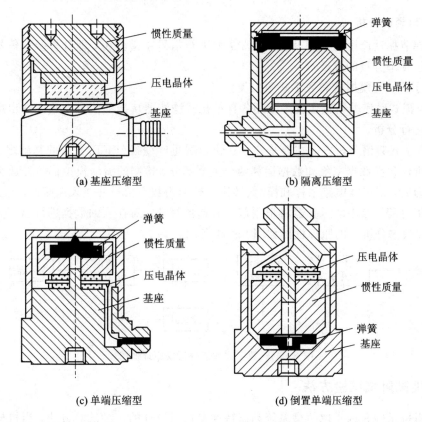

(a) 基座压缩型　　　　　　　　(b) 隔离压缩型

(c) 单端压缩型　　　　　　　　(d) 倒置单端压缩型

图 8-32　压电式加速度计的结构

3. 振动测量仪

振动测量仪(或称振动计)是用来从振动信号中提取振动强度(振级)信息的仪器。图 8-33 是一台带前置电荷放大器的振动测量仪原理框图。输入是加速度传感器信号。由于速度、位移与加速度之间具有一次积分和二次积分的关系，在测量仪中带有两个积分器。转换不同输出挡，可以得到与振动加速度或速度、位移成正比的电信号输出，供进一步分析或记录。另外，数字电压表通过真有效值(RMS)电路和峰值保持电路可以分别显示振动信号的有效值和峰值。

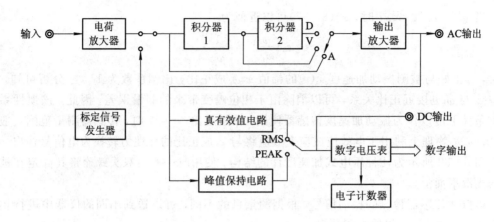

图 8-33　振动测量仪原理框图

4. 振动频谱分析

为了弄清振动产生的原因及影响，常常要进行信号频谱分析，即分析振动信号中的频率成分及各频率分量的强度。

频谱分析仪有模拟式和数字式两大类。

（1）模拟式频谱分析仪主要是采用各种模拟式滤波器从振动信号中逐次选出所需的频率成分来进行分析。

（2）数字式频谱分析方法主要是建立在快速傅里叶变换（FFT）方法的基础之上。数字式频谱分析仪包括数据采集和数据运算两个主要部分。检测的振动模拟信号经放大和抗频混滤波处理后，由采样电路采样和模/数转换器转换为数字信号并送入存储器，至此，即完成数据采集过程。专用的运算器将根据信号频谱的算法，对存入的数据进行运算并输出结果。数字式频谱分析仪的原理框图如图 8-34 所示。

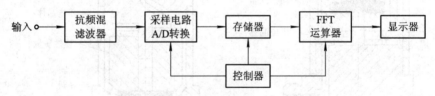

图 8-34　数字式频谱分析仪原理框图

8.3.3　机械阻抗试验方法

机械阻抗试验是为求取机械系统动态特性参数而设计的一种试验方法。当机械系统结构复杂，无法用理论方法计算出动态特性参数时，用机械阻抗试验方法可以很方便地解决这个难题。此外，对简单的机械系统，也可以用试验获得的数据来对理论计算的结果进行补充和校正。

1. 机械阻抗的概念和试验原理

1）机械阻抗的概念

机械阻抗描述的是线性机械振动系统所固有的动态特性，它与系统所受的激振力和振动响应之间有着确定的函数关系。机械阻抗定义为线性机械振动系统在频域内的响应与激励之比，这与系统的频率响应函数的概念是一致的。

当机械系统输入一任意激振力时，其响应可以是振动位移、振动速度和振动加速度。为了清楚地表达由各类响应导出的机械阻抗数据，机械阻抗可以用几种不同的名称和符号来表示。

设 $F(\omega)$、$Z_d(\omega)$、$Z_v(\omega)$、$Z_a(\omega)$ 分别为激振力 $f(t)$、位移 $Z_d(t)$、速度 $Z_v(t)$、加速度 $Z_a(t)$ 的傅里叶变换，则

$$K_d = H_d(\omega) = \frac{F(\omega)}{Z_d(\omega)} \text{ 称位移阻抗或动刚度；}$$

$$a = \frac{1}{H_d(\omega)} = \frac{Z_d(\omega)}{F(\omega)} \text{ 称位移导纳或动柔度；}$$

$$Z_m = H_v(\omega) = \frac{F(\omega)}{Z_v(\omega)} \text{ 称速度阻抗或机械阻抗；}$$

$$\frac{1}{Z_m} = \frac{1}{H_v(\omega)} = \frac{Z_v(\omega)}{F(\omega)} \text{ 称速度导纳或机械导纳；}$$

$$A_m = H_a(\omega) = \frac{F(\omega)}{Z_a(\omega)} \text{ 称加速度阻抗或动态质量；}$$

$$I_n = \frac{1}{H_a(\omega)} = \frac{Z_a(\omega)}{F(\omega)} \text{ 称加速度导纳或机械惯量。}$$

此外，根据激振点和拾振点位置的不同，机械阻抗又有不同的称呼。若激振点和拾振点是系统中的同一点，则机械阻抗称为原点阻抗；若激振点和拾振点不是系统中的同一点，则机械阻抗称为跨点阻抗。

机械阻抗 $H(\omega)$ 一般是以频率为变量的复函数，可以表达为 $H(\omega) = |H(\omega)| e^{-j\varphi(\omega)}$，其中包含着系统的幅频特性 $H(\omega)$ 和相频特性 $\varphi(\omega)$。选择哪一种机械阻抗或导纳表达形式，主要取决于激振力的频率范围和研究问题的性质。实际试验中考虑到测量和分析的方便，多用位移导纳形式。

2）机械阻抗试验原理

由于机械阻抗的物理意义明确，因此可以设计相应的试验方法来测取机械阻抗数据。

（1）根据定义，机械阻抗是系统在正弦激振力的作用下，稳态响应与激励的复数比。因此，可以对被测系统依次输入不同频率的正弦激振力 $f(t) = A\sin\omega t$，每次待响应稳定后，测取响应的幅值和相位。将所测得的响应幅值、相位与激励信号的幅值、相位进行比较，即可得到系统的幅频特性 $H(\omega)$ 和相频特性 $\varphi(\omega)$。根据频率特性曲线可以估计系统的动态特性参数。这种方法是一种传统的试验方法，称为正弦激振试验法。

（2）机械阻抗又可以从时域内系统的响应信号与激励信号的傅里叶变换之比得到。随着快速傅里叶变换算法和 FFT 分析仪的出现，对信号进行实时分析的能力得到极大提高。因此，只要同时测出系统在时域内的激励信号和响应信号，并送入分析仪完成傅里叶变换，即可得到所需的机械阻抗数据。

2. 激振信号和激振器

1）激振信号

用于机械阻抗试验的激振信号的形式在理论上没有任何限制，但为了保证试验能取得满意的效果，一般要求激振信号应具有一定的强度和频率范围，信号容易获得、易于控制、重复性好。

常用的激振信号有稳态正弦信号、随机信号和瞬态信号三类。后两类又称为宽频带激振信号。

（1）正弦信号。机械阻抗试验中使用得最早、最普遍的激励信号是稳态正弦信号。由于每次激振时是单一频率的正弦激振力，因此能量集中、信噪比高、试验结果可靠。正弦信号可以由模拟信号发生器产生，信号处理也只需一般的模拟分析装置。现代数字化机械阻抗试验则采用数字步进正弦信号发生器，其频率范围和频率间隔由计算机控制。采用正弦信号激振时，频率需逐次改变，而且响应需达到稳态时才检测，因此试验周期较长。

（2）随机信号。这是一种宽带激振信号，一般由白噪声信号发生器产生。理论上白噪声在整个频率范围内具有连续、等值的功率谱。实际上使用时，由于其他配套仪器和设备的通频带有限，随机信号只能用来在有限的频率范围内激励系统。与正弦激振不同，随机激振力的一次激励，即可完成在所需频率范围内所有频率上的激振试验。

为了使随机信号激振试验能重复进行，工程上常采用人为设计的、重复性好的伪随机信号。伪随机信号可以通过伪随机信号发生器产生，或通过计算机产生伪随机码来得到。脉冲信号和阶跃信号都属于瞬态信号，在机械阻抗试验中常作为激励信号使用。

（3）瞬态信号。机械系统施加一冲击力和突然施加一恒定的负载，即可得到脉冲激振力和阶跃激振力，即瞬态信号。理想脉冲信号的频谱包含频域中的所有频率成分，且各频率分量的强度相同。实际的脉冲信号近似于半正弦波，其频率成分决定于脉冲持续时间，而高频成分的强度有所减弱。阶跃激振力的幅值也随频率增高而减小，这对高频区的激振不利。

当幅值恒定的正弦信号在选定的频率范围内，从低频到高频按线性时间规律作快速扫描输入时，也可以在数秒钟内实现对系统的宽频激振。这种激振方法称快速正弦扫描激振，属于瞬态激振范畴。该方法的试验结果与随机激振试验法的结果极为吻合，加之试验方法简单、费用较低，因此在工程中常常被采用。

2）激振器

由信号源输出的各类激振电信号经功率放大后，需要通过一些执行装置转换为激振力信号，才能对机械系统进行激振。这类执行装置称激振器。对激振器的性能要求主要有：能在一定的频率范围内工作，输出力的波形不失真，具有一定的激振力幅值，能产生稳定的预加载荷等。

激振的方式有绝对激振和相对激振。绝对激振是将激振器安装在被测系统以外，使被测系统产生相对于地球的振动；而相对激振是将激振器安装在被测系统内某个部件上，使被激部分产生相对于该部件的振动。

常用的激振器有电动式激振器、电磁式激振器、电液式激振器和脉冲锤等。

（1）电动式激振器。电动式激振器的结构如图8-35所示，按磁场的形成方法分永磁式和励磁式两种。永磁式一般为小型激振器，励磁式则一般为较大型激振器。驱动线圈与支承弹簧、顶杆连成一

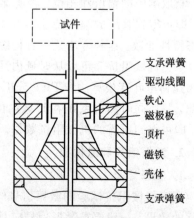

图8-35 电动式激振器的结构

试件

支承弹簧
驱动线圈
铁心
磁极板
顶杆
磁铁
壳体
支承弹簧

体，驱动线圈位于永磁铁或电磁铁所形成的高磁通密度的气隙中。当线圈通以激振信号电流时，所产生的交变电动力会通过顶杆输出激振力。电动式激振器的工作频率范围一般为 5～2000 Hz。

电动式激振器激振时，顶杆直接接触试件，常用于绝对激振方式。电动式激振器的安装方法有图 8-36 所示的三种，预加载荷由本身的重力产生。预加载荷可以消除试件中某些非线性因素，如间隙、死区，还可以使支承弹簧在较理想的刚度条件下工作。应特别注意，激振器连同安装系统的固有频率应偏离激振频率，以免影响试件的振动。

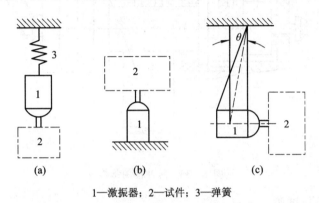

1—激振器；2—试件；3—弹簧

图 8-36　电动式激振器的安装方法

（2）电磁式激振器。这种形式的激振器是通过电磁铁的吸力产生激振力的，其组成如图 8-37 所示。它由铁心、励磁线圈、力检测线圈和底座等元件组成。若铁心和衔铁分别固定在两个试件上，或将其中一个试件作为衔铁，便可实现两者之间无接触的相对激振。激振力的频率上限约为 500～800 Hz。

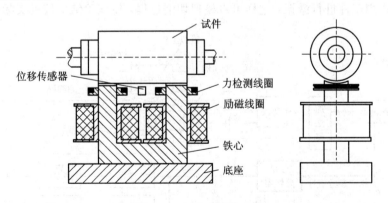

图 8-37　电磁式激振器组成

励磁线圈除通有交变信号电流外，还通有直流电流。叠加的直流磁感强度可以改善激振力的波形和增大激振力的幅值，同时产生一恒定的预加载荷。

（3）电液式激振器。对大型试件的激振，需要很大的激振力。为了增大激振力，可以用小型电动式激振器带动液压伺服阀来控制驱动液压缸的油路，从而使驱动活塞振动，输出很大的位移和激振力。这类由伺服控制系统和驱动液压缸组成的激振器称电液式激振器，其工作频率通常在 0～100 Hz 以内。

（4）脉冲锤。图 8-38 所示的脉冲锤是进行冲击激振试验的设备，它是一个带力传感器的锤子，用来敲击试件进行激振。更换不同材料的锤头垫，可以激出具有不同持续时间的力脉冲，从而得到所要求的频带宽度。激振力的大小由配重块的质量和敲击加速度来调节。

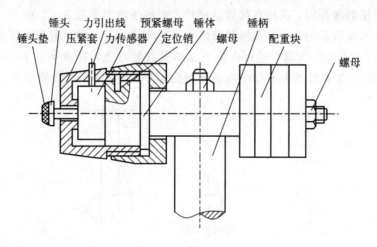

图 8-38　脉冲锤的结构

3. 典型机械阻抗试验

1）机床频率响应试验

机床在切削加工过程中，受到切削力和其他动态力的激励，机床工件刀具组成的工艺系统会产生振动，振动所导致的工件和刀具之间的相对位移会影响加工精度和表面粗糙度。因此，研究该工艺系统的振动特性是非常必要的。

图 8-39 所示是一典型机床频率响应测试系统。试验中，将非接触式电磁激振器夹持在刀架上对模拟工件进行激振，这样可以模拟切削过程，使试验结果接近实际情况。

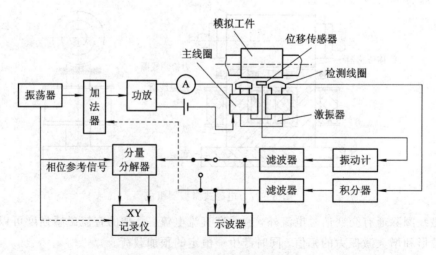

图 8-39　机床频率响应测试系统框图

振荡器输出的正弦电信号经功率放大器放大后驱动激振器，产生交变激振力，用来模拟切削力的动态分量。电池组叠加的直流电流产生预加载荷，用来模拟切削力的静态分量。激振力的频率范围由机床的动态频率范围决定，一般在 1000 Hz 以内，对大型机床则更低些。交变激振力的大小可以根据机床在主谐振频率下激振点的振动幅值来确定，一般控制振幅在 5～10 μm 左右。

电磁铁末端检测线圈所感应的电势经积分器后输出与激振力成正比的电压信号。振动位移用电容式传感器检测，经振动计输出有效值电压信号。激振力和位移信号经滤波器抑制其他频率成分后送入分量分解器，将位移信号分解成与激振力同相和正交的两个分量。在试验时，依次改变激振信号频率，这样，所得结果可以用 XY 记录仪绘出实频曲线（同相分量）和虚频曲线（正交分量）以及 Nyquist 图。位移和激振力信号还可以送入相位计，比较两者的相位后输入 XY 记录仪画出相频曲线。为了使激振力幅值在频率改变时保持不变，振荡器的输出电压通过激振力信号反馈来调节。

2）冲击激振试验

图 8-40 是利用脉冲锤进行激振试验的典型系统框图。用脉冲锤敲击被测试件产生激振力，激振力由脉冲锤中的力传感器检测，响应由加速度传感器检测。传感器输出信号经放大后输入磁带记录仪，然后经 FFT 分析仪分析处理，得到所需的结果，并以频率响应图形或机械阻抗数据的形式输出。

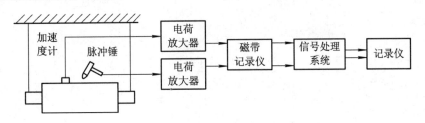

图 8-40　激振试验系统框图

图 8-40 中的被测试件是一大型转子，最大外径为 500 mm，两轴颈中心距为 2152 mm，重量为 1171 kg，试验时两端用钢丝绳悬吊起来。激振的脉冲锤锤头重 500 g。试验结果得到的实频曲线、虚频曲线和幅频曲线如图 8-41 所示。分析可知，该转子有三阶固有频率，分别为 175 Hz、240 Hz、310 Hz。

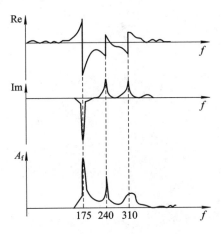

图 8-41　转子的幅频特性曲线

思考与练习题

1. 在用应变仪测量机构的应力、应变时，如何消除由于温度变化所产生的影响。

2. 弹性压力敏感元件有哪些类型？其敏感压力的原理是什么？

3. 简述应变式、压电式、电阻式、电感式、电容式、霍尔片式压力电测方法的原理。

4. 简述线位移、角位移的检测方法及测量原理。

5. 列出能将位移量转换为电量输出的各种位移传感器。

6. 加速度传感器有哪几种？分析各自的原理和特点。

7. 利用惯性式测振传感器测量振动位移、速度、加速度时，应如何考虑传感器的参数和选择物理转换元件？

8. 说明振动测量仪的工作原理。

9. 简述机械阻抗试验的原理。

10. 举例说明绝对激振方法和相对激振方法。

第 9 章 典型设备测试技术

矿山机械设备运行状况直接影响矿山的生产和安全。提高矿山机电设备的可靠性和安全性对于延长设备使用寿命、提高利用率、减少或避免设备故障、保证设备安全高效运行、提高矿山企业经济效益等有着重大的意义。因此，矿山大型机电设备的运行监测设备和安全性能测试设备应运而生。矿山企业应用这些测试系统实时地或定期地对矿山机电设备性能进行检测，可以及时发现微小故障，实现设备事故的早期预报，及时排除事故隐患，做到防患于未然，避免重大事故的发生。

伴随微电子、计算机和信息技术的发展，矿山主要设备性能测试进入了全新的发展阶段，向着以微型计算机为核心的自动化测试系统的方向发展，逐步实现网络化、智能化。这一方面可实现对矿山设备进行远程智能监控；另一方面，通过对设备运行状态的性能测试，可实现对设备的预测维护。另外，将虚拟仪器技术应用于矿山设备的综合性能测试中，可实现多种设备测试系统一体化和集成化，节省仪器的购置成本，提高测试效率，而且增加测试系统的通用性，是提高测试精度和测试效率、减轻劳动强度、完善测试手段的重要途径，也是产品质量监督科学化的必要手段，对新产品的开发、研制和设计具有十分重要的现实意义。

9.1 典型提升设备测试技术

9.1.1 矿井提升设备简介

矿井提升机是矿井运输的重要设备，是沟通矿井上下的纽带，它担负着提升煤炭和矸石、下放材料、升降人员和设备的任务，素有"矿井咽喉"之称。矿井提升机是机械和电气综合组成的机电一体化的大型设备，主要由电动机、减速器、卷筒（或摩擦轮）、制动系统、深度指示系统、测速限速系统和操纵系统等组成，采用交流或直流电机驱动。矿井提升机按提升钢丝绳的工作原理可分为缠绕式和摩擦式两大类。

图 9-1 为落地式多绳摩擦提升系统示意图，提升绳搭挂在摩擦轮上，利用钢丝绳与摩擦轮衬垫的摩擦力使容器上升。其优点是：可采用较细的钢丝绳和直径较小的摩擦轮，从而机组尺寸小，便于制造；速度高、提升能力大、安全性好。

图 9-2 为双卷筒单绳缠绕式矿井提升系统，两根钢丝绳各固定在一个卷筒上，分别从卷筒上、下方引出，卷筒转动时，一个提升容器上升，另一个容器下降。这种提升机结构简单、制造容易、价格低，得到普遍应用。深井提升时，由于两侧钢丝绳长度变化大，力矩很不平衡，一般采用尾绳平衡。

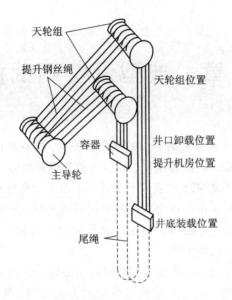

图 9-1 落地式多绳摩擦提升机系统示意图

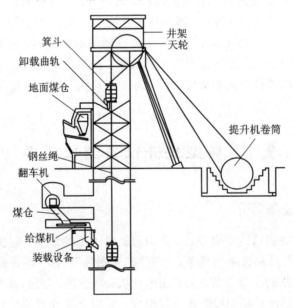

图 9-2 双卷筒单绳缠绕式矿井提升系统

9.1.2 提升机总变位质量的测试与验算

在提升过程中，提升系统的各运动部件的运行情况比较复杂。提升开始时，提升系统各部件的加速过程不尽相同，计算其总惯性力很不方便。为了简便，将提升系统各运动部件的所有运动质点都等效变位到提升机滚筒的表面上，即缠绳的圆周上，该处的切向加速度就是提升容器的加速度 a，这样一来提升系统各部件的所有运动质点都集中在滚筒圆周上，做同轴、同回转半径和同速度运动。变位的原则是保证变位前后系统动能相等。变位后系统变位质量的总和称为提升系统的总变位质量，用 $\sum m$ 表示。从而，一个复杂的运动体系就简化成了一个简单的运动质点，只要计算出提升系统的总变位质量 $\sum m$ 并乘以提升容器的加速度 a，即可求出提升系统总惯性力。

当提升机、主电动机、天轮（导向轮）、容器、钢丝绳等计数数据齐全时，总变位质量 $\sum m$ 可以通过计算求得：

$$\sum m = \frac{1}{g}(Q + 2Q_z + n_1 pL_p + n_2 qL_q + 2G_t + G_j + G_d) \tag{9-1}$$

式中，$\sum m$ 为提升系统的总变位质量，单位为 kg；Q 为一次提升载荷重量，单位为 N；Q_z 为提升容器自重，单位为 N；n_1 为主绳根数，单绳缠绕式提升系统 $n_1 = 2$；p 为主绳每米重量，单位为 N/m；L_p 为每根提升主绳实际全长，单位为 m；n_2 为尾绳根数；q 为尾绳每米重量，单位为 N/m；L_q 为尾绳实际全长，单位为 m；G_t 为天轮的变位重量（查天轮的规格表可得），单位为 N；G_j 为提升机（包括减速器）的变位重量（查提升机的规格表可得），单位为 N；G_d 为电动机转子的变位重量，单位为 N。

在矿井提升系统技术资料不全时，用计算方法确定其变位质量困难，可以通过现场试验测定提升系统总变位质量，既可以验证提升系统技术数据的准确性和可靠性，又可测定计算出未知部分的变位质量。该项测试可在提升速度图测试之后，利用检测速度图的接线进行，详见 9.1.5 节。

9.1.3 提升机强度验算

提升机强度主要指单绳缠绕式提升机的主轴和滚筒的强度以及多绳摩擦式提升机的主轴和摩擦轮（主导轮）的强度。

1. 提升机最大静张力 F_{jm}

（1）单绳缠绕式提升机：

$$F_{jm} = Q + Q_z + pH \leqslant [F_{jm}] \tag{9-2}$$

式中，H 为提升高度，单位为 m；$[F_{jm}]$ 为提升机设计许用最大静张力（查所用提升机规格表可得），单位为 N。

（2）多绳摩擦式提升机（等重尾绳提升系统）：

$$F_{jm} = Q + Q_z + n_1 p(H + h_0 + H_b) \leqslant [F_{jm}] \tag{9-3}$$

式中，h_0 为从卸载位置到摩擦轮的距离（塔式），单位为 m；H_b 为尾绳环的高度，单位为 m。

2. 提升机最大静张力差 F_{jc}

（1）单绳缠绕式提升机：

$$F_{jc} = Q + pH \leqslant [F_{jc}] \tag{9-4}$$

式中，$[F_{jc}]$ 为提升机设计许用最大静张力差（查所用提升机规格表可得），单位为 N。

（2）多绳摩擦式提升机（等重尾绳提升系统）：

$$F_{jc} = Q \leqslant [F_{jc}] \tag{9-5}$$

9.1.4 提升钢丝绳无损检测

提升钢丝绳是提升设备的重要组成部分之一，其运行的安全可靠性对矿井安全提升有着极其重要的意义。提升钢丝绳在正常工作中，除受静张力作用外，其内部还受到弯曲、扭转、接触、挤压等应力的作用，在多种复合应力的作用下，钢丝绳的寿命会大大降低。另外，磨损、腐蚀也是降低钢丝绳寿命、影响安全运行的因素。目前，我国钢丝绳的选用、验算均采用安全系数法，即按照钢丝绳承受的最大静张力并考虑一定的安全系数来选用或验算提升钢丝绳。

按安全系数法求得钢丝绳的实际安全系数应满足：

$$m = \frac{Q_d}{F_{jm}} \geqslant m_a \qquad (9-6)$$

式中，Q_d 为钢丝绳中所有钢丝的破断拉力总和，单位为 N；m_a 为《煤矿安全规程》中规定的钢丝绳安全系数，取值参考表 9-1。

表 9-1 提升钢丝绳安全系数

用　　途		钢丝绳安全系数的最低值		
		单绳缠绕式提升系统		多绳摩擦式提升系统
		新悬挂时	使用中	新悬挂时
专用于升降人员				
升降人员和物料	升降人员时混合提升时	9	7	$9.2H_c - 0.005H_c$
	升降物料时	7.5	6	$8.2H_c - 0.0005H_c$
专用于升降物料		6.5	5	$7.2H_c - 0.0005H_c$

注：H_c 为钢丝绳最大悬垂长度，单位为 m。

若按式（9-6）计算出的 $m < m_a$，则应及时更换钢丝绳，以确保提升安全。

目前，国内外的科技工作者已经提出了很多适合于钢丝绳状态检测的无损检测方法，其中磁检测法是目前被公认为最可靠的钢丝绳检测方法。磁检测方法检测钢丝绳缺陷（断丝、磨损、锈蚀等）的基本原理是：用一磁场沿轴向磁化钢丝绳，当钢丝绳通过这一磁化磁场时，一旦钢丝绳中存在缺陷，则会在钢丝绳表面产生漏磁场，或者引起磁化钢丝绳磁路内的磁通变化，采用磁敏感元件检测这些磁场的畸变即可获得有关钢丝绳缺陷的信息，将其经过放大滤波处理后，送给单片机处理，最后在显示器上显示测试结果。

图 9-3 为便携式钢丝绳探伤仪外形图，可定量检测钢丝绳内外部断丝、磨损、锈蚀、疲劳、变形、松股、跳丝等各种损伤，评估被测钢丝绳的剩余承载能力、安全系数和使用寿命。仪器检测体内套与被测钢丝绳表面间距为 20～30 mm，采用导向轮保持仪器与钢丝绳相对位置，检测时钢丝绳通过能力一般不受其变形、油泥、污垢、翘丝等卡阻因素的影响，适合各种恶劣工况环境的检测。

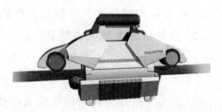

图 9-3 便携式钢丝绳探伤仪外形图

9.1.5 提升速度图测试

为了了解和研究提升机的实际运行规律，验算提升机的实际提升能力和电动机功率，验证电气控制设备整定、调试的合理性，尤其是当提升系统有较大设备变化时（如提升容器的加大、电动机的更换、电控系统的更新改造等），都应该及时地实际测试提升速度，通过对实测速度图的分析和验算，掌握提升机的性能，精心维护，才能确保其安全高效的运行，以防患于未然。

提升系统运转时，容器在井筒中做上、下往返的周期性运动。矿井提升机容器的运动应该按照设计合理的速度图运行。每个速度图都含有加速阶段、等速阶段、减速阶段及爬行阶段，如图 9 - 4 所示为一般提升系统的速度图。图中，t_0、t_1、t_2、t_3、t_4 及 t_5 分别代表初加速、主加速、等速、主减速、爬行及抱闸停车六个阶段的运行时间；θ 是提升机休止、容器装载卸载所用的时间；v_0 是箕斗离开曲轨时的速度，一般限制在 1.5 m/s 以下；v_m 是最大提升速度；v_4 是爬行速度。

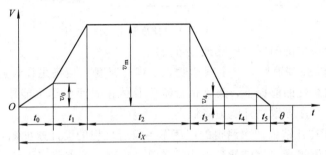

图 9 - 4　实测立井箕斗提升速度图

1. 测试方法

实测提升机速度图的方法有两种：

1）转速传感器

考虑到提升机主轴上不方便安装传感器，可以采用光电式转速传感器，将反射片粘贴在制动盘的侧面，用合适的基座（如千分表座或磁座）固定安装传感器。图 9 - 5 为光电反射式（调制光）转速传感器，测速范围为 1～30 000 r/mim，输出幅值为高电平 5±0.5 V、低电平 0.5 V 以下，反射条件采用 10 mm×10 mm 定向反射纸。

图 9 - 5　光电反射式转速传感器外形

用转速传感器测定电动机的实际转速 n(r/min)，测量出滚筒直径 D，传动比 i 已知，则提升速度为

$$v = \frac{\pi D n}{60 i} \tag{9-7}$$

提升机的最大提升速度 v_m 应按此方法精确标定。

2) 测速发电机检测

在转速传感器安装不方便的情况下(如制动块制动系统),可以采用测速发电机检测。直接检测测速发电机的电压接线柱或司机操作台上测速发电机电压表的电压值,该电压范围为−250~250 V。用电压检测模块测量该电压值,并由软件对测速发电机电压值进行标定,确定检测电压与提升机运行速度间的关系,从而获得提升机速度图。图 9-6 给出了测速发电机速度测定接线示意图。速度图的合理状况应当是:

图 9-6　测速发电机速度测定接线示意图

(1) 各变速阶段中的图形尽可能地接近直线;

(2) 初加速度、主加速度 a_1、主减速度 a_3、爬行速度 v_4 应满足设计速度图的要求;

(3) 在保证安全性的前提下,低速爬行阶段及休止时间应尽可能短,否则电耗大,一次提升时间过长,可能导致提升能力降低。

但是某些因素往往造成初次测得的速度图不符合理想的设计速度图,如启动电阻匹配不合适、三相电阻不平衡或烧结导致电阻值改变、控制继电器整定不合适或运行参数选择不当等。此时,需要根据具体采用的控制方式进行分析,找出影响因素,采取相应处理措施,而后再次测定速度图,直到获得比较合理的速度图为止。

2. 提升速度图验算

提升机速度曲线测得后需要对其各阶段进行验算。由于煤矿主井、副井使用的容器不同,所以测出的速度图也不同,总体上有立井罐笼提升速度图和立井箕斗提升速度图两种类型。以立井底卸式箕斗六阶段提升速度图(图 9-4)为例,提升过程分为初加速阶段、主加速阶段、等速运行阶段、减速阶段、爬行阶段和施闸停车阶段等 6 个阶段,实际检测时应计算各阶段运行时间、终速度、加速度、运行距离等参数并计入记录表,以比较整定前后的速度图参数,验证提升机电气控制设备整定、调试是否合理。

无论单绳缠绕式或多绳摩擦式提升系统,最大提升速度、主加速度和主减速度的大小均受《煤矿安全规程》及《煤矿在用摩擦式提升机系统安全检测检验规范(AQ1014−2005)》、《煤矿在用缠绕式提升机系统安全检测检验规范(AQ1015−2005)》等标准文件的限制。《煤矿安全规程》对提升机最大提升速度的规定见表 9-2。

表 9-2　《煤矿安全规程》对提升机最大提升速度 v_m 的规定

立　　井		斜　　井
罐笼升降人员	升降物料	升降人员
$v_m \leqslant 0.5\sqrt{H}$ 且 $v_m \leqslant 12$ m/s	$v_m \leqslant 0.6\sqrt{H}$	$v_m \leqslant 5$ m/s

注:H 为提升高度。

3. 提升机主加、减速度的验算

为了充分发挥现有设备的能力,提高生产率,节约电能,应尽可能地提高主加速度,而又保证所采用的主减速度与减速方式相适应，消除事故隐患，因而应对实测得主加速度 a_1 和主减速度 a_3 进行验算。

（1）主加速阶段的主加速度 a_1：

$$a_1 = \frac{v_m - v_0}{t_1} \tag{9-8}$$

式中，v_m 为最大提升速度，单位为 m/s；v_0 为空箕斗出曲轨速度，即主加速段初速度，单位为 m/s；t_1 为主加速运行的时间，单位为 s；

（2）减速阶段的主减速度 a_3：

$$a_3 = \frac{v_m - v_4}{t_3} \tag{9-9}$$

式中，v_4 为爬行速度，单位为 m/s；t_3 为减速运行时间，单位为 s；

《煤矿安全规程》对主加速度和主减速度进行了明确的规定，见表 9-3。

表 9-3　《煤矿安全规程》对主加速度 a_1 和主减速度 a_3 的规定

立　　井		斜　　井
罐笼升降人员	升降物料	升降人员
a_1、$a_3 \leqslant 0.75$ m/s²	无规定，一般 a_1、$a_3 \leqslant 1.2$ m/s²	$v_m \leqslant 5$ m/s

除上述指标外，主加速度 a_1 还要受到减速器允许的传动转矩及电动机允许的正常过负荷能力的限制；主减速度 a_3 还要直接受到所采用减速方式的限制，多绳摩擦式提升还要受防滑条件的限制。主加速度 a_1 应满足公式（9-10）和（9-11）的要求：

$$a_1 \leqslant \frac{2[M_{max}]/D - F_x}{\sum m - m_d} \tag{9-10}$$

式中，$[M_{max}]$ 为减速器允许最大扭矩（查提升机规格表可得），单位为 N·m；D 为滚筒实际缠绕直径，单位为 m；m_d 为电动机转子的变位质量。

$$a_1 \leqslant \frac{0.75\lambda_m F_e - (kQ + \Delta H)}{\sum m} \tag{9-11}$$

式中，$\Delta = n_1 p - n_2 q$；λ_m 为电动机过负荷系数，可查电动机产品技术规格表；F_e 为电动机的额定拖动力，$F_e = \dfrac{1000 P_e \cdot \eta}{v_m}$，单位为 N；$P_e$ 为电动机额定功率，单位为 kW；η 为减速器的传动效率，一级传动时取 0.92，二级传动时取 0.85。

4. 提升机总变位质量的测试

尽量精确地称重测定提升载荷 Q，两个提升容器的自重 Q_z，提升高度 H，主绳和尾绳的根数 n_1、n_2 及单位每米重量 p、q 等。

测试步骤：

（1）使重载侧在井底，由下向上启动，加速至等速（v_m 时）运行一段时间。

（2）将主令控制器手柄迅速搬到中间零位使主电动机断电，但不合闸，让提升机系统自由滑行减速。

（3）待提升机将要停止（速度近似为零）时施闸停车，记录提升机速度曲线。

计算总变位质量可根据图 9-7 中测得的速度图，求出提升过程中加速阶段、等速阶段和减速阶段的时间值(t_1、t_2、t_3)，读出提升机最大运行速度 v_m。

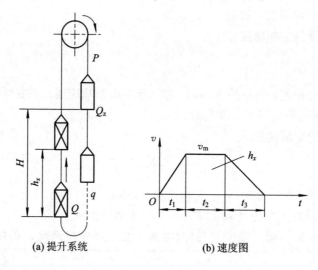

(a) 提升系统　　　　**(b) 速度图**

图 9-7　变位质量测试示意图

计算自由滑行减速度：$a_3 = v_m/t_3$；

上升重载侧容器经过加速、等速、减速到停车，总的行程为

$$h_x = \frac{v_m(t_1 + t_3)}{2} + v_m t_2 \tag{9-12}$$

由动力方程式根据力的平衡得变位质量：

$$\sum m = \frac{kQ + \Delta \cdot H - 2\Delta h_x}{a_3} \tag{9-13}$$

式中，k 为矿井阻力系数，对箕斗提升机 $k=1.15$，对罐笼提升机 $k=1.2$；Q 为两侧提升载荷重量差值。

9.1.6　提升力图测试

通过提升力图的测试和验算，可以分析在提升过程中作用在提升机滚筒上力的变化规律，验算提升机电动机的功率和电气控制设备。由于提升机正常工作时，电动机的定子电流 I_1 与电动机发出的拖动力（力矩）成正比，即 I_1 与作用在提升机滚筒上的拖动力成正比。因此定子电流的大小的变化规律就反映了提升机滚筒上拖动力的变化规律。

电动机定子电流采用钳式电流互感器测量，测试信号经数据采集装置上传至计算机进行处理和存储。电子式电流互感器包括霍尔电流传感器、罗柯夫斯基电流传感器等类型，其中霍尔电流传感器使用较为广泛。

霍尔电流传感器的工作原理基于霍尔效应，这种传感器由电流互感器和带整流装置的表头组成。图 9-8(a) 是钳形电流表外形图，图 9-8(b) 是钳式霍尔电流互感器电路示意图。电流传感器铁心呈钳口形，当捏紧钳形电流表的把手时，其铁心张开，载流导线可以穿过铁心张开的缺口；松开把手后铁心闭合，通有被测电流的导线就成为电流互感器的一次线圈。被测电流在铁心中产生工作磁通，内置的霍尔器件在该磁场作用下产生与电流信号成正比的霍尔电势，经 A/D 变换后可在数字面板中显示，也可经 A/D 变换后由计算机处理和记录。

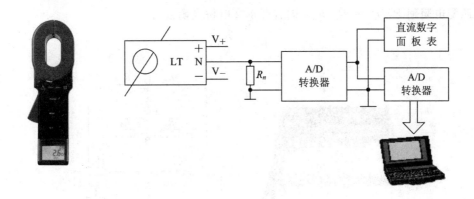

图 9 - 8　钳形电流表外形及霍尔电流互感器电路示意图

将测得的实际负荷数据 $I = f(t)$ 按式（9 - 14）计算等效电流：

$$I_d = \frac{1}{T_d} \int I^2(t)\,dt \tag{9 - 14}$$

式中，T_d 为等效时间，单位为 s。

由式（9 - 15）可计算出等效力为

$$F_d = \frac{\sqrt{3}\,\eta U_1 \cos\varphi}{v_m} \cdot I_d \tag{9 - 15}$$

式中，U_1 为电动机定子线电压，单位为 V；$\cos\varphi$ 为电动机的功率因数；η 为减速器效率。对于多绳摩擦轮提升系统，取 $\eta = 0.9$；对于单绳缠绕式提升系统，一级减速时取 $\eta = 0.92$，二级减速时取 $\eta = 0.85$。

9.1.7　提升机启动电阻测试

一般的矿井提升系统采用交流拖动，为限制启动电流，启动加速过程中在电枢回路中串联的可变电阻即为启动电阻，待转速上升后再逐步将启动电阻切除。该转子电阻配置是否合理，是提升机能否按照规定的速度图运行的重要因素。国家标准规定启动电阻应定期测试、验算及调整，应符合设计要求。

从理论上讲，电阻的测试应在工作温度下，以带电测量较为准确，但在实际上难以实现。目前广泛采用的启动电阻测试方法是：在提升系统断电后，测定冷态电阻，通过折算的方式，将所测电阻在工作温度时的电阻值换算出来，换算公式如下：

$$R_t = R_r[1 + \alpha(t_g - t_c)] \tag{9 - 16}$$

式中，R_r 为冷态测定电阻值，单位为 Ω；R_t 为工作温度下电阻值，单位为 Ω；α 为电阻材料的温度系数（镍铬电阻 $\alpha = 1.5 \times 10^{-5}$，铁铬电阻 $\alpha = 5 \times 10^{-5}$，铸铁电阻 $\alpha = 6.2 \times 10^{-3}$）；$t_g$ 为电阻工作温度（可在提升机工作一段时间后，用温度传感器检测），单位为 ℃；t_c 为测定电阻时的温度（冷态电阻的温度），单位为 ℃。

图 9 - 9 所示为数字式电阻测试仪外形及其工作原理。电阻值测试采用双臂电桥原理，利用 BD 两端电位相等的条件可解得

$$R_x = \frac{R_1}{R_2}R_g + \frac{rR_4}{R_3 + R_4 + r}\left(\frac{R_1}{R_2} - \frac{R_3}{R_4}\right) \tag{9 - 17}$$

匹配电阻使 $R_1/R_2 = R_3/R_4$，则有开尔文电桥平衡公式：

$$R_x = \frac{R_1}{R_2}R_g \qquad (9-18)$$

(a) 数字式电阻测试仪外形

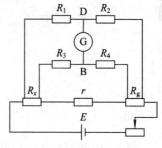

(b) 双臂电桥工作原理图

图 9-9　数字式电阻测试仪外形及其工作原理

实际测试中推荐选用内嵌高稳定精密恒流源、CPU 微处理器的数字直流电阻测试仪，该仪表智能化程度高，自动测量不需切换挡位，具有温度补偿功能，因此具有测量精度高、性能稳定、使用方便等特点。

提升机启动电阻测试步骤如下：

（1）测试前检查电桥内的电池是否符合要求，以保证测试精度。

（2）检查测试中所用的导线电阻是否满足电桥要求，若其阻值大于电桥要求，应从测试值中减去电路中导线电阻值。

（3）断开高压电源，打开电阻的星形连接点或用绝缘物垫起主电机转子的碳刷。

（4）按照电桥说明书要求，连接好电桥连线。

（5）用纱布打磨各级的连接点，作为测定电阻时的接点。

（6）查出并记录各级电阻的箱号及串、并联关系，其目的是确定各级电阻的选配值。

（7）逐级、逐相测定电阻并记录。将测定值与计算应选配置比较，若出入较大应查出原因，进行调整处理。

（8）连接测试时所断开的各个连接点。

（9）测定测试电阻时的温度，待运行一段时间后，测定并记录出电阻工作温度。

当启动电阻的测定值与电阻选配值（由平均加速度法计算和选配各级启动电阻的阻值）相差较大时，应查出原因，如果是电阻片烧坏或各电阻箱间连接不牢，则应采取更换电阻片和紧固连接点等措施。

9.1.8　提升机制动系统性能测试

矿井提升机的制动系统是由执行机构和传动机构两部分组成，其制动是作为提升系统减速并安全停车的最后手段，它直接影响着提升机能否正常工作和人身设备的安全。《煤矿安全规程》等标准文件中对提升机制动系统提出了严格的要求，并规定对其性能参数要定期测定和验算。

1. 国家标准对矿井提升机制动系统性能的要求

（1）保险闸或保险闸第一级由保护回路断电时起至闸瓦接触到闸轮上的空动时间：压

缩空气驱动闸瓦式制动闸不得超过 0.5 s，储能液压驱动闸瓦式制动闸不得超过 0.6 s，盘式制动闸不得超过 0.3 s。对斜井提升，为保证上提紧急制动不发生松绳而必须延时制动时，上提空动时间不受此限。

(2) 制动轮(盘)不能有严重变形及磨损。闸瓦间隙：平移式不得大于 2 mm，误差不超过±0.3 mm；角移式在闸瓦中心不得大于 2.5 mm。制动轮椭圆度不得大于 1 mm，新安装的制动盘偏摆量不得大于 0.5 mm。保险闸施闸时，杠杆和闸瓦不得发生显著的弹性摆动。

(3) 提升绞车的常用闸和保险闸制动时，所产生的力矩与实际提升最大静荷重旋转力矩之比 Z 值不得小于 3。对质量模数较小的绞车，上提重载保险闸的制动减速度超过(6)、(7)条所规定的限值时，可将保险闸的 Z 值适当降低，但不得小于 2。凿井时期，升降物料用的绞车 Z 值不得小于 2。

(4) 在调整双滚筒绞车滚筒旋转的相对位置时，制动装置在各滚筒闸轮上所发生的力矩，不得小于该滚筒所悬重量(钢丝绳重量与提升容器重量之和)形成的旋转力矩的 1.2 倍。

(5) 计算制动力矩时，闸轮和闸瓦摩擦系数应根据实测确定，一般采用 0.30～0.35；常用闸和保险闸的力矩应分别计算。

(6) 立井和倾斜井巷中使用的提升绞车的保险闸发生作用时，全部机械的减速度必须符合表 9-4 的要求。

(7) 对摩擦轮式提升绞车常用闸和保险闸的制动，除必须符合(1)、(2)、(3)条的规定外，还必须满足以下防滑要求：

① 各种载荷(满载或空载)和各种提升状态(上提或下放重物)下，保险闸所能产生的制动减速度的计算值不能超过滑动极限。钢丝绳与摩擦轮间摩擦系数的取值不得大于 0.25。由钢丝绳自重所引起的不平衡重必须计入。

② 在各种载荷及提升状态下，保险闸发生作用时，钢丝绳都不出现滑动。严禁用常用闸进行紧急制动。

表 9-4　全部机械的减速度规定值　　　　　　　m/s²

运行状态 ＼ 倾角	$<15°$	$15°\leqslant\theta\leqslant30°$	$>30°$
上提重载	$\leqslant A_c$ *	$\leqslant A_c$	$\leqslant 5$
下放重载	$\geqslant 0.75$	$\geqslant 0.3A_c$	$\geqslant 1.5$

注：自然减速度，$A_c = g(\sin\theta + f\cos\theta)$，其中，$g$ 为重力加速度，单位为 m/s²；θ 为井巷倾角，单位为度(°)；f 为绳端载荷的运行阻力系数，一般取 0.010～0.015。

2. 提升机制动系统测试项目及方法

1) 制动轮椭圆度和制动盘偏摆度的测试

采用电涡流位移传感器可以非接触地测量制动轮椭圆度和制动盘偏摆度，测试结果传输给计算机，由软件计算椭圆(偏摆)度的值。

测试提升机速度前将传感器安装好即可同时进行该试验。测试时，将磁性表座(或千分表架)固定在提升机的基座上，电涡流传感器安装于磁性表座(或千分表架)上，其工作面与被测面平行，间距由传感器性能决定(一般为 2～4 mm)，如图 9-10(a)所示。提升机等速运行阶段(全松闸状态下)，传感器对滚筒采样 5 个循环以上，记录偏摆度曲线(见图 9-10(b))并给出最大和最小值，其差值就是椭圆(偏摆)度。

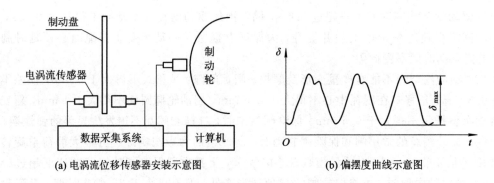

(a) 电涡流位移传感器安装示意图　　　　　(b) 偏摆度曲线示意图

图 9-10　制动轮椭圆度和制动盘偏摆度测试示意图

2）闸瓦间隙、闸瓦空行程（空动）时间的测试

闸瓦间隙是指块闸制动梁与制动轮间的间隙或盘闸闸瓦与制动盘间的距离。闸瓦空行程（空动）时间是指安全制动断电信号发出至闸瓦贴闸所需要的时间。目前广泛使用电涡流位移传感器测量闸瓦间隙及闸瓦空行程时间。测试步骤如下：

（1）测试前，先将提升机容器卸空，置于井和筒的交锋位置，用定车装置将滚筒锁住。

（2）将闸完全松开，安装传感器，传感器接线参考图 9-11(a)。对于块闸，将电涡流传感器用磁性表座固定在制动梁中部（平均间隙处），并使传感器与制动轮表面在全松闸状态下保持 5 mm 左右的间隙；对于盘式制动器，将传感器通过磁性表座固定在闸座上，并使传感器与闸瓦后侧面在全松闸状态下保持 2 mm 左右的间隙。检测时，安全制动断电信号可以在完全松闸状态下在闸皮上粘贴锡箔纸，开关信号的两个夹子一个接闸上的锡箔纸，另一个接制动轮（盘），用数据采集装置采集该信号。实际检测时需注意采样周期应远小于空动时间，安全制动断电信号应与涡流传感器信号同步采集，以便进行时间参数的确定。

（3）断开安全回路，制动器动作，计算机采集测试信号并进行分析。

测试数据曲线如图 9-11(b)所示，安全回路中的开关 S 断开给出安全制动断电信号点 C，在闸瓦位移曲线上的 A 点为开始紧闸点，B 点为贴闸点。传感器与制动轮表面（或盘闸后侧面）之间的间隙变化量，即 A 点与 B 点之间的垂直距离为闸瓦间隙 δ。断电信号点 C 与贴闸点 B 之间的时间间隔 t_0 为闸瓦空动时间。

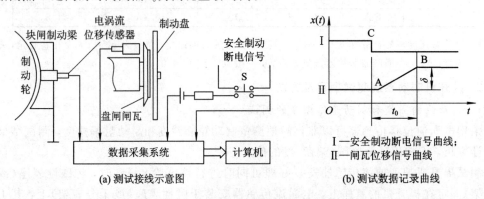

(a) 测试接线示意图　　　　　(b) 测试数据记录曲线

图 9-11　闸瓦间隙、闸瓦空动时间测试示意图

3）块闸制动空行程测试

块闸制动空行程过大会导致制动液压缸活塞总行程加大，可能出现活塞敲缸底的危

险，使制动器达不到所需的制动力矩，同时也会导致安全制动空行程时间加长。因此需要对块闸制动空行程进行测试。测试步骤如下：

（1）测试前，先将提升机容器卸空，置于井和筒的交锋位置，用定车装置将滚筒锁住。

（2）将闸完全松开，在闸瓦与制动轮平均间隙处贴锡箔纸，锡箔纸在制动时应与制动轮接触紧密。

块闸制动空行程测试接线方式如图 9-12 所示。

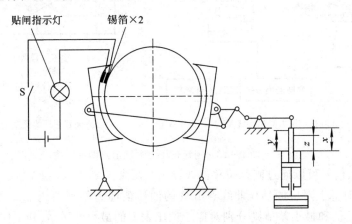

图 9-12　块闸制动空行程测试接线示意图

（3）在全松闸时，指示灯不亮，测活塞杆顶端至油缸盖之间的距离 x；而后慢慢紧闸至指示灯刚亮时，记录活塞杆顶端位置 y，最后施放全闸量取 z 值，则 $x-y$ 为制动空行程，$y-z$ 为制动行程，$x-z$ 为制动全行程。测试结果应满足：

$$\frac{x-y}{x-z} \leqslant \frac{1}{4}, \qquad \frac{x-z}{l'} \leqslant \frac{3}{4} \tag{9-19}$$

式中，l' 为活塞冲程。

4）闸瓦正压力的测试

根据盘式制动器的工作原理可知，闸瓦最大正压力 N_m 可由下式计算：

$$N_m = 2n \cdot A(p_t - p_3) = \sum_{i=1}^{2n} A(p_{ti} - p_3) \tag{9-20}$$

式中，n 为闸瓦副数（套数）；A 为油压活塞有效作用面积，单位为 mm^2；p_t 为所有闸的平均贴闸制动油压，单位为 MPa；p_{ti} 为各闸瓦贴闸制动油压，单位为 MPa；p_3 为液压站系统残压，单位为 MPa。

由式（9-20）可知，测出各闸贴闸油压 p_{ti} 和液压站工作残压 p_3，即可测出闸瓦最大正压力 N_m。所需的检测信号有贴闸信号和油压信号。使用电涡流位移传感器测定的闸瓦位移变化信号来获取贴闸信号（贴闸信号是闸瓦贴闸时刻的开关量信号，主要需要获取贴闸时刻的值）；也可以在闸瓦上贴锡箔纸，用开关量传感器获得贴闸信号。油压信号则采用油压传感器串接在液压站总油压表处。传感器信号由数据采集系统传输至计算机分析处理。

闸瓦正压力测试的传感器安装连接示意图参见图 9-13(a)。测试步骤如下：

（1）将提升机容器卸空，放在井筒交锋位置，并用定车装置锁住滚筒。

（2）参照闸瓦间隙测试安装电涡流位移传感器，在紧闸的状态下，拆下液压站的一级制动油压表，安装油压传感器，接好信号线。

（3）检查各闸瓦间隙并调整为标准要求值（一般为 1～1.5 mm），然后对各闸瓦编号逐个测定。方法是在全松闸（最大油压）情况下缓慢拉动制动手柄，慢慢紧闸，记录闸瓦位移和油压变化曲线，如图 9-13(b) 所示。

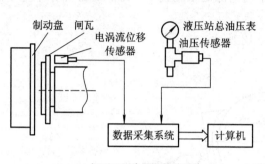

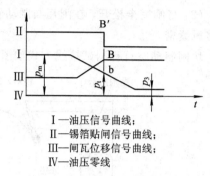

I —油压信号曲线；
II —锡箔贴闸信号曲线；
III —闸瓦位移信号曲线；
IV —油压零线

(a) 闸瓦正压力测试接线图　　　　　　　(b) 闸瓦正压力测试记录曲线

图 9-13　闸瓦正压力测试示意图

（4）贴闸点信号可以通过闸瓦位移曲线读出。在曲线图 9-13(b) 中，与闸瓦位移曲线上贴闸点 B 在时标上对应的油压曲线点 b 处的油压值即为贴闸油压 p_{ti}，而油压曲线与油压零线的最大差值和最小差值则分别对应于油压表上的最大油压 p_m 和工作残压 p_3。

5）提升机制动力矩测试

检测提升机各闸的制动力，确定最大制动力矩 M_z，应使其满足《煤矿安全规程》的有关规定，否则需要检查液压站工作油压整定值是否合理，同时检查贴闸油压 p_{ti} 较低的各制动缸盘形弹簧的工作性能及活塞等部件的工作情况，排除隐患，使制动力矩满足要求。

制动力矩测试所需装置包括拉力传感器、倒链、钢丝绳、开关量检测装置等。测试步骤如下：

（1）将提升容器卸空，置于井和筒的提升交锋位置并抱闸停车。

（2）测试设备安装接线如图 9-14 所示。将拉力传感器的一端拉环与滚筒制动轮（盘）相连，另一端拉环通过倒链与行车相连。制动轮（盘）上安装磁性粘贴式接触器，测试前测量回路应导通。

（3）调节行车位置，使拉力传感器受力方向沿滚筒切线方向，锁死行车。

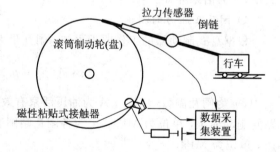

图 9-14　制动器最大制动力测试接线图

（4）将要测的一对闸抱紧，其余的闸打开阀门使回油敞开。

（5）用倒链逐步拉动拉力传感器直至滚筒刚开始位移（接触器回路断开），读出此刻的拉力值即为最大制动拉力值。

（6）逐一测出各闸的制动力，即可计算出制动器最大制动力矩：

$$M_z = F_m R_z = R_z \sum_{i=1}^{n} F_i \qquad (9-21)$$

式中，M_z 为最大制动力矩，单位为 N·m；F_m 为闸瓦总制动力，单位为 N；F_i 为第 i 个闸瓦制动力，单位为 N；R_z 为提升机制动盘制动半径，单位为 mm。

由此可推导出闸瓦摩擦系数：

$$\mu = \frac{F_m}{N_m} \tag{9-22}$$

6）二级制动特性测试

二级制动特性测试的目的，是考察二级制动延时时间和第一级制动油压整定值是否合适。需测定的信号主要有：安全制动断电信号，一级制动油压 p_1（B 管油压）信号以及总油压 p_m（A 管油压）信号。

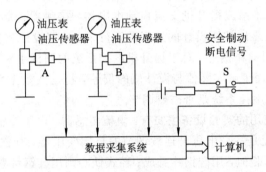

图 9-15　二级制动特性测试接线示意图

使用的测试仪器主要有：油压传感器两个（需配备油压表三通），数据采集装置。二级制动特性测试接线图如图 9-15 所示。安全制动信号由开关 S 连接在安全回路中，两个油压传感器分别接在液压站 B 管油压表和总油压管（或 A 管）油压表上。若油压站采用 A、B 管同时延时降压泄油制动，则只需要在 A 管或 B 管上安装一个传感器即可。

在测试前，先将提升机容器清空，放在井和筒的交锋位置处，并用定车装置将滚筒锁住，在液压站总油压管 A 和油压管 B 上安装油压传感器，将油压传感器和安全制动信号开关 S 接入数据采集装置。释放滚筒，断开安全回路，记录油压信号，即可完成测试。A、B 管分别延时降压制动曲线记录图如图 9-16 所示，其中平均贴闸油压 $\overline{p_t}$ 由各闸贴闸油压求平均值计算。

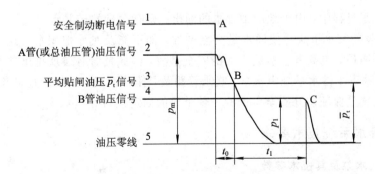

图 9-16　A、B 管分别延时降压制动曲线记录图

图 9-16 中，断电信号点 A 与油压信号 2、3 曲线的交点 B 之间的时间差就是制动器平均空动时间 t_0。C 点为 B 管油压变化的拐点，则油压曲线上的 B 点和 C 点之间的时间间隔就

是第一级制动的延时时间 t_1。B 管油压曲线 4 在 B、C 两点间的稳定油压值就是一级制动油压 p_1。根据一级制动油压可求出一级制动力矩 M_{z1}。A、B 管分别延时降压制动时，M_{z1} 为

$$M_{z1} = (2\overline{p}_t - p_1)n \cdot A \cdot \mu \cdot R_z \tag{9-23}$$

一级制动力矩和一级制动延时时间均应满足《煤矿安全规程》对紧急制动减速度和摩擦提升防滑减速度的要求，否则应及时调整相关工作参数。

9.1.9　提升机电控系统性能测试

电控系统是提升机的重要组成部分，是维持提升机系统安全、稳定运行的关键设备。电控系统中的继电器，是组成提升机交流拖动继电器、接触器控制系统的重要控制元件，为保证提升机安全、可靠地按照设计的速度图运行，应按照设计和技术要求定期对提升机的各继电器进行性能测试和整定。对于提升机电控系统的测试主要是测量电压、电流继电器的吸合、释放值，从而了解实际值与设计值的偏差，将这些数据和速度图参数结合起来分析，可以确定提升机电控系统是否需要调整。

电控系统测试中使用的实验设备主要有：电流传感器、电压传感器、三相自耦调压器。其中自耦调压器实质上是一种电压可连续调节的自耦变压器。其铁心有环式与柱式两种。柱式铁心与一般变压器相似，用硅钢片叠成；环式铁心则用硅钢带卷成。20 kVA 及以下的小容量自耦调压器多选用环式铁心。在环式自耦调压器的结构中，绕组用绝缘铜线单层绕在环式铁心上，线圈部分表面磨去绝缘层而成光滑平面，用电化石墨做成的电刷与它相接触。电刷可借手轮在导线表面旋转滑动，从而改变输出电压。

在检测提升机电控性能时，将电压传感器和电流传感器接在被测继电器线圈上，传感器输出接测试仪模拟量输入，同时，将被测继电器的接点接入测试仪的中断输入，测试仪根据继电器接点的闭合/打开时刻产生的中断信号，将该时刻的电压和电流值记录下来，这些值即为继电器的吸合电压、吸合电流、释放电压和释放电流。

提升机各继电器的测试接线方法及实验步骤参看相关标准，这里不再详述。

9.2　主排水系统安全性能测试技术

在煤矿开采过程中，由于地层中含水的涌出，会有大量的矿井水日夜不停地汇集到井下，此外，突发的突水事故会使涌水量突然增加，如不能及时地把积水排送至地表，井下生产可能受到阻碍，更甚者会造成重大的安全事故，因此及时有效地排出井下积水显得尤为重要。煤矿井下主排水系统由水泵、吸水管路及其附件组成，其作用是将井下涌水排出，因此主排水系统是保证矿井安全生产的一种重要的固定设备。

9.2.1　主排水系统技术要求

1. 离心式水泵及其技术参数

地下开采和水电工程中应用的水泵主要是离心式水泵，简称离心泵，它是依靠叶轮旋转时产生的离心力来输送液体的泵。如图 9-17 所示，当离心泵启动后，泵轴带动叶轮一起做高速旋转运动，迫使预先充灌在叶片间的液体与叶片共同旋转，由旋转而产生的离心力使液体由中心向外运动，并获得动量增量。在叶轮外周，液体被甩出至蜗卷形流道中。

由于液体速度的降低，部分动能被转换成压力能，从而克服排出管道的阻力不断外流。叶轮中心处的液体形成低压（或真空），在储槽液面与叶轮中心总势能差的作用下，储槽液体源源不断地压入叶轮的吸入口，形成连续的抽送作用。

表征离心式水泵工作性能的参数主要有流量、扬程、功率、效率、转速和允许吸上真空度等。

（1）流量：水泵在单位时间内排出水的体积，叫做水泵的流量，用符号 Q 表示，单位为 m^3/h 或 m^3/s。

（2）扬程：单位重力的水经过水泵后获得的能量，叫做水泵的扬程，用符号 H 表示，单位为 m。其中：

吸水扬程 H_x：水泵轴心线到吸水井水面之间的垂直高度，如图 9-18 所示。

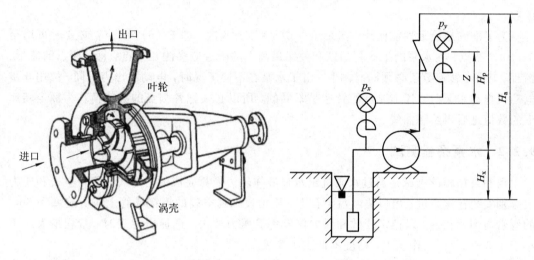

图 9-17　离心泵工作原理图　　　　　图 9-18　离心泵排水示意图

排水扬程 H_p：水泵轴心线到排水管出口中心之间的垂直高度。

实际扬程 H_a：吸水扬程与排水扬程之和，即 $H_a = H_x + H_p$。

总扬程 H：实际扬程 H_a、损失扬程 h_w 和水以速度 v 离开排水管出口时所需的速度水头 $\dfrac{v^2}{2g}$ 之和，即

$$H = H_a + h_w + \frac{v^2}{2g} \qquad (9-24)$$

（3）功率：水泵在单位时间内所做的功，叫做水泵的功率，单位为 kW。其中：

水泵的轴功率 P_a：电动机传递给水泵轴的功率（即水泵的输入功率）。

水泵的有效功率 P_u：水泵实际传递给水的功率（即水泵的输出功率）。

（4）效率 η：水泵的有效功率与轴功率的比值，一般取百分比。

（5）转速 n：水泵轴每分钟的转数叫做水泵的转速，单位为 r/min。

（6）允许吸上真空度 H_s：在水泵不发生气蚀的条件下，水泵吸水口处所允许的真空度，单位为 m。

2. 离心泵特性曲线

离心泵的特性曲线一般由扬程曲线、效率曲线、功率曲线组成，分别表达了水泵在一

定的转速下，扬程与流量、效率与流量、轴功率与流量的关系。离心泵特性曲线上的效率最高点称为设计点，泵在该点对应的扬程和流量下工作最为经济，泵铭牌上标注的性能参数即为最高效率时的参数。泵的性能曲线可作为选择离心泵以及评估其特性的依据，应符合 GB 3216 的要求。

3. 离心泵性能测试的一般方法

离心泵测试就是在转速不变的情况下，改变泵的流量，测试各个性能参数的变化，并绘制性能曲线。测试时，常用流量作为测定的基础，在各种不同的流量下，测定并计算出相应的扬程、效率、轴功率和转速，最后绘制出水泵的性能曲线。通常利用排水管路上的调节闸阀来改变水泵的流量，流量的控制可由小到大(闸阀由全闭而逐渐开启)，或由大到小(闸阀由全开而逐渐关闭)，也可以两种方法交替进行，以便相互调节和修正各测点的读数。

为了准确地绘出性能曲线，流量至少要改变 5～6 次，即 5～6 个测点，必要时可增至 7～10 个测点。在水泵的工业利用区和效率最高点的附近应多测几个点。每一测点的流量、扬程、功率、转速数值必须同时测取。由于水泵在不同工况时，电动机出力不同，故用异步电动机拖动水泵时，各工况点的转速是不同的，所以必须把各测点的数值换算为额定转速下的数值之后再绘制曲线。

9.2.2 水泵扬程测试

离心泵扬程的测试是通过水泵进出水口液体压力换算完成的。测试时将真空表和压力表分别安装在水泵进、出口法兰盘小孔上，压力表和真空表的连接导管上应有旋塞和 360° 的弯管与测孔相通，以稳定读数和保护仪表免受压力冲击。选择压力表时，量程最大应不小于 1.3～1.6 倍工作压力，精度不低于 1.5 级。

扬程测试布置如图 9-18 所示，其中 p_x 为安装在水泵进水口的真空压力表读数，p_y 为水泵出口处压力表读数，单位均为 MPa；Z 为表位差，即两压力表表盘中心垂直高度。水泵扬程为

$$H = \frac{(p_x + p_y) \times 10^6}{\rho g} + Z + \frac{8}{\pi^2 g}\left(\frac{1}{d_p^4} - \frac{1}{d_x^4}\right)Q^2 \tag{9-25}$$

式中，ρ 为水的密度，单位为 kg/m^3；d_p 为排水管内径，单位为 m；d_x 为吸水管内径，单位为 m。

9.2.3 水泵流量测试

水泵流量测试可以采用的方法较多，如水堰法测流量、差压式流量计测流量、涡轮式流量计测流量、电磁流量计测流量等，目前应用较为广泛的是采用超声波流量计测流量。

超声波流量计是一种新型的非接触式测量仪表，通过检测流体流动时对超声束(超声脉冲)的作用来测量流体的流量。数学分析表明，超声波流量计测量时，管径越小，测量误差越大，所以它非常适合矿用水泵这种大管径、大流量场合。测量方法包括传播速度差法、多普勒效应法、波束偏移法、流动超声法等。

工程中广泛应用的时差法是传播速度差法测流量的一种，它是根据超声波在流动的流体中顺流与逆流传播时的速度之差与被测流体流速之间的关系来求流速或流量的。时差法

的基本原理如图 9-19(a)所示。取静止流体中的声速为 c，流体流速为 v，从上、下游两个作为发射器的超声换能器 T_1、T_2 发射两束超声波脉冲，各自到达下、上游作为接收器的两个超声换能器 R_1、R_2。显然，顺流(由 $T_1 \rightarrow R_1$)的传播时间为

$$t_1 = \frac{L}{c+v} \tag{9-26}$$

逆流(由 $T_2 \rightarrow R_2$)的传播时间为

$$t_2 = \frac{L}{c-v} \tag{9-27}$$

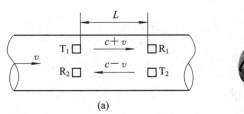

图 9-19 超声波流量计工作原理与安装示意

一般情况下，液体中的声速 c 在 1000 m/s 以上(具体参数可根据现场情况查表获得)，而工业上多数流体的流速为 v 不超过每秒几米，即 $c \gg v$，则

$$\Delta t = t_2 - t_1 = \frac{2Lv}{c^2 - v^2} \approx 2L\frac{v}{c^2} \tag{9-28}$$

故流速 v 和时差 Δt 成正比，超声波流量计经过信号处理，就可以输出管道中的流体流速 v 和流量 Q。

用时差法对管道流量进行非接触测量时，其传感器的安装方式常采用管外斜置式结构，被称为外夹式超声波流量计，如图 9-19(b)所示。

9.2.4 水泵效率测试

水泵效率的测试有热力学法和水力学法两种方式。

1. 热力学法测定水泵效率

热力学法又称为温差法，不需测量水泵的流量，只需测量出水泵的进、出口之间的压力差和温度差，就可以根据热力学的原理计算出水泵的效率。为使水泵效率的测量达到足够的精度，要求温差的测量精度为 ±0.05℃，故应选择高精度的温度和温差传感器。

$$\eta_b = \frac{1}{1 - 0.0027t_1 + \dfrac{427(t_2 - t_1) + e}{H_c}} \times 100\% \tag{9-29}$$

式中，η_b 为水泵的效率；t_1 为水泵的吸水温度，用温度传感器测得；t_2 为水泵的排水温度，一般用温差传感器测量水泵进、出口温差即可；H_c 为水泵的静扬程，$H_c = \dfrac{p_y - p_x}{\rho g}$，单位为 m；$e$ 为水泵机械损失修正值，取值范围如下：

50 mm 泵：$e = 5 + 0.5(i-5)$；

100 mm 泵：$e = 6 + 0.6(i-5)$；

150 mm 泵：$e=8+0.8(i-5)$；

200 mm 泵：200D43 型 $e=10+(i-5)$；200D65 型 $e=12+1.2(i-5)$；

250 mm 泵：$e=15+1.5(i-5)$。

其中 i 为水泵的级数。

2. 水力学法测定水泵效率

水力学法测定水泵效率需要先测定水泵的流量 Q 和扬程 H，从而泵输出功率 P_u 为

$$P_u = \frac{\rho g Q H}{1000} \qquad (9-30)$$

则水泵效率为

$$\eta_b = \frac{P_u}{P_a} = \frac{HQ}{367.2 \cdot P_a} \qquad (9-31)$$

水泵运行的工况点应在工业利用区内，即 $\eta_b \geqslant \eta_e$，η_e 为水泵额定效率。

9.2.5 水泵轴功率、转速的测试

1. 水泵轴功率的电测法(损耗分析法)

水泵的轴功率通常指输入功率，即电动机传到泵轴上的功率。

所谓损耗分析法，是指先测出电动机的输入功率和功率损耗，对于联轴器直联传动机组，电动机输出功率与传动效率之积为水泵轴功率，即

$$P_a = P_{gr} \cdot \eta_d \cdot \eta_c \qquad (9-32)$$

式中，η_d 为电动机的效率，即电动机输出功率与输入功率的比值；η_c 为传动效率，对于联轴器直接传动机组，$\eta_c = 0.98$；P_{gr} 为电机的输入功率，单位为 kW。

这种方法测试准确率一般较高，可达 0.2 级，水泵轴功率高精度测量也多采用此方法。但要求对电动机测试应当是以足够的测量精度确定其效率。上述电动机电气参数的测定参阅异步电动机技术测定的相关资料。

2. 电机的输入功率的测试

电机输入功率常采用两瓦特表法测试，其原理如图 9-20 所示。从图可见，把第一个瓦特表 W_1 按图 9-20 所示的极性连接于 A 相，另一端接于 C 相，把第二个瓦特表 W_2 的电流线圈按图示极性连接于 B 相，另一端接于 C 相。C 相则是两个瓦特表电压线圈的公共端。设负载为星形接法，则第一个瓦特表所测的功率的瞬时值为

$$W_1 = U_{AC} \cdot I_A = (U_A - U_C) I_A \qquad (9-33)$$

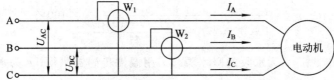

图 9-20 两瓦特表法测试电机功率接线图

第二个瓦特表所测的功率的瞬时值为

$$W_2 = U_{BC} \cdot I_B = (U_B - U_C) I_B \qquad (9-34)$$

两个功率表之和为

$$P_1 = W_1 + W_2 = U_A I_A + U_B I_B \tag{9-35}$$

当负载电机为星形接法时，根据基尔霍夫定律，三对绕组线圈中点的电流之和等于零，即有

$$I_A + I_B + I_C = 0$$

从而有

$$P_1 = W_1 + W_2 = U_A I_A + U_B I_B + U_C I_C \tag{9-36}$$

从上述分析可知，无论三相电压是否对称，负载是否平衡，用两个瓦特表接线，所测得的功率为三相功率之和。

3. 转速测试

参照 9.1.5 节采用光电式转速传感器测量水泵转速。由于异步电动机拖动的水泵在不同工况下转速不同，故各工况的数值必须换算成额定转速下的数值。

9.2.6　主排水系统性能指标计算

1. 管路效率

管路效率是实际扬程与总扬程的比值，即

$$\eta_g = \frac{H_x + H_p}{H} = \frac{H_a}{H} \times 100\% \tag{9-37}$$

2. 排水系统效率

$$\eta_x = \eta_d \cdot \eta_b \cdot \eta_g \tag{9-38}$$

3. 吨百米电耗

吨百米电耗是排水装置将 $1\ t$ 水的水位提高 $100\ m$ 的耗电量，用符号 $W_{t\cdot100}$ 表示，是衡量排水装置运行经济性的指标。$W_{t\cdot100}$ 值为

$$W_{t\cdot100} = \frac{1}{3.67\eta_x} < 0.5\ \text{kW} \cdot \text{h} \tag{9-39}$$

由式(9-39)可知，吨百米电耗与系统效率成反比，因此应降低吨百米电耗，提高整个排水系统效率。

4. 水泵性能曲线拟合

受客观条件的限制，离心泵的性能测试只能选取有限的状态点进行，为了更好地反映泵的性能状态，必须对其进行曲线拟合。

曲线拟合技术是用连续曲线近似地刻画或比拟平面上若干离散点所表示的坐标之间函数关系的一种数据处理方法。通过对测试得到 x 与 y 的一组数据对 $(x_i, y_i)(i = 1, 2, \cdots, m)$ 的最佳逼近而得到与数据的背景材料规律相适应的解析表达式。常用的拟合算法有线性拟合、指数拟合、多项式拟合、最小二乘法拟合以及多项式插值和样条插值等。

常用软件(如 MATLAB、Labview 等)均提供了曲线拟合工具包，利用其中的曲线拟合函数可以较为方便地搭建模块。实现数据的拟合可参阅相关资料，这里不再详述。拟合后的性能曲线如图 9-21 所示。

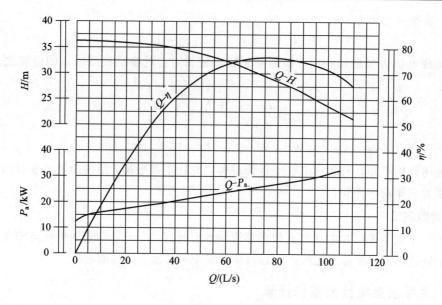

图 9-21 离心泵性能曲线

9.3 通风机设备测试技术

9.3.1 概述

通风机是煤矿生产中极其重要的设备，在煤矿企业生产过程中通风机的作用有三个方面：

① 向井下输送新鲜空气；

② 冲淡和排出生产过程中产生的瓦斯、粉尘和污浊气流，保证矿井安全生产；

③ 调节井下微气候，即调节井下所需风量、温度和湿度，改善劳动条件。

预防瓦斯爆炸最主要的措施就是加强矿井通风，降低瓦斯浓度。因此，通风机的运行状态直接关系到整个煤矿的安全生产和经济效益。

目前矿用通风机大多是利用旋转叶轮传递能量，按介质在风机旋转叶轮内部流动方向可分为离心式、轴流式和混流式三种类型。其中煤矿中使用最广泛的是轴流式对旋风机（图 9-22），它具有效率高、风量大、风压高、噪音低、节能显著以及便于调节风量等优点。

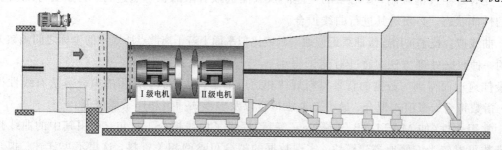

图 9-22 轴流式对旋风机

按照国家煤矿安全规程规定,风机和电源采用双冗余结构,以提高矿井通风机系统的可靠性。根据规定,每个生产矿井必须配置主、备两套矿井主扇通风机,当主通风机系统出现故障时,备用通风机系统可以马上投入运行;风机采用双回路供电,通过一个电源切换装置,进行主、备用电源回路的切换。矿井通风机布置示意图通常如图 9-23 所示。

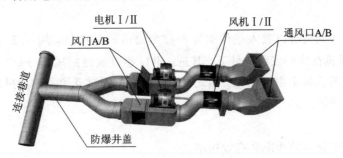

图 9-23　矿井通风机布置示意图

通风机设备进行技术测试的目的,在于取得通风机的实际运转特性,以检验通风机设备性能是否良好。从性能检测的角度出发,通风机和通风机装置是两个不同的概念。通常将轴流式通风机集流器进口和后导叶出口之间的部分称为通风机,将通风机集流器进口截面称为通风机进口,将后导叶出口截面称为通风机出口。通风机连同与其配套的扩散器一起被称为通风机装置,其进口与通风机进口相同,而出口为扩散器的出口。

通风机的主要性能参数包括风压、风量、功率、效率、转速以及噪声等。

1. 风压

气体压力是指单位面积上所受的平均法向压力值,也称压强。以绝对真空作为基准度量的气体压力称为绝对压力。以当地的大气压力作为基准度量的压力称为相对压力,表示该点的压力高于或低于当地大气压力的数值。如果某点的绝对压力低于大气压力,则两者之差称为真空度。

通风网路中的风压是指单位体积的气体所具有的能量,有静压、动压和全压三种类型,单位为 Pa。

(1)静压。通风网路中单位体积流体所具有的压力能量,即为气体的静压力,以 p_s 表示。

(2)动压。动压是单位体积的流体所具有的动能。携带该能量的气体微团被滞止后即表现为压力,故称其为动压,用 p_d 表示。气流中某点的动压 $p_{di} = \rho v^2/2$,其中,ρ 为气体密度,v 为气体流速。

(3)全压。全压是气流中某一点的滞止压力,即该点静压与动压的总和,以 p_t 表示,则 $p_t = p_d + p_s$。

对于通风机而言,单位体积气体流经通风机时所获得的总能量称为通风机的全压,即通风机出口全压与进口全压之差。若通风机进口和出口截面上的全压分别为 p_1 和 p_2,则 p_t 为

$$p_t = p_2 - p_1 \qquad (9-40)$$

通风机出口截面上的动压为通风机的动压,即

$$p_d = p_{d2} \qquad (9-41)$$

其中,p_{d2} 为通风机出口截面上的动压,单位为 Pa。

通风机全压与其动压之差即为通风机的静压，即

$$p_s = p_t - p_d = p_{s2} - p_{s1} - p_{d1} \qquad (9-42)$$

式中，p_{s1}、p_{s2}为通风机入口、出口截面上的静压，单位为 Pa；p_{d1}为通风机入口截面上的动压，单位为 Pa。

2. 风量

单位时间内通风机进口吸入气体的体积称为通风机的风量，用 q_v 表示，量纲为 m^3/s 或 m^3/min。通风机在实际安装条件下，其进、出口巷道截面的风速分布一般是不均匀的，这给风量的精确测试带来很大困难。因此，尽量准确地测试巷道截面的风速分布是通风机技术测试的关键问题。

3. 功率

通风机的功率分为轴功率和有效功率。

1）轴功率

轴功率是指原动机传递给通风机轴上的功率，用 P_a 表示，即

$$P_a = \eta_{tr} \eta_m P_e \qquad (9-43)$$

式中，η_{tr}为机械传动效率；η_m为电动机效率；P_e为电动机输入功率，单位为 kW。

2）有效功率

有效功率是指通风机在单位时间内对气体所做的有用功，即通风机的输出功率。通风机的全压功率用 P_t 表示，静压功率用 P_s 表示，则

$$P_t = \frac{p_t q_v}{1000} \qquad (9-44)$$

式中，p_t为通风机全压，单位为 Pa。

$$P_s = \frac{p_s q_v}{1000} \qquad (9-45)$$

式中，p_s为通风机静压，单位为 Pa。

4. 效率

效率是全压有效功率或静压有效功率与轴功率的比值，前者称为全压效率 η_t，后者称为静压效率 η_s。

9.3.2 通风机测试的原理及方案

1. 通风机的特性曲线

通风机的特性曲线用来表明通风机的全压（或静压）、轴功率以及效率与通风机流量之间的变化关系。它是通风机生产厂家在实验室对通风机模型进行空气动力性能试验后，再按照相似原理换算得到的同系列通风机的实际特性曲线。在生产现场对通风机进行性能测试后也可绘制相应的特性曲线。轴流式通风机特性曲线的一般形式如图 9-24 所示。

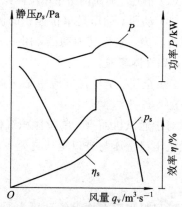

图 9-24　轴流式通风机特性曲线及通风网路特性曲线

2．通风机技术测试方案

在测试通风机设备性能时，人为地改变通风网路的阻力，测出不同阻力系数所对应工况点风量 q_{vi} 及相应的静压 p_{si}（或全压 p_{ti}）、轴功率 P_i、静压效率 η_s（或全压效率 η_t），即可绘出通风机特性曲线。

测量界面的选择，即选定测风、测压截面的位置是通风机测试的关键环节。选择测量截面的最基本的要求是：测量截面应位于风硐的缓变流处，该截面上流速分布均匀而有规律，静压分布为常数。

对于轴流式通风机一般以风门作为调节阻力的机构（见图 9-24），测量截面应选择无涡流的、流线接近平行且垂直于该截面的位置，如通风机入口前和出口后的风硐可选为测试点位置。

9.3.3　通风机风量测试

通风机风量 q_v 可用下式计算：

$$q_v = \sum_{i=1}^{n} v_i A_i \tag{9-46}$$

式中，n 为测点数；v_i 为第 i 个测点测得的风速，单位为 m/s；A_i 为测风断面第 i 块的面积，单位为 m^2。

风量测试的关键就是选定风量测试断面，并在该断面上合理布置风速测点，检测出每个测点的风速。

1．风速的测量

1）超声波旋涡式风速传感器

根据卡门涡街理论，在无限界流场中，垂直于流向插入一根非流线形阻力体（即旋涡发生体）。在一定的雷诺数范围内，当流体流过旋涡发生体时，在其下游会产生两排内旋的、互相交替的旋涡列（即卡门涡街），如图 9-25 所示。旋涡发生体产生的旋涡数与流速成正比，与旋涡发生体的直径成反比。

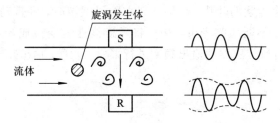

图 9-25　超声波旋涡式风速传感器工作原理图

超声波旋涡式风速传感器是利用穿过空气的超声波被旋涡调制，从已调波中检出旋涡频率来测定风速的。图 9-25 中，S、R 为一对谐振频率相同的超声波换能器，S 为发射换能器，发射等幅超声波；R 为接收换能器，接收被旋涡调制了的超声波。当无旋涡时，接收换能器 R 接收到等幅波信号；有旋涡时，由于旋涡内部的压力梯度和旋涡的旋转运动，导致了超声波的折射、反射和吸收效应，使接收到的信号幅度减小。旋涡通过声束后，接收到的信号又恢复常态。因此，超声波幅度变化频率与旋涡的频率一致，计算机从接收换能器上检测出超声波束幅度变化次数即可测得风速值。

2）超声波风速仪

超声波风速仪是利用超声波时差法来实现风速测量的。声音在空气中的传播速度，会和风向方向上的气流速度叠加。若超声波的传播方向与风向相同，它的速度会加快；反之，它的速度会变慢。因此，在固定的检测条件下，超声波在空气中传播的速度可以和风速函数对应，通过计算即可得到精确的风速和风向。该设备可通过 RS232/485 等总线与计算机或数据采集器连接。如果需要，也可以多台组成一个网络进行使用。

超声波风速仪的外形如图 9-26 所示。超生波风速仪属于非接触式仪表，由于没有机械转动部件，不存在机械磨损、阻塞、冰冻等问题，同时也没有"机械惯性"，因此可捕捉瞬时的风速变化，不仅可测出常规风速（平均风速），也可测得任意方向上的风速分量，尤其可测出风速中的高频脉动成分。测试结果不受气体压力、温度和湿度的影响，测试精度高，可进行远距离风速监测。

图 9-26　超声波风速仪的外形

3）风杯式风速传感器

风杯式风速传感器的外形如图 9-27 所示，一般采用三杯旋转架结构，它将风速线性地变换成旋转架的转速。为了减小启动风速，采用塑制的轻质风杯，锥形轴承支撑。在旋转架的轴上固定有一个齿状的叶片，当旋转架在随风旋转时，轴带动着叶片旋转，齿状叶片在光电开关的光路中不断切割光束，从而将风速线性地变换成光电开关的输出脉冲频率。仪器内的单片机对风传感器的输出频率进行采样、计算，输出瞬时风速。

图 9-27　风杯式风速传感器的外形

2. 风速测点的布置

风硐巷道断面形状不同，风速测点布置方式也不同。GBT 10178 规定了不同形状巷道断面风速测点布置方法。以矩形巷道断面为例（如图 9-28），按使用传感器数将风硐断面分为 3×3、3×4 或 4×4 个等面积矩形，并使所安装的传感器位于各个矩形的正中。

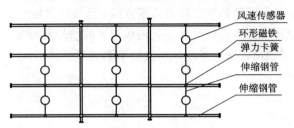

图 9-28　矩形断面风硐传感器布置示意图

9.3.4　通风机风压测试

本小节仅以轴流式通风机抽出式通风方式介绍风压的测试方法。

测压断面选定在集风器入口断面处。风压测点布置方式根据巷道断面形状与风速测点布置方式相同。测试方法一般采用皮托管测定法。

皮托管的英文名称为 pitot，又称空速管，是一种测量压强的仪器，也可用来测量流体运动速度。它由法国工程师 Henri Pitot 于 18 世纪初发明，并在 19 世纪中叶由法国科学家 Henry Darcy 改进为现在的样子。皮托管通常用于测量飞行器的空速和工业设施中的气体的流动速度及压力，也可用于测量某给定点的局部速度而不是整条管线的平均速度。

最基本的皮托管具有一个直接处于气流中的管道，可在此管充有流体后测量其压差。由于管道中并无出口，流体便在管中停滞。此时测量的压强为流体的滞压，也称为全压。伯努利方程指出，对于不可压缩流体，滞压为静压与动压之和，即

$$p_t = p_s + \frac{\rho v^2}{2} \tag{9-47}$$

皮托管的原理结构如图 9-29 所示，当一台差压计两端分别与全压管和静压管连接，这样差压计上就可以显示出动压值来。由图可知皮托管外形是一个直角弯折的金属管，与管轴平行安置的直角边是测头，其顶端有一个总压孔，在其侧壁有若干个静压孔。总压孔与静压孔不相通，分别用导压管引出，从静压孔至总压孔称为鼻端。直角的另一边称为支

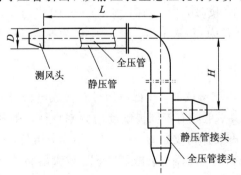

图 9-29　皮托管结构图

杆，引出总压孔和静压孔接头以便与微压计相连。测量总压力(即全压)的管子叫皮托管；测量静压力的管子叫静压管。实际上常用的形状都是全压管和静压管的组合，多数使用国际标准推荐的 GETIAT 型(锥形头)。

实际测试时，在流速均匀的测定断面安装支撑架和皮托管，皮托管的测头应超前支撑架 100 mm；其测风头的全压管轴线正对着风流方向，且与风硐轴线平行，其平行度偏差应满足 $\beta \leqslant 5°$，否则，全压和静压的测量误差将随偏角 β 的增加而增加。

皮托管测定法测试抽出式通风系统风压按照下列式子计算：

(1) 通风机静压：

$$p_s = \left| \frac{\sum\limits_{i=1}^{n} \xi_i p_{ti}}{n_1} \right| \tag{9-48}$$

(2) 通风机全压：

$$p_t = p_s + p_{d2} = p_s + \frac{1}{2}\rho_2 \left(\frac{q_{v2}}{A_2}\right)^2 \tag{9-49}$$

式中，p_{ti} 为第 i 个测点测得的全压，单位为 Pa；ξ_i 为第 i 个测点皮托管系数，与皮托管结构形式有关，从生产厂商获取；n_1 为测点数；p_{d2} 为通风机扩散器出口测算的动压，单位为 Pa；ρ_2 为通风机扩散器出口空气密度，单位为 kg/m³；q_{v2} 为通风机扩散器出口通过风量，单位为 m³/s；A_2 为通风机扩散器出口断面积，单位为 m²。

9.3.5 噪声测试

对现场通风机进行噪声测定时，只测试运行条件下的噪声。当有环保要求时，应按有关规定测量环保噪声。

1) 通风机空气动力性噪声的测量

按照有关规定，首先确定噪声测量的标准长度。标准长度的定义如下：当主通风机叶轮直径小于或等于 1 m 时，取标准长度为 1 m；当叶轮直径大于 1 m 时，取标准长度等于叶轮直径。在通风机扩散器出口 45°方向上测量通风机的 A 声级和倍频带声压级。

2) 通风机机壳辐射噪声的测量

在距离机壳 1 m 处，围绕机壳布置若干个测点，测量各点 A 声级，并按式(9-50)计算平均噪声级。

$$L_A = 10 \lg(10^{0.1L_1} + 10^{0.1L_2} + \cdots + 10^{0.1L_n}) - 10 \lg n \tag{9-50}$$

式中，L_A 为平均 A 声级，单位为 dB(A)；L_1、L_2、$\cdots$、L_n 为各测点噪声测量值，单位为 dB(A)；n 为测点数。

3) 噪声测量仪器

声级计是最基本的噪声测量仪器，在把声信号转换成电信号时，可以模拟人耳对声波反应速度的时间特性；对高、低频有不同灵敏度的频率特性，在声波信号响度不同时可改变频率特性的强度特性。声级计构成如图 9-30(a)所示，由传声器将声音转换成电信号，再由前置放大器变换阻抗，使传声器与衰减器匹配。放大器将输出信号加到计权网络，对信号进行频率计权(或外接滤波器)，然后再经衰减器及放大器将信号放大到一定的幅值，送到有效值检波器(或外接电平记录仪)，在指示表头上给出噪声声级的数值。

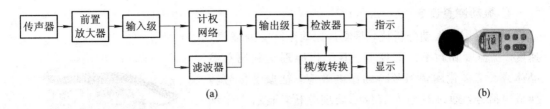

(a)　　　　　　　　　　　　　　　　　(b)

图 9 - 30　声级计的构成与外形

常用的声级计根据所使用的计权网络不同，分为 A 声级、B 声级和 C 声级三类，分别用 L_A、L_B、L_C 表示，单位记作 dB(A)、dB(B) 和 dB(C)。A 计权声级是模拟人耳对 55 dB 以下低强度噪声的频率特性，B 计权声级是模拟 55 dB 到 85 dB 的中等强度噪声的频率特性，C 计权声级是模拟高强度噪声的频率特性。声级计按准确度可分为四种类型，即 0 型、1 型、2 型和 3 型，其中，2 型声级计的准确度是 ±1 dB，适用于一般现场噪声测量。

9.3.6　振动参数测试

1. 振动参数

振动的参数主要有位移 x、速度 v 及加速度 a，以及由这三种参数构成的统计量如峰-峰值（$x_{p\text{-}p}$、$a_{p\text{-}p}$ 等）、均方根值（x_{rms}、v_{rms} 等）、平均值（$\overline{x}$、$\overline{v}$、$\overline{a}$）等。

常用的振动指标有以下几种：

（1）振动峰-峰值：常用的峰-峰值为振动位移和加速度的峰-峰值 $x_{p\text{-}p}$ 和 $a_{p\text{-}p}$。

（2）振动速度（振动速度的均方根值即有效值）v_{rms}：

$$v_{rms} = \sqrt{\frac{1}{T}\int_0^T v^2(t)\,dt} \tag{9-51}$$

式中，$v(t)$ 为振动速度函数，单位为 mm/s；T 为振动周期，单位为 s。

振动速度 v_{rms} 是表示振动信号中各频率分量的能量的综合影响，表征着振动的威力或破坏能力。

2. 通风机的支承类型

（1）刚性支承。通风机被安装后，通风机—支承系统的基本固有频率高于通风机的工作主频率，称为刚性支承。如一般通风机直接与坚硬基础紧固连接。

（2）挠性支承。风机被安装后，通风机—支承系统的基本固有频率低于通风机的工作主频率，称为挠性支承。如在特殊条件下，通风机通过隔振体与基础连接。

3. 振动测量参数及其限制

振动测量参数为振动速度均方根值，它可以由具有有效值检波特性的仪器直接测量和显示。

通风机振动测点主要布置在风机、电机轴承座的径向相互垂直方向以及轴向上，所布置的风机测点要固定，并且要用特殊、明显的标记符号标出。测点应选在与轴承座联接刚度较高的地方或箱体上的适当位置，应尽量减少中间界面，且安装面要光滑。每次测量振动时风机的工况条件、测量参数、使用的测量仪器和测量方法（如传感器的固定方法）相同。

在上述各个测量方向和测量点上，测得的振动速度均方根值不应超出如下规定：

刚性支承：$v_{rms} \leqslant 4.6$ mm/s；

挠性支承：$v_{rms} \leqslant 7.1$ mm/s。

4. 振动测量设备

测振仪也称振动分析仪,是测量振动系统的振幅、速度、加速度和频率等的仪器。其工作原理是利用石英晶体或人工极化陶瓷(PZT)的压电效应,把振动信号转换成电信号,通过对输入信号的处理分析,显示出振动的加速度、速度、位移值。图 9-31 为某型号便携式测振仪,要求测量范围为 $0.1\sim199.9\ \mathrm{m/s^2}$,准确度为 $\pm5\%$。

图 9-31 便携式测振仪外形

5. 故障诊断

国际标准化组织的 ISO-10816 及我国专业标准 JB/T8689 均对风机振动参数如振动正常值、报警值和停机值进行了严格的规范。通风机振动性能测试的结果应与标准进行对比,从而了解风机运行状态的变化。

精密诊断是将通风机测试的诊断信息所提供的振动特征与典型故障的振动特征相互联系起来进行分类比较,对故障的类型、性质和产生部位及原因进行识别,为诊断决策提供依据。通风机典型故障振动特征有如下三种:

(1)转子不平衡,即通风机转子质量中心偏离转动中心时出现的不平衡。

(2)轴系不对中。电动机轴线与风机轴线不平行或不重合,一个或多个轴承安装倾斜或偏心时,会出现不对中。

(3)滚动轴承故障。

利用各种分析方法对拾取的风机振动信号进行分析、识别,根据不同的频谱及波形特征即可确定通风机发生了哪种故障以及故障发生的位置,进而采取适当的维护措施。

9.3.7 其他参数测试

1. 空气密度测定

在距风压测点 20 m 内的巷道中,用气压计测量绝对静压,用干、湿温度计测量温度和湿度。每调节工况点一次测量 3 次,按下式计算空气密度取其算术平均值:

$$\rho = 3.484 \times 10^{-3} \times \frac{p_0 - 0.3779\Phi \cdot p_{sat}}{273 + t} \qquad (9-52)$$

式中,ρ 为空气密度,单位为 $\mathrm{kg/m^3}$;p_0 为大气压力,单位为 Pa;Φ 为空气的相对湿度(%);p_{sat} 为温度为 $t℃$ 时空气的绝对饱和水蒸气压力,单位为 Pa;t 为空气的温度,单位为 ℃。

2. 转速测试

(1)电动机转速。用转速传感器测定电动机转速,每调一个工况点测 3 次,取其算术平均值。

(2)通风机转速。视通风机与电动机传动方式,直接传动时只需测量电动机转速即可,若采用其他传动方式则应分别测量二者的转速。

3. 通风机反风性能测试

通风机及其系统处于反风运行状态时,应根据通风机的结构和通风机与通风系统的组成情况重新界定通风机的进口与出口。在这种情况下,工况调节方法以及风量与风压的测量仍可参照正常通风情况下所制定的方法进行。

应当指出的是，当通风机的扩散器作为进风侧、集流器作为出风侧时，在轴流式通风机集流器与第一级叶轮之间布置测点的方法不再适用。在这种情况下，应在扩散器内距通风机最后一排叶栅 500 mm 左右的位置布置风量测量点，所测得的数据具有一定的精度。

4. 通风机工序能耗的计算

1）单台通风机工序能耗

$$E_{\text{f}} = \frac{nW}{t \sum\limits_{j=1}^{n} q_{\text{vfj}} p_{\text{tfj}}} \times 10^{6} \tag{9-53}$$

式中，E_{f} 为单台通风机工序能耗，单位为 $kW \cdot h/(m^3 \cdot MPa)$；$n$ 为单台通风机测定次数；W 为单台通风机消耗的电量，可以按照电动机输入功率计算，单位为 $kW \cdot h$；t 为统计时间，这里取 $t = 3600\ s$；q_{vfj} 为第 j 次测算的通风机风量，单位为 m^3/s；p_{tfj} 为第 j 次测算的通风机全压，单位为 Pa。

2）多台通风机平均工序能耗

在某一通风系统中有多台通风机同时工作，或在通风系统中的某一位置有多台通风机联合工作，则多台通风机的平均工序能耗用下式计算：

$$E_{\text{mf}} = \frac{\sum\limits_{i=1}^{n} E_{\text{fi}}}{n} \tag{9-54}$$

式中，E_{mf} 为多台通风机同时运行时的平均工序能耗，单位为 $kW \cdot h/(m^3 \cdot MPa)$；$E_{\text{fi}}$ 为第 i 台通风机工序能耗，单位为 $kW \cdot h/(m^3 \cdot MPa)$；$n$ 为同时运行的通风机台数。

9.4　空气压缩机设备测试技术

压缩空气是地下开采和水电工程中经常采用的原动力之一，用以带动凿岩机、锚杆机、气动水泵、喷浆机等多种操作方便又使用安全的风动工具。矿用空气压缩机是为煤矿井下提供压缩空气的动力机械，是实现煤矿安全生产的重要设备之一。我国煤矿井下使用的空压机，按照底座类型分为固定式和移动式；按主机的结构型式分为滑片式、活塞式、螺杆式等。

9.4.1　空气压缩机性能参数及要求

描述空气压缩机性能的主要参数包括流量、温度、排气效率、排气压力、比功率等。

1. 流量

空气压缩机的容积流量是指单位时间内空气压缩机最末一级气缸排出的气体，折算到第一级进口状态的压力和温度时的气体容积值，用 Q 表示。它是衡量空气压缩机运行是否正常的一个重要指标。

额定容积流量是指特定进口状态（进气压力为 $1.0133 \times 10^5\ Pa$，温度为 20℃）时的排气量。它标注在空气压缩机铭牌上，用 Q_{e} 表示。

在用的空气压缩机容积流量应大于 $0.85Q_{\text{e}}$。

2. 温度

空气压缩机各点温度应满足下列要求（当温度超限时应能报警并自动停车）：

（1）压缩机排气温度不超过 160℃，正常为 115～145℃。

（2）井下移动式空气压缩机：往复活塞式排气温度超过 180℃，喷油回转式排气温度超过 120℃。

（3）往复活塞式曲轴箱内润滑油温度超过 80℃。

（4）风包内的温度超过 120℃。

3. 排气压力

空气压缩机的排气压力是指最末一级汽缸排出的气体压力。一、二级汽缸排气压力由安装在空气压缩机上的压力表测量和指示。

空气压缩机的实际排气压力受风动工具耗气量的影响，是变化的。当空气压缩机的排气量大于风动工具的用气量时，排气压力升高。当排气压力高于额定排气压力时，由安装在空气压缩机上的压力调节器自行调节，使空气压缩机的实际排气量与风动工具的耗气量相适应。

《煤矿安全规程》要求，当二级排气压力达到额定排气压力时，一级排气压力范围为 0.2～0.225 MPa。

4. 排气效率

空气压缩机的实际排气量与额定排气量之比称为空气压缩机的排气效率，用 η_p 表示，即

$$\eta_p = \frac{Q}{Q_e} \times 100\% \tag{9-55}$$

为了提高空气压缩机的运行效率，要求在空气压缩机的排气压力达到铭牌规定压力时，排气效率不低于 90%，以保证空气压缩机的经济运行。

5. 比功率

比功率是指在一定的排气压力下，单位排气量所消耗的轴功率。

$$P_b = \frac{P}{Q} \tag{9-56}$$

式中，P_b 为空气压缩机的比功率，单位为 kW/(m^3 · min)；P 为空气压缩机轴功率，单位为 kW。

比功率是评价空气压缩机工作性能好坏的一个重要经济指标。比较两台空气压缩机的比功率，除要求排气压力相同外，进气条件、冷却水入口温度以及冷却水耗量也应相同，不然便失去了可比性。根据《生产矿井质量标准化标准》，空气压缩机在额定排气压力下，比功率应该低于 5.9 kW/(m^3 · min)。

9.4.2　空气压缩机技术测试方案

在对空气压缩机进行技术测定时，应在空气压缩机的运行压力和额定排气压力下进行。主要测定的内容有：空气被压缩前后的压力和温度，空气压缩机的排气量，空气压缩机的转速，空气压缩机的过滤器及吸气管道的阻力，冷却水的流量及进出口温度，润滑油的压力、温度及耗电量，电动机技术数据等。由于受到现场条件的限制，有些参数的测定相当困难。此外，为了分析研究空气压缩机设备的运行状况，还应对管网漏气量进行测定。

目前，空气压缩机技术测试中存在的主要问题是如何测得较为准确的排气量，以便能够正确分析空气压缩机的工作状态。本小节以煤矿中常用的 4L 型空气压缩机为例，介绍一种空气压缩机的测试方案。空气压缩机设备与测试仪表的布置如图 9 - 32 所示。

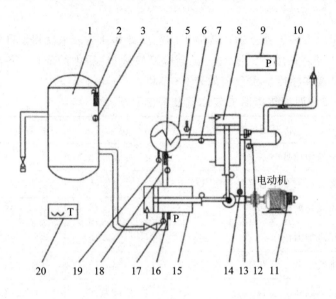

1—风包；
2—风包压力传感器；
3—风包温度传感器；
4—一级排气压力传感器；
5—中间冷却器；
6—冷却水进口温度传感器；
7—一级排气温度传感器；
8—一级汽缸；
9—气压传感器；
10—热球式风速仪；
11—电动机功率传感器；
12—一级吸气温度传感器；
13—一级吸气压力传感器；
14—光电传感器；
15—二级汽缸；
16—二级排气压力传感器；
17—二级排气温度传感器；
18—二级吸气温度传感器；
19—冷却水出口温度传感器；
20—大气温度传感器

图 9 - 32　空气压缩机设备与测试仪表布置示意图

1. 容积流量测试

选择流量法测量容积流量，即采用热球式风速传感器对空压机进气管中的气体流速进行测量，平均流速与测量断面面积之积即为流量。该方法操作简单，测量结果准确。

热球式风速计的外形如图 9 - 33 所示，主要由热球式测头和测量仪表两部分组成。测杆的头部有一直径约 0.8 mm 的玻璃球，球内绕有加热玻璃球用的镍铬丝线圈和两个串联的热电偶，热电偶的冷端连接在磷铜质的支柱上，直接暴露在气流中。当一定大小的电流通过加热线圈后，玻璃球的温度升高，升高的程度和气流的速度有关，流速小时升高的程度大，反之升高的程度小。升高程度的大小通过热电偶产生热电势在电表上指示出来，因此，在校正后即可用电表读数表示气流速度。

图 9 - 33　热球式风速计的外形

热球式风速计测量风速范围为 0.05～30 m/s，测点位置选在离进气管口 5 倍管径的直线段上（一般需要在空气压缩机进气管相应位置上钻孔以进行测量）。测速仪测杆插入进气管深度的 2/3 半径左右，以测得平均气流速度。由于进气管中气流有脉动现象，测得的数据应按校正曲线进行修正，一般对测出的速度乘以 0.96～0.98 的修正系数即可。流量测试时，压缩机转速应与铭牌转速相同，否则需将测得的排气量换算到额定转速时的排气量。

2. 温度和压力测试

采用不同的温度传感器和压力传感器分别代替原来的温度计和压力表来获得温度和压力信号。根据《AQ1013—2005 煤矿在用空气压缩机安全检测检验规范》中的要求，各温度传感器和压力传感器的安装位置和精度要求分别如表 9-5 和表 9-6 所示。

表 9-5　温度传感器安装位置及精度要求

测温项目	传感器安装位置	测温仪表	精度等级
大气温度 T_0	机房外阴凉处	温度计	$<\pm 0.2℃$
一级吸气温度 T_{x1}	距吸气法兰 2 倍直径处的吸气管上	温度计	$<\pm 0.2℃$
一级排气温度 T_{p1}	中间冷却器进口处	温度计	$<\pm 0.2℃$
二级吸气温度 T_{x2}	中间冷却器出口处	温度计	$<\pm 0.2℃$
二级排气温度 T_{p2}	距排气法兰 2 倍直径处的排气管上	温度计	$<\pm 0.2℃$
风包温度 T_b	风包测温孔	点温计	$<\pm 0.2℃$
冷却水进出口温度 T_1，T_2	冷却水进、出口处	温度计	$<\pm 0.2℃$
润滑油温度 T_r	齿轮油泵处	温度计	$<\pm 0.2℃$

表 9-6　压力传感器安装位置及精度要求

测压项目	传感器安装位置	测压仪表	精度等级
大气压力 p_0	吸气口附近阴凉处	气压计	$<\pm 67\ Pa$
一级吸气压力 p_{x1}	距吸气法兰 1 倍管径处的吸气管上	U 形压差计	间隔 1 mm 标尺
一级排气压力 p_{p1}（或二级吸气压力 p_{x2}）	中间冷却器出口处	空压机上一级压力表	0.4 级
二级排气压力 p_{p2}	距排气法兰 1 倍管径处的排气管上	空压机上二级压力表	0.4 级
风包压力 p_b	风包上测压孔	风包上的压力表	1.5 级
润滑油压力 p_r	齿轮油泵出口	油泵上的压力表	1.5 级

温度和压力检测时需注意：

（1）测温仪器（如温度计、热电偶、电阻温度计或热敏电阻）应经过检定，精度符合要求。测量时，测温仪器插入管中或套管内 100 mm 或 1/3 管直径。温度套管应尽量薄，其直径应尽量小，同时其外表面应具有防腐蚀和抗氧化性。

（2）管道和储气罐的测压接头应垂直于内壁并与其平齐。压力传感器连接管应尽可能短，传感器应妥善安装，使其不致感受有害振动。压力传感器的量程应按试验压力选择，其指示的压力值应处于（1/3～2/3）满量程之间。

3. 其他参数的测试

1）转速

空气压缩机的转速通常采用光电测速仪，相对误差不大于±0.2%，此处不再赘述。测量时，在压缩机检测期间应以大约相等的时间间隔读出不少于三次的转速值，计算出平均转速，转速的波动和偏差应符合规定。

2）功率

电动机输入功率 P_d 在电机入线端采用二瓦特表法或电动机综合电参数测试仪测量，测试不方便时则直接按电动机铭牌上的数据计算。空气压缩机轴功率 P 为：

$$P = P_d \eta_d \eta_c \tag{9-57}$$

式中，η_d 为电动机效率（%）；η_c 为传动效率，直连式连接 $\eta_c = 1$，皮带传动 $\eta_c = 0.97$。

9.4.3　空气压缩机测试数据的分析和处理

由式（9-56）和式（9-57）可知空气压缩机比功率为

$$P_b = \frac{P \eta_d \eta_c}{Q} \tag{9-58}$$

空气压缩机测定前，应编写出详细的测试数据的记录表格供测试时使用，同时记录测试设备的铭牌参数及编号；测试完毕，应将所有测试数据加以整理计算，连同测试记录一并汇编存入技术档案作为原始资料保存。

空气压缩机测试完毕后，对测定结果的全面分析及处理是整个测定过程中关键的一步。空气压缩机运转中一些常见的问题及原因简介如下：

1. 排气量降低

空气压缩机排气量降低就降低了它的生产能力，直接影响其工作效率。一般引起这一现象的原因有以下几种：

（1）空气滤清器积垢堵塞、吸气管太长、管径太小等故障，使阻力增大，影响吸气量。

（2）汽缸磨损或擦伤超过最大允许限度、活塞与汽缸配合不当、间隙过大等形成漏气，影响排气量。

（3）吸（排）气阀故障、吸（排）气阀装配不当、吸气阀弹簧弹性不适当导致关闭不严和不及时，阀座与阀片磨损，密封不严或关闭不严，气阀结碳过多等因素均影响排气量。

（4）填料函不严造成漏气，影响排气量。

（5）皮带传动的空气压缩机的皮带太松导致传动时丢转，影响排气量。

2. 汽缸过热，排气温度过高

空气压缩机在正常运转过程中对空气进行压缩，产生大量的热量，由汽缸水套中的冷却水把热量带走，但一、二级汽缸排出的气体温度仍然很高。引起汽缸发热而使排气温度过高的原因有：冷却水量不足，入水温度过高，中间冷却器冷却效果不好，冷却水质不好；汽缸润滑油中断，汽缸余隙过大，排气阀窜气，活塞杆弯曲造成活塞环磨损使汽缸壁间隙太大等。

3. 一级排气压力过低或过高

当一级排气压力 $p_{p1} < 0.2$ MPa 时，说明一级吸、排气阀漏气或填料漏气；当一级排气压力 $p_{p1} > 0.225$ MPa 时，说明二级吸、排气阀漏气或活塞环漏气。

4. 油压降低、升高和油温升高

为保证空气压缩机正常运转，必须有足够的、适当的润滑油供给各运动机构进行润滑。若润滑油压力超出规定范围，则影响空气压缩机的润滑，甚至使运动机构发热以致造成故障。油温过高使油的黏度降低，不能保证正常润滑。一般机身油池内油温不应超过 60℃。

齿轮油泵磨损过大、进油管堵塞或漏气、调压阀与阀座接触不严、润滑油质量不合格、机身油池内润滑油过滤器过滤网堵塞等因素均会导致润滑油压力降低；润滑油压力表不准、齿轮油泵回油阀调节螺栓调节不合适、排油阻力过大、排油管堵塞等原因均会导致润滑油压力增高；润滑油质不好(杂质太多)、供油不足、油冷却器失灵或运动机构装配间隙过小等因素均会造成润滑油温增高。

9.5 基于虚拟仪器的煤矿"四大件"安全性能综合测试系统

前述的提升机、通风机、水泵和空气压缩机这些大型机电设备，常被统称为煤矿"四大件"，在煤炭生产中发挥着不可替代的作用。为保证安全生产，需对四大件设备的安全性能进行定期测试，以便及时检修或更换，消除事故隐患。

河北工程大学测控系的研究人员从当前提升机、通风机、水泵和空气压缩机安全性能测试设备存在的问题入手，分析了虚拟仪器技术的优势，将先进的虚拟仪器开发平台运用到煤矿四大件的性能测试中，研发出一种集煤矿四大件检测功能为一体的、检测范围可调的测试系统。该系统秉承虚拟仪器技术"以软件代替硬件"的核心思想，操作简单，功能强大，与传统测试仪器相比，提高了测试精度和开发效率，减轻了劳动强度。由于 Labview 具有良好的扩展性和开放性，使得该测试系统不仅可以用于地下矿产开采和水利水电工程相关设备的性能测试，还可以用于其他行业同类设备的技术测定，为矿山企业的安全生产提供了有力的保证，经济效益和社会效益十分显著。

9.5.1 系统的构成

煤矿"四大件"安全性能测试系统由三部分构成：其一是主排水系统、提升系统、通风机系统和空压机系统性能测试所需的传感器(图 9-34~图 9-37 为测试系统简图)，传感器的配置参看本章 9.1~9.4 节所述；其二是为本测试系统专门开发的通用数据采集装置，对不同的矿山机电设备进行性能测试时，该数据采集装置可以复用；其三，测试系统的核心是笔记本计算机及虚拟仪器应用软件，软件共分四个模块，分别用于对煤矿四大件进行安全性能测试。

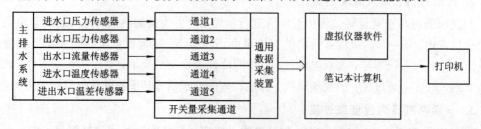

图 9-34 煤矿主排水系统安全性能测试装置

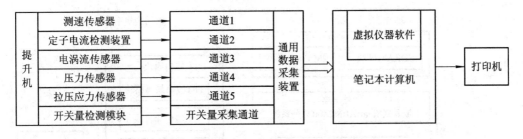

图 9-35 矿井提升系统安全性能测试装置

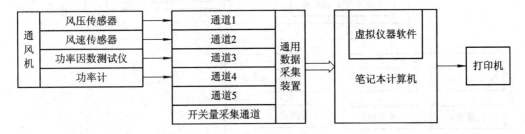

图 9-36 矿井通风系统安全性能测试装置

图 9-37 矿井空气压缩机安全性能测试装置

测试时，首先将传感器按照测试规范要求安装在需要检测的设备上，并与对应的数据采集装置通道连接，启动计算机上的应用软件，选择与要测试设备相应的测试模块（如图9-38 所示），按照制定好的测试步骤进行试验，数据的处理和分析均由软件完成，检测结果由软件自动生成检测报告，由打印机输出。该测试系统具有集成度高、操作简单、携带和使用方便的优点。

9.5.2 通用数据采集系统

目前，煤矿四大件的安全性能测试系统均是针对特定的矿用机电设备开发的，例如，对于主排水系统，可使用水泵安全性能测试仪进行检测；对提升系统，可用提升机安全性能测试仪及钢丝绳探伤仪等设备进行检测。每种检测系统均配备独立的数据采集设备，设备数量繁多、功能单一，量程范围固定，测量精度有限，适用性差，造价较高，体积庞大、笨重，携带不方便。

为解决上述问题，我们开发了一种通用的数据采集系统。该系统硬件设备包括数据采集装置和上位计算机两部分。其中数据采集装置包括微处理器、可复用数据采集通道、存储器扩展模块和接口模块等。图 9-38 给出了该通用数据采集系统的构成原理。

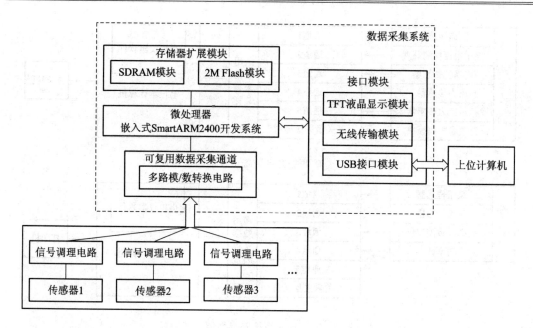

图 9-38　通用数据采集系统的构成原理

微处理器采用嵌入式 SmartARM2400 开发系统，分别与可复用的数据采集通道、存储器扩展模块和接口模块连接。

可复用数据采集通道由传感器、信号调理电路和多路模/数转换电路等串行连接而成。按照提升机系统测试、主排水系统测试、通风系统测试、空气压缩机测试和通用测试（如噪声、温度、振动等）将所用传感器分成 5 组并编制序号，分别用于煤矿四大件的安全性能测试实验，其中通用测试装置是四大件测试时均需用到的。信号调理电路将传感器输出信号进行调理，使之转换为各路数据采集通道事先规定好的信号形式，如 4~20 mA 电流信号或 0~5 V 电压信号。模/数转换电路用于将模拟信号转换成数字信号，由微处理器采集存储并上传至上位机。参考图 9-35~图 9-38，数据采集系统的一个通道需配置多个通信协议。例如数据采集系统中的通道 1，可以用于连接通风系统安全测试中的风压传感器，或主排水系统安全测试中的水泵进水口压力传感器，或空气压缩机安全性能测试中的排气压力传感器，或提升系统安全性能测试中的测速传感器，由于这四种传感器的输出信号均为 4~20 mA 的电流信号，属于具有相同输出信号类型的传感器，因此可以通过同一个数据采集通道进行传输。

存储器扩展模块包括 SDRAM 模块和 2M Flash 模块，用于存储嵌入式 SmartARM 2400 开发系统的开发程序，以及用于数据采集过程中的缓冲存储器。

接口模块包括用于与上位计算机通信的 USB 接口模块和 TFT 液晶显示模块以及无线传输模块。其中，TFT 液晶显示模块用于显示数据采集装置的各工作状态参数、存储器存储状态和实时数据等信息；USB 接口模块用于数据采集装置与上位计算机通信，遵守 USB 2.0 协议，具有数据传输速率高、支持热插拔等优点；无线传输模块用于当传感器所需的信号传输线路较长时，实现数据采集装置中的信号调理模块与传感器间的无线连接。现有技术中，传感器与数据采集装置为有线传输方式，存在布线不方便、信号线缆长度重量均较大等缺点，降低了信号传输的质量。而采用无线传输方式，既可以减少信号传递所需电缆的数量，又可以减轻设备自身整体的重量以及布线过程的操作难度。

数据采集装置具备上述功能即可实现煤矿四大件安全性能测试的数据采集任务。例如在对提升机进行测试时，可复用的模拟量数据采集通道用于传输提升机测试中所使用的温度传感器、压力传感器、电参数传感器、位移传感器的信号，可复用的开关量数据采集通道用于传输提升机测试的开关量信号，可复用的数字量数据采集通道用于传输测试提升机时使用的数字式传感器的输出信号；在对通风机进行测试时，可复用的模拟量数据采集通道用于传输通风机测试中所使用的温度传感器、压力传感器、电参数传感器、位移传感器和流量传感器的信号，可复用的开关量数据采集通道用于传输通风机测试的开关量信号，可复用的数字量数据采集通道用于传输测试通风机时使用的数字式传感器的输出信号；每个数据采集通道可用于采集不同设备的具有相同输出类型的不同传感器的输出信号。以此类推，通用的数据采集装置通过对数据采集通道定义不同的通信协议，在对提升机、通风机、主排水系统等不同设备进行性能测试时，实现了复用同一数据采集通道传输不同传感器信号的功能，即一套通用数据采集系统可复用于不同的煤矿主要机电设备的测试当中，从而解决了现有技术中一个矿山设备配备一套专用数据采集装置，不同矿山设备的数据采集装置不能互换的问题。

数据采集装置通过 USB 接口与上位计算机连接，上位计算机通过 Labview 软件控制与数据采集装置的通信过程。由于 Labview 软件不能直接进行系统调用实现底层操作（如访问物理地址等），因此，上位计算机对 USB 端口数据的读/写是利用 Labview 所提供的与外部代码连接的机制（即动态链接库机制）实现的。通过在 Labview 中使用"调用库函数"节点调用动态链接库（DLL），来完成对 USB 端口数据的读/写过程。编制通信验证子 VI（即子程序）、读数据子 VI 和写数据子 VI，以实现通信连接测试、读/写数据等功能。

由于在对不同的煤矿机电设备进行测试时，数据采集系统各个通道传输不同的传感器信号，因此需要为每个数据采集通道配置多个通信协议，并能在选择被测设备时选定相应的通信协议。

9.5.3　软件系统及其应用

测试软件是影响系统测量精度和自动化水平的重要因素。采用先进的图形化编程软件 Labview 设计的煤矿四大件安全性能测试软件具有优良的人—机界面，适合于现场技术人员编程。测试系统中数据的处理方法是影响测试精度的关键因素，为了减少或消除现场测试信号中的各种干扰因素，测试软件中嵌入了信号处理子程序，采用数字滤波等方式消噪，提高了测试精度。本测试软件根据《煤矿安全规程》规定的内容进行测定，各功能模块用 Labview 子 VI 形式编制，可以独立修改，软件灵活性好。

矿山主要设备安全性能测试系统软件主体层次图如图 9-39 所示。

1. 设备选择

测试系统启动后首先进入主运行界面（Home Page），如图 9-40 所示，在运行主界面选择要测试的设备、点击对应的按钮后，软件自动完成初始化接口设备和初始运行参数，配置通信协议并进入对应设备的测试界面。点击"退出系统"按钮则可以退出测试系统操作环境。

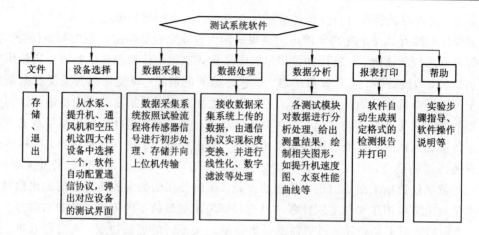

图 9-39　矿山主要设备安全性能测试系统软件主体层次图

图 9-40　测试系统主运行界面

2. 主排水系统安全性能测试软件

按照要求在主排水设备上安装传感器，连接到数据采集装置对应接口上，点击图 9-40 中的"水泵测试"按钮，启动主排水系统安全性能测试界面，如图 9-41 所示。软件操作界面包括如下几个部分：

（1）输入区域。该区域包括现场设备的技术参数的输入、传感器信号的读取和显示。另外，由于现场环境原因对于电机的电压、电流、功率因数和效率，若无法用传感器进行测量，可以从电机铭牌上读取相应参数，并从此处将其输入以进行计算。

（2）输出区域。该区域有数值输出和曲线输出两部分。根据《煤矿安全规程》和标准文件 AQ1012，主排水系统进行性能测试时，测试点应取 3～5 个不同的流量点，系统记录每次的测试结果，并以数字形式在前面板显示。当所有测试结束后，点击"拟合曲线"按钮，波形图中将出现水泵测试的性能曲线。

（3）指示区域。该区域包括记录次数和数据稳定性判断显示。通过记录次数可以知道已经测量了几个工况点，由数据稳定性判断显示可以引导用户何时可以记录数据。

（4）操作区域。该区域包括"记录数据"、"拟合曲线"、"生成报表"和"退出系统"按钮。点击这些按钮可以进行相应的操作。

（5）"报表参数"选项卡。该选项卡用于输入与报表相关的已知参数，并最终体现在检测报告中。

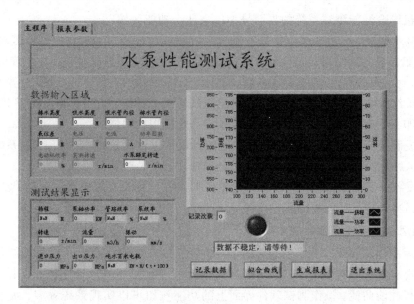

图 9-41　主排水系统安全性能测试界面

3. 提升机系统安全性能测试软件

提升机安全性能测试主要包括运行速度图、拖动力、制动闸偏摆度（或椭圆度）、闸瓦间隙、空动时间、开贴闸油压和加/减速度等项目。图 9-42 为提升机综合性能测试系统主界面。测试系统软件运行后，首先对各参数进行初始化，数据采集系统得到油温、油压和电流、提升速度等信号，并计算出速度和加速度，同时将结果输出、保存并打印测试报告。测试时，测试值、计算值与预先设置的极限值进行比较，一旦超过设定值，系统报警，用户对系统调整后重新测试。另外，系统还可以查询已测过的数据和曲线，可以查看使用说明了解测试系统的操作方法及注意事项。

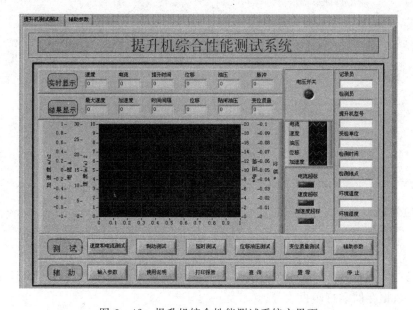

图 9-42　提升机综合性能测试系统主界面

提升机综合性能测试系统的界面分为以下几个功能区域：

（1）显示区域。显示区域包括数值显示区域和波形显示区域。数值显示区域以数字形式显示性能参数测试结果；波形显示区域以曲线形式直观地反映速度、加速度等参量随时间的变化。

（2）操作区域。用户在该区域完成性能测试的相关操作，当用户在前面板上进行测试、存储和打印报告等操作时，程序框图产生响应，实现用户功能。

（3）报警区域。当所测指标与预先设定的极限值进行比较，超出极限值，系统报警，提示用户。该区域的设置为用户提供了有效的监测手段，及时避免事故的发生。

（4）设备环境参数区域。该区域的设置主要是完善测试现场参量，为测试报告提供完整的信息。

4. 通风机系统安全性能测试软件

按照标准规定和试验要求安装传感器，检测程序在启动后系统开始采集信号。数据采集系统将传感器信号传输给上位机，由测试软件进行数据处理，得出测试结果，生成通风机安全运行性能曲线。操作测试软件界面上的功能按钮可以实现系统置零、报表打印、历史数据查询等功能。

通风机安全性能测试系统主界面如图 9-43 所示，分为以下几个功能区域：

（1）显示区域。该区域包括数值显示区域和波形显示区域，数值显示区域以数字形式显示性能测试结果；波形显示区域生成通风机安全运行性能曲线，反映全压、静压、轴功率和效率随排气流量变化关系。

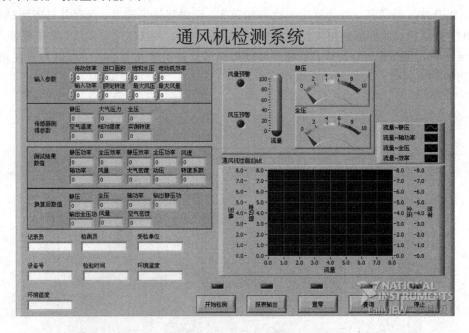

图 9-43 通风机安全性能测试系统主界面

（2）操作区域。用户在该区域完成性能测试的相关操作，即进行初始数据置零、测试过程控制、数据存储和打印报表等。

（3）报警区域。该区域对所测指标与预先设定的极限值进行比较，超出极限值时，系统发出报警,提示用户。

5. 空气压缩机系统安全性能测试软件

空气压缩机安全性能测试系统主界面如图 9-44 所示。测试开始后数据采集系统将传感器信号上传至上位机,测试软件进行试验数据处理,生成试验结果。

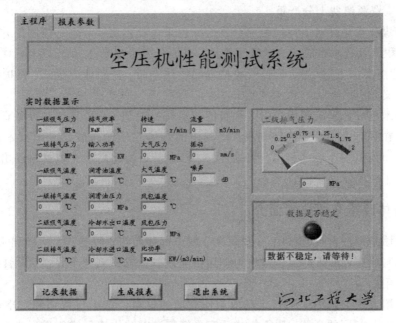

图 9-44 空气压缩机安全性能测试系统主界面

测试界面含"主程序"和"报表参数"两个选项卡。"主程序"选项卡包含实时数据显示区、操作区和数据稳定性判断区三个部分。

(1)实时数据显示区域。该区域实时显示由传感器检测的数据和软件计算得到的空压机性能参数值,显示形式为数值型。其中二级排气压力是空压机的重要参数,采用数值型和仪表型两种方式来显示。

(2)操作区域。该区域包括"记录数据"、"生成报表"和"退出系统"三个按钮。用户单击各按钮即可进行相应的操作。

(3)数据稳定性判断区域。该区域实时显示检测数据的状态和稳定性。用户根据数据的稳定性来判断是否进行该工况下数据记录。

(4)"报表参数"选项卡。该选项卡用于输入相关参数,这些参数一部分(如传动效率、管路截面积等)用于计算,其他的是环境参数、电机参数和空压机参数等,主要用于生成安全检测报告。

9.6 膏体胶结充填设备的测控技术

目前,我国煤炭企业普遍存在"三下一上"压煤、煤矸石排放和土地资源浪费等三个方面的问题。矿山企业地下开采会形成大量采空区,这些区域如不进行回填就会造成地面塌陷、土地损毁等多种环境地质灾害。煤矿开采产生的大量矸石需要侵占土地进行堆放,形成一座座矸石山,既影响环境又侵占了大量的土地资源。所谓"三下",即水体下、铁路下、建筑物下;"一上"指承压水体上。我国东部地区由于交通发达,地面村庄和建筑物密集,城市化建设规模空前迅速,对煤炭资源的占压也越来越严重。"三下一上"压覆的矿产资源长期不能得到开发利用,导致当前国内煤炭平均采出率为 30% ~ 35%,小煤窑采出率仅 10% ~ 15%,资源浪费十分严重。

充填采煤技术是针对上述问题而开发的绿色采煤技术之一,也是控制深井地压、煤层发火、瓦斯积聚及透水事故的有效开采方法。充填开采采出率达 80% 以上,对提高资源回收率、解放"三下一上"压煤、延长资源枯竭的矿井寿命、控制地表沉陷、保护矿区环境有着重要的意义。

充填技术已成为采矿领域最引人注目的前沿研究课题,充填工艺和设备日益完善。胶结充填技术在 20 世纪 90 年代得到推广,其中的膏体泵压输送胶结充填技术得到广泛应用。进入 21 世纪以来,密实性高、流动性好、含水量高的超高水充填材料的出现,使得充填技术进入了新的发展阶段。

9.6.1 膏体胶结充填技术简介

膏体充填是指把物料(煤矸石、粉煤灰、城市固体垃圾、胶结料、河砂和水等)制作成不需脱水的膏状体,再通过泵压或重力作用由充填管道输送到井下采空区,膏体凝固后即起到填充作用。

膏体充填泵送工艺是将尾砂或其他用作充填的材料经浓缩机浓缩和真空过滤机过滤后,形成浓度达 85% 的膏体,用往复式活塞泵经管道以结构流形式压送到待充地点。膏体充填系统流程如下:

固体废物加工→充填材料储存→充填材料配制→膏体泵送→充填体构筑→检测控制→粉尘防治→采空区充填

在膏体充填技术中,使高浓度料浆具有良好性能的膏体浓度范围很小,充填料浆特性对料浆浓度的变化极为敏感,因此对充填料配比(即水泥、粉煤灰、煤矸石的比例)、充填料的质量浓度、减水剂添加量等均有严格的要求。为提高膏体充填开采的充填效果,必须建立一套可靠、完善的充填监控系统,实现对各种物料配比的监测和调节。

为了得到理想的料浆浓度,控制系统需要满足以下要求:

(1) 物料(矸石、粉煤灰、水泥、水)计量允许误差≤1.0%;

(2) 矸石水分检测允许误差≤0.5%。

为达到上述指标,充填站系统检测内容包括料位、矸石水分、称重、流量、压力等五个方面:

(1) 料位。粉煤灰仓、胶结料仓等设置料位计,实时检测料位,并实行上、下限报警。

(2) 矸石水分。煤矸石需要及时测定其水分含量,以便及时调整配比。水分测量误差需控制在±0.5%以内。

(3) 称重。煤矸石、粉煤灰、胶结料、水各自分批称重计量,保证配比准确,称重误差需要控制在±1%以内。

(4) 流量。充填泵出口管道浆体或清水累计流量的测量误差需要控制在±1%以内。

(5) 压力。检测充填泵驱动油缸压力、充填泵出口管道浆体压力。

9.6.2 膏体充填控制系统

1. 膏体充填设备控制系统构成

膏体充填设备控制系统由自动控制系统和视频监控系统两部分组成。

(1) 自动控制系统。该部分有集中控制和就地控制两种工作方式。

集中控制：设备正常运行或停止由控制系统完成，控制系统由 PLC 集中控制操作台、控制器、工控机、继电器、数据采集模块以及相应传感器等组成，实现膏体配比搅拌系统功能操作、故障保护、状态监视以及自动化控制。

就地控制：系统设现场控制箱，现场控制箱上有按钮、信号灯、集中/就地选择开关，在控制箱上可以完成就地启动、停止、检修等功能。

就地控制优先权大于集中控制，现场遇到紧急情况可以通过选择就地方式停止设备运行。

(2) 视频监控系统。该部分由摄像机、画面分割器、显示器和电源等组成，对关键部位工作状态进行视频监视。

2. 膏体充填控制系统的功能和流程

膏体充填控制系统的功能如图 9-45 所示，上位机可实现远程监控。

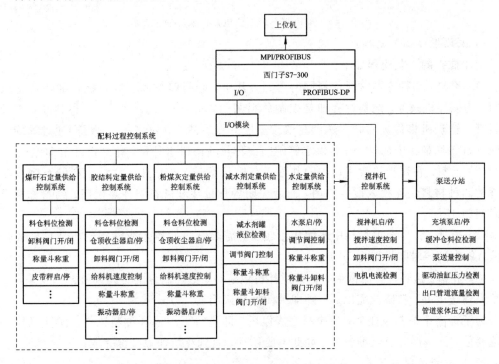

图 9-45 膏体充填控制系统的功能

图 9-46 给出了河北工程大学测控系学为冀中能源峰峰集团有限公司某矿开发的上位机监控软件的主界面；下位机采用 PLC(S7-300)进行现场监控，二者通过 MPI/PROFIBUS 接口连接。充填控制系统主要是对配比搅拌及泵送工艺进行过程控制，可以实现对矸石卸料闸阀、气动蝶阀、螺旋给料机、搅拌机、充填泵等阀门及电气设备按流程启动/停止。

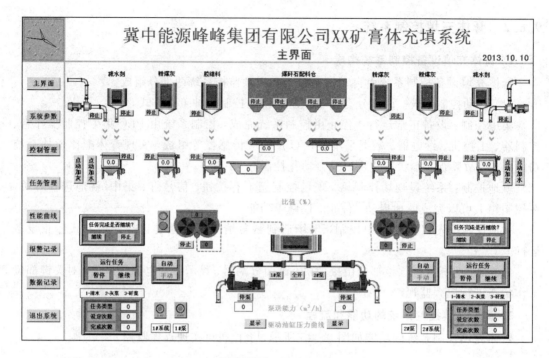

图 9-46 某控制系统上位机监控软件的主界面

1）配比搅拌工艺流程

配比搅拌的工艺流程如下：

（1）称料。四种充填材料称料同时进行，其中，矸石储料棚下矸石配料漏斗设置放料闸门，为搅拌机服务。配料过程即是控制放料闸门，将矸石按设计值放入称料斗，用矸石上料带式输送机将称好的矸石送到充填楼三层矸石缓冲斗；粉煤灰、水泥则通过螺旋给料机向各自的称量斗中加料，开启供水管闸门向称量斗内供水计量，达到设计值即停止。

（2）投料。在搅拌机放浆口关闭并处于空机状态时，同时打开称量斗和矸石缓冲斗将称好的四种材料快速投入搅拌机内，而后关闭各称量斗和矸石缓冲斗闸门。物料称量及投料时间约 45 s。

（3）搅拌。膏体充填材料中水泥用量较少，需要充分搅拌才能够制成质量良好的膏体浆液，每次搅拌时间设置为 50 s。

（4）放浆。达到搅拌时间后，打开搅拌机放浆口，把拌制好的膏体浆液放入料浆斗，供充填泵输送下井。料浆放完以后，随即关闭好放浆门。

为了提高系统制浆能力，在投料完成以后，即进行下一循环称料工作。搅拌机拌好上一罐料前，下一循环已经准备好，如此不断循环，直到充填任务全部完成。

2）泵送的过程与控制

两台或两台以上充填泵采用并联运行，每台充填泵泵送充填料浆（矸浆）、灰浆和清水三种介质。控制充填泵泵送过程的目的是保持泵送速度与搅拌机拌料的速度协调一致，维持泵送系统的连续作业，控制每班充填量，为协调井上、下作业提供依据。

泵送流量的控制以泵送流量计、料浆缓冲仓的料位计等检测仪器观测数据为标准，采用电动调节充填泵泵送油路单向调节阀来实现。

9.6.3　膏体充填设备测试技术

由上面所述的控制流程可知，煤矸石、胶结料（水泥）、粉煤灰、减水剂以及水这五种膏体配料的料仓料位和称量斗重量是控制过程中影响测控精度的重要因素。

1. 料位传感器

料位传感器种类较多，工作原理各不相同，下面介绍几种较为常用的料位传感器。

1）电容物位计

电容物位计是利用电容量的变化来测量容器内介质物位的测量仪表。在容器内，由电极和导电材料制造的容器壁构成了一个电容。对于一个给定的电极，被测介质的介电常数不变时，给电极加一个固定频率的测量电压，则流过电容的电流取决于电容电极间介质的高度，并与之成比例。因此电容物位计是基于电容量的改变，来进行物位测量的，用电容物位计测量物位的一个基本要求是：被测介质的相对介电常数（被测介质与空气的介电常数之比）在测量过程中不应变化。电容物位计的量程为 20 m，精度 0.3%，耐 200℃ 高温和4 MPa 压力，电容物位计适用于对液体、固体、导电、非导电介质物料料位的测试。

2）超声波料位计

超声波料位计是测量一个超声波脉冲从发出到返回整个过程所需的时间。超声波料位计垂直安装在物体的表面，它向物面发出一个超声波脉冲，经过一段时间，超声波料位计的传感器接收到从料面反射回的信号，信号经过变送器电路的选择和处理，根据超声波发出和接收的时间差，计算出料面到传感器的距离。超声波料位计采用非接触测量方式，精度可达 ±0.2%，最大量程 60 m，5° 声束角，在尘雾中也有较好穿透能力，适合测量各类粉状、块状固体介质的料位高度。

3）雷达料位计

常用的雷达料位计有导波雷达料位计和调频连续波雷达料位计两种，适用于酸碱储罐、浆料储罐、固体颗粒、小型储油罐以及各类导电、非导电介质、腐蚀性介质（如煤仓、灰仓、油罐、酸罐等）。

导波雷达料位计是依据时域反射原理（TDR）为基础的雷达料位计。电磁脉冲以光速沿钢缆或探棒传播，当遇到被测介质表面时，部分脉冲被反射形成回波并沿相同路径返回到脉冲发射装置，发射装置与被测介质表面的距离同脉冲在其间的传播时间成正比，回波的极性和振幅取决于上层介质与下层介质的介电常数 ε_r。一般来讲，上层的介质通常为气体，其介电常数 ε_r 接近 1.0，下层被测介质的介电常数较高。

调频连续波雷达料位计是依据调频连续波原理（FMCW）为基础的雷达料位计，这区别于脉冲式雷达，并因其优越的性能而广泛应用于工业领域。使用线性调频高频信号，发射频率随一定时间间隔（扫描频率）线性增加，频率范围为 8.5～9.9 GHz，波长约为 3 cm。由于发射频率是随着信号传播的时间变化的，与反射物体距离成比例的低频信号频率 f 是由当前发射频率与接收的反射频率的差值获得的。

2. 称重传感器

1）电子皮带秤

电子皮带秤是采用专用称重传感器技术，安装在皮带输送机上，对输送物料实行连续计量的设备。电子皮带秤具有计量精度高、运行可靠等优点，广泛应用于矿山、港口、建材、化工、电力、焦化、环保等行业。

2）料斗称重传感器

称重传感器实际上是一种将质量信号转变为可测量的电信号输出的装置。称重传感器按转换方法分为光电式、液压式、电磁力式、电容式、磁极变形式、振动式、陀螺仪式、电阻应变式等八类，其中以电阻应变式使用最广。

电阻应变式称重传感器是基于这样一个原理：弹性体（弹性元件，敏感梁）在外力作用下产生弹性变形，使粘贴在它表面的电阻应变片（转换元件）也随同产生变形，电阻应变片变形后，它的阻值将发生变化（增大或减小），再经相应的测量电路（如惠斯通电桥）把这一电阻变化转换为电信号（电压或电流），从而完成了将外力变换为电信号的过程。

图 9-47　TC 系列电阻应变式
称重传感器的外形

图 9-47 为 TC 系列电阻应变式称重传感器的外形，其机械部分是由一整块的金属部分组成，所以这个基本的测量元件和它的外壳部分没有焊接过程，从而使尺寸更小，并且加强了保护等级，这种点部测量的结构能减少因负载的不当应用带来的误差。多传感器并联使用时可应用在储藏箱、加料斗、大的称重平台等装置的重量测试中。

9.7　高水充填设备的测控技术

9.7.1　高水充填简介

高水材料构筑的充填体，密闭采空区效果好、凝固速度快、早期强度高、有良好的承载性能。材料易于远距离输送，机械化程度高，构筑充填体速度快，充填工艺劳动强度低，对大规模沿空留巷充填技术非常适合。

超高水速凝充填材料由 A、B 两种主料以及对应 A、B 两种主料的 AA、BB 两种小料（添加剂）分别配制成两种以水为主要成分的具有高流动性的浆体。制备好的 A 料浆体、B 料浆体按要求比例分别通过浆体输送设施从成品储浆池中输送到充填管路，在采空区将两种浆体混合形成充填体。

超高水材料的水体积可达 97%，初凝时间为 90 min，随时间的推移强度不断增大，终凝强度为 1.0~1.5 MPa，充填料浆在井下不脱水，全部凝结固化为充填体，且生成的固结体适于在井下低温、潮湿的采空区使用，是一种很好的采空区充填材料。与其他充填技术相比，超高水速凝材料充填技术具有以下几大优点：

（1）超高水材料制浆系统可置于井下，也可置于地面，能生产出连续的浆液。

（2）超高水材料采空区充填成本低，劳动强度低，充填工艺简单，初期投资低，机械化程度高，操作方便，充填与开采互不影响，适应性较强。

（3）充填浆液还可充填采空区冒落带上方岩层较小的间隙，减缓围岩下沉。

超高水材料充填方法包括开放式充填法、袋式充填法和混合式充填法。现以开放式充填法为例介绍。超高水材料开放式充填工艺为：在地面上两个浆液制备站分别制出甲、乙两种浆液，配料系统实行自动化；用柱塞泵将两种液体经管路输送进入工作面采空区；工作面布置为仰斜开采方式，由于浆液流动性很好，可自动流入采空区。

9.7.2　超高水充填料浆制备系统

1. 超高水充填制浆系统工艺流程

目前，超高水充填制浆一般采用的是半连续制浆工艺，其制浆过程是不连续的，但使用多个搅拌器交替工作，使料浆供给呈连续状态，始终保证有足量浆体供充填泵使用，满足料浆输送要求。该制浆系统浆体配比易于控制，准确性高，能够满足超高水材料浆液制备要求，但占用的空间相对较大。半连续制浆系统工艺流程如图 9-48 所示。

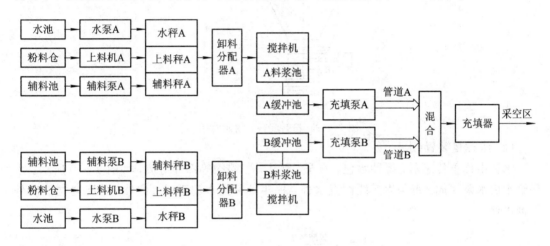

图 9-48　半连续制浆系统工艺流程

2. 超高水充填制浆系统组成

制浆系统由 A、B 两套系统组成。其中，A、B 制浆系统设备完全相同，每条生产线均由搅拌机、配料装置、卸料装置、添加剂配制装置、气路控制系统、电器控制系统等组成。

1）粉料仓

每条生产线设有粉料仓，一般设计为上圆下锥结构，锥体无死角，物料下料通畅，防止物料残存。料仓锥体下部设有振机破拱装置，克服因环境潮湿物料结拱问题。

2）配料、称量装置

（1）粉料配料装置。

粉料配料装置（见图 9-49）由螺旋给料机、粉秤、秤斗体以及气动蝶阀等组成。其中秤斗上部设计成圆柱形，由秤斗支架支撑；下部为锥形，防止物料积存。秤斗可称量粉料重量。秤斗给料由高速、大倾角螺旋给料机完成。每次称量临近结束时以点动方式给料，保证配料精确可靠，称量误差控制在±1%。秤的计量方式为电子传感重量式计量，该方式具有精度高、工作可靠及维护方便等特点。配料计量由 PLC 控制，保证秤的动态配料精度。粉料的配料与卸料过程完全封闭，无粉尘。称量后的粉料通过开启秤斗下部气动蝶阀卸至搅拌机中。

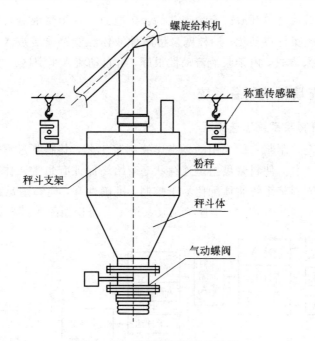

图 9-49 粉料配料装置示意图

（2）水称量装置（水秤）。

水秤由称重传感器、缓冲水包、水泵、秤斗体、蝶阀等部件组成，如图 9-50 所示。水秤给水由水泵完成。每条生产线配置水秤，秤斗可称量水的重量。此外，还配置类似的外加剂水秤。

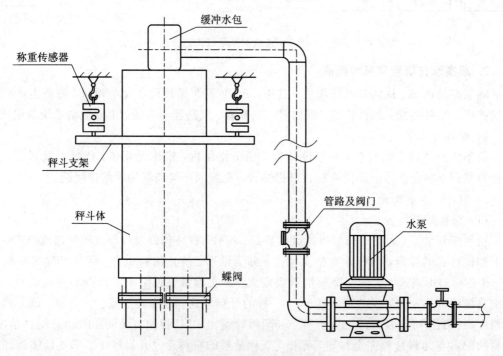

图 9-50 水称量装置示意图

每台秤的计量方式均为电子传感重量式计量，每台秤可单独配料，水秤斗卸料门、液体外加剂秤斗卸料门均采用气动蝶阀卸料，直接进入搅拌主机搅拌，为保证动态配料计量精度，水、外加剂配料计量完全由 PLC 控制，以保证每秤的动态配料精度。

3）搅拌系统

生产线搅拌装置配备搅拌机。搅拌主机由桶体、传动装置、驱动电机、出料蝶阀、主轴及叶轮等组成。作业时，电机通过传动装置驱动主轴及叶轮，使桶体内物料搅拌均匀，搅拌机是密闭型，在顶部设计有检修孔盖。搅拌机传动结构简单，故障点少，维护方便，适于井下作业；连续生产时，各搅拌机依次顺序生产，通过调节搅拌主机的搅拌时间（3 min 以上）使制浆系统与浆体输送泵输送量匹配。

4）卸料装置

粉料卸料装置主要由溜管、驱动气缸及翻板门结构等组成，通过控制气缸的伸缩带动翻板的转动，使粉料秤斗与下方形成两个通道，分别与两台搅拌主机相通。根据生产控制程序，控制驱动气缸使其中一条通道打开，同时关闭另外一条通道，实现一套粉料称量的同时向两台搅拌主机供料。水及添加剂卸料时，通过控制秤斗下方的气动蝶阀及其相应的管路，实现向不同的搅拌机供料。

5）储浆池

储浆池设有一个搅拌器以防成品浆沉淀。储浆池能同时容纳搅拌器所生产的成品浆量。池子上部设有液面反馈装置，该装置与控制柜连接，若池子已满则发出信号，搅拌器则延迟放料。

6）添加剂预配料系统

为确保粉状添加剂配比的准确性，每条生产线设有粉状添加剂预配料搅拌附属装置，含搅拌罐和暂存罐，上设一台水秤，水由泵配送至水秤，计量完后的水通过下部的蝶阀泄入搅拌罐内。工人按水量投入袋装粉状添加剂到搅拌罐搅拌（搅拌时间为 5～10 min）。搅拌好的液体添加剂通过下部阀门进入暂存罐（暂存罐设有搅拌装置，以防添加剂沉淀）内以备随时通过泵向一台外加剂称配料。称量完毕的添加剂再通过两台添加剂秤下部的蝶阀分别向搅拌器送料。

3. 超高水充填料浆制备控制系统

（1）料浆制备控制系统可以保证按照充填材料的规定配比完成料浆的输送与制作，并可以按照现场实际进行一定程度的调节。

（2）充填控制系统保证对料浆运输及制备系统的各个相关环节进行正确控制，保证其安全、可靠运转。

（3）流量监控系统完成料浆从充填站向井下充填料浆的流量调控，以适应井下充填进度的要求。

（4）视频监控系统完成 A/B 料浆储料池、主控室、充填楼一层、充填楼二层、充填楼三层的现场视频检测。

（5）控制系统上位机软件以 WinCC 为开发平台，具备友好的人—机交互性，符合人机工程学的规则，操作方便；下位机控制系统软件实现系统的控制功能，使用方便、可靠性高、可操作性好。通过上位机软件在手动控制和自动控制两种控制模式之间切换，可实时显示 A/B料、AA/BB 料、水称重数据等现场数据，具备多级菜单显示、设置、查询和帮助功能。

（6）超高水浆体流量监控系统的主要功能是将制备好的 A 料浆体、B 料浆体按要求比例分别通过浆体输送设施从成品储浆池中输送到充填管路。A 料浆体、B 料浆体需按照要求配比混合，从而使注入采空区的混合浆体在可控的时间内胶结、凝聚、固化，实现对采空区的充填。为了得到理想的充填效果，超高水浆体输送流量控制系统需要满足 A 料浆体流量、B 料浆体流量监测，以达到生产所需流量配比要求。

9.7.3 超高水充填测试技术

1. 粉秤和水秤

图 9-49 和图 9-50 给出了粉秤和水秤工作原理示意图，秤斗支架连接秤斗体，吊挂在称重传感器上。称重传感器选用 TSC 拉力传感器，该传感器是 S 形电阻应变式测力传感器，如图 9-51 所示。TSC 拉力传感器结构紧凑、综合精度高、长期稳定性好，采用优质合金钢制造，表面镀镍，适用于吊钩秤、配料称重控制、机械衡的机电改造等领域。

图 9-51 TSC 拉力传感器的外形

2. 料浆流量测试

管道输送的料浆采用一般的流量传感器很难测试，通常采用质量流量计。

科里奥利质量流量计简称科氏力流量计，是利用流体在振动管中流动时，产生与质量流量成正比的科氏力的原理来测量浆体流量的。科氏力流量计由传感器和变送器两大部分组成。其中传感器用于流量信号的检测，主要由分流器、测量管、驱动/检测线圈和驱动/检测磁钢构成，如图 9-52 所示；变送器用于传感器的驱动和流量检测信号的转换、运算及流量显示、信号输出，变送器主要由电源、驱动、检测、显示等部分电路组成。

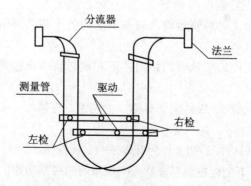

图 9-52 科里奥利质量流量计工作原理

科氏力流量计必须人为地建立一个旋转体系，以双"U"形测量管传感器为例，用电磁驱动的方法使"U"形测量管的回弯部分做周期性的微小振动。这相当于使"U"形管绕一个固定轴做周期性时上时下的旋转，其旋转方向周期性地变化，像钟摆一样运动。"U"形管的出入口段被固定，这样就建立一个以"U"形管出入口段为固定轴的旋转体系。

科氏力流量计力学分析如图 9-53 所示。当测量管向上振动但无流体流过时，运用右手螺旋法则，四指指向为旋转方向，则大拇指指向的方向为外加驱动的角频率 ω。当流体流入"U"形管时，由于惯性，流体将反抗"U"形测量管强加给它的垂直动量的改变：在"U"形管的入口段，在管子向上振动期间，流体将压管子向下；而在"U"形管的出口段，流体将推管子向上，于是测量管被扭曲，如图 9-54 所示，这就是科氏力的作用结果。

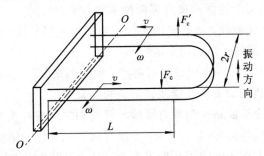

图 9-53　科氏力流量计力学分析

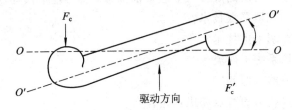

图 9-54　科氏力引起"U"形管扭曲

右手定则可以确定科氏力的方向，当大拇指代表 ω 方向，食指代表 v 方向，则中指的反方向即为科氏力 F_c 的方向。在图 9-53 中，F_c 和 F_c' 的箭头表示科氏力的方向。当"U"形管被向下驱动时（ω 方向反向），则 F_c 和 F_c' 亦反向。

设测量管左右对称，$r_1 = r_2 = r$，$F_c = F_c'$，管的直腿段长度为 L，管的回弯宽度为 $2r$，则流体瞬时质量流量 Q_m 为

$$Q_m = \left(\frac{K_s}{8r^2}\right)\Delta t \qquad (9-59)$$

式中，K_s 为管子的角弹性系数，单位为 N·m/rad；Δt 为流体流过传感器左右检测器时的时间差，即左检和右检信号相位差，单位为 s。

由式(9-59)可知，质量流量 Q_m 与两组电磁检测器检出信号的时间差成正比，而与振动的频率及角速度等均无关，根据这一原理，质量流量计将 Δt 转换成脉冲信号（0～10 kHz）或电流信号（4～20 mA DC）、电压信号（1～5 V DC）输出并显示流体质量，即可实现质量流量的直接测量。

思考与练习题

1. 矿山固定设备安全性能检测的意义是什么？
2. 矿山提升机由哪几部分组成，在煤矿企业生产中起什么作用？
3. 提升机钢丝绳磁检测法的基本原理是什么？
4. 提升机速度图测试的方法有哪些，速度图的哪些数据需符合《煤矿安全规程》要求？
5. 如何测试提升力图？
6. 提升机制动系统测试包括哪些检测项目？
7. 煤矿主排水系统安全性能测试有哪两种主要方法？
8. 什么是离心泵性能曲线，离心泵的工作点应如何选择？
9. 什么是通风机的静压、动压和全压？
10. 测量通风机风量、风压常用设备有哪些，如何测试？
11. 如何设定通风机系统安全性能测试的试验方案？
12. 空气压缩机安全性能指标参数有哪些？简述相关标准对这些参数的主要要求。
13. 简述基于虚拟仪器的"煤矿四大件"安全性能测试系统的结构和主要特点。
14. 根据 9.5.2 小节所述的通用数据采集系统特点，思考虚拟仪器软件设计方案。
15. 根据 9.5.3 小节给出的虚拟仪器软件前面板，思考虚拟仪器软件设计方案。
16. 为什么要采用充填采煤技术？
17. 什么是膏体充填采煤技术？
18. 简述膏体充填系统工作流程。
19. 常用料位传感器有哪些？
20. 高水充填采煤技术的特点和优点是什么？
21. 简述超高水充填工艺流程。
22. 简述科里奥利质量流量计的工作原理。

参 考 文 献

[1]   王伯雄. 测试技术基础. 北京：清华大学出版社，2006.

[2]   张迎新，等. 单片机初级教程. 北京：北京航空航天大学出版社，2000.

[3]   武庆生，等. 单片机原理与应用. 成都：电子科技大学出版社，1998.

[4]   何立民. 单片机高级教程. 北京：北京航空航天大学出版社，1999.

[5]   王伯雄，王雪，陈非凡. 工程测试技术. 北京：清华大学出版社，2006.

[6]   贾民平，张洪亭. 测试技术. 北京：高等教育出版社，2009.

[7]   李科杰. 现代传感技术. 北京：电子工业出版社，2005.

[8]   赵树忠. 机电测试技术. 北京：机械工业出版社，2005.

[9]   尤丽华. 测试技术. 北京：机械工业出版社，2002.

[10] 杨清梅，孙建民. 传感器与测试技术. 哈尔滨：哈尔滨工程大学出版社，2004.

[11] 周传德. 传感器与测试技术. 重庆：重庆大学出版社，2009.

[12] 张国雄. 测控电路. 北京：机械工业出版社，2011.

[13] 江征风. 测试技术基础. 北京：北京大学出版社，2007.

[14] 熊诗波，黄长艺. 机械工程测试技术. 北京：机械工业出版社，2006.

[15] 郭迎福，焦锋，李曼. 测试技术与信号处理. 徐州：中国矿业大学出版社，2009.

[16] 蔡共宣，林富生. 工程测试与信号处理. 武汉：华中科技大学出版社，2006.

[17] 刘顺兰，等. 数字信号处理. 西安：西安电子科技大学出版社，2009.

[18] 唐晓初. 小波分析及其应用. 重庆：重庆大学出版社，2006.

[19] 李迅波. 机械工程测试技术基础. 成都：电子科技大学出版社，1998.

[20] 陈科山，等. 现代测试技术. 北京：北京大学出版社，2011.

[21] 曾光奇，等. 工程测试技术基础. 武汉：华中科技大学出版社，2002.

[22] 陈维键，等. 矿山大型固定设备测试技术. 徐州：中国矿业大学出版社，2007.

[23] 国家安全生产监督管理局. 煤矿安全规程. 北京：煤炭工业出版社，2011.

[24] 国家安全生产监督管理局. AQ1011－2005 煤矿在用主通风机系统安全检测检验规范. 北京：煤炭工业出版社，2005.

[25] 国家安全生产监督管理局. AQ1012－2005 煤矿在用主排水系统安全检测检验规范. 北京：煤炭工业出版社，2005.

[26] 国家安全生产监督管理局. AQ1013－2005 煤矿在用空气压缩机安全检测检验规范. 北京：煤炭工业出版社，2005.

[27] 国家安全生产监督管理局. AQ1014－2005 煤矿在用摩擦式提升机系统安全检测检验规范. 北京：煤炭工业出版社，2005.

[28] 国家安全生产监督管理局. AQ1015－2005 煤矿在用缠绕式提升机系统安全检测检验规范. 北京：煤炭工业出版社，2005.

[29] 陈亚杰. 综合机械化膏体充填采煤技术. 北京：煤炭工业出版社，2012.

[30] 国家安全生产监督管理局. AQ1015－2005 煤矿在用缠绕式提升机系统安全检测检验规范. 北京：煤炭工业出版社，2005.

[31] 焦山林. 基于虚拟仪器的煤矿水泵和空压机检测系统及其动态测量不确定度评定研究. 河北工程大学硕士论文，2011.

[32] 解翔飞. 基于未确知理论动态测量不确定度评定研究. 河北工程大学硕士论文，2013.

[33] 董红超，等. 科里奥利质量流量计原理及其应用. 舰船防化，2008,4.

[34] 李俊，等. "三下"压煤充填开采研究现状综述. 黑龙江科技信息，2012,12.

[35] 贾凯军，等. 矿用超高水充填材料制浆系统研究与应用. 山东科技大学学报，2011,6.

[36] 张士岭. 矿山充填技术及其发展方向. 煤炭科技，2011,2.